AF879293

Les mathématiques au travail 11

Les mathématiques au travail 11

Les Éditions des Plaines
Winnipeg, Canada

Les Éditions des Plaines reconnaissent l'aide financière du gouvernement du Canada par l'entremise du Fonds du livre du Canada pour nos activités d'édition et du gouvernement du Manitoba via le ministère de la Culture, du Patrimoine et du Tourisme.

ISBN 978-2-89611-077-3

Édition française : Joanne Therrien
Consultants pour l'édition française : Joanne Therrien, Huguette Le Gall, Nadia Wrobel, Brigitte Girardin, Lexitech.
Traduction de l'anglais par : Lexitech.
Travail graphique : Pacific Educational Press, Lexitech, Plaines, Relish Design Studio Ltd.

Auteurs : Christa Bedwin, Cochrane, Alberta; Katharine Borgen, conseil scolaire de Vancouver et Université de la Colombie-Britannique; Mark Healy, école secondaire de West Vancouver, West Vancouver; Angela Kaisser, college J.H. Bruns, Winnipeg, Manitoba; Michael Pruner, école secondaire Argyle, North Vancouver, Colombie-Britannique; David Sufrin, école secondaire Ballenas, Port Alberni, Colombie-Britannique

Conseillers : Katharine Borgen, Ph. D., conseil scolaire de Vancouver et Université de la Colombie-Britannique; John Willinsky, Ph. D., Public Knowledge Project; Jordie Yow, vérificatrice en mathématiques, Barbara Dominik, vérificatrice en mathématiques
Conception, dessins et disposition : Warren Clark, Laraine Coates, Sharlene Eugenio, Helen Luk, Kristen MacDonald, Eva Neesemann, Five Seventeen
Photographie de la page couverture : Mason Morfix/Getty Images
Édition anglaise : Vicki Austin, Theresa Best, Barbara Dominik, Catherine Edwards, Leah Giesbrecht, Deborah Hutton, Barbara Kuhne, Nadine Pederson, Katrina Petrik, Jordie Yow

Les Éditions des Plaines remercient Oscar Ngoie-Kadila, Diane Stobbe et Hélène Gendron du Ministère de l'éducation de l'Alberta.

Élaboré dans le cadre du projet Mathématiques pour les métiers et le milieu de travail du Protocole de l'Ouest et du Nord canadiens.

Dépôt légal : 2e trimestre 2011, Bibliothèque nationale du Canada, Bibliothèque nationale du Manitoba, Bibliothèque nationale du Québec.

Les Éditions des Plaines, C.P. 123, Saint-Boniface MB R2H 3B4
Courriel : admin@plaines.mb.ca www.plaines.ca

Table des matières

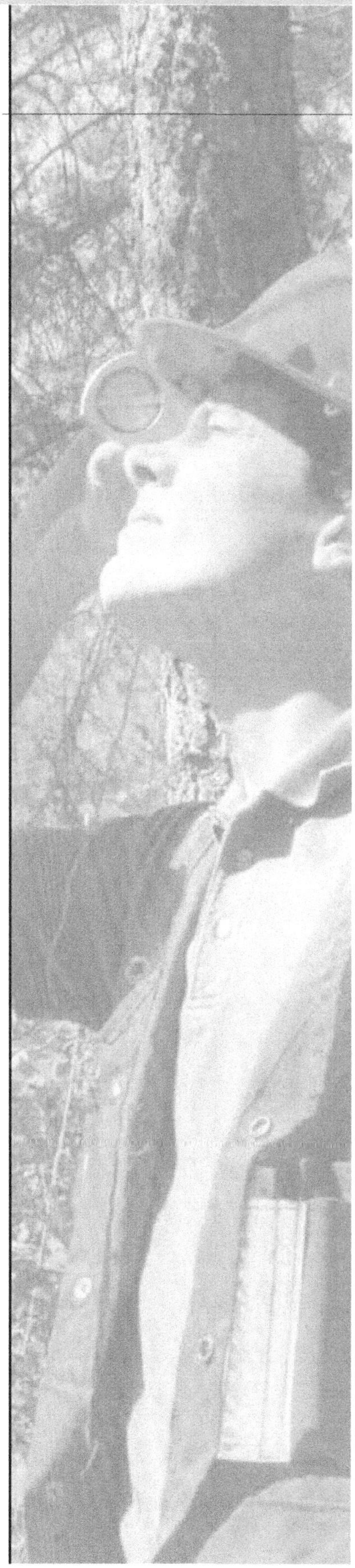

AFE

Comment utiliser ce livre

Les *mathématiques au travail 11* porte sur les mathématiques que tu utiliseras dans ton milieu de travail, surtout si tu prévois apprendre un métier, poursuivre des études collégiales ou entrer directement sur le marché du travail lorsque tu auras obtenu ton diplôme d'études secondaires. Plusieurs des chapitres de la ressource portent sur les mathématiques liées aux affaires et à la consommation. D'autres chapitres portent quant à eux sur les connaissances mathématiques qui sont essentielles dans le cadre de métiers ou d'occupations en particulier.

La présente ressource compte sept chapitres, et chacun de ces chapitres est axé sur un sujet précis. Ces sujets comprennent la pente et le taux de variation, les représentations graphiques, l'aire totale, le volume et la capacité, la trigonométrie dans les triangles rectangles, les maquettes et les représentations, les services financiers ainsi que les budgets personnels.

Chaque chapitre comporte les sections suivantes, lesquelles t'aideront dans ton apprentissage.

INTRODUCTION AU CHAPITRE Chaque chapitre commence par une introduction qui décrit l'ensemble des thèmes qui seront abordés dans le chapitre, et indique les tâches mathématiques que tu apprendras au fur et à mesure que tu avanceras dans le chapitre. Une liste de concepts clés t'aidera à cibler ton apprentissage.

PROJET DU CHAPITRE Chaque chapitre comporte un projet lié au thème mathématique sur lequel porte le chapitre. Le projet te sera présenté au début du chapitre, et tu y reviendras périodiquement afin de faire des activités, parfois avec un partenaire ou en petits groupes. Tu ajouteras ce nouveau matériel dans un dossier de chapitre ou un portfolio. À la fin du chapitre, tu utiliseras ce matériel pour préparer une présentation que tu feras devant tes camarades. Le projet du chapitre te permet de mettre tes compétences mathématiques en pratique dans un contexte concret.

LES MATHÉMATIQUES AU TRAVAIL Chaque section du chapitre commence avec le profil d'une personne. Ce profil te donne une bonne idée de la portée du travail de la personne et du type de connaissances mathématiques qu'une personne qui occupe un métier semblable doit apprendre. Chaque profil se termine par un problème mathématique typique qu'une personne qui occupe ce métier pourrait devoir résoudre.

EXPLORE LES MATHÉMATIQUES Cette section du chapitre contient une brève leçon qui présente les principaux concepts mathématiques de la section et qui établit des liens entre ces concepts et des exemples concrets. Une série d'exemples et de solutions te donne diverses stratégies que tu peux utiliser pour résoudre les problèmes.

DISCUSSION DES IDÉES Les discussions portent sur l'un des aspects de la section que tu es en train d'étudier. Elles te permettront d'obtenir des détails sur le sujet et d'approfondir les questions s'y rapportant.

ACTIVITÉS Chaque chapitre contient plusieurs activités pratiques que tu dois effectuer. Ces activités te permettent de travailler avec tes camarades et d'appliquer les notions que tu as apprises dans des situations réelles.

CONSTRUIS TES HABILETÉS Cette section contient un ensemble de problèmes à résoudre. Ces problèmes te permettent de t'exercer à appliquer les concepts mathématiques que tu as appris.

RÉSOUS LE PROBLÈME Chaque chapitre contient également un jeu ou un problème qui consiste à utiliser les concepts mathématiques. On te demande d'élaborer une stratégie personnelle pour résoudre les problèmes et effectuer les jeux. Certains des problèmes et des jeux sont liés aux applications des concepts mathématiques dans les milieux de travail, tandis que d'autres te demandent d'analyser la pensée mathématique. Tous sont amusants.

LES RACINES DES MATHÉMATIQUES Les mathématiques font partie de l'histoire. Elles ont changé et évolué au fil du temps. La section Les racines des mathématiques traite d'un sujet portant sur l'histoire des mathématiques qui est en lien avec le contenu du chapitre et elle contient quelques questions auxquelles tu dois répondre.

RÉFLEXIONS SUR L'APPRENTISSAGE ET MISE EN PRATIQUE DES NOUVELLES HABILETÉS Le chapitre se termine par un résumé schématique de tes principales réalisations sur lesquelles tu peux réfléchir. Une série de problèmes te permettra de mettre en pratique les nouvelles habiletés que tu as acquises pendant que tu étudiais le chapitre.

SUGGESTIONS Cette section propose des stratégies que tu peux utiliser pour résoudre des problèmes.

DÉFINITIONS Les termes mathématiques qui peuvent être nouveaux, ou qui ne te sont pas familiers, sont définis ou expliqués dans les marges latérales. Ils sont également présentés par ordre alphabétique dans un glossaire qui se trouve à la fin de la ressource.

CALCUL MENTAL ET ESTIMATION Dans le cadre des problèmes de cette section, on te demande de t'exercer à faire des calculs mentaux pour résoudre des problèmes ou faire des estimations.

T Ce symbole sert à t'informer qu'il existe des outils techniques que tu peux utiliser pour t'aider ou pour améliorer ton travail.

CORRIGÉ Un corrigé contenant les réponses des problèmes se trouve à la fin de la présente ressource.

Chapitre 1

Pente et taux de variation

OBJECTIFS

La pente est un phénomène naturel, mais elle est également le fruit du travail, par exemple lorsqu'il s'agit de construire des structures. La pente a par ailleurs une influence sur notre mode de vie, au travail et dans nos loisirs. Dans ce chapitre, tu apprendras à calculer des pentes pour répondre à un besoin précis et tu comprendras la relation entre deux valeurs mesurables. Pour ce faire, tu appliqueras des concepts mathématiques qui te sont familiers, par exemple le rapport, le taux, la trigonométrie et les graphiques, mais dans un nouveau contexte. Ces concepts mathématiques te serviront à :

- comprendre la nature de la pente;
- créer et interpréter des graphiques linéaires.

TERMES IMPORTANTS

- variable dépendante
- inclinaison
- variable indépendante
- taux de variation
- déplacement vertical
- déplacement horizontal
- pente
- pente non définie
- pente nulle
- abscisse
- ordonnée

COMMENCER L'ORGANISATION

APERÇU DU PROJET

Ton équipe et toi avez décidé de présenter une offre pour décrocher un contrat de conception d'un parc de planche à neige d'une nouvelle station de ski. Les propriétaires de la station souhaitent en effet construire un parc de planche à neige stimulant pour les skieurs et les planchistes, peu importe leur niveau d'habileté. Dans la proposition, votre équipe doit présenter un concept de parc de planche à neige offrant trois tremplins modèles, chacun devant être adapté à un niveau d'habileté, soit débutant, intermédiaire et expert.

C'est dans un parc de planche à neige que les planchistes peuvent s'exercer à faire des sauts de base, des virages en appui talons ou des ollies.

POUR COMMENCER

Vous devez d'abord vous renseigner sur les parcs de planche à neige et planifier les caractéristiques que le vôtre aura. Vous trouverez par exemple des idées sur Internet, dans des magazines ou auprès de camarades de classe qui ont déjà vu un parc de planche à neige. Dressez une liste de tous les éléments à prendre en considération. Voici des questions pour orienter ton équipe :

- Comment concevoir des tremplins adaptés à différents niveaux d'habileté?
- Comment tester les tremplins et évaluer les résultats obtenus?
- Outre les tremplins, quelles autres installations le parc de planche à neige pourrait-il offrir (rampes de glisse, pistes de quart de lune, etc.)?

VOS IDÉES EN IMAGES

Une fois la structure de votre parc de planche à neige établie, dessinez les tremplins. Ces dessins serviront plus tard à construire les modèles de tremplin qui seront mis à l'essai pour déterminer s'ils répondent aux critères de conception que votre équipe a déterminés.

- Dessinez votre modèle de tremplin pour un skieur ou un planchiste de niveau débutant et faites de même pour les niveaux intermédiaire et expert.
- Comment les tremplins pourront-ils être adaptés aux trois différents niveaux d'habileté?
- Comment construirez-vous les modèles? Quels matériaux pourriez-vous employer?

LISTE DE CONTRÔLE POUR LA PRÉSENTATION FINALE

À la fin du projet, il faudra présenter les éléments suivants :

- des arguments de vente pour convaincre les propriétaires de la station d'attribuer le contrat à ton équipe;
- les modèles de tremplin de niveaux débutant, intermédiaire et expert;
- des dessins à l'échelle des trois tremplins modèles, où figurent leurs dimensions respectives ainsi que le rapport, l'angle et le pourcentage associés à chacune des trois pentes.

1.1 Rapport entre le déplacement vertical et le déplacement horizontal

LES MATHÉMATIQUES *AU TRAVAIL*

Gilles travaille comme entrepreneur à Jasper, en Alberta, où il conçoit et construit des maisons à ossature de bois et d'autres structures comme des abris d'auto et des terrasses. Il a étudié quatre ans au Northern Alberta Institute of Technology comme apprenti charpentier pour finalement obtenir un certificat de travailleur qualifié en Alberta (Alberta Journeyman Certificate). Comme entrepreneur, Gilles doit s'assurer que ses constructions respectent les codes du bâtiment provincial et national.

Selon le code du bâtiment, la pente que forme une terrasse par rapport au bâtiment auquel elle est annexée doit être de $\frac{1}{4}$ po par tranche de 12 po de longueur afin que les eaux puissent s'écouler. Gilles souhaite construire une terrasse de 6 pi. Quelle sera donc la différence de hauteur entre l'extrémité de la terrasse et le point où elle touche le bâtiment?

Gilles fait appel aux mathématiques pour calculer la pente des terrasses qu'il construit afin de respecter le code du bâtiment et de faire en sorte que les eaux puissent bien s'écouler.

EXPLORE LES MATHÉMATIQUES

déplacement vertical : distance verticale entre deux points

déplacement horizontal : distance horizontale entre deux points

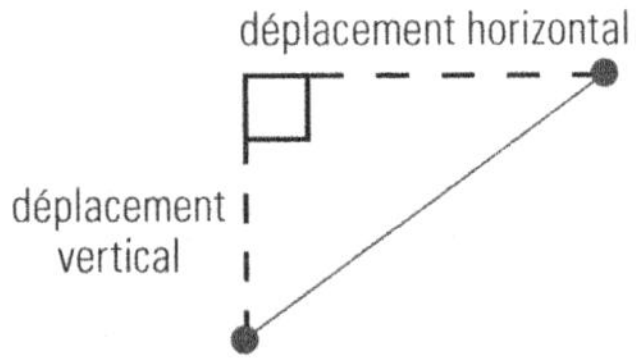

$$\text{pente} = \frac{\text{déplacement vertical}}{\text{déplacement horizontal}}$$

Savoir calculer des pentes est nécessaire pour exercer de nombreux métiers du bâtiment afin que les constructions respectent les codes du bâtiment applicables et que l'intégrité structurale de celles-ci soit assurée. Par exemple, si un entrepreneur doit construire une rampe d'accès pour fauteuils roulants adjacente à une maison, pourquoi lui faudrait-il alors calculer la pente de la rampe?

La pente est une valeur numérique indiquant le degré d'inclinaison d'un élément. Tu peux ainsi calculer la pente ou le degré d'inclinaison de la pente que forme un objet quelconque.

On calcule la pente par un rapport exprimant la variation de la hauteur entre deux points, appelée le **déplacement vertical**, et la distance entre ces points sur le plan horizontal, soit le **déplacement horizontal**.

La formule suivante permet d'exprimer ce rapport :

$$\text{pente} = \frac{\Delta\,\text{distance verticale}}{\Delta\,\text{distance horizontale}}$$

SUGGESTION

En mathématiques, la lettre Delta de l'alphabet grec (Δ) sert à exprimer une variation ou une différence.

Le symbole mathématique de la pente est m. La formule mathématique pour calculer une pente est donc la suivante :

$$m = \frac{\text{déplacement vertical}}{\text{déplacement horizontal}}$$

DISCUSSION DES IDÉES

DÉCRIRE LA PENTE

1. Comment définirais-tu le terme *pente*? Peux-tu nommer quelques-uns de ses synonymes?
2. Comment expliquerais-tu le sens de l'expression ***pente raide*** à quelqu'un qui ne l'a jamais entendue?
3. En équipe de deux, trouvez un objet ou un élément paysager ayant une pente raide. Décris l'inclinaison de la pente à ton camarade sans utiliser les termes ou expressions *pente*, *pente raide* et ***inclinaison***. Échangez ensuite les rôles pour que ton camarade puisse te décrire a pente d'un autre objet ou élément paysager.

ACTIVITÉ 1.1

CRÉER UNE PENTE

Dans le cadre de cette activité, ton camarade et toi allez créer une série de pentes, puis formuler vos observations.

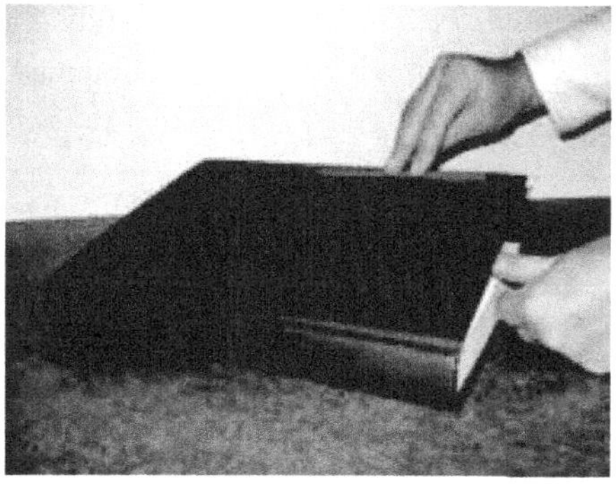

Sers-toi du matériel de cours pour représenter visuellement des problèmes mathématiques et ainsi t'aider à les solutionner.

1. Placez un manuel ou un autre type de livre à couverture rigide sur une surface plane, par exemple sur un pupitre, une table ou le plancher, puis déposez un crayon sur le côté le plus long du livre pour qu'il puisse facilement rouler sur la couverture. Que constatez-vous? Comment expliquez-vous ce qui se produit? Prenez note de vos résultats.
2. Demande à ton camarade d'insérer son pouce sous l'une des extrémités de la couverture du livre, puis dépose un crayon sur le côté le plus long du livre pour qu'il puisse facilement rouler sur la couverture. Que constatez-vous? Comment expliquez-vous ce qui se produit? Quelles sont les différences et les ressemblances entre cet exercice et l'exercice n° 1? Prenez note de vos résultats.
3. Insère ton poing sous l'une des extrémités de la couverture du livre, puis dépose un crayon sur le côté le plus long du livre pour qu'il puisse facilement rouler sur la couverture. Que constatez-vous? Comment expliquez-vous ce qui se produit? Quelles sont les différences et les ressemblances entre cet exercice et l'exercice n° 2? Prenez note de vos résultats.

   Demande à ton camarade de mesurer le déplacement vertical et le déplacement horizontal au millimètre près. Dessine un triangle rectangle et indiques-y les mesures du déplacement vertical et du déplacement horizontal. Calcule la pente que forme le livre, puis inscris la donnée obtenue sur ton dessin.
4. Demande à ton camarade d'insérer son poing sous la couverture du livre. Mesure le déplacement vertical et le déplacement horizontal, puis calcule la pente. Dessine le tout en inscrivant les mesures obtenues. Obtiens-tu les mêmes données que ton camarade? Pourquoi?

Une presse plieuse à matrice courbée permet de plier et de courber la tôle.

Exemple 1

Charlene réalise un projet dans le cadre de son cours de ferronnerie d'art. Elle souhaite concevoir un support en laiton pour livre de recettes semblable à celui du graphique ci-contre. Elle n'a pas de rapporteur d'angle en main, mais le support est dessiné sur du papier quadrillé.

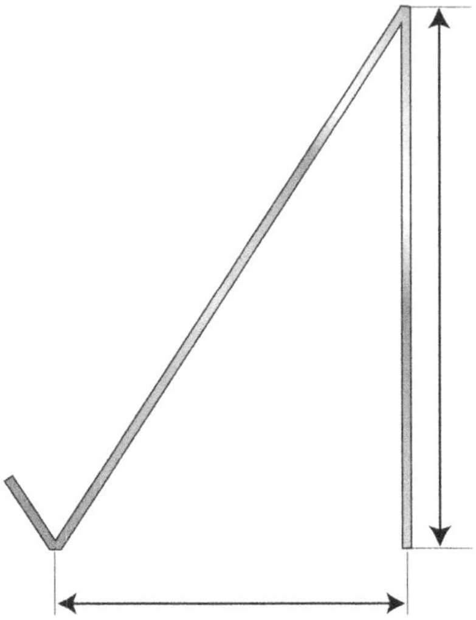

a) Quelle est la pente du support pour livre de recettes?

b) Qu'est-ce que cette mesure de la pente t'apprend sur la relation entre la variation verticale et la variation horizontale du support pour livre de recettes?

c) Andy obtient $\frac{3}{2}$ comme mesure de la pente. Aidée d'une calculatrice, Amanda obtient 1,5. Jennifer affirme que la pente est de 6 : 4. Qui a raison et pourquoi?

Solution

a) Détermine le déplacement vertical et le déplacement horizontal en comptant le nombre de carrés sur la grille.

On compte 6 carrés pour le déplacement vertical. Le déplacement horizontal est de 4 carrés.

$m = \frac{6}{4}$	Inscris les mesures du déplacement vertical et du déplacement horizontal dans la formule de calcul d'une pente.
$m = \frac{3}{2}$	Simplifie la fraction.

La pente du support pour livre de recettes est donc de $\frac{3}{2}$.

b) La pente exprime un rapport entre la variation sur le plan vertical (déplacement vertical) et la variation sur le plan horizontal (déplacement horizontal). Dans le présent exemple, la pente du support pour livre de recettes varie sur le plan vertical de 3 carrés pour chaque variation horizontale de 2 carrés.

c) Ils ont donc tous raison. Pour confirmer que c'est bien le cas, convertis les trois réponses en nombre décimal : si tu divises 3 par 2 et 6 par 4, tu obtiendras 1,5 dans les deux cas, alors que l'autre réponse, soit 1,5, est déjà exprimée en nombre décimal. Toutes les réponses sont donc bonnes, parce qu'elles expriment toutes la même mesure de pente.

Exemple 2

Duncan et Casey transportent de petites boîtes depuis une maison vers un garage à l'aide de chariots à main. Ils ont installé une rampe de chargement sur l'escalier donnant accès à la maison et qui se trouve à 18 po du sol. La pente de la rampe est de 0,2. En pieds, quelle est la distance horizontale (déplacement horizontal) séparant le bas de la rampe du point X?

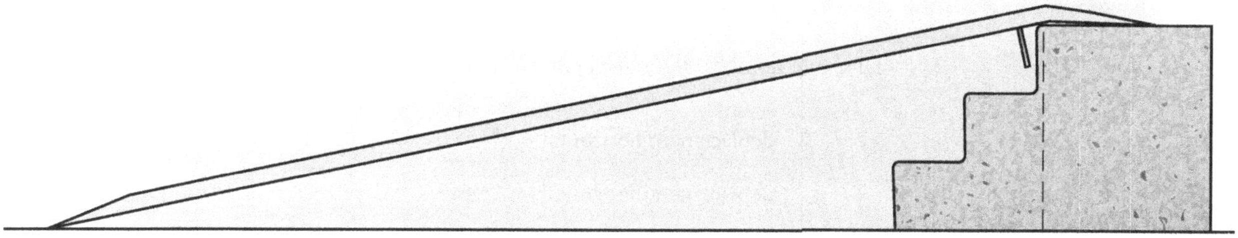

Solution

Inscris les valeurs connues dans la formule de calcul de la pente.

$$0{,}2 = \frac{18}{\text{déplacement horizontal}}$$

$$\text{déplacement horizontal} = \frac{18}{0{,}2}$$

$$\text{déplacement horizontal} = 90 \text{ po}$$

Divise le nombre de pouces par 12 pour obtenir une valeur en pieds.

$$\text{déplacement horizontal} = \frac{90}{12}$$

$$\text{déplacement horizontal} = 7{,}5 \text{ pi}$$

La distance qui sépare le bas de la rampe et les escaliers est de 7,5 pi.

Les rampes d'accès aux camions ou aux plateformes de chargement permettent de transporter des marchandises commerciales ou des effets personnels en toute sécurité.

AUTRE SOLUTION

Exprime la valeur 0,2 sous forme de fraction, puis détermine la distance en utilisant le raisonnement proportionnel.

$$\frac{2}{10} = \frac{18}{\text{déplacement horizontal}}$$

$$\frac{2 \times 9}{10 \times 9} = \frac{18}{\text{déplacement horizontal}}$$

$$\frac{18}{90} = \frac{18}{\text{déplacement horizontal}}$$

$$\text{déplacement horizontal} = 90 \text{ po}$$

Divise le nombre de pouces par 12 pour obtenir une valeur en pieds.

$$\text{déplacement horizontal} = \frac{90}{12}$$

$$\text{déplacement horizontal} = 7{,}5 \text{ pi}$$

La distance qui sépare le bas de la rampe et les escaliers est de 7,5 pi.

ACTIVITÉ 1.2
PROPRIÉTÉ DE LA PENTE

Dans le cadre de cette activité, tu découvriras une propriété de la pente au moyen d'un dessin de ferme. Les fermes sont des assemblages triangulaires préfabriqués servant à supporter la toiture d'un bâtiment. Voici un exemple de ferme.

Les fermes triangulaires permettent de renforcer une toiture et de la stabiliser.

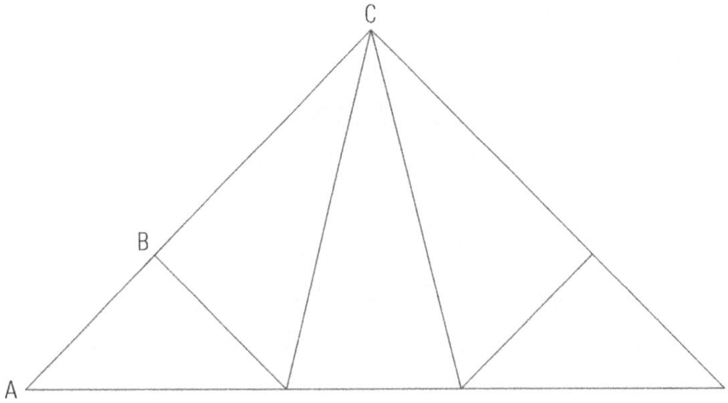

1. Reproduis le dessin de ferme sur du papier quadrillé. Crée un triangle rectangle ayant le segment de droite AB pour hypoténuse. Calcule la pente du segment de droite AB en déterminant d'abord le déplacement vertical et le déplacement horizontal.
2. Crée un triangle rectangle ayant le segment de droite BC pour hypoténuse. Calcule la pente du segment de droite BC en déterminant d'abord le déplacement vertical et le déplacement horizontal.
3. Crée un triangle rectangle ayant le segment de droite AC pour hypoténuse. Calcule la pente du segment de droite AC en déterminant d'abord le déplacement vertical et le déplacement horizontal.
4. Compare la pente des trois segments de droite. Que remarques-tu?
5. As-tu constaté la même chose que tes camarades?
6. En fonction des résultats obtenus, quelle conclusion tires-tu à propos de la pente d'une droite?

Calcul mental et estimation

Si une rampe a une pente de 3, quelles pourraient être les mesures de déplacement vertical et de déplacement horizontal (donner au moins deux réponses possibles)?

RÉSOUS LE PROBLÈME

LE TRIANGLE DES BERMUDES

Quatre formes composent le dessin ci-dessous.

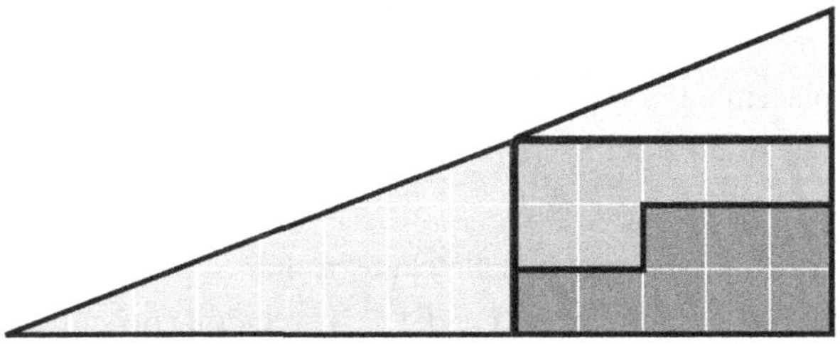

En déplaçant ces formes, on obtient un carré vide.

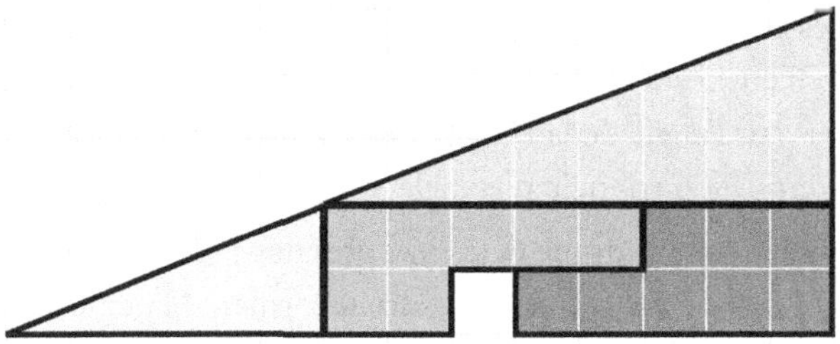

Peux-tu expliquer pourquoi un carré se forme?

ACTIVITÉ 1.3

ANALYSER DES PENTES

Créer un modèle de rampe t'aidera à te figurer comment les vraies rampes sont construites.

Dans le cadre de cette activité, tu analyseras les effets qu'ont le déplacement vertical et le déplacement horizontal sur la valeur des pentes. Travaillez en petits groupes pour réaliser cette activité.

PARTIE A

1. Placez un manuel sur un bureau, puis appuyez l'extrémité d'une règle de 30 cm contre le manuel afin de créer une rampe. Mesurez le déplacement vertical et le déplacement horizontal au millimètre près, puis calculez la pente que forme la règle.
2. Sur un papier quadrillé, dessinez un triangle rectangle à l'échelle pour représenter la rampe. Utilisez trois couleurs différentes, soit une couleur pour la pente, une pour le déplacement vertical et une autre pour le déplacement horizontal. Inscrivez les mesures de chacun des trois segments de droite sur le dessin. Nommez le dessin Pente A.
3. Créez une rampe en empilant cinq manuels sur lesquels vous déposerez une règle. Calculez la pente. Dessinez la pente à l'échelle en inscrivant les mesures obtenues. Nommez le dessin Pente B.
4. Créez une rampe en empilant dix manuels, puis calculez la pente. Dessinez la pente à l'échelle en inscrivant les mesures obtenues. Nommez le dessin Pente C.
5. À l'aide d'une règle et de manuels, créez une rampe dont le déplacement vertical est égal au déplacement horizontal. Calculez la pente. Nommez le dessin Pente D. À noter que vous n'aurez peut-être pas besoin d'utiliser la règle sur toute sa longueur.
6. Comparez les pentes dessinées. Quelle pente semble la plus inclinée? Quelle mesure de pente est la plus élevée? Quelle est la relation entre une pente plus ou moins inclinée et la mesure de cette pente?
7. Comparez le déplacement vertical et le déplacement horizontal des pentes A et B. Quelles différences notez-vous? Quel est le lien entre ces différences et la pente?
8. Observez le dessin de la Pente D. En une phrase, décrivez la pente d'une droite dont le déplacement vertical et le déplacement horizontal sont équivalents. Que remarquez-vous sur l'angle de la Pente D relativement aux segments de droite horizontal et vertical du triangle rectangle?
9. Comparez les segments de droite et les mesures des pentes de chacun des quatre dessins. Lorsque les segments de droite formant la pente se rapprochent du segment de droite horizontal du triangle rectangle, que se passe-t-il avec les mesures de la pente?
10. Lorsque les segments de droite formant la pente se rapprochent du segment de droite vertical du triangle rectangle, que se passe-t-il avec les mesures de la pente?

PARTIE B

1. Sur un papier quadrillé, dessinez un segment de droite horizontal faisant 14 cases. Quel est le déplacement horizontal du segment de droite horizontal? Quel en est le déplacement vertical? Calculez la pente.
2. Dessinez un autre segment de droite horizontal de 4 cases et demie. Calculez ensuite le déplacement vertical, le déplacement horizontal, puis la pente. Comparez les résultats obtenus pour les deux segments de droite horizontaux. Que pouvez-vous en conclure sur la pente d'un segment de droite horizontal?
3. Sur un papier quadrillé, dessinez un segment de droite vertical faisant 14 cases. Devinez quelle en sera la pente.
4. Quel est le déplacement horizontal du segment de droite vertical? Quel en est le déplacement vertical? Calculez la pente. Que remarquez-vous? Comment expliquez-vous cette situation?
5. Que pouvez-vous en conclure sur la pente d'une droite verticale?

DISCUSSION DES IDÉES

LE BUGABOO SPIRE

Le Bugaboo Spire est une montagne de la chaîne Purcell située au sud-est de la Colombie-Britannique. Cette montagne de granit est appréciée des alpinistes.

1. Quel versant du Bugaboo Spire est le plus incliné? Explique ta réponse.
2. Qu'est-ce qui détermine la différence d'inclinaison entre deux pentes?

Si tu étais un alpiniste débutant, à quel versant du Bugaboo Spire t'attaquerais-tu en te basant uniquement sur la pente qu'il forme?

CONSTRUIS TES HABILETÉS

1. Un tronçon du col Kootenay, au sud-est de la Colombie-Britannique, gagne 610 m de hauteur sur une distance de 12 100 m. Aussi, un tronçon du col Coquihalla, au centre-sud de la Colombie-Britannique, s'élève de 845 m sur une distance de 19 880 m. De ces deux tronçons, lequel a la pente la plus prononcée?

La route Coquihalla Pass s'élève à 1 240 m et croise le paravalanche Great Bear. Cette route a été empruntée pour la première fois en 1986.

2. Généralement, on exprime la pente de toit en nombre de pouces de déplacement vertical pour chaque tranche de 12 pouces de déplacement horizontal. Par exemple, la pente d'un toit dont le déplacement vertical est de 6 po par tranche de 12 po de longueur est 6 : 12 On peut calculer la pente au moyen d'un niveau : on dépose l'outil sur le toit, on y prend un point de repère à 12 po de longueur en partant de la toiture, puis on calcule la distance verticale séparant le point de repère de la toiture.

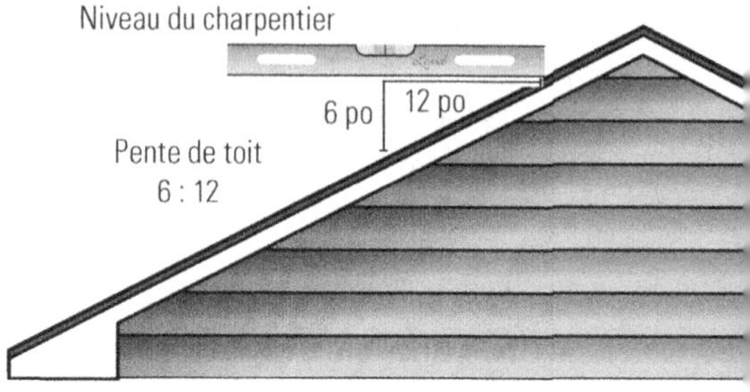

Calcule la pente des trois toits ci-dessous, puis exprime les données sous forme de pente de toit.

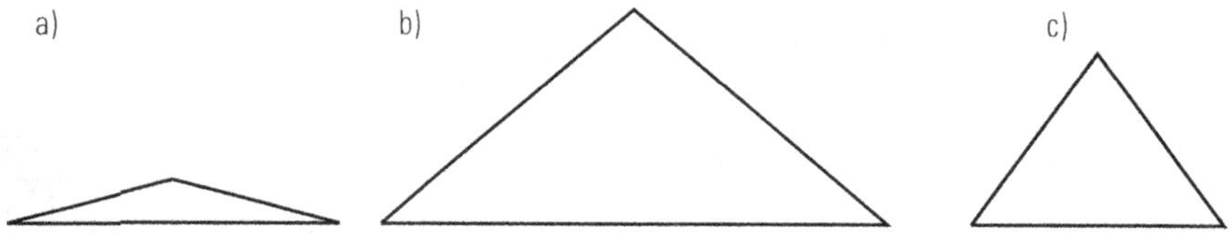

3. Mohinder installe les fermes au bon endroit sur un chantier de construction à l'aide d'une grue. Selon les plans architecturaux, les fermes dont la pente est de 0,25 sont conçus pour les toitures de garage, tandis que la pente des fermes de maison est de 0,5. La ferme ci-dessous est-elle faite pour un garage ou une maison?

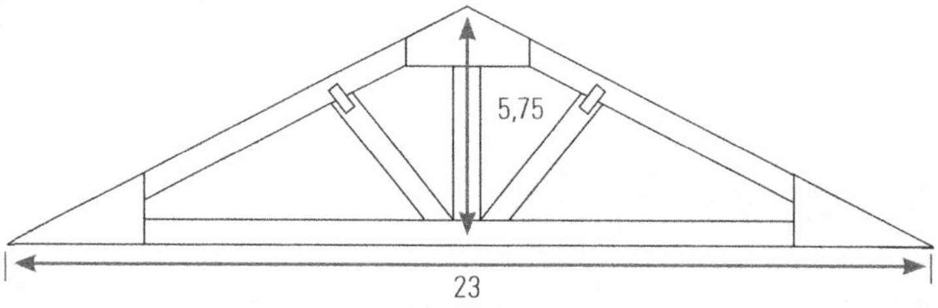

4. Josh aimerait avoir une rampe de planche à roulettes de niveau intermédiaire qui servira de rampe de glisse. Il souhaiterait que la pente de la rampe de glisse soit de 0,171 à 0,294. Parmi les modèles de rampes ci-contre, lequel conviendrait?

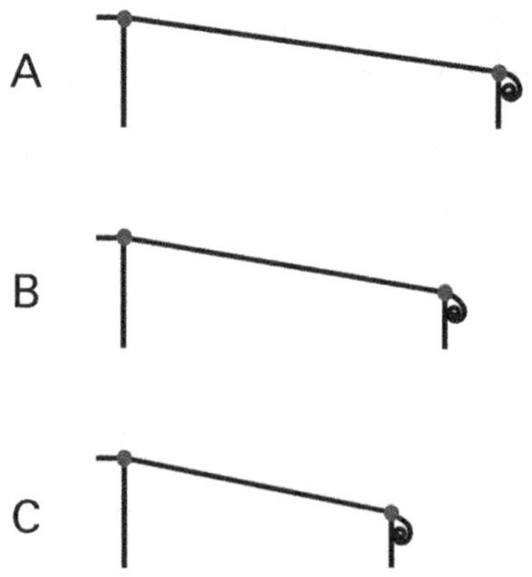

5. Sarah et Amy prévoient se rendre aux glissades d'eau de leur coin. Elles aiment toutes les deux dévaler des glissades bien inclinées et ont d'ailleurs en main une brochure où la pente de chaque glissade est indiquée. En lisant la brochure, Amy affirme qu'une glissade dont la pente est de 4 : 1 est plus inclinée qu'une glissade ayant 1 : 4 de pente. Sarah est d'avis contraire. Qui a raison? Explique ta réponse en la démontrant.

Dans un escalier, tu poses ton pied sur ce qu'on appelle le giron, tandis que tes orteils touchent la contremarche en montant, soit la partie verticale.

6. Sandra construit un escalier de trois marches dans le sentier de son jardin de rocailles. Au total, le déplacement vertical est de $21\frac{3}{4}$ po et le déplacement horizontal de $69\frac{3}{8}$ po. Réponds aux questions suivantes en supposant que les trois marches sont de mêmes dimensions.

   a) Quelle est la pente de l'escalier?

   b) Quels sont le déplacement vertical et le déplacement horizontal de chaque marche?

   c) Quelle est la pente de chaque marche?

   d) Qu'as-tu constaté après avoir calculé les pentes aux questions a) et c)? Explique ta réponse.

   e) Quelle hypothèse as-tu dû faire pour répondre à cette question?

7. Tai et Jon construisent des machines à boules de gomme dotées de rampes disposées en spirale, comme sur la photo ci-contre. Le trou d'où sortent les gommes se trouve à 6 po au-dessus la base. En moyenne, le déplacement horizontal des rampes est de $3\frac{1}{2}$ po chacune.

   a) Quelle est la pente moyenne des rampes d'une machine à boules de gomme comptant six rampes?

   b) Quelle est la pente moyenne des rampes d'une machine à boules de gomme comptant cinq rampes?

8. Selon le Code national du bâtiment du Canada, le déplacement vertical maximum de chaque marche d'un escalier d'une maison unifamiliale doit être de 200 mm, tandis que son déplacement horizontal minimum doit être de 210 mm. Karen construit un escalier menant au sous-sol d'une maison qu'elle rénove, mais comme l'espace est vraiment restreint, les escaliers seraient beaucoup trop en pente si elle respectait ce code. Elle décide donc de construire un escalier à deux volées séparées à mi-chemin par un palier, comme sur l'image ci-contre.

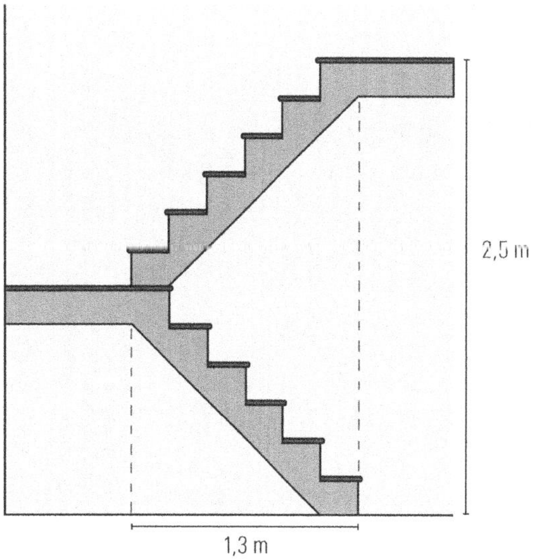

   a) Calcule la pente de chaque volée d'escalier.

   b) Les marches sont-elles conformes au code du bâtiment? Explique ta réponse.

   c) Quelle hypothèse as-tu dû faire pour répondre à cette question?

9. Pour installer une échelle de façon sécuritaire, il faut suivre la règle du « 1 sur 4 », c'est-à-dire que la distance séparant le bas de l'échelle du mur devrait correspondre au $\frac{1}{4}$ de la distance qui sépare le haut de l'échelle du sol, comme sur l'image ci-contre.

   a) Quelle est la pente d'une échelle disposée de façon sécuritaire?

   b) Daisuko doit utiliser une échelle pour peindre la bordure d'une fenêtre du deuxième étage. Le bas de son échelle repose à 1,2 m de la maison. Le haut de l'échelle s'appuie contre la maison à 4,8 m du sol. Calcule la pente de l'échelle. L'échelle est-elle placée de façon sécuritaire?

   c) Daisuko utilise une plus longue échelle pour peindre la bordure du toit. Si le haut de l'échelle s'appuie contre la maison à 10,68 m du sol, à quelle distance de la maison le bas de l'échelle devrait-il reposer pour que l'installation soit sécuritaire?

10. Sharon est une entrepreneure en pose de toitures ayant été embauchée pour installer une bride de toit autour d'une cheminée afin d'empêcher les infiltrations d'eau dans la maison. La bride qu'elle construit comprend un tube métallique et une plaque de métal rectangulaire, comme sur l'image ci-dessous. Le tube fait 8 po de diamètre et la pente du toit est de $\frac{9}{12}$. Sharon doit couper la base du tube selon un angle correspondant à la pente de la toiture. En t'aidant du dessin, explique en quoi la formule de calcul de la pente aidera Sharon à déterminer les mesures pour couper le tube au bon angle.

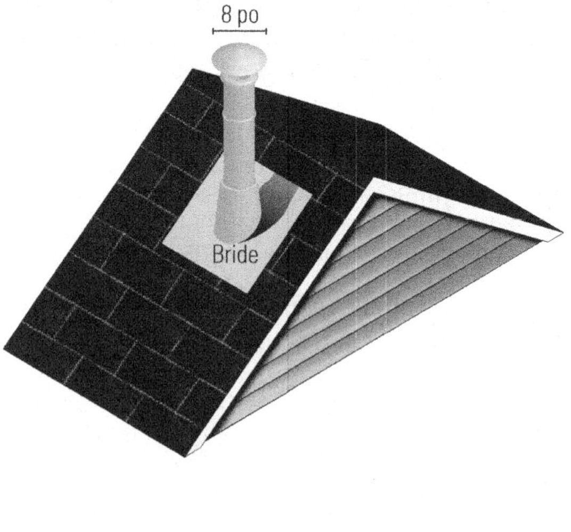

Approfondis ta réflexion

Montagne représentée sur une carte topographique

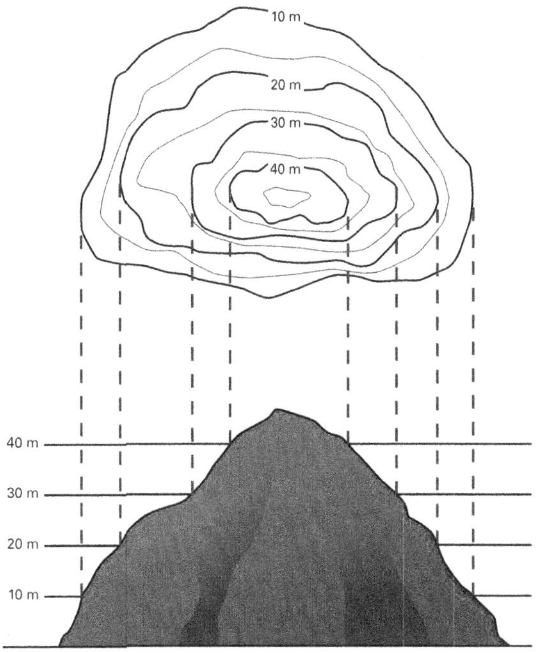

Montagne vue du sol

11. C'est au moyen de symboles qu'on représente des éléments tridimensionnels d'un paysage sur une carte topographique. On appelle par ailleurs courbes de niveau les lignes brunes ondulées servant à indiquer des points d'élévation d'un élément sur une carte topographique. Tous les points indiqués sur une courbe de niveau se trouvent donc à la même altitude. L'espace entre deux courbes de niveau consécutives s'appelle l'équidistance. L'équidistance indique une variation dans l'élévation ou la distance verticale entre des courbes de niveau. Par exemple, sur l'image de droite, les courbes de niveau et les équidistances représentent la forme d'une montagne.

    Jordan et John sont arpenteurs et se servent d'une carte topographique pour trouver un terrain plat où construire une maison. Dans cette carte, l'équidistance est de 1 m, ce qui représente la variation de la distance verticale entre deux courbes de niveau. Chaque carré de la grille compte pour 2 m de distance sur le plan horizontal.

    a) Dessine un triangle représentant le déplacement vertical et le déplacement horizontal du segment de droite AB, puis calcules-en la pente au centième près.

    b) Dessine un triangle représentant le déplacement vertical et le déplacement horizontal du segment de droite BC, puis calcules-en la pente au centième près.

    c) Dessine un triangle représentant le déplacement vertical et le déplacement horizontal du segment de droite CD, puis calcules-en la pente au centième près.

    d) Dessine un triangle représentant le déplacement vertical et le déplacement horizontal du segment de droite DA, puis calcules-en la pente au centième près.

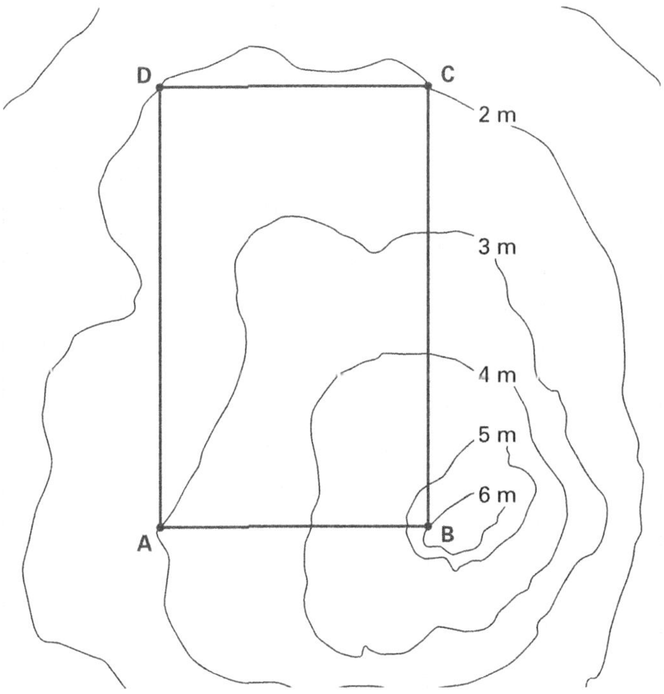

TESTE TES MODÈLES ET RECUEILLE DES DONNÉES

Tout processus de conception s'accompagne d'une importante étape de mise à l'essai, au cours de laquelle on crée une maquette pour déterminer si sa conception respecte les critères établis du projet et donne des résultats constants. Dans le cadre de cette activité, tu créeras une maquette en trois dimensions de tes modèles de parc de planche à neige, puis les testeras pour valider si les tremplins pour débutants, intermédiaires et experts correspondent vraiment à trois niveaux de difficulté différents.

Il arrive souvent que les tests effectués au moyen d'une maquette ne donnent pas les résultats attendus la première fois. Ainsi, fais plusieurs tests et prends note des résultats, que tu pourras ensuite analyser afin de déterminer les changements à apporter pour corriger la longueur de la pente, son déplacement vertical ou horizontal, ainsi que la distance séparant les deux extrémités des tremplins.

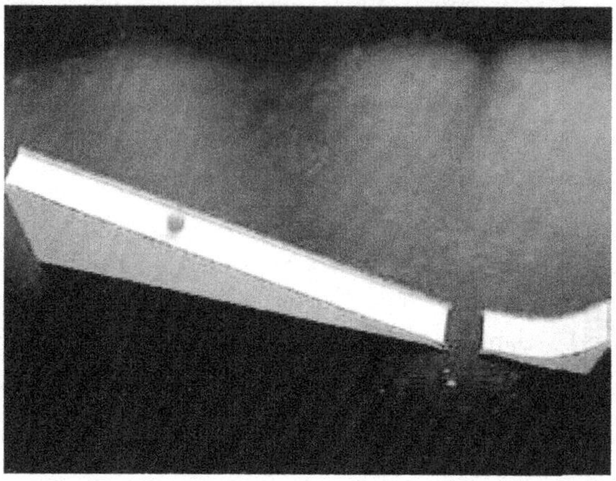

En faisant une maquette de la rampe, tu pourras ainsi tester ton modèle pour voir si tu obtiens les résultats attendus.

1. Reproduis tes dessins sur du carton ou du carton bristol, découpe les formes, puis colle-les ensemble de façon a créer des modèles de tremplin pour débutant, intermédiaire et expert.
2. Inscris les dimensions de chaque modèle dans un tableau comme celui proposé ci-dessous.
3. Sers-toi d'une bille pour représenter un planchiste. Laisse glisser la bille à partir du haut du tremplin pour débutants, puis mesure la distance parcourue entre la sortie du tremplin et l'endroit où elle atterrit. Inscris tes résultats dans le tableau ci-dessous.
4. Refais le test deux fois, puis inscris la distance moyenne que parcourt la bille.
5. Teste maintenant le tremplin de niveau intermédiaire. La bille parcourt-elle une plus grande distance une fois qu'elle quitte ce tremplin? Si non, tu dois en revoir la conception. Que pourrais-tu modifier pour que le tremplin propulse davantage? Tu devras peut-être faire des tests en modifiant certains éléments conceptuels. Chaque fois que tu apportes un changement, inscris les nouvelles dimensions du tremplin dans ton tableau, effectue trois tests et détermine la distance moyenne parcourue. Refais des tests et modifie ton modèle jusqu'à ce que le tremplin de niveau intermédiaire propulse la bille plus loin que le tremplin pour débutants.
6. Refais des tests et modifie ton modèle jusqu'à ce que le tremplin de niveau expert propulse la bille plus loin que le tremplin pour intermédiaires.

TREMPLIN DE DÉBUTANT

Déplacements vertical et horizontal du parcours en descente	*Déplacements vertical et horizontal du tremplin*	*Distance entre le parcours en descente et le tremplin*	*Distance parcourue par la bille*			
			Test 1	*Test 2*	*Test 3*	*Moyenne*
		EXEMPLE				

Inclinaison, angle d'élévation et distance

1.2

Un agent de la construction doit bien connaître toutes les facettes de l'industrie de la construction, ainsi que les codes du bâtiment et les normes du secteur d'ordres provincial et national.

LES MATHÉMATIQUES *AU TRAVAIL*

Richard Hall, membre de la Nuxalk Nation, travaille comme agent de la construction pour la Société canadienne d'hypothèques et de logement (SCHL). Il a grandi à Bella Coola, en Colombie-Britannique, et a obtenu son certificat de charpentier portant le Sceau rouge à l'issue d'études au College of New Caledonia ainsi qu'au Okanagan College. Richard a aussi fréquenté le British Columbia Institute of Technology, où il a reçu un diplôme en inspection de bâtiments et en aménagement à accès facile (type de conception facilitant l'accès à des lieux aux personnes handicapées). Comme agent de la construction, Richard inspecte des maisons pour s'assurer que les matériaux et la construction sont conformes au code du bâtiment qu'applique la SCHL. Il conseille également des clients qui souhaitent rénover leur résidence ou modifier un lieu afin que des personnes handicapées puissent y accéder facilement. Richard trouve que les mathématiques ont une importance capitale dans son métier. Tous les jours, il doit en effet estimer des coûts de matériaux et de main-d'œuvre, prendre des mesures et passer du système impérial au système métrique, et vice et versa.

On a demandé à Richard d'inspecter une nouvelle rampe d'accès pour fauteuils roulants installée dans un immeuble d'habitation. Selon le code du bâtiment, la pente d'une rampe d'accès pour fauteuils roulants ne peut être supérieure à 8,3 %. Si le déplacement vertical de la rampe est de 32 cm et son déplacement horizontal, de 370 cm, s'agit-il d'une installation conforme au code?

EXPLORE LES MATHÉMATIQUES

As-tu déjà vu un panneau de signalisation routière comme celui présenté ci-dessous? Où l'as-tu vu? Que signifie le chiffre « 8 % » sur le panneau? Pourquoi donner une telle indication aux usagers de la route?

inclinaison : pente d'une entité physique, comme une route ou une montagne (on l'appelle aussi déclivité)

On appelle **inclinaison** la pente d'une route ou d'une autre surface. Souvent, l'inclinaison est exprimée en pourcentage. Ainsi, plus une pente est prononcée, plus le pourcentage d'inclinaison est élevé. Pour convertir la mesure d'une pente en pourcentage d'inclinaison, multiplie cette mesure par 100. Pour faire ce calcul, l'unité doit être la même pour exprimer le déplacement vertical et le déplacement horizontal (en mètres pour les deux éléments, par exemple).

$$\text{Pourcentage d'inclinaison} = \frac{\text{déplacement vertical}}{\text{déplacement horizontal}} \times 100$$

tangente : rapport entre le côté opposé à l'angle d'élévation et le côté adjacent à l'angle d'élévation dans un triangle rectangle

angle d'élévation : angle que forment le segment de droite horizontal et le segment de droite incliné

La pente d'une droite (déplacement vertical/déplacement horizontal) est la tangente (côté opposé/côté adjacent) de l'angle d'élévation. Une fois que tu connais **la tangente** (pente), tu peux utiliser la réciproque de la tangente [$\tan^{-1}(x)$] pour déterminer l'**angle d'élévation**.

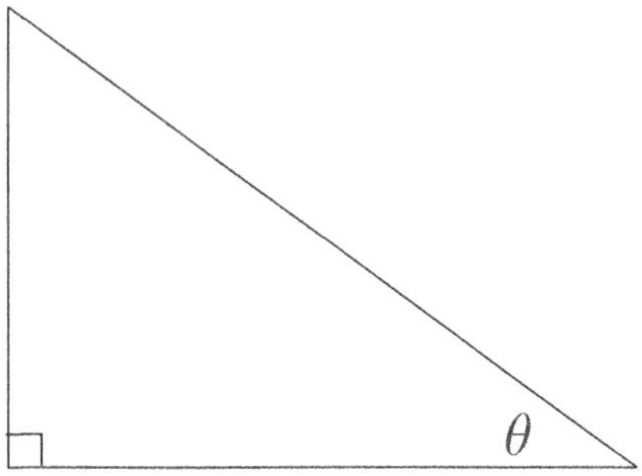

Comme la pente équivaut à la tangente de l'angle d'élévation, tu peux convertir la mesure de l'angle d'élévation en pourcentage d'inclinaison selon la formule suivante :

$\tan \theta \times 100$ = pourcentage d'inclinaison

SUGGESTION

En trigonométrie, on utilise la lettre thêta (θ) de l'alphabet grec pour désigner un angle inconnu.

En plus de calculer l'élévation d'une pente, tu devras souvent calculer la longueur d'une droite représentant une pente précise. Par exemple, si l'on t'embauche pour construire une rampe dont la pente est de 1 : 6 afin d'accéder à une entrée se trouvant à 20 po du sol, tu devras savoir calculer la longueur que doit avoir cette rampe pour qu'elle ait la pente voulue.

théorème de Pythagore : théorème selon lequel la somme des carrés des longueurs des cathètes d'un triangle rectangle est égale au carré de la longueur de l'hypoténuse; on écrit, sous forme d'équation, $a^2 + b^2 = c^2$.

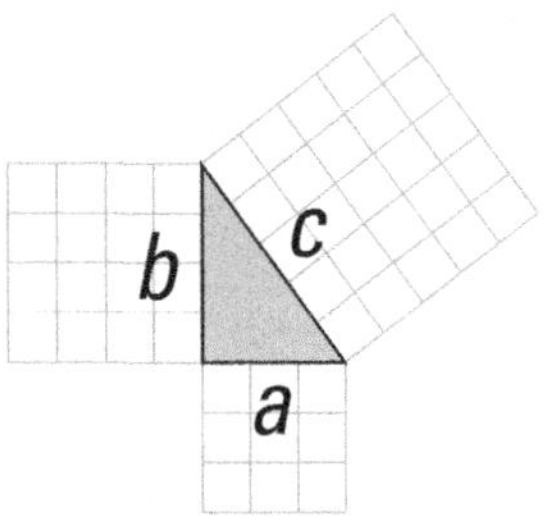

En fonction des liens qu'il y a dans un triangle rectangle entre le déplacement vertical, le déplacement horizontal et la pente, sers-toi du **théorème de Pythagore** pour calculer la longueur de l'hypoténuse.

ACTIVITÉ 1.4
PENTE ET TANGENTE

Dans le cadre de cette activité réalisée en groupe de deux, ton camarade et toi devrez illustrer la relation entre la pente et la tangente.

1. Dessinez un triangle rectangle que vous nommerez Triangle 1, puis indiquez-y les côtés correspondant au déplacement vertical et au déplacement horizontal.
2. Dessinez un autre triangle rectangle ayant les mêmes dimensions que le Triangle 1, mais nommez-le Triangle 2. Inscrivez θ et « angle d'élévation » à l'endroit où se trouve cet angle. Indiquez où se trouvent les côtés opposé et adjacent du triangle.
3. Comparez les deux triangles. Quels sont les côtés correspondants des deux triangles? Inscrivez vos réponses dans un tableau semblable à celui présenté ci-dessous.

PENTE ET RAPPORT DE LA TANGENTE

Triangle 1		*Triangle 2*
déplacement vertical	semblable	
déplacement horizontal	semblable	EXEMPLE

4. En fonction des données compilées dans le tableau, complétez la formule suivante :

$$\text{Pente Triangle 1} = \frac{\square}{\square}$$

$$\text{Pente Triangle 2} = \frac{\square}{\square}$$

$$\text{Pente} = \tan \theta$$

Exemple 1

Brad souhaite sortir un véhicule tout-terrain de la boîte de sa camionnette. Il installe une rampe d'aluminium contre la plateforme disposée selon une pente de 7 : 40. Quel est l'angle d'élévation de la rampe?

Un quad, ou véhicule tout-terrain, est adapté aux surfaces boueuses ou rocheuses et aux différents terrains accidentés.

SOLUTION

$$\tan \theta = \frac{\text{côté opposé}}{\text{côté adjacent}}$$

$$\tan \theta = \frac{\text{déplacement vertical}}{\text{déplacement horizontal}}$$

$\tan \theta$ est égal au rapport entre le déplacement vertical et le déplacement horizontal.

$$\tan \theta = \frac{7}{40}$$

Inscris les valeurs connues dans la formule.

$$\tan \theta = 0{,}175$$

Convertis la fraction en nombre décimal.

$$\angle \theta = \tan^{-1}(0{,}175)$$

Calcule l'angle d'élévation au moyen de la touche réciproque de la tangente de la calculatrice.

$$\angle \theta \approx 9{,}9°$$

SUGGESTION

Assure-toi que ta calculatrice est en mode degré.

L'angle d'élévation de la rampe est de 9,9°.

Exemple 2

Souvent, on indique aux entrepreneurs l'inclinaison voulue pour une entrée lorsqu'ils coulent le matériau de revêtement.

angle de dépression : angle formé entre le plan horizontal et la ligne de vision lorsqu'on regarde vers le bas

dénivelé : différence de hauteur entre les deux extrémités d'un objet donné; correspond au déplacement vertical

L'**angle de dépression** de la pente d'une entrée doit être d'au moins 1° afin d'éloigner les eaux de surface d'une maison. Si l'extrémité de l'entrée se trouve à 8 m de la maison, quel doit être le **dénivelé** de la surface, en centimètres, pour assurer un bon drainage des eaux? Arrondis ta réponse au centième près.

SOLUTION

Calcule le dénivelé (déplacement vertical) de l'entrée au moyen de la formule de la tangente.

$$\tan\theta = \frac{\text{déplacement vertical}}{\text{déplacement horizontal}}$$

$$\tan 1° = \frac{\text{déplacement vertical}}{8\text{ m}}$$ Inscris les valeurs connues dans la formule.

$$(8)\tan 1° = \text{déplacement vertical}$$

$$0{,}1396 \approx \text{déplacement vertical}$$

$$0{,}14\text{ m} \approx \text{déplacement vertical}$$ (réponse arrondie au centième près)

$0{,}14 \times 100 = 14$ Convertis les mètres en centimètres.

La dénivellation totale de l'entrée sur 8 m de distance doit être de 14 cm pour assurer un bon drainage.

Calcul mental et estimation

En pourcentage, quelle est l'inclinaison d'une montagne dont la pente est de $\frac{5}{8}$?

ACTIVITÉ 1.5

LONGUEUR D'UNE PENTE DONNÉE

Dans le cadre de cette activité, ton camarade et toi ferez appel à vos connaissances sur le déplacement vertical, le déplacement horizontal et la pente afin de proposer une formule de calcul de la longueur d'un segment de droite représentant une pente donnée.

Les planchodromes offrent diverses installations, notamment des rampes, des rampes de glisse et des escaliers.

1. Dessinez un triangle rectangle que vous nommerez Triangle 1, puis inscrivez-y c pour identifier l'hypoténuse ainsi que a et b pour les deux autres côtés. Écrivez le théorème de Pythagore sous le triangle.
2. À côté du Triangle 1, dessinez un autre triangle rectangle ayant les mêmes dimensions. Identifiez où se trouvent le déplacement vertical et le déplacement horizontal.
3. Comparez les deux triangles. Quels sont les côtés correspondants des deux triangles? Inscrivez vos réponses dans un tableau semblable à celui présenté ci-dessous.

LONGUEUR D'UNE PENTE DONNÉE

Triangle 1		*Triangle 2*
a	semblable	
b	semblable	
c	semblable	

EXEMPLE

4. Comment pourriez-vous déterminer la longueur de l'hypoténuse du Triangle 1? Écrivez la formule que vous utiliseriez pour faire ce calcul.
5. Si l'on remplaçait les termes déplacement vertical, déplacement horizontal et longueur du segment de droite d'une pente donnée dans la formule établie à la question n° 4, qu'obtiendriez-vous?

Exemple 3

Josette souhaite construire une rampe de planche à roulettes ayant 20 % d'inclinaison de façon à ce que le haut de la rampe appuie contre une rampe de glisse installée à 30 cm du sol. Quelle longueur doit avoir la rampe? Arrondis ta réponse au centimètre près.

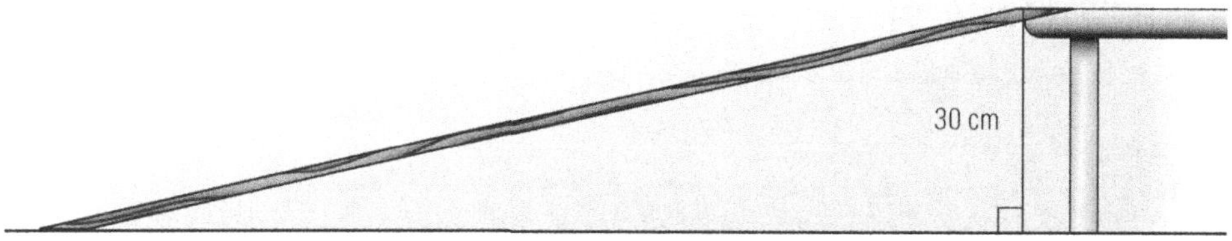

SOLUTION

Calcule d'abord la pente associée à une inclinaison de 20 %.

$$20 = \frac{\text{déplacement vertical}}{\text{déplacement horizontal}} \times 100$$

$$\frac{20}{100} = \frac{\text{déplacement vertical}}{\text{déplacement horizontal}}$$

$$\frac{1}{5} = \frac{\text{déplacement vertical}}{\text{déplacement horizontal}}$$

Pour obtenir une inclinaison de 20 %, la pente doit être de 1 : 5.

La rampe de planche à roulettes de Josette se trouve à 30 cm de hauteur. Calcule le déplacement horizontal.

$$\frac{1}{5} = \frac{30}{\text{déplacement horizontal}}$$ Tires-en une proportion.

$$\text{déplacement horizontal} = 5 \times 30$$

$$\text{déplacement horizontal} = 150 \text{ cm}$$

Le déplacement horizontal est de 150 cm.

Enfin, détermine la longueur de la rampe au moyen du théorème de Pythagore.

$$\text{longueur} = \sqrt{\text{déplacement horizontal}^2 + \text{déplacement vertical}^2}$$

$$\text{longueur} = \sqrt{150^2 + 30^2}$$

$$\text{longueur} = \sqrt{22\,500 + 900}$$

$$\text{longueur} = \sqrt{23\,400}$$

$$\text{longueur} \approx 152{,}97 \text{ cm}$$

La rampe doit mesurer 153 cm de long.

CONSTRUIS TES HABILETÉS

SUGGESTION

D'habitude, lorsque tu obtiens une valeur décimale inférieure à 0,5, tu arrondis à la baisse. Lorsque tu calcules une quantité de matériaux, tu dois arrondir à la hausse, sans quoi il t'en manquera.

1. Shelley est plombière. Elle doit installer un tuyau d'évacuation de sous-sol comme celui figurant sur le dessin. Si chaque carré de la grille compte pour 15 cm, combien devra mesurer le tuyau nécessaire en centimètres?

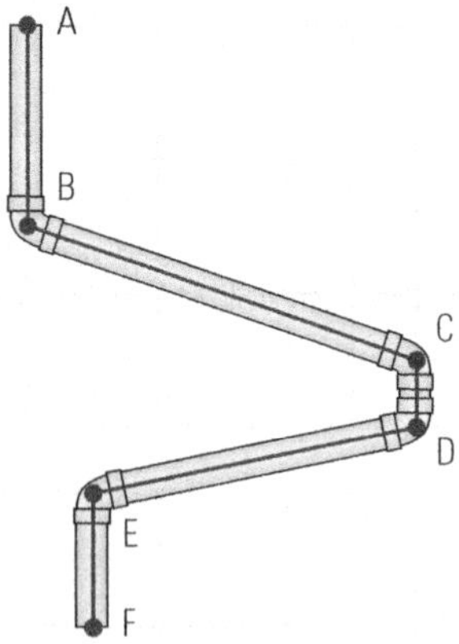

2. Les routes revêtues présentent une dénivellation de part et d'autre de la ligne médiane d'une route afin que les eaux puissent s'écouler. Le point le plus élevé d'une route, ou le sommet de la ligne médiane, est $3\frac{3}{4}$ po plus haut que la bordure de la route. La bordure d'une route se trouve à 9 pi de la ligne médiane. Quel est donc le pourcentage d'inclinaison à partir du sommet de la ligne médiane?

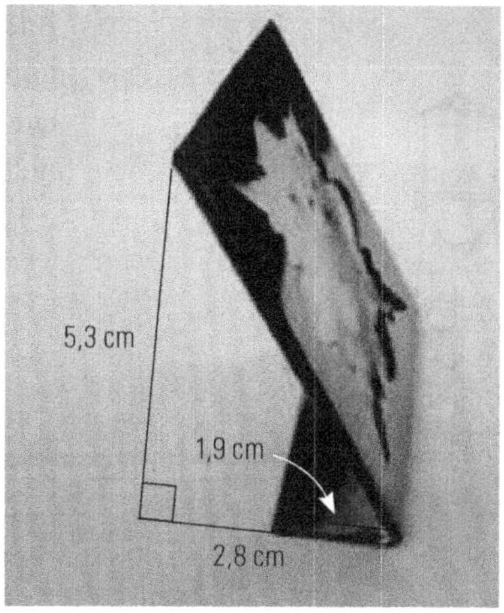

3. Sal souhaite créer un petit cadre au moyen d'une feuille de cuivre, comme sur l'image. Il doit plier la feuille au bon angle pour que le cadre soit équilibré. La hauteur du cadre et la profondeur de son support auront un effet sur l'angle de pliage de la feuille de cuivre.
   a) Quel est l'angle de pliage du cadre? Arrondis ta réponse au degré près.
   b) Quelle longueur doit avoir la feuille de cuivre que Sal utilisera pour créer son cadre?

4. Dana est plombière. Elle s'affaire à installer un tuyau d'évacuation de 2 po dans une salle de bain. Le dénivelé du tuyau doit être de $\frac{1}{4}$ po par pied pour que l'évacuation des eaux se fasse correctement.
   a) Sur une distance de 11 pi, quel doit être le dénivelé du tuyau en pouces?
   b) Quel est le pourcentage d'inclinaison?

5. La pente que forme la toiture d'une maison détermine le type de matériaux de couverture à utiliser. Dans le tableau ci-dessous, trois types de matériaux de couverture sont indiqués selon la pente de toit correspondante.

COMPARATIF DES MATÉRIAUX DE COUVERTURE

Angle d'élévation	*Matériau de couverture*	*Caractéristiques*
0–14°	Goudron et gravier	Étanche à l'eau
18°+	Bardeau d'asphalte	Égoutte l'eau, non étanche
26°+	Tuile de terre cuite	Égoutte l'eau, non étanche

Les familles Cardinal et Sebastian construisent chacune une maison pour laquelle elles doivent choisir les matériaux de couverture propres à leur toiture respective.
   a) La toiture de la maison des Cardinal présente un déplacement vertical de 3 pi et un déplacement horizontal de 18 pi. Quel est l'angle d'élévation? Quels matériaux de couverture la famille Cardinal devrait-elle poser?
   b) La toiture de la maison des Sebastian présente un déplacement vertical de 6 pi et un déplacement horizontal de 16 pi. Quel est l'angle d'élévation? Quels matériaux de couverture la famille Sebastian devrait-elle poser?

6. Adèle doit acheminer vers son chalet l'eau d'un réservoir qui se trouve 750 m plus loin. Elle assemble des tuyaux de PVC en pente à 0,8° pour diriger l'eau vers la citerne du chalet. La prise d'eau de la citerne est à 1,5 m du sol. À quelle hauteur du sol l'autre extrémité du tuyau doit-elle être raccordée au réservoir?

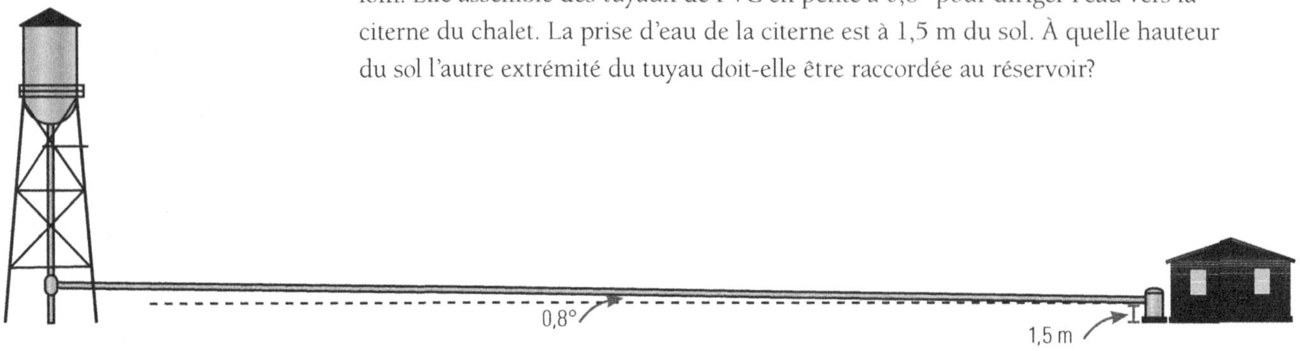

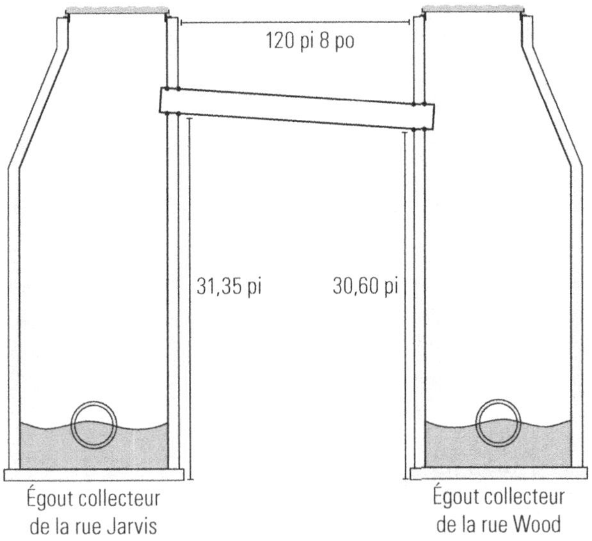

7. Shawn installe un tuyau entre deux égouts collecteurs, comme sur l'illustration. La sortie d'eau de l'égout de la rue Jarvis se trouve à une hauteur de 31,35 pi. L'entrée d'eau de l'égout de la rue Wood se trouve à une hauteur de 30,60 pi. La distance entre les deux égouts collecteurs est de 120 pi 8 po. Pour bien aligner les deux extrémités du tuyau, Shawn doit régler le bon pourcentage d'inclinaison sur son niveau laser. Quel est le pourcentage d'inclinaison à régler sur le niveau laser?

8. Soit un tronçon de chemin de fer de 13,4 km présentant une inclinaison de 2,1 %. Quel en est le déplacement vertical en mètres?

L'inclinaison d'un chemin de fer doit être faible pour que les trains puissent déplacer leurs lourds chargements.

Approfondis ta réflexion

9. Le sentier du mont Sheep, au Yukon, fait 6,5 km de long et présente une pente de 10°. Le sentier Hickory, lui aussi au Yukon, présente une pente de 8° et le même gain d'élévation que le sentier du mont Sheep. Le sentier Hickory est donc le plus long des deux. De combien?

LES RACINES DES MATHÉMATIQUES

LES TUNNELS EN SPIRALE DU COL KICKING HORSE

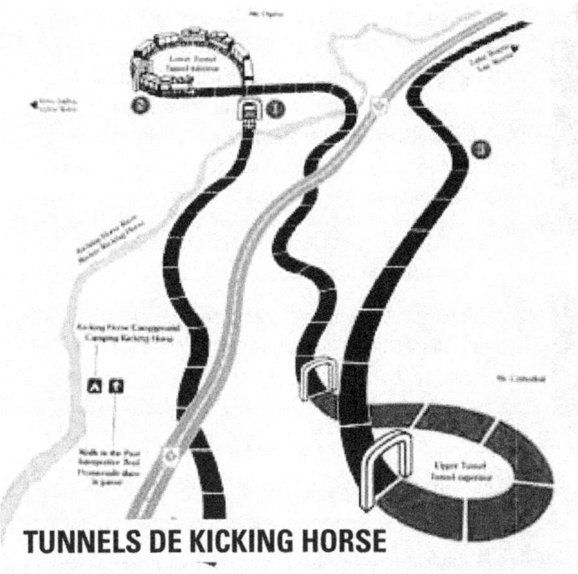

Les tunnels en spirale du col Kicking Horse sont uniques au Canada.

En 1881, on met sur pied la compagnie du Chemin de fer Canadien Pacifique (CFCP), qui aura pour mandat de construire un chemin de fer transcontinental reliant le Canada d'est en ouest. Malgré l'ampleur de la tâche, le CFCP parvient à terminer le chemin de fer six ans à l'avance, enfonçant le dernier crampon à Craigellachie, en Colombie-Britannique, en novembre 1885.

L'une des parties les plus difficiles à construire est celle parcourant le col Kicking Horse dans les Rocheuses. Les ingénieurs du CFCP proposent de creuser des tunnels dans les montagnes. Mais pour réduire le temps et les coûts de construction, le CFCP décide de construire la « Big Hill », près de Field, en Colombie-Britannique. Une fois terminé, ce tronçon présente une inclinaison de 4,5 %, soit quatre fois l'inclinaison recommandée pour un chemin de fer. À l'époque, ce dénivelé de 300 mètres sur 6 kilomètres constitue l'une des pentes les plus raides pour un chemin de fer. Le CFCP doit construire des locomotives spéciales assez puissantes pour remonter cette pente raide, et aménager trois lignes secondaires où l'on peut aiguiller les trains en détresse lorsqu'ils descendent la montagne. Hélas, malgré ces mesures, la Big Hill demeure le lieu de nombreux accidents et de quelques décès.

Pas de doute, il fallait trouver une autre façon plus sûre de traverser cette région. On propose d'abord de trouver un trajet à pente moins raide dans les montagnes, une option jugée trop dangereuse en raison des risques d'avalanches et de glissements de terrain. Puis, John E. Schwitzer, ingénieur principal du CFCP, trouve la solution. En 1907, il propose de creuser deux tunnels en spirale dans la montagne. Le tunnel en spirale change d'élévation en décrivant une boucle de 360° dont l'entrée passe sous la sortie. Cela permet une réduction de l'élévation du chemin de fer sur une courte distance horizontale. Le CFCP construit donc un tunnel en spirale dans le mont Cathedral qui revient sur lui-même et ressort 15 mètres plus bas que son entrée. La voie descend ensuite vers la vallée et entre dans le mont Ogden. Ce tunnel inférieur décrit lui-aussi une boucle sur lui-même et ressort encore 15 mètres plus bas que son entrée.

L'ajout de ces deux tunnels a doublé la longueur du chemin de fer. Plus de 1 000 travailleurs auront travaillé à sa construction, qui a coûté 1,5 million de dollars, mais a permis de réduire à 2,2 % la pente du chemin de fer. Les travailleurs ont creusé le tunnel à partir des deux extrémités et, malgré les limites des outils de l'époque, les deux bouts se sont rejoints à quelques pouces de différence. Véritables exploits du génie et de la construction, les tunnels en spirale du col Kicking Horse demeurent, encore aujourd'hui, les seuls en leur genre au Canada.

1. Quels sont les avantages et les inconvénients des tunnels en spirale?
2. Si tu devais tracer une voie de chemin de fer dans les montagnes, quelles solutions, outre les tunnels en spirale, proposerais-tu comme moyen sécuritaire de traverser les montagnes? Tu dois être en mesure d'expliquer en quoi ta méthode réglerait le problème des pentes raides.
3. Saurais-tu donner un autre exemple de situation où la spirale serait une bonne façon de faire monter ou descendre une pente?

DÉVELOPPEMENT DU SCHÉMA

Ces élèves développent les résultats d'essais de leur parc de planche à neige.

Lorsque vous aurez essayé vos modèles et décidé de votre schéma définitif, vous devrez inscrire les spécifications techniques des installations de votre parc de planche à neige. Dans cette activité, vous devrez créer un schéma à l'échelle de vos modèles et en calculer la pente, et vous devrez expliquer comment vous avez réglé les problèmes de conception survenus lors de la phase d'essai.

1. Sur un papier quadrillé, dessinez à l'échelle chacun de vos modèles de tremplin.
2. Sur chaque tremplin, indiquez le déplacement vertical et le déplacement horizontal, puis calculez la pente. Exprimez ces pentes sous forme de fraction et sous forme décimale.
3. Calculez l'angle d'élévation et le pourcentage d'inclinaison des pentes et inscrivez-les sur votre schéma.
4. En une page, décrivez votre phase d'essais en répondant aux questions suivantes.
   - Votre concept a-t-il fonctionné au premier essai?
   - Quels aspects du concept avez-vous changés à chaque nouvel essai?
   - Quelles modifications ont entraîné le plus de changements dans la distance parcourue par la bille? Pourquoi?
   - Quelles modifications ont entraîné le moins de changements dans la distance parcourue par la bille? Pourquoi?
   - Quels compromis avez-vous dû faire pour atteindre vos objectifs concernant les différents niveaux d'habileté?
   - Quelle est la distance moyenne parcourue par la bille pour chacun de vos tremplins?

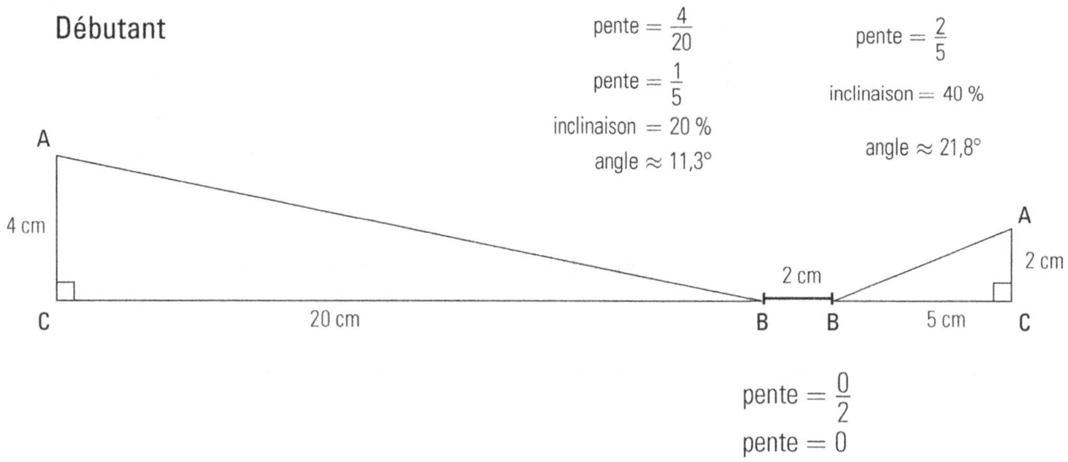

1.3 Taux de variation

LES MATHÉMATIQUES *AU TRAVAIL*

Arlette, de Prince Albert, en Saskatchewan, adore jardiner. Elle possède une entreprise à domicile, et cultive des fines herbes biologiques qu'elle vend en gros à une épicerie de sa région. Arlette utilise les mathématiques lorsqu'elle commande du matériel ou des fournitures, qu'elle tient son registre mensuel des revenus et des dépenses, et qu'elle calcule les bénéfices de son entreprise. Elle pourrait vendre ses herbes à prix supérieur si elle les vendait directement au public, alors elle pense ajouter à son entreprise une petite serre de vente au détail. Elle a découvert que le Conseil de la coopération de la Saskatchewan (CCS) aide les entrepreneurs francophones en accordant des prêts aux petites entreprises.

Lors de sa rencontre avec un agent du développement économique du CCS pour discuter de son plan d'affaires, elle a présenté le graphique ci-contre. Que représente la droite sur ce graphique?

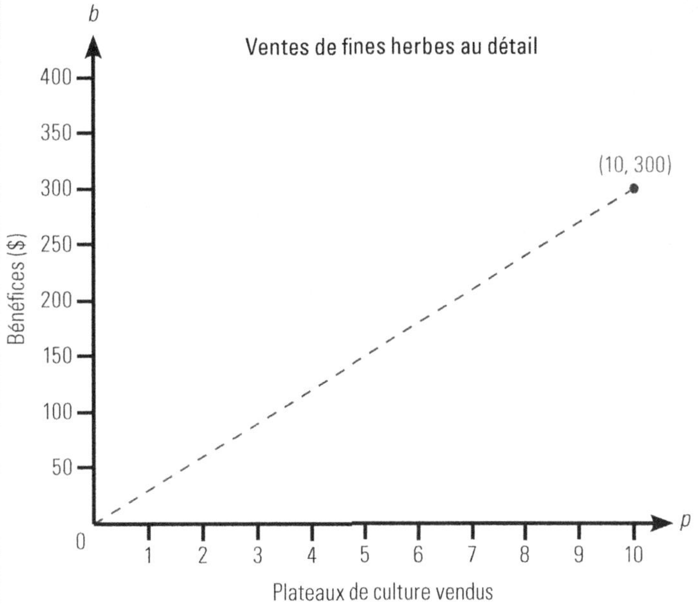

EXPLORE LES MATHÉMATIQUES

Imagine que tu travailles chez un fabricant de planches à roulettes. Si tu fabriques un nombre donné de plateaux de planches à roulettes par heure, comment ta production totale est-elle liée au nombre d'heures de travail?

Ta production augmente en fonction du nombre d'heures travaillées. C'est ce qu'on appelle le **taux de variation**. Le changement du taux reliant deux variables signifie que le changement d'une variable dépend du changement de l'autre variable. Par conséquent, l'une des variables est la **variable dépendante**, et l'autre, la **variable indépendante**. Dans le cas du fabricant de planches à roulettes, la variable dépendante est le nombre de plateaux de planches à roulettes produits, parce qu'il varie en fonction du nombre d'heures travaillées. Le nombre d'heures est donc la variable indépendante.

Lorsque la relation entre les variables demeure constante, la relation mathématique est dite linéaire. Un graphique est une façon pratique de visualiser une relation linéaire. Le graphique d'une relation linéaire est une ligne droite.

taux de variation : taux de variation d'une variable par rapport à une autre variable

variable dépendante : variable dont la valeur repose sur les valeurs données à une autre variable

variable indépendante : variable dont les valeurs peuvent être choisies librement

Des élèves fabriquent un plateau de planche à roulettes.

Si tu fabriques 20 plateaux de planches à roulettes par heure, tu peux tracer un graphique présentant ta production de plateaux par rapport au nombre d'heures de travail. Trace un graphique sur huit heures.

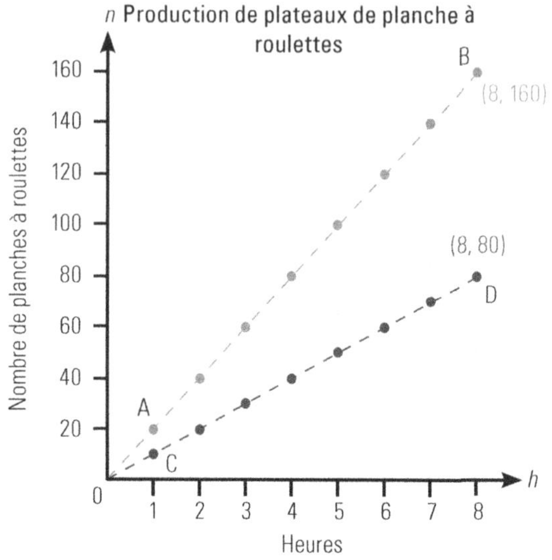

As-tu remarqué que le segment de droite sur ton graphique représente une pente? Dans ce cas-ci, la pente ne représente pas une relation physique entre les déplacements vertical et horizontal, mais bien une relation mathématique entre deux variables. Le déplacement vertical correspond au changement de la variable dépendante, et le déplacement horizontal, au changement de la variable indépendante. Quelle est la pente du segment de droite AB sur ce graphique?

SUGGESTION

Place la variable dépendante sur l'axe des *y* et la variable indépendante sur l'axe des *x*.

Trace un autre segment de droite sur ton graphique qui correspond à une production réduite de dix plateaux par heure pour le même nombre d'heures de travail. Quelle est la pente du segment de droite CD? Que remarques-tu au sujet de la pente de ces segments de droite? L'un des segments de droite paraît-il plus incliné que l'autre? Qu'est-ce que la pente du segment de droite t'indique au sujet du taux de variation que tu viens de tracer?

pente nulle : une droite à pente nulle est une droite horizontale

pente non définie : une droite dont on ne peut calculer la pente est une droite verticale

Dans la section 1.1, nous avons découvert qu'une droite horizontale présente une **pente nulle** et qu'une droite verticale présente une **pente non définie**. La pente qui représente un taux de variation peut aussi être positive ou négative. Si une quantité augmente par rapport à une autre, le graphique de la relation présente une droite qui monte vers la droite. Si une quantité diminue par rapport à une autre, le graphique descend vers la droite. Sachant cela, tu peux déterminer si la variable dépendante augmente ou diminue suivant l'augmentation de la variable indépendante. Peux-tu donner des exemples de cas où la pente serait négative?

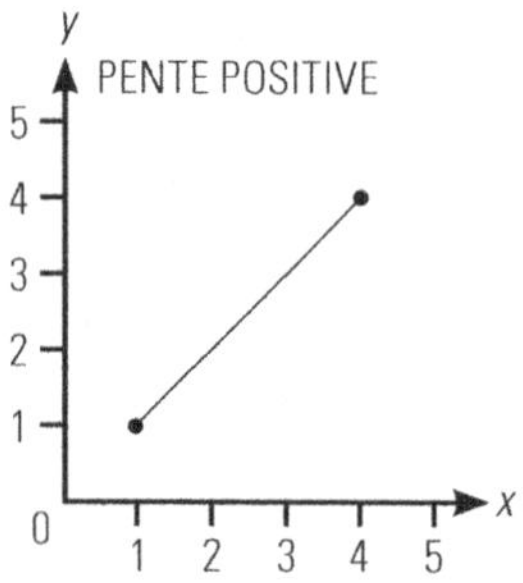

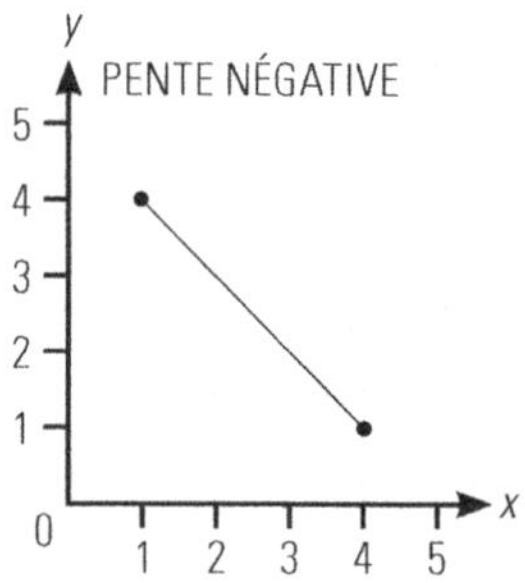

Dans cette section, tu te serviras de tes connaissances des pentes pour étudier les taux de variation linéaires et la façon dont ils se rapportent à la pente.

Exemple 1

Kalirraq et Uyarak sont chauffeurs de camion de livraison. Kalirraq gagne 20,00 $ l'heure alors qu'Uyarak gagne 16,00 $ l'heure plus une allocation pour le carburant de 20,00 $ par jour de travail parce qu'il utilise son véhicule personnel.

Un camionneur d'Arviat, au Nunavut, qui livre du bois à ses clients.

a) Écris une équation permettant de calculer le revenu des deux chauffeurs en utilisant p pour la paie et h pour le nombre d'heures. Détermine 5 points pour représenter chaque chauffeur. Dispose les deux séries de points sur le même graphique.

b) Lequel gagne le plus après 3 heures de travail? Combien de plus?

c) Après combien d'heures auront-ils gagné le même montant?

d) Lequel gagne le plus après 9 heures de travail? Combien de plus?

e) Détermine la pente des segments de droite qui représentent la paie de Kalirraq et celle d'Uyarak selon les heures de travail. Quelle conclusion tires-tu de ces valeurs?

SOLUTION

a) Dresse une table de valeurs en cinq points pour chaque chauffeur.

KALIRRAQ

Heures (h)	*Paie (p)*
1	20
2	40
4	80
6	120
8	160

UYARAK

Heures (h)	*Paie (p)*
1	36
2	52
4	84
6	116
8	148

Écris une équation pour chaque chauffeur.

Kalirraq : $p = 20(h)$

Uyarak : $p = 16(h) + 20$

Trace un graphique qui compare la variable dépendante (paie) sur l'axe des y et la variable indépendante (heures) sur l'axe des x. Dispose les deux séries de points sur le même graphique.

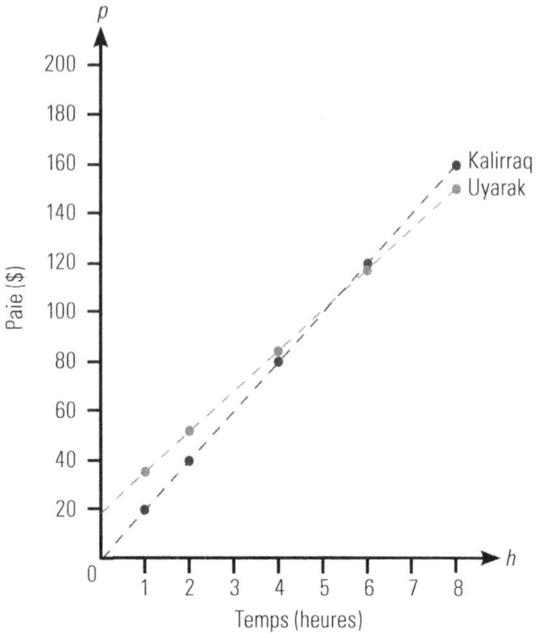

b) Trouve le point sur le segment de droite de Kalirraq qui correspond à la valeur de 3 heures sur l'axe des x et associe-le à la valeur correspondante sur l'axe des y. Kalirraq gagne 60,00 $. Procède de la même façon pour la droite d'Uyarak; Uyarak gagne 68,00 $.

68,00 $ – 60,00 $ = 8,00 $

Après 3 heures de travail Uyarak gagne 8,00 $ de plus que Kalirraq.

c) Les deux droites se croisent à 5 heures, donc ils gagnent le même montant s'ils travaillent 5 heures.

d) Pour calculer combien ils gagnent après 9 heures, extrapole en prolongeant la droite et en trouvant le point où les droites croisent la valeur de 9 heures. Kalirraq gagne 180,00 $ et Uyarak, 164,00 $. Kalirraq gagne 16,00 $ de plus.

e) Kalirraq :

$$m = \frac{120}{6}$$

$$m = 20$$

La pente est de 20.

Uyarak :

$$148 - 20 = 128$$

$$m = \frac{128}{8}$$

$$m = 16$$

La pente est de 16.

La droite représentant la paie de Kalirraq présente une pente plus raide que celle d'Uyarak. Le taux de variation est supérieur pour Kalirraq.

ACTIVITÉ 1.6

PENTE ASCENDANTE ET CALCULS

En petits groupes, vous devrez maintenant travailler à recueillir des données, à calculer des pentes, à tracer des graphiques de vos conclusions et à interpréter ces graphiques. Pour recueillir les données, vous devrez trouver, à l'intérieur et à l'extérieur de l'école, différents objets qui présentent une pente, comme l'escalier qui mène à l'école, les escaliers entre les étages de l'école et les rampes. Vous mesurerez le déplacement vertical et le déplacement horizontal de ces objets, ainsi que leur pente. Vous mesurerez aussi le temps qu'il faut pour monter ces pentes, et déterminerez l'effet de la pente de ces objets sur la vitesse à laquelle les gens peuvent les utiliser et la facilité avec laquelle ils peuvent le faire.

La pente d'un escalier est régie par les codes du bâtiment.

Il est important de calculer et de connaître la pente des escaliers et des rampes. La pente d'estrades, d'une rampe ou d'un escalier fait qu'ils sont accessibles ou non aux personnes selon leur mobilité physique.

PARTIE A

1. En équipe, discutez des différentes pentes se trouvant dans les environs de l'école. Essayez de trouver des pentes diverses. Puis, choisissez-en trois que vous mesurerez.

   Pour la collecte de données, ils vous faudra un ruban à mesurer ou une règle, du papier sur lequel inscrire les mesures, un chronomètre et du papier quadrillé. Vous nommerez aussi un membre de l'équipe qui devra monter chacun des objets que vous mesurerez.

2. Mesurez les déplacements vertical et horizontal de vos trois objets et inscrivez les mesures en mètres sur un tableau comme celui ci-dessous. Pour mesurer les déplacements vertical et horizontal d'un escalier, imaginez que celui-ci est un grand triangle rectangle. La cathète verticale du triangle rectangle constitue le déplacement vertical, et la cathète horizontale, le déplacement horizontal.

   Lorsque vous aurez terminé de prendre vos mesures en note, tracez le déplacement vertical et le déplacement horizontal de ces objets sur le papier quadrillé et calculez leur pente. N'oubliez pas d'utiliser les mêmes axes et échelles pour chaque graphique.

SUGGESTION

Pour calculer le déplacement vertical et le déplacement horizontal d'un escalier, tu peux aussi mesurer le déplacement vertical et le déplacement horizontal d'une seule marche, puis appliquer ce calcul à l'escalier entier.

MESURE DES INCLINAISONS

Description de la pente	*Déplacement vertical (mètres)*	*Déplacement horizontal (mètres)*	*Pente*
Escalier principal	8,25	9	0,917

EXEMPLE

La mobilité d'un fauteuil roulant dépend du poids et du modèle du fauteuil, de la surface sur laquelle reposent les roues et de la pente du sol sur lequel la personne circule.

PARTIE B

1. Ensuite, dans un autre tableau, comme celui ci-dessous, inscrivez le temps que votre coéquipier a pris pour monter 10 marches de chacun des escaliers (à vitesse régulière). Si vous mesurez une rampe, inscrivez le temps que votre coéquipier a pris pour la monter de 10 pas réguliers. D'après ces mesures, calculez le temps qu'il aurait fallu pour atteindre une hauteur de 5 mètres sur chacune des pentes que vous avez mesurées.

TAUX DE VARIATION

Pente	*Nombre de marches*	*Temps (en secondes)*	*Hauteur (mètres)*
A			
B			
C			

2. Ensuite, pour chacune des pentes (partie A), comparez le temps qu'il faut pour atteindre une hauteur donnée (par exemple, 5 m). Vous tracerez deux graphiques. Sur le premier, l'axe des *x* constituera la variable indépendante (le nombre de marches). L'axe des *y* constituera la variable dépendante (le déplacement vertical). Sur le deuxième, l'axe des *x* constituera la variable indépendante (le temps). L'axe des *y* constituera la variable dépendante (le déplacement vertical). Encore une fois, n'oubliez pas d'utiliser les mêmes axes et échelles pour chaque graphique. Enfin calculez le taux de variation du temps nécessaire pour monter chaque objet.

3. Comment applique-t-on ces mesures dans de vrais travaux de construction, et pourquoi?

4. Expliquez vos résultats et comparez-les avec ceux des autres équipes.

ACTIVITÉ 1.7

DIRECTION DE LA PENTE

Dans cette activité, tu travailleras avec un camarade et vous tracerez des coordonnées sur un graphique pour illustrer des pentes. Vous aurez à déterminer la direction de la pente et à voir comment on peut représenter des pentes positives et négatives.

1. Tracez un plan cartésien sur du papier quadrillé. Numérotez les axes de – 8 à 8.

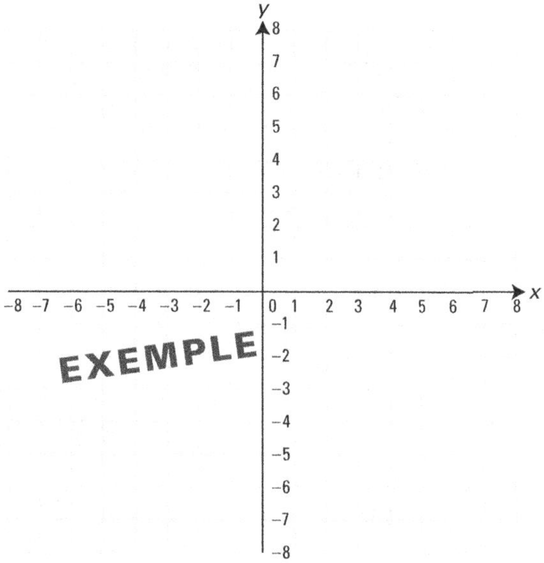

2. Tracez le point A (-5, 2). Du point A, tracez un segment de droite de 2 unités dans le sens positif de l'axe des y et dessinez une flèche au bout. De cette flèche, tracez un segment de droite de 4 unités dans le sens positif de l'axe des x, dessinez une flèche au bout et nommez ce point B. Tracez un segment de droite qui relie les points A et B.
   a) Où mettriez-vous une flèche sur le segment de droite AB pour indiquer la direction de la pente?
   b) Le segment de droite AB représente-t-il une pente positive, négative, non définie ou nulle?
3. Tracez le point C (1,5). Du point C, tracez un segment de droite de 3 unités dans le sens négatif de l'axe des y et dessinez une flèche au bout. De cette flèche, tracez un segment de droite de 3 unités dans le sens positif de l'axe des x, dessinez une flèche au bout et nommez ce point D. Tracez un segment de droite qui relie les points C et D.
   a) Où mettriez-vous une flèche sur le segment de droite CD pour indiquer la direction de la pente?
   b) Le segment de droite CD représente-t-il une pente positive, négative, non définie ou nulle?
4. Tracez le point E (-4, -5). Du point E, tracez un segment de droite de 2 unités dans le sens positif de l'axe des y et dessinez une flèche au bout. De cette flèche, tracez un segment de droite de 2 unités dans le sens négatif de l'axe des x, dessinez une flèche au bout et nommez ce point F. Tracez un segment de droite qui relie les points E et F.
   a) Comparez les segments de droite EF, AB et CD. Que remarquez-vous?
   b) Où mettriez-vous une flèche sur le segment de droite EF pour indiquer la direction de la pente?
   c) Le segment de droite EF représente-t-il une pente positive, négative, non définie ou nulle?
5. Tracez le point G (8, -2). Du point G, tracez un segment de droite de 4 unités dans le sens négatif de l'axe des y et dessinez une flèche au bout. De cette flèche, tracez un segment de droite de 6 unités dans le sens négatif de l'axe des x, dessinez une flèche au bout et nommez ce point H. Tracez un segment de droite qui relie les points G et H.
   a) Comparez les segments de droite GH, AB et CD. Que remarquez-vous?
   b) Où mettriez-vous une flèche sur le segment de droite GH pour indiquer la direction de la pente?
   c) Le segment de droite GH représente-t-il une pente positive, négative, non définie ou nulle?
6. Tracez le point I (-1, 1). Tracez un segment de droite de zéro unités dans le sens de l'axe des y et un segment de droite de 3 unités dans le sens négatif de l'axe des x, et nommez-en l'extrémité J.
   a) Où mettriez-vous une flèche sur le segment de droite IJ pour indiquer la direction de la pente?
   b) Le segment de droite IJ représente-t-il une pente positive, négative, non définie ou nulle?

7. Tracez le point K (1, – 1). Tracez un segment de droite de 4 unités dans le sens négatif de l'axe des y et un segment de droite de zéro unités dans le sens de l'axe des x, et nommez-en l'extrémité L.

   a) Où mettriez-vous une flèche sur le segment de droite KL pour indiquer la direction de la pente?

   b) Le segment de droite KL représente-t-il une pente positive, négative, non définie ou nulle?

8. On trace une droite ayant une pente de $\frac{4}{11}$ sur un plan cartésien.

   a) Quel est son déplacement vertical et son déplacement horizontal?

   b) Dans quelle direction cette pente se dirige-t-elle?

   c) De quelle autre façon pourrait-on exprimer le déplacement vertical et le déplacement horizontal de cette droite?

9. On trace une droite ayant une pente de $-\frac{7}{3}$ sur un plan cartésien.

   a) Quel est son déplacement vertical et son déplacement horizontal?

   b) Dans quelle direction cette pente se dirige-t-elle?

   c) De quelle autre façon pourrait-on exprimer le déplacement vertical et le déplacement horizontal de cette droite?

10. a) De gauche à droite, une droite ayant une pente positive monte-t-elle ou descend-elle?

   b) De gauche à droite, une droite ayant une pente négative monte-t-elle ou descend-elle?

DISCUSSION DES IDÉES

LIENS ET CONVERSIONS

1. De quelles façons peux-tu représenter et appliquer les pentes? Énumère toutes les façons que tu connais.

2. Tu as appris comment exprimer les pentes sous forme de rapport, d'angle et de pourcentage. Avec un camarade, écris les formules permettant de convertir les formes de pentes indiquées ci-dessous. Par exemple, la formule suivante permet de convertir une pente en pourcentage d'inclinaison.

   pente × 100 = pourcentage d'inclinaison

   a) Convertis un pourcentage d'inclinaison en pente.

   b) Convertis une pente en angle d'élévation.

   c) Convertis un angle d'élévation en pente.

   d) Convertis un angle d'élévation en pourcentage d'inclinaison.

   e) Convertis un pourcentage d'inclinaison en angle d'élévation.

APPROFONDIS TON APPRENTISSAGE

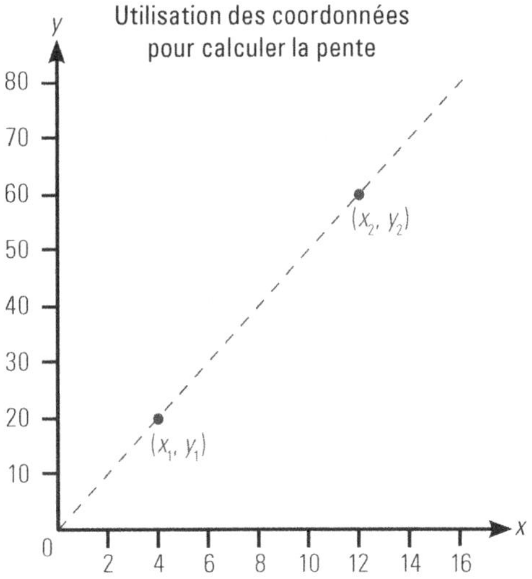

Tu as appris comment calculer une pente à l'aide des coordonnées sur un graphique linéaire. Tu peux également calculer la longueur ou la distance d'un segment de droite donné qui représente une pente à l'aide des coordonnées sur un graphique et du théorème de Pythagore.

Examine le diagramme ci-contre. Tu dois trouver la longueur entre les deux points indiqués sur le graphique. Tu remarqueras que tu peux voir le déplacement vertical et le déplacement horizontal sous forme de triangle rectangle dont l'hypoténuse est la pente que représente le segment de droite. Comment pourrais-tu appliquer le calcul de la pente pour trouver la longueur de ce segment de droite?

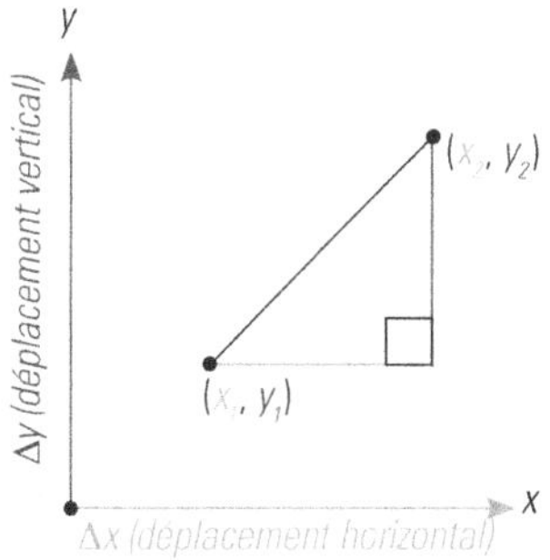

Exemple 2

Doug veut poser des tablettes à angle dans une vitrine. Il utilise une toupie à commande numérique par calculateur (CNC), un type d'outil à bois robotisé, pour tailler la rainure dans les parois de sa vitrine. Ce sont des coordonnées qui permettent à la toupie à CNC de déterminer où elle doit commencer (A) et arrêter (B) la taille de la rainure. Doug veut que le couteau commence à tailler la rainure au point A(4, 12) et arrête au point B(14, 28). Quelle est la pente et la longueur de la rainure?

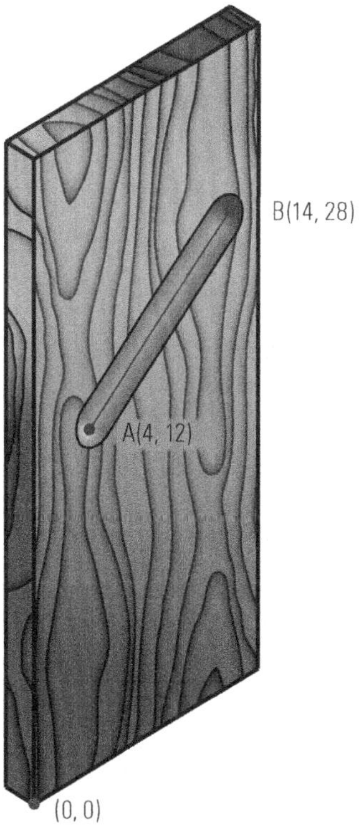

SOLUTION

Calcule d'abord la pente de la rainure.

$$m = \frac{y_2 - y_1}{x_2 - x_1}$$

$$m = \frac{28 - 12}{14 - 4}$$ Inscris les valeurs connues dans la formule.

$$m = \frac{16}{10}$$ Simplifie.

$$m = \frac{8}{5}$$

La pente de la rainure est de $\frac{8}{5}$.

Ensuite, calcule la longueur de la rainure, qui constitue l'hypoténuse d'un triangle rectangle.

$$\text{Longueur} = \sqrt{(x_2 - x_1)^2 + (y_2 - y_1)^2}$$

$$\text{Longueur} = \sqrt{(14 - 4)^2 + (28 - 12)^2}$$

$$\text{Longueur} = \sqrt{10^2 + 16^2}$$

$$\text{Longueur} = \sqrt{100 + 256}$$

$$\text{Longueur} \approx 18{,}9$$

La longueur de la rainure est de 18,9 unités.

ACTIVITÉ 1.8
UTILISER LES COORDONNÉES POUR CALCULER LA PENTE.

Tu as utilisé la formule du rapport du déplacement vertical sur le déplacement horizontal pour calculer la pente. Dans cette activité, ton camarade et toi créerez une formule qui fait plutôt appel aux coordonnées d'un segment de droite.

abscisse : première coordonnée d'une paire ordonnée qui définit un point dans un plan cartésien (on l'appelle aussi coordonnée x)

ordonnée : deuxième coordonnée d'une paire ordonnée qui définit un point dans un plan cartésien (on l'appelle aussi coordonnée y)

1. Utilisez une copie du ΔABC et un tableau comme celui ci-dessous. Inscrivez les coordonnées du point A et du point B dans le tableau.

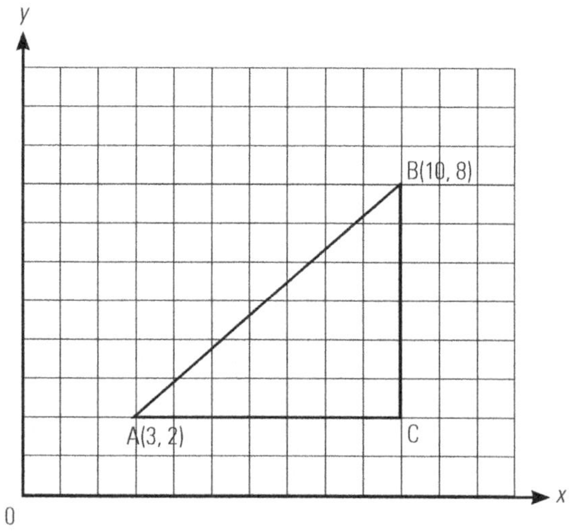

COORDONNÉES ET PENTE

Coordonnée x (abscisse) du point A	*Coordonnée y (ordonnée) du point A*	*Coordonnée x (abscisse) du point B*	*Coordonnée y (ordonnée) du point B*	*Coordonnées du point C*	*Déplacement vertical*	*Déplacement horizontal*	*Pente*

2. À l'aide des coordonnées des points A et B, déterminez les coordonnées du point C et inscrivez-les dans le tableau. Comment avez-vous déterminé les coordonnées du point C?
3. Quelles valeurs prendriez-vous pour calculer le déplacement vertical? Inscrivez vos calculs dans le tableau.
4. Quelles valeurs prendriez-vous pour calculer le déplacement horizontal? Inscrivez vos calculs dans le tableau.
5. Calculez la pente du ΔABC et inscrivez vos réponses.
6. Répétez les étapes 2 à 5 en utilisant les coordonnées A (– 3, 12) et B (5, 1). Inscrivez vos réponses dans le tableau. Ensuite, prenez deux points de votre choix et répétez les étapes 2 à 5. Quelles caractéristiques remarquez-vous en analysant le tableau?
7. Soit le triangle ci-dessous. Comment calculeriez-vous le déplacement vertical et le déplacement horizontal en utilisant uniquement les coordonnées x et y des deux points, $P_1(x_1, y_1)$ et $P_2(x_2, y_2)$?
8. Recopiez le triangle et la formule dans votre cahier de notes. Remplissez les cases à l'aide des bonnes coordonnées pour compléter la formule.

Lorsqu'on conçoit une glissade pour chambre à air, on peut en faire varier le déplacement vertical et le déplacement horizontal. Cela permet de modifier la vitesse de la descente.

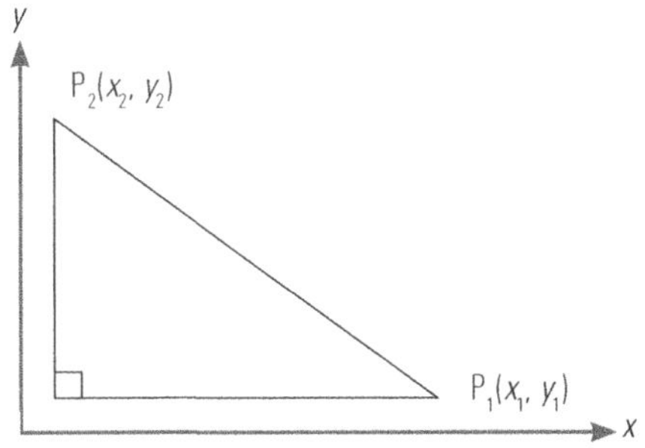

$$m = \frac{\text{différence entre les coordonnées} \square}{\text{différence entre les coordonnées} \square}$$

$$m = ?$$

9. Dans la dernière section, vous avez calculé la longueur d'un segment de droite représentant une pente donnée à l'aide d'une formule.

$$\text{longueur} = \sqrt{\text{déplacement horizontal}^2 + \text{déplacement vertical}^2}$$

Réécrivez le théorème de Pythagore en utilisant les coordonnées x et y des deux points, $P_1(x_1, y_1)$ et $P_2(x_2, y_2)$, pour trouver la longueur de l'hypoténuse.

DISCUSSION DES IDÉES

L'ORDRE DES COORDONNÉES

1. Dans l'exemple 2 à la page 43, nous avons inséré les valeurs A(4, 12) et B(14, 28) dans la formule de la pente comme suit.

$$m = \frac{y_2 - y_1}{x_2 - x_1}$$

$$m = \frac{28 - 12}{14 - 4}$$

$$m = \frac{16}{10}$$

$$m = \frac{8}{5}$$

Qu'y a-t-il de différent dans l'expression suivante?

$$m = \frac{12 - 28}{4 - 14}$$

Calcule la pente. Quel résultat obtiens-tu? Est-ce une bonne façon de faire? Explique ta réponse.

2. Qu'arriverait-il si on substituait les valeurs comme ceci?

$$m = \frac{12 - 28}{14 - 4}$$

Calcule la pente. Quel résultat obtiens-tu? Est-ce une bonne façon de faire? Explique ta réponse.

3. Quelle règle importante faut-il retenir sur l'ordre des coordonnées lorsqu'on les insère dans la formule de la pente?
4. L'ordre dans lequel on insère les coordonnées est-il important lorsqu'on calcule la longueur d'une pente donnée? Explique ta réponse.

CONSTRUIS TES HABILETÉS

1. Nick et Sergio posent des bardeaux sur une nouvelle toiture. Après 11 minutes, Nick a posé 8 bardeaux, et après 66 minutes, il en a posé 31. Après 7 minutes, Sergio a posé 4 bardeaux, et après 57 minutes, il en a posé 29.
   a) Quelle serait la variable indépendante et la variable dépendante?
   b) Comment représenterais-tu le travail de Nick et de Sergio sous forme de coordonnées?
   c) Place le travail de Nick et de Sergio sur le même graphique.
   d) Trouve le taux de travail de Nick et de Sergio.
   e) Combien de temps Nick prendrait-il pour poser 1 bardeau? Combien de temps Sergio prendrait-il pour poser 1 bardeau?
   f) Combien de bardeaux chacun d'eux poserait-il en 5 heures?

2. Christiane est plombière et elle doit vider un réservoir d'eau chaude de 170 L. Après 6 minutes, il reste 130 L dans le réservoir d'eau chaude.

   a) Trace un graphique dont l'axe des y est gradué de 0 à 180 L et dont l'axe des x est gradué de 0 à 30 minutes. Trace les deux premiers points.

   b) Calcule la pente. Que signifie cette pente?

   c) Prolonge le segment de droite vers le bas jusqu'à l'axe des x. Choisis deux points différents et calcule la pente. Que remarques-tu?

   d) Quel volume d'eau restera-t-il après 12 minutes?

   e) De quel volume d'eau le réservoir se sera-t-il vidé après 18 minutes?

   f) Combien de temps faudra-t-il pour que le réservoir se vide au complet?

   g) Crée une équation sur le vidage du réservoir d'eau chaude en utilisant les variables e pour exprimer la quantité d'eau et t pour exprimer le temps.

3. Kevin et Rocco sont usineurs. Ils utilisent un tour à CNC pour produire la conicité à l'extrémité de barres rondes de laiton, comme sur l'illustration. Ils fixent le point d'origine pour le plan cartésien au centre de l'extrémité de la barre ronde, et entrent les coordonnées (− 4, − 3) et (− 12, − 13) qui décriront la coupe de la section oblique.

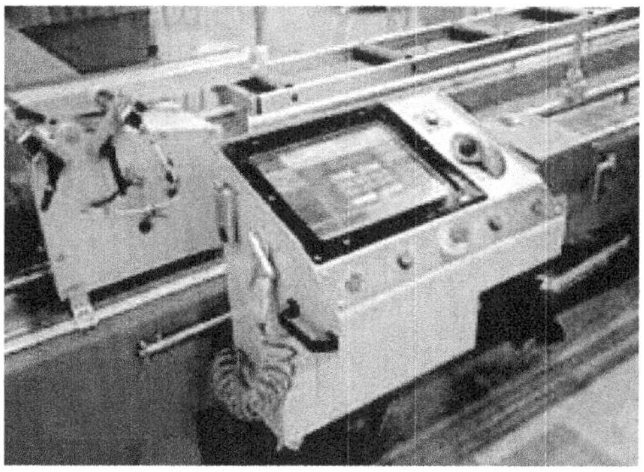

L'utilisateur d'un tour à commande numérique par calculateur (CNC) peut saisir des coordonnées précises pour obtenir un produit fini dont les dimensions sont très justes.

   a) Calcule la pente de la section oblique (en rouge), au centième près.

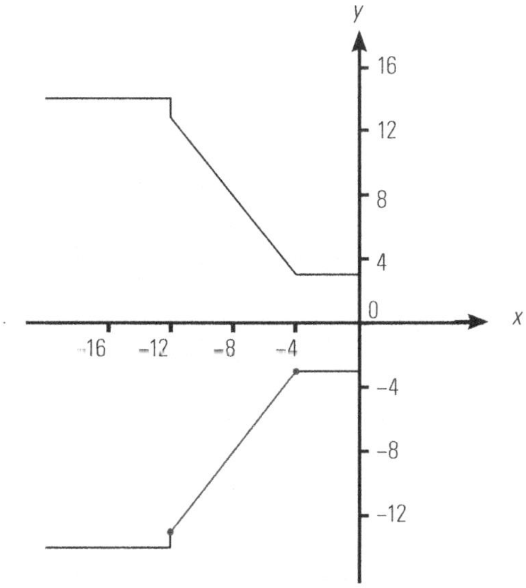

   b) Calcule la longueur de la section oblique en millimètres si l'unité sur la grille représente 1 mm.

4. Lorsqu'ils doivent vérifier si les coins d'un rectangle mesurent bien 90°, les menuisiers mesurent la longueur des deux diagonales. Si elles sont de même longueur, les coins ont un angle de 90°. Alynn construit un garage derrière chez elle. À l'aide de pieux, elle marque l'emplacement des 4 coins de la fondation, comme sur l'illustration ci-dessous. Elle attribue aux quatre pieux les coordonnées suivantes, correspondant à leur distance en mètres du coin de la maison : A(4, 1), B(13, 10), C(24, – 1), et D(15, – 10).

   a) Détermine si les coins du plan d'Alynn mesurent bien 90° en comparant la longueur des deux diagonales, soit AC et BD.

   b) Calcule la longueur et la largeur du garage en mètres, au dixième près.

   c) Quelle est la relation entre la mesure que les menuisiers prennent des diagonales et les coins à 90° d'un rectangle?

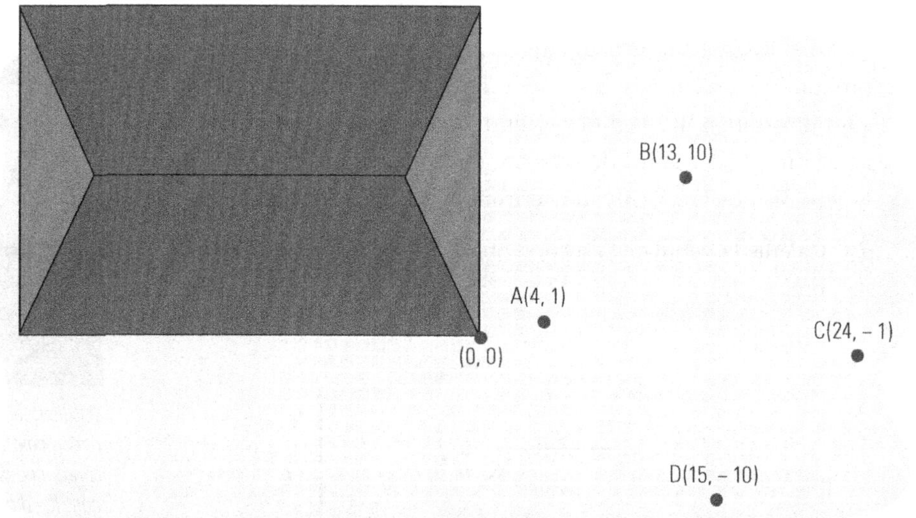

5. Le graphique suivant représente la variation de la position verticale d'une bille qui glisse sur un parcours.

   a) Calcule chaque pente.

   b) Explique ce qui arrive à la bille à chaque pente.

   c) Dessine le parcours qui donne à la bille cette trajectoire.

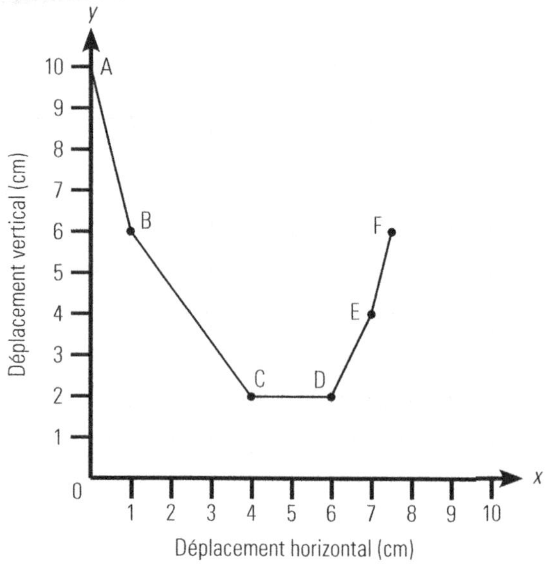

6. Tina tente de déterminer laquelle des deux pentes est la plus grande, donc elle demande l'aide de son amie Suzanne. Suzanne lui dit : « C'est facile, mon professeur vient de nous montrer qu'une pente plus abrupte est plus grande, donc c'est le graphique B. » A-t-elle raison? Que doit-on savoir lorsqu'on compare plusieurs graphiques?

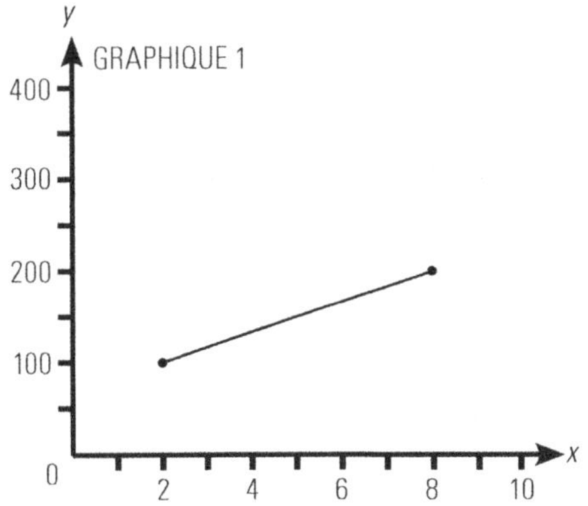

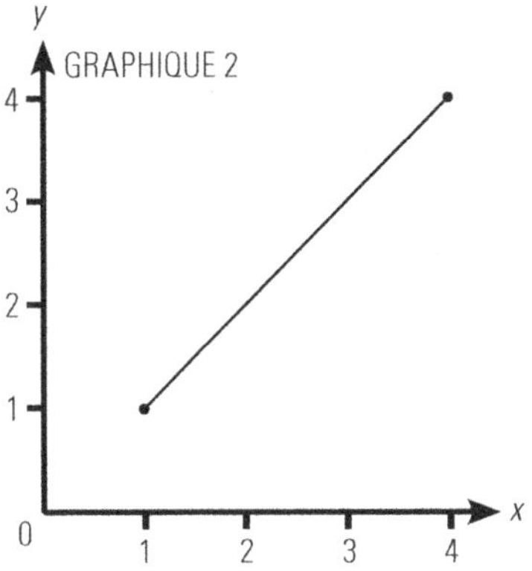

7. Frank et Maxine font face aux extrémités opposées d'une maison et regardent le même toit. Frank croit que le segment de droite AB est négatif. Maxine réplique que le segment de droite DE est positif. Qui a raison? Explique ta réponse.

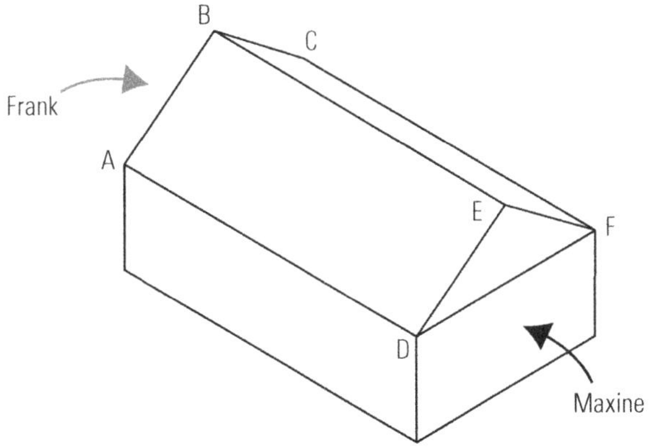

8. Phil, qui observait son ruban à mesurer, a remarqué quelque chose d'intéressant. Il a donc décidé de tracer un graphique de la relation entre les millimètres et les pouces.

 a) Utilise le ruban à mesurer ci-contre pour remplir un tableau portant sur les 6 premiers pouces et leur valeur correspondante en millimètres. Arrondis au millimètre près.

 b) Trace ton graphique pour que les millimètres soient la variable dépendante et les pouces, la variable indépendante. Trace six points.

 c) Calcule la pente. Que représente cette pente?

 d) En quoi tes calculs se comparent-ils à la valeur réelle? Explique pourquoi.

 e) Crée une équation correspondant à ce graphique en utilisant les variables p pour les pouces et y pour les millimètres.

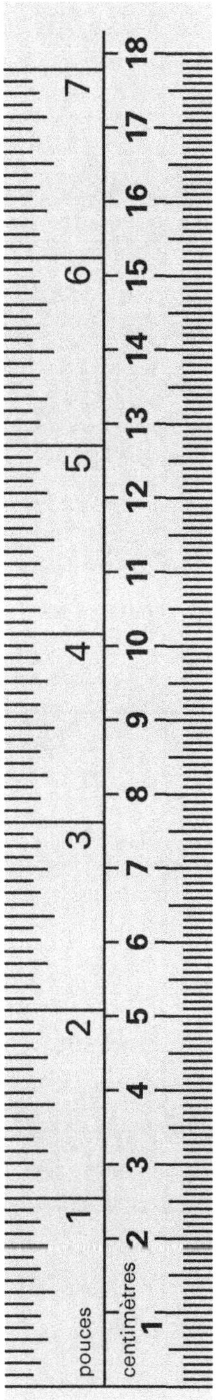

9. Marie a mesuré la pente de deux escaliers différents de son école et a tracé, pour chacun d'eux, les graphiques ci-dessous.

   a) Quelle pente paraît la plus inclinée?

   b) Calcule les pentes. Lequel a la plus grande pente? Explique tes réponses.

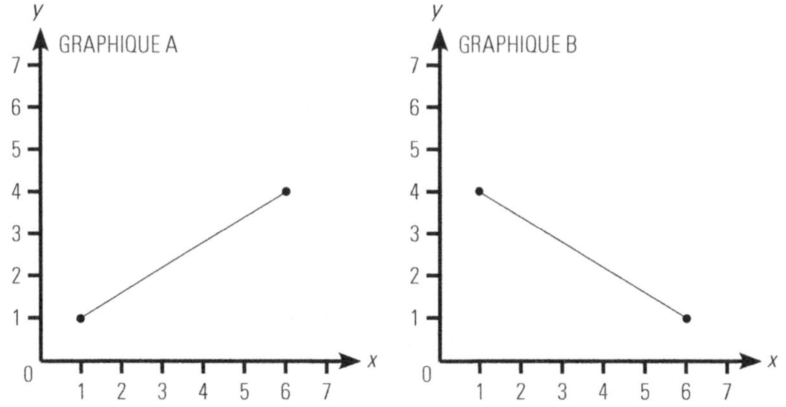

Approfondis ta réflexion

10. Reena est électricienne. Elle travaille à son compte et gagne 75,00 $/h. Pour calculer sa paie brute, elle utilise l'équation $p = 75{,}00\ \$h$, où p correspond à sa paie et où h correspond au nombre d'heures de travail.

    a) Crée une table de valeurs pour les 6 premières heures de travail.

    b) Indique quelle variable est dépendante et laquelle est indépendante.

    c) Trace un graphique de tes données et calcule la pente de la droite.

    d) Que représente cette pente?

FAIRE UNE PRÉSENTATION

Vous êtes maintenant prêts à présenter votre soumission de parc de planche à neige. Commencez par planifier votre présentation. Qu'allez-vous dire au propriétaire de la station de ski pour le convaincre qu'il devrait vous donner le contrat de parc de planche à neige? N'oubliez pas de présenter les éléments suivants dans votre présentation :

- une présentation de votre concept de parc de planche à neige;
- des modèles de tremplin de niveaux débutant, intermédiaire et expert;
- des dessins à l'échelle des trois tremplins modèles où figurent leurs dimensions respectives, ainsi que le rapport, l'angle et le pourcentage correspondants à chaque pente.

Préparez-vous à faire une démonstration de l'un de vos modèles de tremplin et à expliquer comment vous êtes parvenus à créer un modèle à trois niveaux de difficulté.

Cette élève en est aux derniers préparatifs de sa présentation.

RÉFLEXIONS SUR L'APPRENTISSAGE

PENTE ET TAUX DE VARIATION

Maintenant que tu as terminé ce chapitre, tu devrais être en mesure :

- ❒ de comprendre la relation entre des quantités mesurables de déplacement vertical, de déplacement horizontal et de pente;
- ❒ de calculer la pente d'objets physiques faits par l'homme, comme une route, une rampe ou un toit;
- ❒ d'exprimer une pente sous forme de rapport, d'angle ou de pourcentage;
- ❒ de créer et d'interpréter des graphiques linéaires et de calculer le taux de variation;
- ❒ de créer une pente qui répond à des critères de sécurité et de fonction particuliers.

De plus, tu as réalisé un projet qui t'a permis d'appliquer tes nouvelles habiletés dans un contexte pratique.

MISE EN PRATIQUE DES NOUVELLES HABILETÉS

1. Indique si le graphique résultant des mises en situation suivantes donnera lieu à une pente positive, négative, non définie ou nulle.
   a) Le mouvement de Steve s'est arrêté lorsqu'il a serré les freins de son quad.
   b) Après 2 mois, le solde du compte de Bev n'a pas changé.
   c) Alicia a coupé les cheveux de 3 clients en 2 heures et de 6 clients en 4 heures.
   d) De retour d'un voyage au Royal Tyrrell Museum, à Drumheller, en Alberta, les Simpson ont créé un graphique comparant le volume d'essence dans le réservoir et la distance parcourue. Quelle est la pente du segment de droite qui représente le moment où ils se sont arrêtés pour faire le plein?
2. Compare les segments de droite de l'illustration ci-dessous.
   a) Qu'est-ce qui influence la pente des segments de droite AF, BF et CF?
   b) Qu'est-ce qui influence la pente des segments de droite CF, DF et EF?
   c) Y a-t-il un facteur en particulier qui influence la pente? Explique ta réponse.

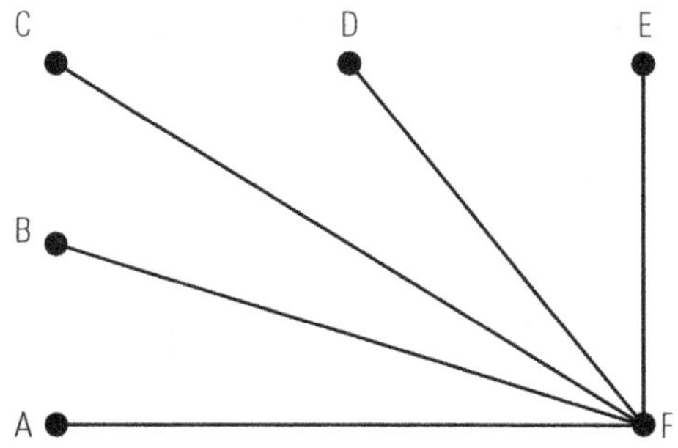

3. Alejandro construit un appentis adossé à sa maison qui lui servira de serre. Il a esquissé un diagramme sur du papier quadrillé. Calcule la pente du segment de droite AB et exprime-la sous forme de fraction, de nombre décimal, de pourcentage d'inclinaison et d'angle.

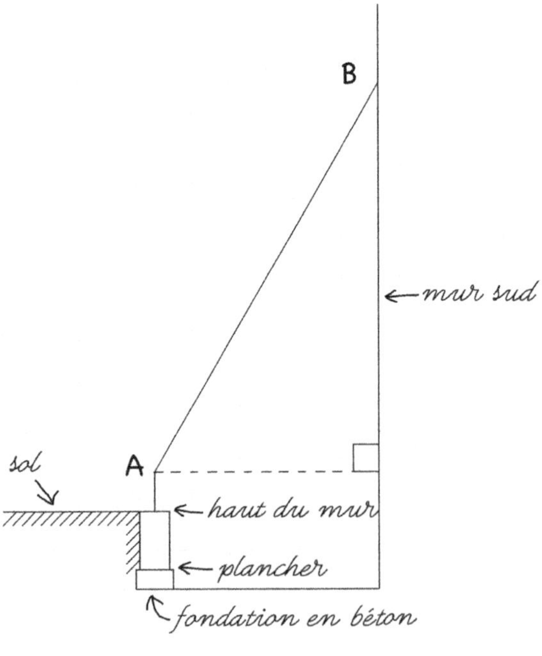

4. Carmen dessine un plan de son quartier pour un projet scolaire. Les coordonnées (371, 85) marquent l'emplacement du poteau porte-drapeau de son école. Celui de l'hôtel de ville est situé au (127, 444). Si chaque unité sur sa carte représente 100 m, quelle distance sépare les deux poteaux porte-drapeau?

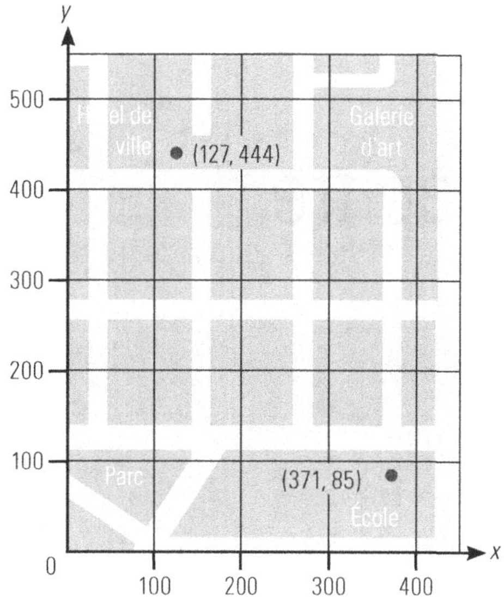

5. L'angle d'élévation de la côte de la rue Fir est de 18,1°. Du côté de la rue Balsam, l'inclinaison de la côte est de 32,6 %. Quelle elle est la pente la plus abrupte?
6. Shizuko veut se mettre en forme, alors elle sort marcher tous les soirs après le souper. Hier, après 4 minutes de marche, elle était à 3 pâtés de maisons au nord de chez elle.
   a) Supposons que Shizuko continue de marcher à la même vitesse et que tous les pâtés de maisons sont de même longueur. Trace un graphique qui se rend jusqu'à 20 minutes. Trace le premier point à 4 minutes.
   b) Calcule la pente du graphique.
   c) Que représente cette pente?
   d) En te servant de ton graphique, détermine à quelle distance de chez elle Shizuko était après 13 minutes de marche.
   e) Écris une équation avec laquelle Shizuko pourrait calculer d, soit la distance de chez elle, après un nombre t de minutes de marche.
   f) Utilise ton équation pour vérifier ta réponse à la question 6 d). Obtiens-tu la même réponse? Si non, comment pourrais-tu rendre ton graphique plus précis?
7. Pour des raisons de sécurité, Julio installe un projecteur à détecteur de mouvement au-dessus de la porte arrière de sa maison. Son échelle mesure 3,7 m, et le bas repose à 1,2 m de la maison. Pour qu'une échelle soit disposée de façon sécuritaire, il faut respecter la règle du 1 à 4. L'échelle est-elle placée de façon sécuritaire?
8. Patrick et Kathleen font un voyage de randonnée pédestre dans la réserve de parc national du Canada Nahanni, aux Territoires du Nord-Ouest.
   a) Ils viennent de parcourir une section de sentier de 4 km présentant une pente de 0,65. Quel est leur gain d'élévation? Exprime ta réponse en mètres et arrondis au dixième près.
   b) Supposons que la pente du sentier demeure constante. S'ils font un kilomètre de plus, quelle distance verticale auront-ils parcourue de plus?

Paysage en amont du canyon Third, dans la réserve de parc national du Canada Nahanni, aux Territoires du Nord-Ouest.

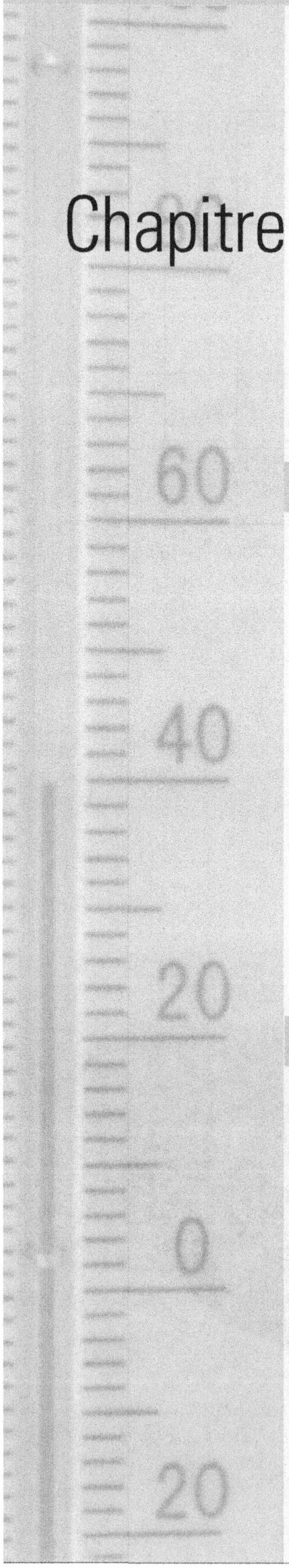

Chapitre 2

Représentations graphiques

OBJECTIFS

Dans ce chapitre, tu étudieras différents types de diagrammes et tu découvriras la façon dont ils sont utilisés dans le milieu de travail ainsi que dans la vie quotidienne. On utilise les diagrammes pour présenter des données. Tu dois déterminer quel est le meilleur type de diagramme pour présenter tes données. Dans ce chapitre, tu apprendras à faire ce qui suit :

- interpréter les données qui figurent sur un diagramme afin de découvrir les régularités et de prévoir les tendances;
- tracer un diagramme avec ou sans l'aide d'outils technologiques et interpréter les résultats afin de résoudre des problèmes;
- étudier l'utilisation adéquate des différents types de diagrammes;
- comparer les effets des différentes stratégies graphiques.

TERMES IMPORTANTS

- diagramme à bandes
- diagramme à ligne brisée
- diagramme circulaire
- histogramme
- statistique

COMMENCER L'ORGANISATION

APERÇU DU PROJET

La plupart des personnes qui visitent un centre de villégiature y vont pour le ski, la randonnée pédestre et le vélo de montagne, ainsi que pour manger dans de bons restaurants et se reposer. Les centres de villégiature embauchent des directeurs du marketing pour promouvoir leur centre auprès des touristes. Une brochure constitue une forme de matériel publicitaire efficace. Les brochures permettent aux gens d'obtenir un aperçu visuel et factuel rapide d'un produit ou d'un endroit.

Pour ce projet, tu joueras le rôle d'un spécialiste du marketing stagiaire dans un centre de villégiature canadien ouvert à l'année. Ta tâche consiste à préparer une brochure de deux pages qui promouvra le centre de villégiature auprès de touristes potentiels. La brochure contiendra des photos, du texte et deux diagrammes.

Que tu souhaites voir une grande œuvre-d'art, faire une randonnée pour te rendre dans une source thermale éloignée ou manger un bon repas, une brochure peut t'aider à trouver des endroits à visiter qui correspondent à tes intérêts.

POUR COMMENCER

Pour commencer ton projet, choisis un centre de villégiature dont tu souhaites faire la promotion. Tu dois choisir un centre de villégiature canadien qui existe déjà et qui est ouvert toute l'année. Pour choisir le centre de villégiature que tu promouvras, effectue une recherche sur Internet ou communique avec un agent de voyages de ta région. Les agents de voyages peuvent te fournir des renseignements sur différentes destinations partout au pays.

Ensuite, pense aux façons dont tu pourrais t'y prendre pour faire la promotion de ton centre de villégiature dans une brochure. N'oublie pas que l'objectif d'une brochure est d'inciter le lecteur à agir d'une façon précise. Lorsque tu conçois une brochure, tu dois te poser la question suivante : « Qu'est-ce que je veux que le lecteur de cette brochure fasse? ». Si tu fais la promotion d'un centre de villégiature, la réponse sera vraisemblablement la suivante : « Je veux qu'il vienne visiter mon centre de villégiature! ». Pense à la façon dont tu peux persuader les gens de visiter ton centre de villégiature à l'aide des éléments que tu intégreras dans ta brochure, comme des photos, des diagrammes et des listes de faits à puces. Le fait de répondre aux questions suivantes t'aidera à commencer ton projet.

- Qui lira la brochure?
- Que voudra savoir le touriste?
- Quelles caractéristiques attireront les touristes?
- Comment puis-je rendre mon centre de villégiature excitant et attrayant?
- Comment puis-je utiliser des diagrammes, des photographies et du texte pour susciter l'intérêt des touristes envers mon centre de villégiature?

LISTE DE CONTRÔLE POUR LA PRÉSENTATION FINALE

T

Tu présenteras la version définitive de ta brochure à tes camarades de classe au cours d'une simulation de foire commerciale. Ta présentation devra comprendre ce qui suit :

- une brochure de deux pages qui contient des photos, du texte et deux diagrammes;
- deux tableaux qui présentent les données brutes à partir desquelles tu as tracé tes diagrammes, ainsi que les sources de tes données;
- une feuille de papier sur laquelle tes données seront illustrées sous la forme des quatre types de diagrammes que tu découvriras au cours du présent chapitre;
- un bref exposé (de 30 s à 1 min) pour convaincre les touristes de choisir ton centre de villégiature.

2.1 Diagrammes à ligne brisée

LES MATHÉMATIQUES *AU TRAVAIL*

Trevor est propriétaire d'une petite entreprise, et il a récemment ouvert une galerie et un café à Saskatoon, en Saskatchewan. Avant de mettre son entreprise sur pied, Trevor a suivi des cours en administration des affaires au collège Great Plains, dans sa ville natale de Warman. Il a rédigé un plan d'affaires et a effectué des recherches pour trouver un emplacement accessible, visible et situé dans un quartier populaire de la ville. À sa galerie, Trevor vend des tableaux, des bijoux, des estampes, des gravures et des souvenirs fabriqués par des artistes dénés et cris.

En tant que propriétaire d'entreprise, Trevor est toujours occupé à assurer le suivi de la marchandise, des heures travaillées et du salaire touché par les employés ainsi que du bénéfice enregistré. Au cours de la première année qui a suivi l'ouverture de son entreprise, Trevor indiquait, après avoir payé toutes les factures mensuelles, son **bénéfice net** dans un diagramme à ligne brisée afin de déterminer si son entreprise était rentable et de connaître les mois au cours desquels il avait fait le plus de ventes.

Un propriétaire d'entreprise utilise différentes méthodes, comme la création de diagrammes et la facturation, pour assurer le suivi des dépenses et déterminer si son entreprise est rentable.

Revenu mensuel net au cours d'une année

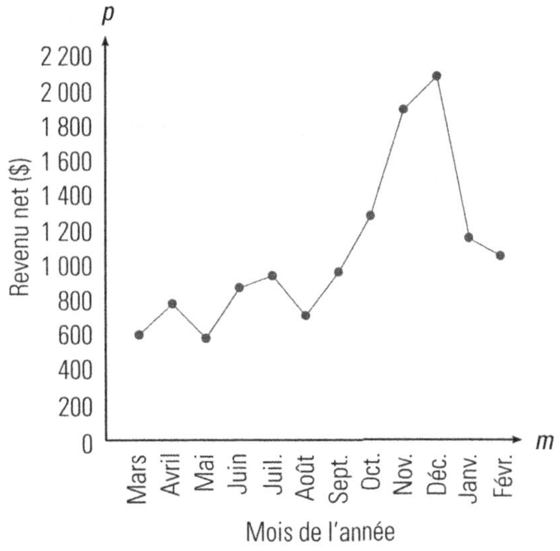

Voici le diagramme de Trevor, qui représente le bénéfice net qu'il a enregistré l'an dernier.

1. Quels sont les deux mois au cours desquels Trevor a enregistré le bénéfice net le plus élevé? Pourquoi, selon toi?
2. Pendant la période de mars à août, le bénéfice net de Trevor a été relativement faible. Propose deux raisons pour expliquer cette situation.

EXPLORE LES MATHÉMATIQUES

bénéfice net : bénéfice enregistré après l'acquittement de toutes les dépenses

diagramme à ligne brisée : diagramme dont les données sont représentées par des points reliés entre eux par des segments de droite

Un **diagramme à ligne brisée** est une représentation visuelle de données qui illustre généralement un changement dans le temps. Dans ce type de diagramme, les points qui représentent les valeurs sont reliés entre eux par des segments de droite. Dans le chapitre précédent, tu as utilisé des droites et segments de droites pour représenter la pente et le taux de variation. Les droites et segments de droites que tu as tracés au chapitre 1 illustrent des relations numériques. Toutefois, on utilise généralement les diagrammes à ligne brisée pour présenter des données ou pour illustrer une tendance. Les entreprises s'en servent souvent pour connaître les régularités et en informer leurs clients.

Dans la mise en situation de la page précédente, Trevor a utilisé un diagramme à ligne brisée simple pour visualiser son bénéfice. S'il compare le bénéfice qu'il a enregistré avec des articles en particulier qui ont été vendus au cours de cette période, il sera plus à même de gérer sa marchandise et il pourra faire de meilleurs choix quant aux articles qu'il doit offrir pendant les différentes saisons s'il veut accroître son bénéfice. Trevor peut utiliser les **statistiques** pour comparer le bénéfice qu'il a enregistré au cours de différentes périodes.

statistiques : collecte, présentation et analyse de données numériques

On peut également utiliser un diagramme comprenant plusieurs lignes brisées pour comparer des ensembles de données. Un diagramme comportant plusieurs lignes brisées doit indiquer ce que représente chaque ligne. Tu peux le faire en ajoutant une légende dans le coin qui indique ce que chaque couleur ou chaque motif représente.

Exemple 1

La boulangerie Alpine Bakery, qui est située à Whitehorse, au Yukon, n'offre que des aliments nutritifs et savoureux. Elle fabrique des pains spéciaux, comme le pain de seigle allemand, le pain complet et le pain Yukon Expedition Bread. Ce dernier est très bon pour la santé et n'a pas besoin d'être conservé au réfrigérateur en raison des ingrédients qui le composent. Les randonneurs pédestres et les canoéistes qui prévoient faire de longues expéditions choisissent souvent ce pain.

Chaque jour, la boulangerie Alpine Bakery, qui est située à Whitehorse, cuit du pain frais et bon pour la santé dans ses fours au bois.

Bien que le propriétaire de la boulangerie pense que, de façon générale, il vend plus de pain de seigle allemand que des autres types de pains, il souhaite comparer le nombre de pains de chaque type qui ont été vendus chaque mois pendant un an. Il pourra ainsi déterminer quels produits sont les plus populaires et quels pains se vendent le mieux selon les différentes périodes de l'année.

VENTES DE PAINS PAR MOIS

Mois	J	F	M	A	M	J	J	A	S	O	N	D
Yukon Expedition Bread	78	110	98	105	74	124	140	132	65	50	96	84
Pain de seigle allemand	68	86	88	86	104	78	96	80	55	72	83	62
Pain complet	45	82	78	58	65	68	65	65	42	140	75	42

a) À l'aide des données qui figurent dans le tableau, trace un diagramme à ligne brisée qui représente les ventes de chaque type de pain.

b) Un type de pain semble-t-il se vendre toujours mieux que les autres?

c) De façon générale, durant quelle partie de l'année les ventes de pains diminuent-elles?

d) Qu'est-ce qui pourrait expliquer la hausse des ventes du Yukon Expedition Bread en juin, en juillet et en août?

SOLUTION

a) **Nombre de pains vendus par type**

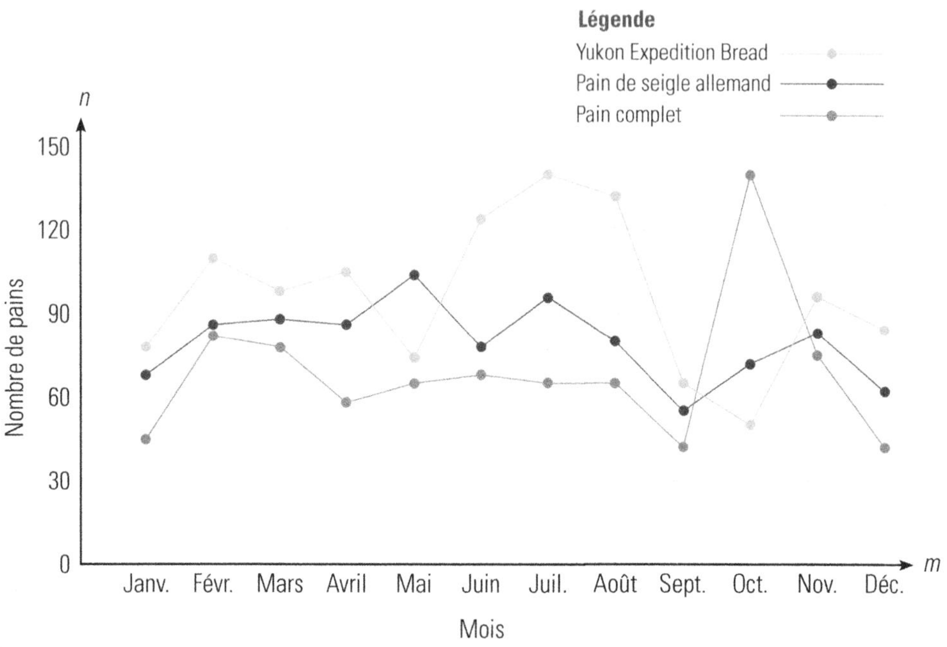

> **SUGGESTION**
>
> Lorsque tu traces un diagramme, il est important que tu choisisses des échelles pour les axes vertical et horizontal qui te permettent de transmettre tes renseignements de façon adéquate.

Remarque que dans ce diagramme, il est nécessaire d'ajouter une légende afin d'indiquer ce que représente chaque ligne. L'échelle verticale commence à 0 et augmente selon des intervalles de 30. Le propriétaire de la boulangerie ne cherche pas à savoir le nombre exact de pains vendus chaque mois. Il souhaite plutôt connaître la répartition générale des ventes de pains d'un mois à l'autre. Par conséquent, cette échelle est appropriée.

b) De façon générale, le Yukon Expedition Bread et le pain de seigle allemand semblent mieux se vendre que le pain complet.

c) Les ventes semblent diminuer en janvier et en décembre ou encore durant l'hiver.

d) La hausse des ventes du Yukon Expedition Bread pourrait s'expliquer par l'augmentation du nombre de personnes qui font des activités de plein air au cours de la saison chaude et qui apportent de la nourriture avec elles.

Exemple 2

Un observateur météorologique consigne, observe et transmet des renseignements météorologiques comme la température et les niveaux de précipitations. Les observateurs météorologiques travaillent souvent dans les aéroports locaux et transmettent les renseignements météorologiques au gouvernement, aux médias et au public. Un observateur météorologique qui travaille à Banff, en Alberta, a obtenu les renseignements suivants quant aux précipitations mensuelles moyennes qui tombent sur la ville.

PRÉCIPITATIONS MENSUELLES												
Mois	*J*	*F*	*M*	*A*	*M*	*J*	*J*	*A*	*S*	*O*	*N*	*D*
Précipitations (mm)	27,5	21,9	23,4	32,4	59,6	81,7	54,2	60,1	42,1	29,4	26,8	

a) Trace un diagramme à ligne brisée qui illustre ces renseignements.

b) Quel est le meilleur mois pour faire du camping? du ski? de la randonnée pédestre? Explique tes réponses.

c) Utilise le diagramme pour prévoir la quantité moyenne de précipitations qui pourrait être tombée en décembre. Quelles sont tes hypothèses?

Environ quatre millions de personnes visitent Banff chaque année.

SOLUTION

a) **Précipitations mensuelles moyennes à Banff, en Alberta**

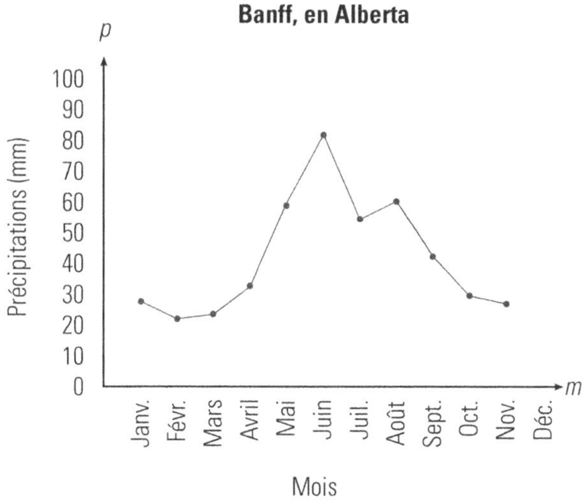

b) Selon le diagramme qui figure ci-dessus, juillet serait le meilleur mois pour faire du camping parce qu'il s'agit du mois le plus sec pendant la saison du camping et vraisemblablement du mois le plus chaud. Janvier serait le meilleur mois pour faire du ski parce qu'il s'agit du mois au cours duquel il tombe le plus de neige pendant la saison du ski. Septembre serait le meilleur mois pour faire de la randonnée pédestre parce qu'il s'agit d'un mois plus sec et que les températures sont vraisemblablement plus fraîches qu'au cours des mois précédents.

c) Au mois de janvier précédent, la ville a reçu 27,5 mm de précipitations tandis qu'en novembre, elle en a reçu 26,8 mm. On peut croire que la ville a reçu environ la même quantité de précipitations en décembre, surtout si l'on tient compte du fait que des quantités semblables sont tombées en novembre, en février et en mars.

extrapoler : estimer une valeur au-delà d'une plage de valeurs connues

interpoler : estimer une valeur située entre deux valeurs connues

Les inspecteurs en santé publique vérifient la propreté des cuisines commerciales et industrielles. Ils s'assurent également que les aliments réfrigérés sont entreposés à des températures sécuritaires.

DISCUSSION DES IDÉES

EXTRAPOLATION ET INTERPOLATION DE VALEURS

Giboulée ou ensoleillement? Dans l'exemple de la page précédente, on a **extrapolé** une valeur à partir des données sur les niveaux de précipitations. Tu peux extrapoler une nouvelle valeur à partir de données illustrées sur un diagramme à ligne brisée s'il existe une tendance générale à la hausse ou à la baisse. Tu peux également extrapoler les données d'une année à l'autre si la période de l'année a des répercussions sur les données selon un schéma saisonnier.

Températures de la chambre froide

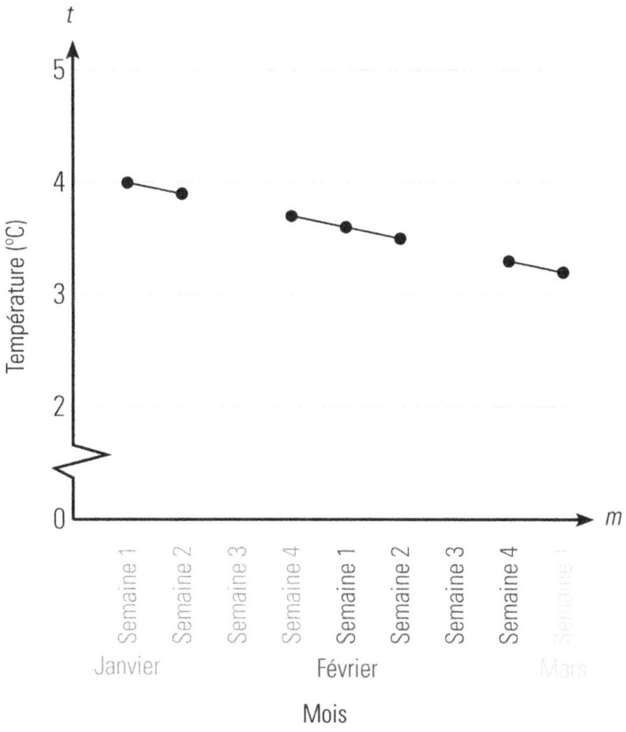

Lorsque tu estimes une valeur située entre deux valeurs connues, tu procèdes à une **interpolation**. En petit groupe, examine le diagramme ci-contre. Ce diagramme a été tracé par un inspecteur dont les tâches hebdomadaires comprennent la vérification et la compilation de la température d'un grand congélateur-chambre dans la cuisine d'un hôpital. La température doit demeurer à un certain niveau pour que les aliments soient entreposés de façon sécuritaire. Pour empêcher la prolifération des bactéries, les aliments doivent être entreposés à une température de 4 °C ou moins.

1. La température du congélateur était de 4 °C durant la première semaine de janvier, de 3,9 °C durant la deuxième semaine et de 3,7 °C durant la quatrième semaine. Selon toi, quelle était la température du congélateur durant la troisième semaine de janvier?
2. La température du congélateur était de 3,5 °C durant la deuxième semaine de février et de 3,3 °C durant la quatrième semaine. Selon toi, quelle était la température du congélateur durant la troisième semaine de février?
3. Détermine quelle sera la température du congélateur durant la deuxième semaine de mars. Selon toi, quelle sera la température durant la quatrième semaine de mars?
4. Discute avec un partenaire de la précision à laquelle tu peux t'attendre lorsque tu extrapoles ou que tu interpoles des valeurs.

Calcul mental et estimation

Jennifer est une nageuse de compétition qui fait partie de l'équipe de natation de son école. Sur le mur près de la piscine, chaque membre de l'équipe de natation fait le suivi de sa performance en traçant un diagramme du temps qu'il lui faut pour parcourir une certaine distance à la nage dans un certain style de nage. Jennifer s'entraîne actuellement pour l'épreuve du 200 m nage libre. Le diagramme illustre son temps des 30 derniers jours. Selon le diagramme, combien de temps faudra-t-il à Jennifer pour effectuer les 200 m nage libre au 33e jour? Et au 37e jour?

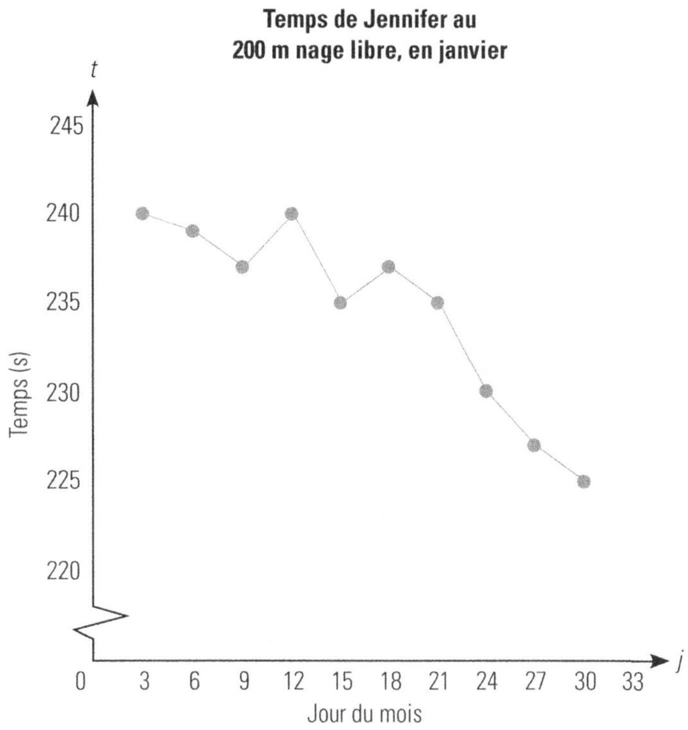

Si tu es un athlète de compétition, comment assures-tu le suivi de ta performance pour déterminer si elle s'améliore?

ACTIVITÉ 2.1
EMPLOIS POUR LES JEUNES

Durant l'été, de nombreux élèves touchent un revenu supplémentaire en travaillant à leur compte.

T De quelle façon souhaites-tu passer 89 784 heures de ta vie? Il s'agit du nombre d'heures qu'une personne passera à travailler si elle travaille huit heures par jour, cinq jours par semaine, de l'âge de 22 ans jusqu'à sa retraite, à 65 ans. En tant que jeune, quelles sont tes chances de te trouver un emploi? Cette activité te permettra de le savoir.

1. En équipe de deux, cherchez le taux d'emploi des jeunes pendant une période de 30 ans, de 1975 à 2005 environ, à l'aide des données que vous trouverez sur le site de Statistique Canada. Vous pourrez trouver des données pertinentes si vous effectuez des recherches par mots clés comme « taux d'emploi des jeunes » et « taux d'emploi ». Puisque les données sont recueillies de façon périodique, il pourrait être difficile de trouver des statistiques plus récentes.
2. Par la suite, trouvez le taux d'emploi de la population générale pour la même période.
3. Lorsque vous aurez trouvé ces renseignements, tracez un diagramme comportant plusieurs lignes brisées qui compare le taux d'emploi des jeunes et celui de la population générale.
4. Une fois que vous aurez tracé le diagramme à partir des données, répondez aux questions suivantes :
   a) Quelle population était comprise dans les données sur le taux d'emploi des jeunes?
   b) Le taux d'emploi de la population générale était-il plus élevé ou plus bas que celui des jeunes? Pourquoi, selon toi?
   c) Récemment, le taux d'emploi des jeunes a-t-il augmenté ou diminué? Qu'est-ce que cela signifie pour les jeunes qui cherchent un emploi?
   d) Récemment, le taux d'emploi de la population générale a-t-il augmenté ou diminué?
   e) Selon les résultats de tes recherches, qui a le plus de chances de trouver un emploi : un jeune ou une personne de la population générale?

Exemple 3

Paul étudiait les taux d'emploi au Canada et voulait examiner les tendances par sexe. Il a trouvé le diagramme suivant, lequel a été tracé par Statistique Canada.

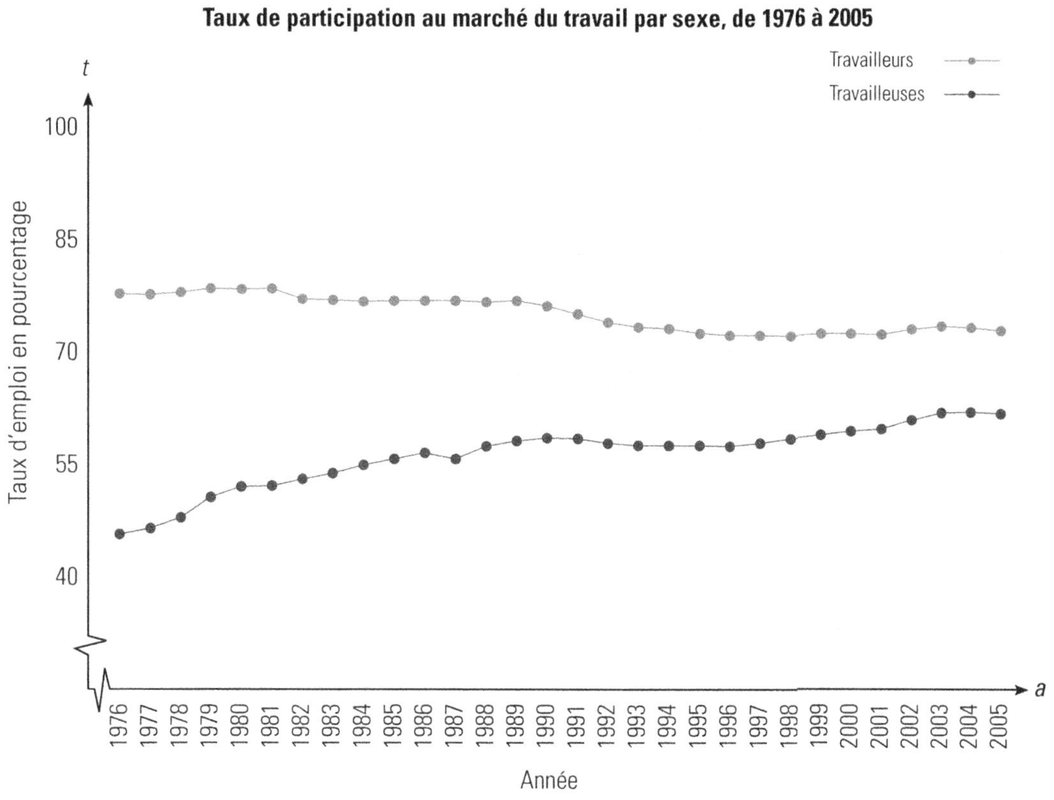

a) En 1976, quel était le pourcentage d'hommes qui avaient un emploi? Quel était le pourcentage de femmes?

b) Entre 1976 et 2005, quelle était la tendance générale quant au pourcentage d'hommes qui travaillaient? Quant au pourcentage de femmes?

c) À quoi ce changement pourrait-il être attribuable?

d) Que remarques-tu à propos de ce diagramme qui pourrait être un peu trompeur?

e) Pense aux réponses que tu as données à la dernière question. Redessine le diagramme en fonction de tes conclusions. Ton nouveau diagramme permet-il à un lecteur d'interpréter les données de façon plus claire? Pourquoi?

f) Dans le diagramme ci-dessus, la différence entre les points de données, ou valeurs, est difficile à percevoir. Les deux lignes semblent presque plates, et la majorité des valeurs semblent pareilles ou semblables. Que pourrais-tu faire pour accentuer la différence entre les points de données?

Les employés qui possèdent des compétences en gestion du temps et qui ont une aptitude à communiquer sont appréciés au travail.

SOLUTION

a) Environ 78 % des hommes et 46 % des femmes avaient un emploi en 1976.

b) Le pourcentage des hommes qui avaient un emploi a légèrement chuté et s'est établi à 72 %, tandis que le pourcentage des femmes qui avaient un emploi a fortement augmenté et s'est établi à près de 61 %.

c) Plus de femmes sont entrées sur le marché du travail parce qu'un second revenu était devenu nécessaire en raison de l'augmentation du coût de la vie. Cela signifie aussi que moins de postes étaient offerts aux hommes, ce qui a fait diminuer le pourcentage.

d) Les pourcentages commencent à 40 % et non à 0 %.

e) Le diagramme pourrait être trompeur parce que les valeurs sur l'axe vertical ne commencent pas à zéro. Il faut redessiner le diagramme de façon à ce que les valeurs sur l'axe vertical commencent à zéro, ce qui donnerait une perspective plus juste de la relation entre les deux lignes.

Taux de participation au marché du travail par sexe, de 1976 à 2005

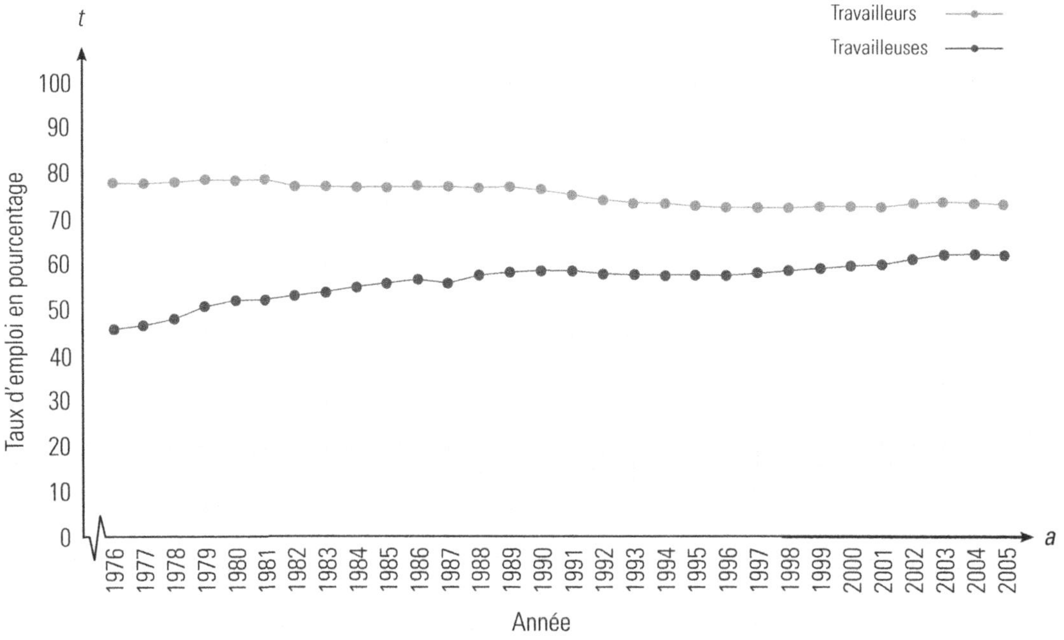

f) Si l'échelle de l'axe vertical était de 1 unité plutôt que de 10 unités, la différence entre les données serait plus facile à percevoir. Les différences entre les points de données pourraient également être plus faciles à percevoir si chaque unité de l'axe horizontal représentait 4 ans plutôt que 1 an.

DISCUSSION DES IDÉES

INFLUENCER LES INTERPRÉTATIONS

Dans l'exemple précédent, tu as tenu compte de l'échelle du diagramme et des répercussions qu'elle pourrait avoir sur ta perception des données présentées. Il existe de nombreuses façons d'influencer la façon dont un observateur interprète un diagramme. Examine les exemples ci-dessous, lesquels illustrent deux différentes façons de représenter les mêmes données sur un diagramme.

Diagramme 1

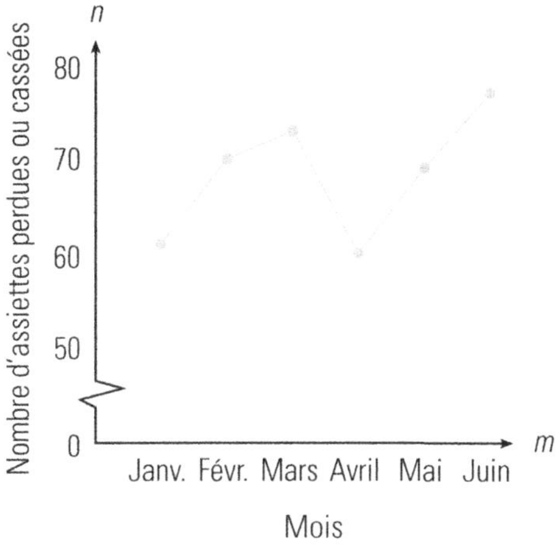

Diagramme 2

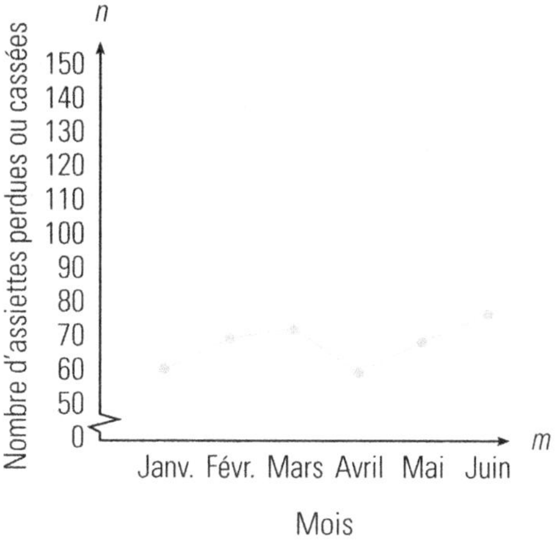

James travaille pour un traiteur. Une de ses tâches consiste à faire le suivi des dépenses en consignant le nombre d'assiettes apportées à un événement. À la fin de l'événement, James doit indiquer si des assiettes ont été perdues, oubliées ou cassées. Tous les six mois, il doit présenter ces données à son superviseur dans un rapport qui résume les dépenses liées à la cuisine.

En équipe de deux, discutez des questions suivantes :

1. Comment ces diagrammes diffèrent-ils dans la façon dont les données sont présentées? Quelles répercussions cela peut-il avoir sur la façon dont un lecteur perçoit les données?
2. Selon vous, quel diagramme représente le mieux les données?
3. Pourquoi une personne voudrait-elle présenter des données de la même façon que dans le diagramme 2?

ACTIVITÉ 2.2
INVESTIR DANS LA MEILLEURE ENTREPRISE

T

Entre dans un monde d'athlètes surhumains, d'êtres gélatineux féroces ou de guerriers invincibles. C'est ce que tu fais chaque fois que tu joues à un jeu vidéo. Quel est ton jeu préféré? Bien que les jeux vidéo puissent être divertissants, ils rapportent de grosses sommes d'argent aux sociétés qui créent les jeux et les consoles.

La technologie des jeux vidéo s'est grandement améliorée, mais certaines personnes préfèrent encore les classiques d'il y a 25 ans.

Serait-il sage de décider d'investir dans une société qui fabrique de l'équipement de jeux vidéo? Cette activité te permettra de le savoir. D'abord, cherche le nom de l'entreprise qui a créé ta console de jeux favorite ainsi que le nom de l'un de ses concurrents.

Ensuite, consulte les journaux ou Internet pour trouver tes entreprises sur le NASDAQ. Vérifie le cours de clôture des actions de tes entreprises chaque jour, et ce, pendant une semaine. Conserve une copie du journal ou découpe la page afin de compiler les cours.

1. Trace un diagramme à double ligne brisée qui illustre ces renseignements.
2. Laquelle des entreprises a connu la meilleure semaine? Explique ton raisonnement.
3. Si tu avais à acheter des parts de l'une de ces entreprises, laquelle choisirais-tu et pourquoi?
4. Compare tes deux entreprises avec les entreprises choisies par un de tes camarades. Quelle semble être la tendance générale dans l'industrie des consoles de jeux cette semaine?

Les concierges d'immeubles entretiennent et réparent l'intérieur et l'extérieur des immeubles d'habitation ou des immeubles en copropriété. Ils peuvent être appelés à passer l'aspirateur dans les corridors, réparer de l'équipement et jardiner.

CONSTRUIS TES HABILETÉS

1. Jean-François est concierge dans un immeuble d'habitation situé à Estevan, en Saskatchewan. Il est responsable du nettoyage des aires communes de l'immeuble et de la réparation de l'équipement, comme les machines à laver, les réservoirs à eau chaude et les appareils de chauffage. Jean-François soupçonne que l'un des réservoirs à eau chaude de l'immeuble ne fonctionne pas correctement; c'est pourquoi il compile quotidiennement la température de l'eau du réservoir. La température de l'eau devrait être de 130 °F. Sers-toi des données qui figurent dans le tableau pour tracer un diagramme à ligne brisée qui représente les températures de l'eau chaude.

TEMPÉRATURES DE L'EAU CHAUDE

Jour 1	*Jour 2*	*Jour 3*	*Jour 4*	*Jour 5*
90 °F	82 °F	78 °F	81 °F	69 °F

2. En avril dernier, Julie a commencé à travailler comme gestionnaire de logements adjointe pour l'administration municipale de la ville de Brandon, au Manitoba. Son patron lui a demandé de rédiger un rapport sur le nombre moyen de personnes qui ont été logées dans des logements communautaires chaque mois. Julie s'est vu assigner la tâche de consigner le nombre de personnes qui ont été logées dans des logements communautaires chaque mois.

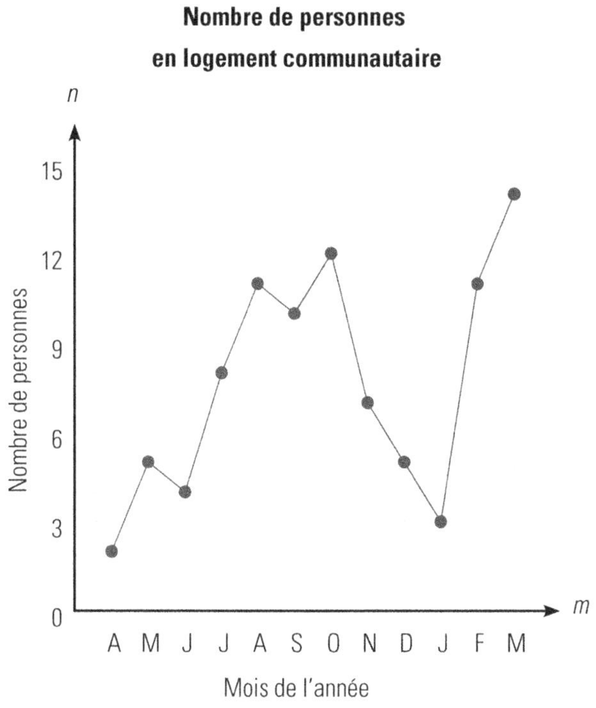

a) Au cours de quel mois compte-t-on le plus grand nombre de personnes logées? Combien de personnes ont été logées?

b) Au cours de quel mois compte-t-on le plus petit nombre de personnes logées? Combien de personnes ont été logées?

c) Peux-tu prévoir quelle sera la tendance en ce qui concerne le nombre de personnes qui sont logées dans des logements communautaires? Si oui, quelle serait cette tendance?

d) Les statistiques précédentes montrent que, en moyenne, dix personnes sont logées dans des logements communautaires chaque mois à Brandon. Compare la moyenne des données que Julie a recueillies avec la moyenne précédente. Détermine les raisons qui expliqueraient la différence entre les moyennes.

3. Examine le diagramme ci-dessous.

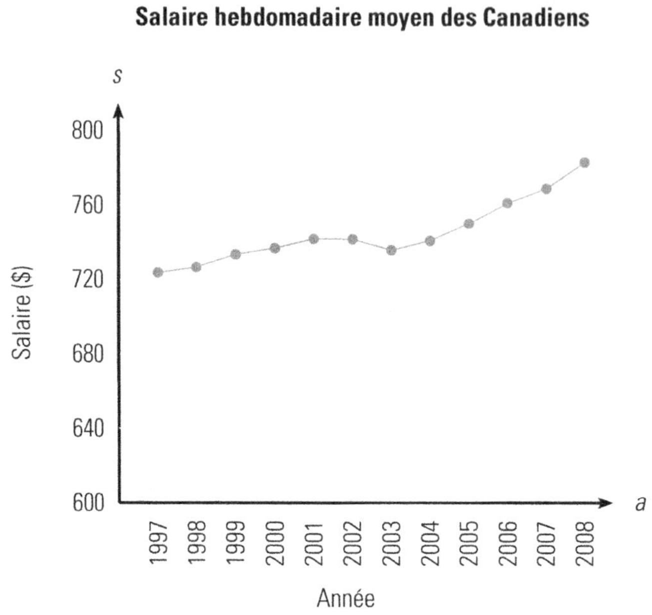

a) Que t'indique-t-il?

b) Quel était le salaire hebdomadaire moyen d'un Canadien en 2003?

c) Décris la tendance générale du salaire hebdomadaire pendant la période de 1997 à 2008. Comment s'explique cette tendance?

d) En quoi la façon dont ce diagramme est tracé peut-elle être trompeuse?

4. Chi tentait de décider quel type de travail il occuperait une fois qu'il aurait quitté l'école secondaire. Son conseiller d'orientation professionnelle avait affiché le diagramme suivant au mur; selon lui, le diagramme pouvait aider Chi à prendre sa décision.

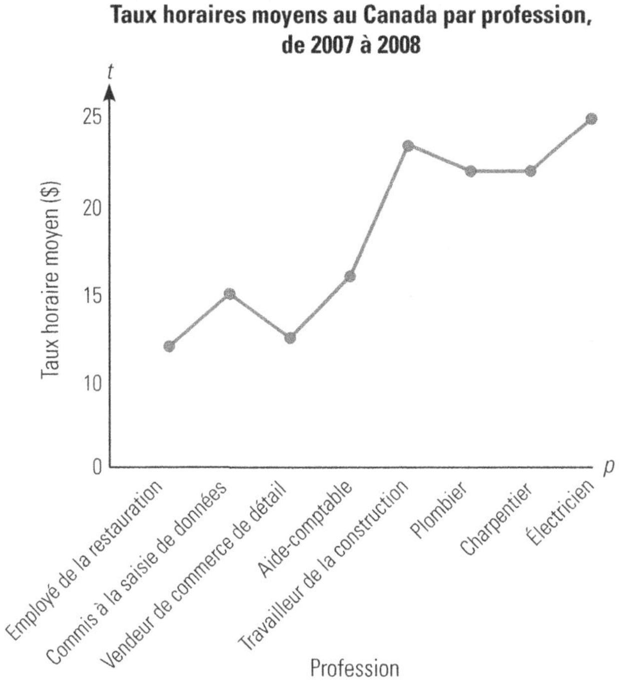

Un conseiller d'orientation professionnelle peut t'aider à choisir un collège. Il peut également te renseigner sur la façon de présenter une demande pour obtenir une bourse d'étude ou de rédiger un curriculum vitæ.

a) Si Chi se préoccupe principalement du revenu, quel choix devrait-il faire selon toi?

b) Quel emploi offre le salaire horaire moyen le plus élevé? et le plus bas? De combien? Pourquoi selon toi?

c) Connais-tu une personne qui occupe un des emplois qui figurent dans le diagramme? Son salaire horaire est-il similaire à celui qui est indiqué dans le diagramme? Pourquoi est-il possible que les salaires soient supérieurs ou inférieurs à ceux indiqués dans le diagramme?

d) Avant que Chi essaie de trouver un emploi dans l'une de ces professions, de quels autres facteurs devra-t-il tenir compte?

5. Arseno est chercheur pour le comité organisateur des Jeux Olympiques d'été. Lorsqu'il a étudié la participation des femmes au cours du XXe siècle, il a consigné le nombre de pays qui ont compté des athlètes féminines au fil des ans.

NOMBRE DE PAYS QUI COMPTENT DES ATHLÈTES OLYMPIQUES FÉMININES

Année	1900	1904	1908	1912	1920	1924	1928	1932	1936	1948	1952	1956	1960	1964	1968	1972	1976	1980	1984	1988	1992	1996	2000
N[bre] de pays	5	1	4	11	13	20	26	18	26	33	51	39	45	53	54	65	66	54	94	117	136	169	199

a) Trace un diagramme à partir des renseignements donnés et prends soigneusement les années en note.

b) Quelle est la tendance quant au nombre de pays qui comptaient des athlètes féminines?

c) Sers-toi de tes connaissances en histoire pour expliquer les écarts entre les années.

d) Extrapole le nombre de pays qui auraient pu compter des femmes aux Jeux Olympiques d'été de 2004 et de 2008. Trouve les nombres réels.

Les membres des Premières nations ont été les premiers à habiter sur le territoire qui est maintenant le Canada. Aujourd'hui, la population canadienne compte des personnes de partout sur la planète. Cette photo montre un groupe de membres des Premières nations de la Colombie-Britannique qui participe au défilé du Nouvel an chinois, un événement multiculturel qui a lieu dans le quartier chinois de Vancouver.

6. Les recenseurs doivent connaître les tendances dans la population. Le taux d'immigration au Canada est relativement élevé. L'immigration nette correspond à la différence entre le nombre d'émigrants qui quittent le Canada pour aller vivre à l'étranger de façon permanente et le nombre d'immigrants qui s'installent au Canada. Theresa a cherché les données sur l'immigration nette approximative au Canada à partir de la Confédération jusqu'en 2007 par intervalles de 20 ans, tel qu'il est indiqué dans le tableau ci-dessous.

IMMIGRATION NETTE AU CANADA

Année	1867	1887	1907	1927	1947	1967	1987	2007
N[bre] net d'immigrants (exprimé en milliers)	15	90	150	100	100	200	130	260

a) Trace un diagramme à ligne brisée pour illustrer les données. En fonction de ces données, discute de la tendance dans l'immigration nette du Canada.

b) Sers-toi de tes connaissances sur l'histoire du Canada pour expliquer certaines de ces tendances.

c) Penses-tu que ce diagramme brosse un portrait fidèle de l'immigration nette au Canada depuis la Confédération? Explique ta réponse.

Approfondis ta réflexion

7. Sers-toi des renseignements ci-dessous, qui ont été obtenus auprès d'Environnement Canada et qui portent sur les collines Cypress, en Saskatchewan, et sur Richmond, en Colombie-Britannique, pour tracer des diagrammes à ligne brisée comparatifs. Utilise les diagrammes pour discuter des différences entre les climats.

TEMPÉRATURE QUOTIDIENNE MOYENNE (°C)

Mois	*J*	*F*	*M*	*A*	*M*	*J*	*J*	*A*	*S*	*O*	*N*	*D*
Collines Cypress	−9,5	−7	−2,7	3,5	8,8	12,7	15,4	15,3	9,5	4	−4	−8,7
Richmond	3,4	5	7,3	9,9	13,1	15,8	18	18	14,9	10,3	5,8	3,2

PRÉCIPITATIONS MENSUELLES MOYENNES DE PLUIE (mm)

Mois	*J*	*F*	*M*	*A*	*M*	*J*	*J*	*A*	*S*	*O*	*N*	*D*
Collines Cypress	0	0,1	1,7	14,4	52,5	96,7	69,6	46,3	50,2	14,7	2,2	0,2
Richmond	151,2	123,2	109,3	94,2	73,9	66,3	39,1	43,7	61,6	119,9	195,1	162,1

PRÉCIPITATIONS MENSUELLES MOYENNES DE NEIGE (cm)

Mois	*J*	*F*	*M*	*A*	*M*	*J*	*J*	*A*	*S*	*O*	*N*	*D*
Collines Cypress	35,1	28	40,2	26,1	24,3	0,1	0	1,3	8	22	32,9	40,4
Richmond	12,4	8,4	1,8	0,2	0	0	0	0	0	0,4	1,8	13

En raison de leur altitude, les collines Cypress, qui sont situées en Saskatchewan, enregistrent des températures plus basses et de plus grandes quantités de précipitations que les terres environnantes.

8. À la question 6, tu as tracé un diagramme représentant l'immigration nette au Canada entre 1867 et 2007. Tu trouveras ci-dessous un diagramme plus détaillé obtenu auprès de Statistique Canada. Compare-le avec celui que tu as tracé.

   a) Quelles différences remarques-tu entre les deux diagrammes? Comment pourrais-tu expliquer ces différences?

   b) Quels facteurs pourraient avoir touché les données sur l'immigration en 1905 et en 1949?

   c) Pourquoi l'immigration était-elle si faible entre 1930 et 1946?

Nombre annuel d'immigrants depuis la Confédération (1867 à 2006)

Diagrammes à bandes 2.2

Tout au long de l'hiver à Yellowknife, James Parks convertit les précipitations récentes de neige, lesquelles sont mesurées en centimètres, en équivalent en eau de neige, laquelle est mesurée en millimètres.

LES MATHÉMATIQUES *AU TRAVAIL*

James Parks travaille à la station d'information de vol qui est située à l'aéroport de Yellowknife. La station est exploitée par NAV CANADA, la société qui est responsable des services de navigation aérienne dans l'espace aérien canadien. À titre de spécialiste de l'information de vol, James doit veiller à ce que les avions volent de façon efficace et en toute sécurité. Ses tâches consistent à :

- informer les pilotes du trafic aérien à proximité;
- contrôler les déplacements des véhicules sur les pistes de l'aéroport;
- fournir des rapports sur l'état des pistes;
- observer la température et à fournir des rapports.

Étant donné que James est le chef d'équipe, il doit également veiller à ce que ces services soient adéquatement exécutés.

Une partie du travail de James consiste à convertir la température de Yellowknife en données mathématiques. « J'utilise les mathématiques tous les jours dans le cadre de mon travail, affirme-t-il. Lorsque nous observons la couverture nuageuse dans le ciel, nous utilisons des fractions pour représenter la proportion de ciel qui est couverte par chaque couche de nuages. » Il effectue également des calculs afin de convertir la pression atmosphérique à différents niveaux, y compris au niveau de la mer, et présente les renseignements dans des diagrammes et des tableaux.

James a fréquenté l'école secondaire Booth Memorial High à St. John's, à Terre-Neuve-et-Labrador. Par la suite, il a fréquenté le Centre de formation et de conférences de NAV CANADA, où il a reçu une formation de spécialiste de l'information de vol. James travaille maintenant pour NAV CANADA.

Précipitations mensuelles à Yellowknife de janvier à décembre 2006

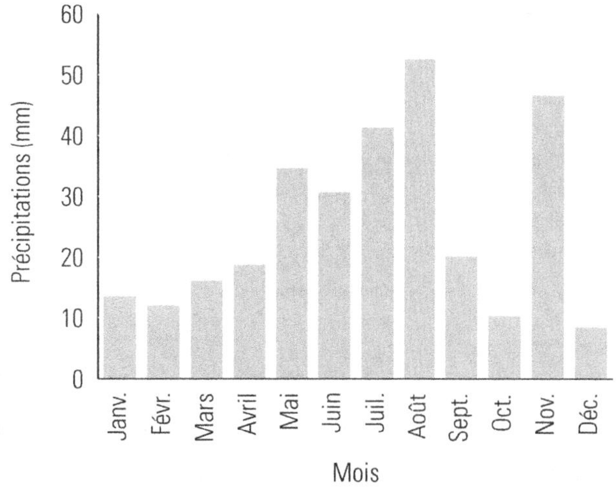

On peut se référer aux données météorologiques, comme celles que recueillent James et ses collègues, pour résumer les conditions météorologiques mensuelles et annuelles. Tu trouveras ci-dessous un diagramme à bandes qui représente les précipitations mensuelles à Yellowknife.

1. Quel est le titre de ce diagramme? Selon le titre, que devrais-tu pouvoir observer sur le diagramme?
2. Quelle a été la quantité totale de précipitations qui est tombée en 2006?
3. Quel pourcentage des précipitations totales sont tombées en juillet?
4. Peux-tu proposer des raisons pour expliquer qu'il semble y avoir davantage de précipitations en mai, en juin, en juillet et en août?

EXPLORE LES MATHÉMATIQUES

diagramme à bandes : diagramme dont les données sont présentées au moyen de bandes verticales ou horizontales

June travaille dans un centre d'appels. Elle a été embauchée par une société pharmaceutique. Son travail consiste à fournir aux personnes qui l'appellent des renseignements sur les produits offerts par la société. June doit demander à chaque appelant la province dont il est originaire et l'endroit où il a trouvé les coordonnées de la société. Examine le tableau des données que June a recueillies sur les appelants pendant le mois de mai. Si tu devais tracer un **diagramme à bandes** pour illustrer ces données :

1. Quelle échelle choisirais-tu pour l'axe vertical?
2. Quelle échelle choisirais-tu pour l'axe horizontal?
3. Quel serait le titre approprié de ce diagramme?

DONNÉES DU CENTRE D'APPELS

Source	*Internet*	*Renseignements sur l'emballage du produit*	*Annonce télévisée*	*Publicité imprimée*	*Médecin*	*Autres*
Nombre d'appelants	97	134	17	180	78	12

données discrètes : données dont les valeurs viennent de l'ensemble des nombres naturels, c'est-à-dire qu'on peut compter, sans inclure les données à l'intérieur de l'intervalle. Ex : nombres d'élèves, nombre de voitures.

Lorsque tu traces un diagramme ou que tu en interprètes les données, souviens-toi que le diagramme peut fournir une représentation visuelle de **données discrètes** ou de données dans différentes catégories, ou encore qu'il peut être utilisé pour comparer des données. Comme tous les diagrammes, les diagrammes à bandes ont besoin d'un titre, et leurs axes doivent être clairement désignés afin que la personne qui examinera le diagramme puisse comprendre ce qu'il représente.

Dans la section Les mathématiques au travail de la page précédente, James a utilisé un diagramme à bandes verticales. Les diagrammes à bandes peuvent également être horizontaux. Le diagramme illustre les niveaux de précipitations par mois; les diagrammes à bandes peuvent être tracés au hasard, comme dans l'exemple 1 ci-dessous.

Exemple 1

Les ulus sont des outils traditionnels qui étaient utilisés par les femmes inuites pour couper les aliments et gratter les peaux.

Okpik est une archéologue qui a effectué des fouilles près de Rankin Inlet, au Nunavut, pendant plusieurs années. Ses rapports lui permettent d'analyser les méthodes de chasse qui étaient les plus couramment utilisées dans le passé. Les artéfacts qu'elle a trouvés comprennent des *ulus*, des couteaux munis de lames semi-circulaires utilisés par les femmes pour couper la nourriture, préparer le gibier et gratter des peaux, et des pierres qui formaient une partie des *ka-lum-ik-touns*, des armes de chasse utilisées pour attraper des oiseaux.

ARTÉFACTS INUITS

Crochets de chasse	*Ulus*	*Pointes de harpon*	*Lunettes*	*Ka-lum-ik-touns*
4	7	14	3	25

a) Illustre ces données sous forme de diagramme à bandes.

b) En examinant les chiffres, tu peux savoir quels artéfacts étaient les plus abondants et lesquels étaient plus rarement mis au jour. En quoi la représentation graphique fournit-elle plus de renseignements que le tableau?

SOLUTION

a)

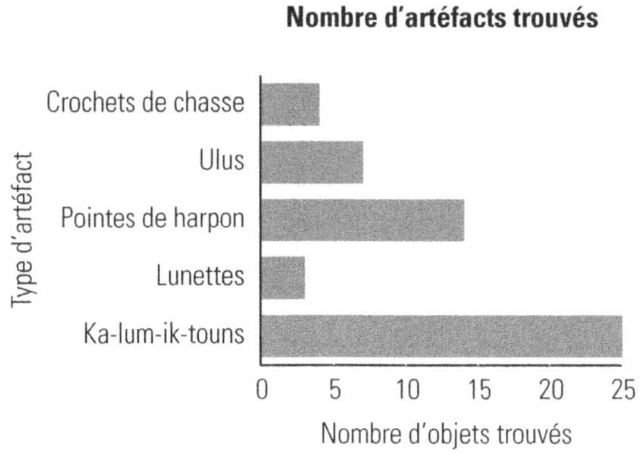

b) On peut mieux constater la relation qui existe entre le type d'artéfact et le nombre total d'artéfacts trouvés.

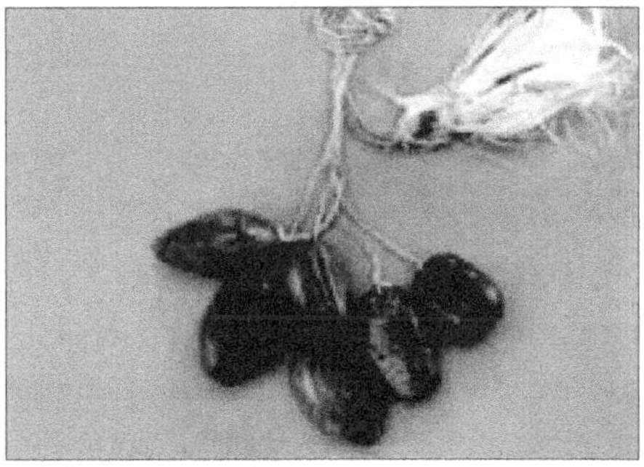

Les poids d'un ka-lum-ik-toun *peuvent être faits de pierre, d'os ou de bois.*

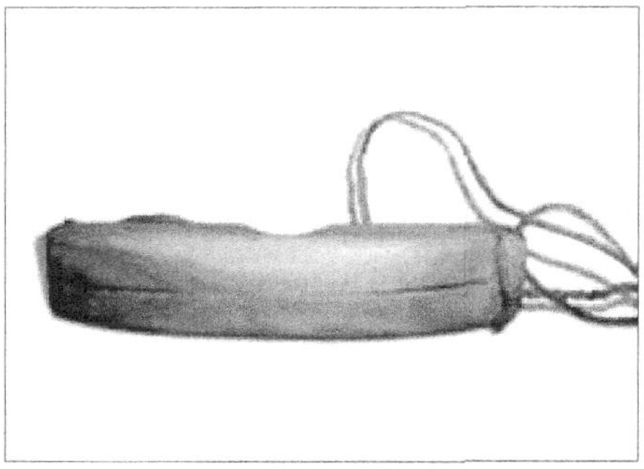

Les lunettes de neige inuites traditionnelles étaient parfois taillées dans un os.

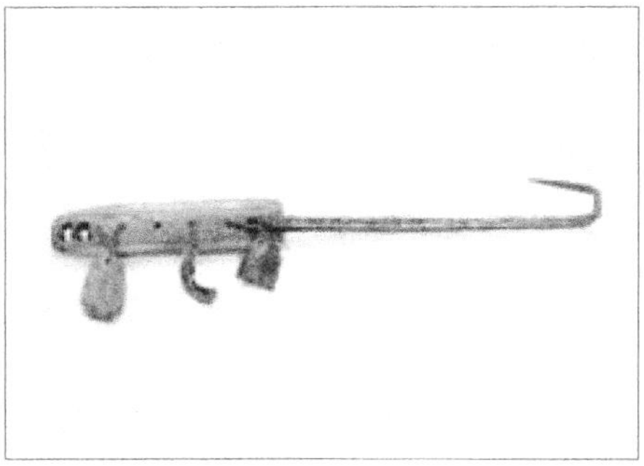

Cet hameçon est fait de babiche, de bois d'animaux et de cuivre.

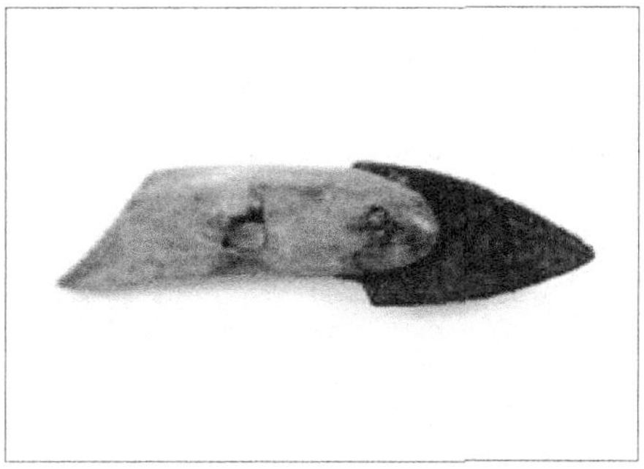

Un harpon peut être utilisé pour chasser des mammifères marins.

DISCUSSION DES IDÉES
CONVERSION D'UN DIAGRAMME

Les renseignements qui figurent sur un diagramme à ligne brisée peuvent souvent être illustrés sur un diagramme à bandes. Examine les renseignements de l'exemple 2 de la page 59 sur la quantité moyenne de précipitations à Banff, en Alberta, dont les données ont été reproduites ci-dessous.

PRÉCIPITATIONS MENSUELLES

Mois	*J*	*F*	*M*	*A*	*M*	*J*	*J*	*A*	*S*	*O*	*N*	*D*
Précipitations (mm)	27,5	21,9	23,4	32,4	59,6	81,7	54,2	60,1	42,1	29,4	26,8	

1. Illustre les données sur un diagramme à bandes verticales.
2. Étant donné que les données auraient pu être présentées dans un diagramme à bandes horizontales, pourquoi, selon toi, t'a-t-on demandé de tracer un diagramme à bandes verticales?
3. Quel diagramme, entre le diagramme à ligne brisée et le diagramme à bandes, semble afficher les renseignements de façon plus significative?
4. Décris tous les renseignements que tu ne peux pas aussi facilement obtenir d'un diagramme ou de l'autre.

Le vélo est un moyen de transport écologique.

ACTIVITÉ 2.3
FAIRE LA NAVETTE ENTRE LA MAISON ET L'ÉCOLE

Aujourd'hui, on parle beaucoup de l'environnement. On invite souvent les gens à utiliser le transport en commun, à se joindre à un groupe de covoiturage, à marcher ou à faire du vélo pour se rendre au travail. Dans le cadre de cette activité, ton lieu de travail sera ton école. Un partenaire et toi interrogerez au moins 50 élèves de votre école afin de déterminer leurs moyens de transport. Consignez les résultats dans un tableau semblable à celui qui figure ci-dessous.

MOYENS DE TRANSPORT

Transport en commun (autobus)	*Voiture (covoiturage ou transport)*	*Vélo*	*Marche*
	IIII	III	III

EXEMPLE

Une fois que vous aurez recueilli vos données, analysez vos conclusions pour répondre aux questions suivantes.

1. Quels sont les moyens de transport les plus courants? Expliquez votre réponse.
2. Illustrez ces données sous forme de diagramme à bandes. Avez-vous choisi de tracer un diagramme à bandes verticales ou un diagramme à bandes horizontales? Pourquoi?
3. Décrivez tout renseignement que vous pouvez obtenir à partir du diagramme à bandes que vous ne pouviez pas facilement percevoir à partir des données.
4. Comparez votre diagramme à celui d'au moins une autre équipe. Les résultats sont-ils les mêmes ou sont-ils différents? Expliquez votre réponse.
5. Si votre école était située dans un endroit différent, les résultats seraient-ils les mêmes ou seraient-ils différents selon vous? Expliquez votre raisonnement.

Le fait de mener une enquête auprès des autres élèves te permettra de connaître leurs opinions et leurs préférences.

Calcul mental et estimation

Quels pays ont gagné plus de médailles que le Canada? Plus de médailles d'argent?

Médailles remportées au Jeux Olympiques d'hiver de 2010

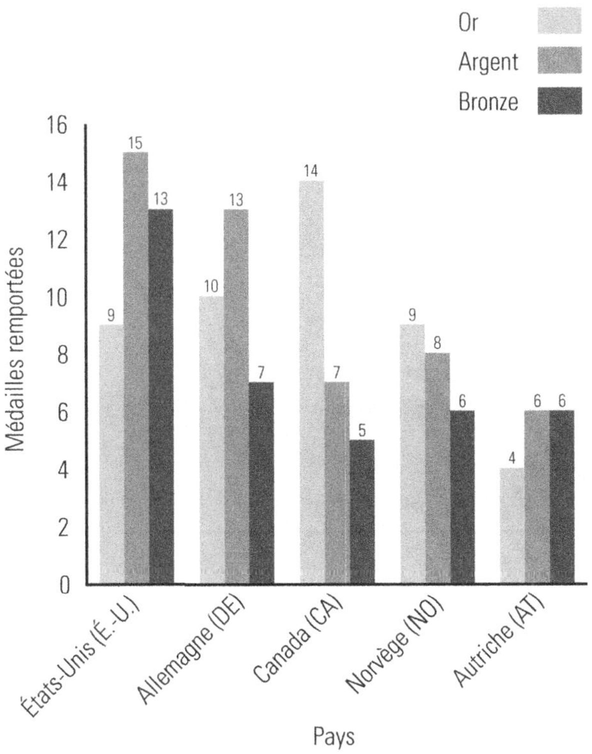

Exemple 2

Akiko est vendeuse de véhicules automobiles. Elle compare le taux de consommation de carburant de différents modèles de voitures que vend la société pour laquelle elle travaille. Elle possède le tableau ci-dessous, qui indique, pour chaque voiture, le nombre de litres consommés par 100 kilomètres parcourus sur la route et en ville. Elle estime qu'il serait préférable d'illustrer ces renseignements sous forme de diagramme afin de les présenter à ses clients.

CONSOMMATION DE CARBURANT

Voiture	*Voiture A*	*Voiture B*	*Voiture C*	*Voiture D*
Ville	11,5	11,8	12,2	10,6
Route	9,8	8,9	8,6	10,0

a) Dessine un diagramme à double bande pour illustrer ces données.

b) En fonction des données sur la consommation de carburant, quelle voiture achèterais-tu et pourquoi?

SOLUTION

a)

Consommation de carburant

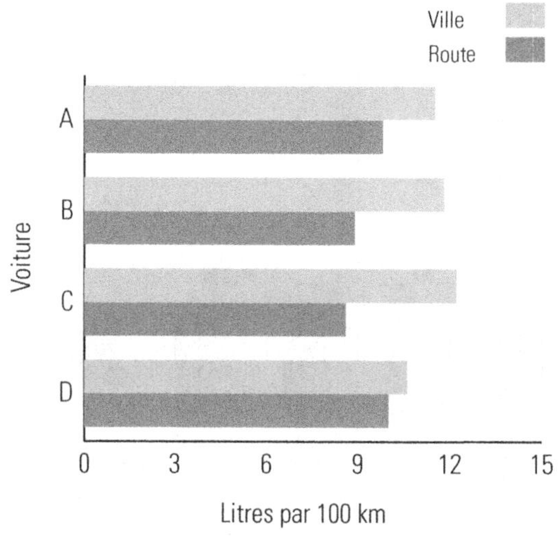

b) Tu achèterais la voiture qui consomme le moins grand nombre de litres par 100 kilomètres. Si tu roulais en ville la plupart du temps, tu choisirais la voiture D. Toutefois, il s'agit de la voiture qui consomme le plus de carburant sur la route. La voiture C est celle qui consomme le moins de carburant sur la route, mais c'est celle qui en consomme le plus en ville. Tu choisirais la voiture C si tu roulais sur la route la plupart du temps. Les voitures A et B ne sont pas très différentes de la voiture C. Il faudrait que tu compares ta conduite en ville et ta conduite sur la route avant de choisir l'une d'entre elles.

DISCUSSION DES IDÉES

ILLUSTRATION DES TEMPÉRATURES DE LA VAPEUR CONDENSÉE À L'AIDE D'UN DIAGRAMME

Les monteurs de conduites de vapeur prennent la température du condensat (vapeur d'eau condensée) à l'entrée et à la sortie du purgeur automatique de vapeur d'eau, tracent un diagramme pour illustrer ces résultats et comparent les lectures aux températures acceptables établies par le fabricant. Ainsi, ils peuvent déterminer si le purgeur fonctionne correctement et s'il libère les quantités moyennes de vapeur. Les monteurs de conduites de vapeur peuvent également consigner l'âge du purgeur automatique de vapeur d'eau afin de déterminer s'il doit être remplacé. Ashok, un monteur de conduites de vapeur, a indiqué ces données sur le diagramme ci-contre.

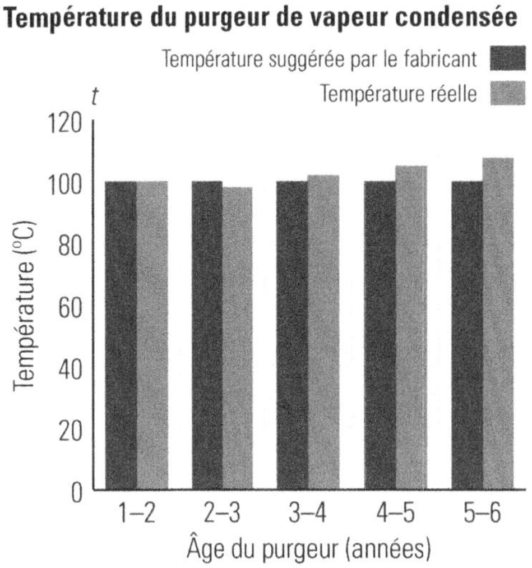

Ashok a utilisé un diagramme à double bande. Ce diagramme lui permet de comparer la température réelle du condensat, la température suggérée par le fabricant et la température en fonction de l'âge du purgeur.

1. Quelles températures sont les plus élevées? Les températures réelles ou les températures suggérées par le fabricant?
2. Quel groupe d'âge fournit les températures les plus précises?
3. Pourquoi crois-tu qu'Ashok a utilisé un diagramme à double bande pour illustrer ces renseignements?
4. Propose deux situations en milieu de travail dans lesquelles il serait utile de comparer au moins deux ensembles de données.
5. Un diagramme à ligne brisée constituerait-il une façon efficace de présenter ces renseignements? Explique ta réponse.

Il s'agit d'un purgeur automatique de condensat industriel.

ACTIVITÉ 2.4

EXPLORER L'UTILISATION D'UN LOGICIEL DE CRÉATION DE DIAGRAMMES

T

Pour cette activité, tu devras avoir accès à Internet. Tu peux réaliser cette activité avec un partenaire ou seul à la maison.

1. Fais une recherche sur Internet pour trouver au moins deux sites différents que tu peux utiliser pour dessiner des diagrammes à bandes en entrant des données.
2. À l'aide de l'un des programmes du site, dessine un diagramme à bande illustrant les données sur le condensat qui figurent dans la section Discussion des idées ci-dessus. En quoi ce diagramme se compare-t-il à celui qui figure ci-dessus?
3. Si tu le peux, utilise le programme pour tracer un diagramme à ligne brisée qui illustre les mêmes données. En quoi ce diagramme se compare-t-il au diagramme original?
4. Quels sont quelques-uns des avantages à tracer un diagramme à la main? Nomme quelques avantages à dessiner un diagramme par l'intermédiaire d'un programme logiciel?

CONSTRUIS TES HABILETÉS

1. Mme Runson a affiché un diagramme sur son tableau d'affichage.
   a) Que t'indique-t-il?
   b) Combien d'élèves ont obtenu une note parfaite?
   c) Quelle était la note la plus courante?
   d) Combien d'élèves ont obtenu une note de zéro au test?
   e) Combien d'élèves ont effectué le test de Mme Runson?

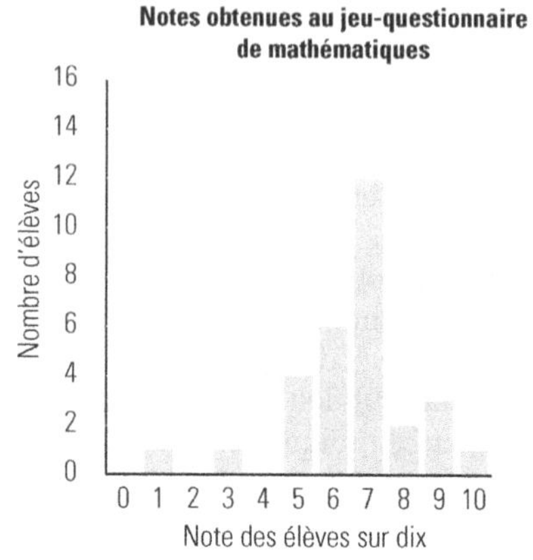

2. Jessica est une évaluatrice des coûts qui a été embauchée par une entreprise de construction de The Pas, au Manitoba. L'entreprise lui a demandé de trouver le type de béton le plus économique pour la construction d'un nouvel immeuble d'habitation.

COÛT DU BÉTON

Entreprise	*Entreprise A*	*Entreprise B*	*Entreprise C*	*Entreprise D*	*Entreprise E*
Prix du béton par m^3	70,00 $	85,50 $	102,00 $	67,00 $	74,00 $

Illustre ces données sous forme de diagramme à bandes. S'il y a lieu, de quels autres facteurs Jessica doit-elle tenir compte lorsqu'elle choisit le fournisseur de béton?

Bien qu'aujourd'hui, la majorité des recherches soient effectuées par Internet, tu peux trouver d'exellentes données dans la collection de la bibliothèque de ta région.

3. Stéphane est un bibliotechnicien qui travaille à la bibliothèque d'une école. Il compile des statistiques sur les genres de livres les plus populaires auprès des élèves de différents niveaux. Il a comparé le nombre de romans policiers au nombre de romans de science-fiction empruntés par les élèves des différents niveaux. Illustre les résultats sur un diagramme à double bande et décris la tendance.

GENRES DE LIVRES LES PLUS POPULAIRES

Année	*9e année*	*10e année*	*11e année*	*12e année*
Romans policiers	25	24	20	22
Romans de science-fiction	28	32	38	35

4. Jarvis est représentant pour une entreprise d'accessoires de nettoyage. Il touche une prime lorsqu'il dépasse un certain niveau de ventes. Pour s'assurer qu'il touche les primes auxquelles il a droit, Jarvis utilise un tableur dans lequel il indique les types d'accessoires de nettoyage qu'il vend à différents hôtels de Saskatoon, en Saskatchewan, ainsi que le montant des ventes. La partie du tableur qui comporte des données sur les deux types d'assouplissant qu'il vend au seau, figure ci-dessous. Présente les données sous forme de diagramme à double bande horizontale et discute des tendances des ventes qui sont illustrées dans le diagramme.

ACCESSOIRES DE NETTOYAGE

Mois	*Janvier*	*Février*	*Mars*	*Avril*
Florasoft	12	11	13	10
Freshex	15	22	29	31

5. Kay a vu le diagramme ci-contre, qui illustre les taux d'obtention de diplôme des garçons et des filles dans trois écoles secondaires locales. Elle a conclu que le taux d'obtention de diplôme était plus élevé chez les filles que chez les garçons et que l'école B était une bien meilleure école d'après le taux d'obtention de diplôme.
   a) Es-tu d'accord avec les conclusions de Kay? Explique ta réponse.
   b) Quels sont les taux d'obtention de diplôme dans chacune des écoles?

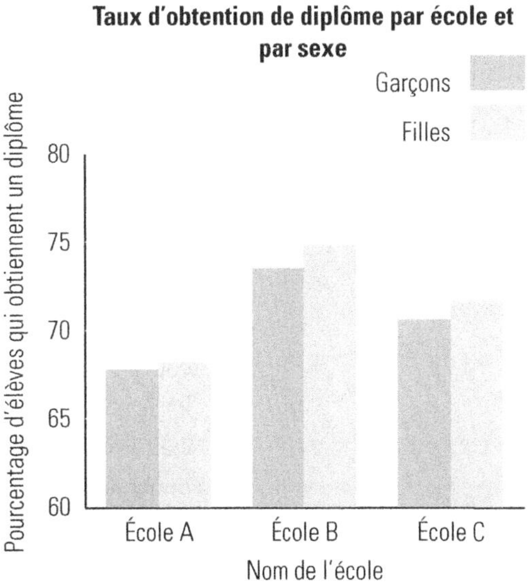

6. Trinika conçoit le logo d'une nouvelle entreprise et a restreint son choix à deux modèles. Elle a demandé à 20 personnes dans chacun des quatre groupes d'âge si elles préféraient le logo A ou le logo B.

LOGO PRÉFÉRÉ (PAR GROUPE D'ÂGE)

Âge	*10 à 14 ans*	*15 à 19 ans*	*20 à 24 ans*	*25 à 30 ans*
Logo A	19	17	6	4
Logo B	1	3	14	16

   a) Illustre ces données sous forme de diagramme à double bande.
   b) Les chiffres bruts indiquent que les gens préfèrent le logo A. Toutefois, Trinika a choisi le logo B. Pourquoi en a-t-elle décidé ainsi?

7. Un centre communautaire mène un sondage auprès des personnes qui participent à l'heure du conte pour les jeunes enfants. Le centre se servira des résultats du sondage pour déterminer s'il devrait développer de nouveaux programmes pour les mères célibataires, les pères célibataires ou les familles biparentales.

TYPES DE FAMILLES PARTICIPANT À L'HEURE DU CONTE

Mois	*Janv.*	*Févr.*	*Mars*	*Avril*	*Mai*	*Juin*
Mères célibataires	9	11	8	10	13	10
Pères célibataires	4	2	6	4	7	5
Familles biparentales	17	20	18	23	21	25

a) Trace un diagramme à triple bande pour illustrer ces renseignements.

b) En fonction de ton diagramme, pour quel groupe penses-tu que le centre communautaire devrait développer de nouveaux programmes? D'après toi, s'agit-il d'une bonne méthode pour déterminer si plus de programmes devraient être développés pour certains types de familles? Explique ta réponse.

c) Penses-tu que ces données seraient mieux illustrées sur un diagramme à triple ligne brisée? Explique ta réponse.

Approfondis ta réflexion

8. On a cherché à savoir si les adolescents travaillaient plus efficacement si on les laissait se coucher plus tard le soir et se lever plus tard le matin. Si cela était vrai, la journée d'école pourrait commencer plus tard. Une école secondaire locale a interrogé ses élèves pour obtenir leur opinion sur la question.

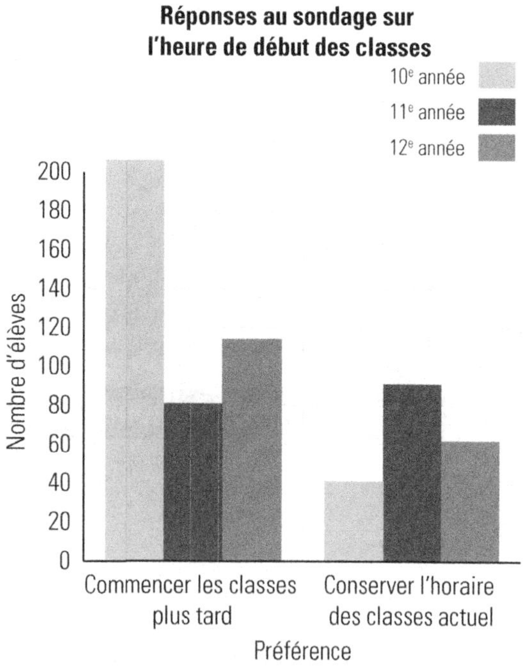

a) Environ combien d'élèves de 12e année ont voté pour que la journée d'école soit modifiée?

b) Environ combien d'élèves ont voté?

c) Mary s'est servi du diagramme ci-contre pour déclarer ce qui suit : « De toute évidence, les élèves de 10e année veulent que la journée d'école commence et se termine plus tard, mais les élèves de 11e année semblent plutôt indifférents à la question. » Cette déclaration est-elle juste? Explique ton raisonnement.

9. Ginger prépare une présentation en vue d'une rencontre entre les dix partenaires d'une petite entreprise de distribution. Elle tente de les convaincre qu'ils ont besoin d'améliorer leur environnement de travail. Pour cela, elle compare quelques données sur l'entreprise avec les données d'une entreprise concurrente de même taille. Elle a dessiné un diagramme à double bande pour illustrer ces données.

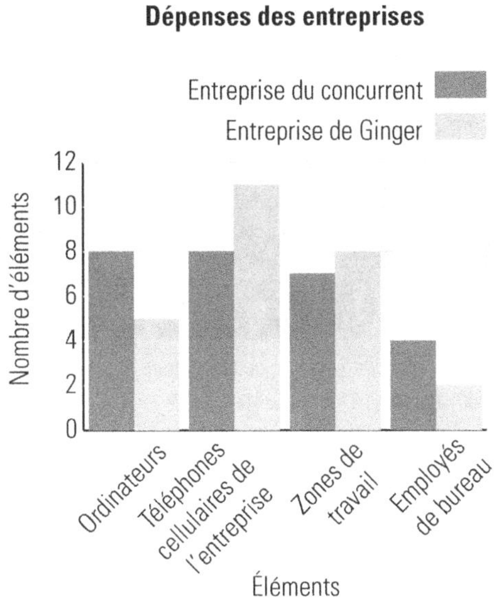

a) Combien d'ordinateurs possède chaque entreprise?

b) De combien de zones de travail dispose chaque entreprise?

c) Cela changerait-il quelque chose si une entreprise possédait plus d'ordinateurs que de zones de travail et que l'autre entreprise disposait de plus de zones de travail que d'ordinateurs? Explique ta réponse.

d) Pense à une situation dans laquelle le nombre d'employés de bureau pourrait être considéré comme égal.

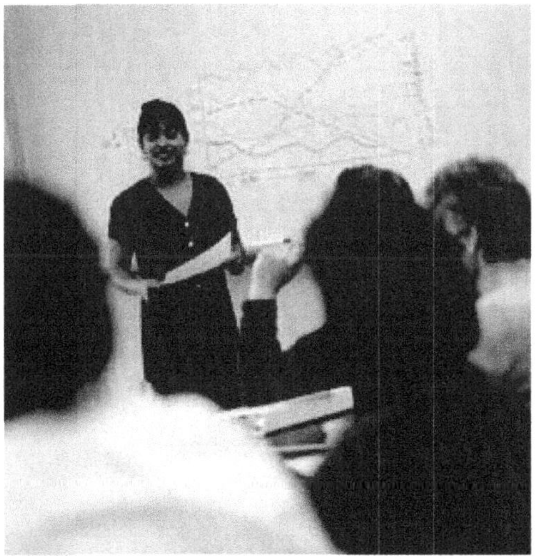

On utilise souvent les diagrammes dans les rapports et les présentations pour transmettre rapidement des renseignements.

RÉDACTION D'UNE BROCHURE POUR PROMOUVOIR TON CENTRE DE VILLÉGIATURE

T Maintenant que tu as ciblé le centre de villégiature à promouvoir, trouve trois ou quatre photos sur Internet pour illustrer ta brochure. Mise sur des photos accrocheuses pour un touriste, puis dispose-les dans ta brochure.

Rédige ensuite deux ou trois courts paragraphes où tu mettras en valeur ton centre de villégiature afin d'y attirer des touristes. Dans ton texte, tu peux présenter ce qu'offre le centre, par exemple les piscines, les restaurants et les activités, proposer une liste des attractions ou vanter les atouts de l'endroit.

Enfin, rédige un bref exposé (30 s à 1 min) pour convaincre les touristes de choisir ton centre de villégiature. Si tu as déjà séjourné au centre que tu as choisi, envisage de parler des souvenirs que tu gardes de l'endroit et des expériences que tu y as vécues. Tu présenteras cet exposé à l'occasion d'une simulation de foire commerciale.

Tu feras la promotion de ton centre de villégiature lors d'une simulation de foire commerciale.

2.3 Histogrammes

LES MATHÉMATIQUES *AU TRAVAIL*

Elaine Lichtenwald travaille dans l'immobilier depuis de nombreuses années. Elle est née et a grandi à Vancouver, en Colombie-Britannique, puis est allée consacrer dix ans de sa vie à la gestion immobilière, aux États-Unis. En 2003, elle est revenue s'établir à Vancouver, où elle a fondé une société d'experts-conseils en gestion immobilière. Elaine a par ailleurs été nommée recrue de l'année en 2004, un honneur qui revient au meilleur vendeur immobilier au cours d'une année. Depuis, elle a acheté un bureau d'une agence immobilière à West Vancouver et se consacre à la vente, tout en supervisant sept bureaux immobiliers.

Les agents immobiliers doivent bien connaître leur marché et le budget de leurs clients, en plus de tenir compte des règlements de zonage.

Nombre d'appartements vendus à Vancouver en septembre 2009 par fourchette de prix

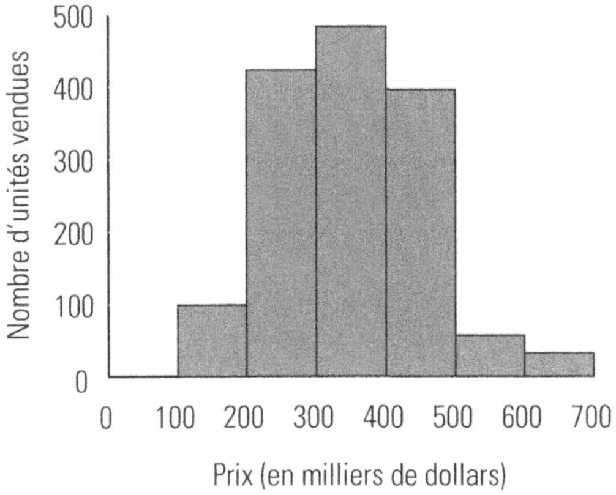

Tous les jours, Elaine a recours aux mathématiques pour déterminer si une personne peut accéder à la propriété, pour calculer les montants de taxes et d'hypothèque, et pour réaliser des analyses comparatives. D'ailleurs, la représentation graphique de ces données d'analyse est souvent une bonne façon de les communiquer. Le diagramme ci-contre illustre le nombre d'appartements vendus à Vancouver au cours du mois de septembre 2009 selon différentes fourchettes de prix.

1. Quelle tendance semble se dégager de l'histogramme?
2. Explique en détail les raisons de cette tendance.

EXPLORE LES MATHÉMATIQUES

Un **histogramme** s'apparente à un diagramme à bandes. Cependant, l'histogramme permet de représenter des **données continues** (chronologie ou quantités), ce qui le distingue principalement du diagramme à bandes qui, lui, illustre des données discrètes. Dans un histogramme, un outil qui permet d'illustrer une variété de données, les bandes qui représentent les catégories doivent être collées et généralement de même largeur.

Généralement, les **limites inférieures** et **supérieures** des bandes de l'histogramme sont indiquées. La limite inférieure est comprise dans les valeurs que représente chaque bande, mais pas la limite supérieure. Par exemple, dans l'histogramme ci-dessus, la première bande illustre le nombre d'appartements qui ont été vendus à 100 000 $ et plus, mais à moins de 200 000 $.

histogramme : diagramme illustrant la distribution d'un ensemble de données

données continues : données dont les valeurs viennent de l'ensemble des nombres réels, incluant les données comprises à l'intérieur de l'intervalle. Ex : masse, température.

limite inférieure : dans un histogramme, plus petite valeur d'un intervalle

limite supérieure : dans un histogramme, plus grande valeur d'un intervalle

Exemple 1

Des étudiants francophones du Manitoba et de partout dans le monde fréquentent le Collège universitaire de Saint-Boniface, un établissement où la plupart des cours sont offerts en français.

Adèle, une étudiante du collège, effectue une recherche dans le cadre de l'un de ses cours. Pour ce faire, elle interroge des Canadiens de tous les coins du pays pour déterminer une moyenne d'heures d'écoute de la télévision par semaine. Adèle a inscrit les résultats de son sondage dans le tableau ci-dessous.

ÉCOUTE DE LA TÉLÉVISION

Temps	$0 \leq h < 5$	$5 \leq h < 10$	$10 \leq h < 15$	$15 \leq h < 20$	$20 \leq h < 25$	$25 \leq h < 30$	$h \geq 30$
N[bre] de personnes	254	875	684	912	345	123	62

Le Collège universitaire de Saint-Boniface, au Manitoba, permet aux étudiants de découvrir la culture francophone, par exemple en faisant de la sculpture sur neige.

a) Représente ces données à l'aide d'un histogramme.

b) Combien de personnes regardent la télévision de 10 à 15 heures par semaine?

c) Combien de personnes regardent la télévision moins de 15 heures par semaine?

d) Combien de personnes regardent la télévision au moins 15 heures par semaine?

e) Si tu compares l'histogramme aux données numériques du tableau, quelle information se dégage surtout dans chaque cas?

f) Quelle information l'histogramme ne donne pas?

g) Le sondage serait-il représentatif du nombre d'heures d'écoute de la télévision partout dans la province? Explique ta réponse.

SOLUTION

a)

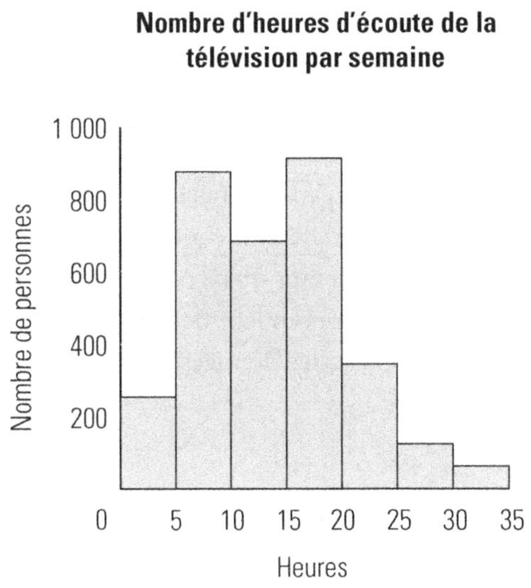

b) Selon les données, 684 personnes écoutent la télévision de 10 à 15 heures par semaine.

c) Additionne les chiffres ci-dessous pour déterminer le nombre de personnes qui écoutent la télévision moins de 15 heures par semaine.

254 + 875 + 684 = 1 813

d) Additionne les chiffres ci-dessous pour déterminer le nombre de personnes qui écoutent la télévision plus de 15 heures par semaine.

912 + 345 + 123 + 62 = 1 442

e) L'histogramme permet de bien voir qu'un grand nombre de personnes écoutent la télévision de 5 à 20 heures par semaine.

f) Strictement parlant, l'analyse de l'histogramme ne permet pas de savoir combien de personnes écoutent la télévision plus de 35 heures par semaine. On peut cependant ajouter une bande au diagramme pour qu'il donne cette information.

g) La précision des données dépend de la méthode d'enquête. Il arrive souvent que les gens préfèrent ne pas participer à un sondage téléphonique ou qu'ils ne soient pas disposés à y répondre au moment de l'appel, ce qui peut biaiser les résultats. Tu devras par ailleurs en savoir plus sur ton échantillon, par exemple sur les groupes d'âge, les catégories socioprofessionnelles et les cultures représentés, de même que sur la représentativité des répondants selon qu'ils habitent en milieu rural ou urbain.

Travailler en équipe est une méthode efficace de recherche et de consignation de données.

ACTIVITÉ 2.5
RESTER ACTIF

Pour être en santé, il est presque aussi important de faire de l'exercice que de manger sainement. Qui sait, tu pourrais même te faire de nouveaux amis si tu aimes faire de l'activité physique en groupe! Combien de temps tes camarades consacrent-ils à l'exercice physique? Dans le cadre de cette activité, tu connaîtras la fréquence à laquelle tes camarades vont au gymnase, nager ou marcher. En équipe de deux, faites un sondage auprès des élèves pour connaître le temps qu'ils consacrent quotidiennement à l'exercice. Sondez au moins 50 élèves en leur demandant combien de minutes par jour ils font de l'exercice, puis inscrivez les données dans un tableau comme celui présenté ci-dessous.

SONDAGE SUR L'ACTIVITÉ PHYSIQUE QUOTIDIENNE

0 ≤ min < 30	*30 ≤ min < 60*	*60 ≤ min < 90*	*90 ≤ min < 120*	*120 ≤ min < 150*
		EXEMPLE		

Une fois les données recueillies, représentez-les sous forme d'histogramme. Rédigez trois questions auxquelles l'analyse de l'histogramme permettrait de répondre.

Calcul mental et estimation

Examine l'histogramme de droite. Si tu compares le nombre d'employés qui gagnent au moins 20 000 $ par année à ceux qui touchent moins de 20 000 $ annuellement, combien y en a-t-il de plus dans la première tranche salariale?

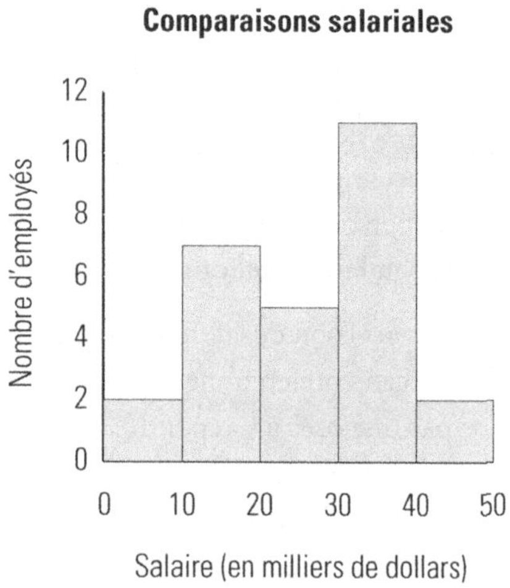

DISCUSSION DES IDÉES

TECHNIQUE DE LA CIRCULATION

T'es-tu déjà demandé comment on détermine qu'il faut installer un panneau d'arrêt ou des feux de signalisation à une intersection précise? En fait, ce sont les ingénieurs de la circulation qui analysent les habitudes de circulation, puis qui déterminent les limites de vitesse qu'il convient de fixer et les dispositifs de signalisation à installer. Des années de recherche ont permis de constater que ce sont souvent les conducteurs mêmes qui permettent d'instaurer une limite de vitesse sécuritaire, ou l'installation d'un panneau d'arrêt ou de feux de circulation. Par exemple, les ingénieurs de la circulation ont conclu qu'une limite de vitesse est efficace si au moins 85 % des conducteurs circulent d'abord à cette vitesse de leur propre chef. Ils ont par ailleurs déterminé que la présence de panneaux d'arrêt permet souvent de ralentir la circulation à proximité des intersections où ils sont installés, mais que les usagers de la route accélèrent entre les panneaux pour regagner le temps qu'ils jugent avoir perdu, ce qui crée une situation d'autant plus dangereuse.

Grâce aux signaux sonores installés à certaines intersections, les personnes ayant une déficience visuelle savent quand le signal pour piétons s'active et qu'il est ainsi sécuritaire de traverser.

C'est par l'étude des habitudes de circulation à une intersection donnée que les ingénieurs en la matière peuvent déterminer quelle installation, entre les feux de circulation et le panneau d'arrêt, est la plus appropriée, et s'il faut un signal pour piétons.

Ari est ingénieur de la circulation. Durant une certaine journée, il a installé un compteur pour déterminer le nombre de véhicules qui empruntent une intersection donnée durant la période de pointe de l'après-midi. Ses résultats figurent dans l'histogramme ci-contre.

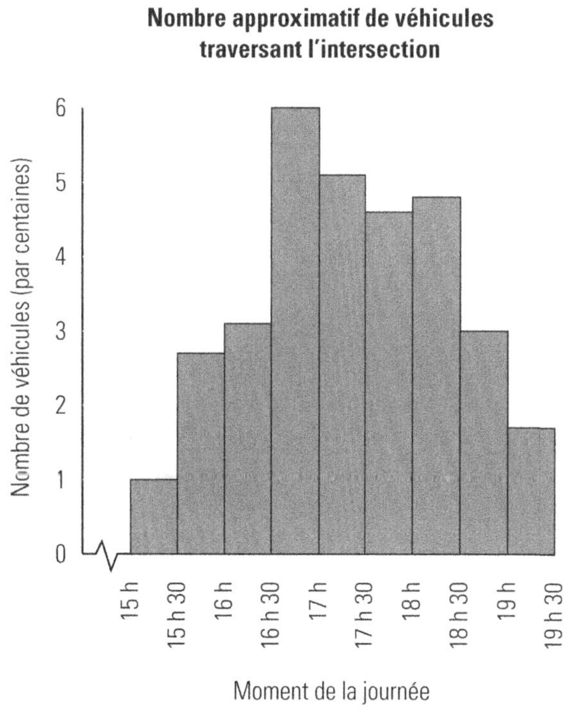

1. À quelle heure la circulation est-elle la plus dense?
2. Environ combien de véhicules traversent l'intersection entre 17 h 30 et 18 h?
3. Environ combien de véhicules traversent l'intersection entre 15 h et 19 h 30?
4. Outre le nombre de véhicules qui traversent l'intersection, quel autre renseignement aiderait Ari à établir la séquence et la durée de feux de circulation?

CONSTRUIS TES HABILETÉS

1. L'hiver, Simone consacre tout son temps libre à faire de la planche à neige. Quand elle n'est pas planchiste, elle est gérante des services d'entretien ménager dans un hôtel de Nelson, en Colombie-Britannique. À ce titre, Simone doit compiler les heures de travail des employés chargés de l'entretien ménager pour s'assurer de l'exactitude de leur paie. L'hiver, une période plus calme que l'été, les employés d'entretien travaillent à temps partiel. Simone a représenté leurs heures de travail hebdomadaires au moyen d'un histogramme.

   a) Combien d'employés ont travaillé moins de 16 heures?

   b) Combien d'heures les employés d'entretien ménager à temps partiel travaillent-ils le plus couramment?

   c) Combien d'employés travaillaient à temps partiel, si l'on suppose que Simone a compilé les heures de l'ensemble du personnel d'entretien ménager?

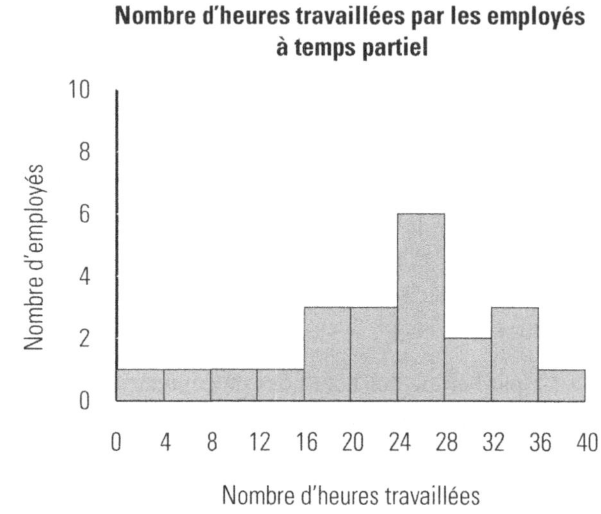

L'industrie touristique et la scène artistique de Nelson, en Colombie-Britannique, sont florissantes.

2. L'histogramme ci-contre montre la répartition de la population canadienne en 2006 par intervalle de groupe d'âge couvrant dix ans (arrondie au millier près). Aide-toi de l'histogramme pour répondre aux questions suivantes.

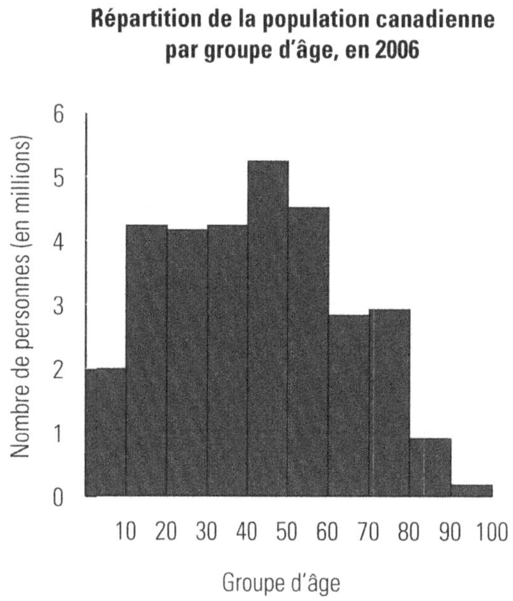

a) Certains sont d'avis que la population devrait être répartie assez également d'un groupe d'âge à l'autre, mais afficher une baisse graduelle dans les tranches d'âge plus élevées. Vois-tu cette tendance dans l'histogramme?

b) Dans quel groupe d'âge la population est-elle la plus dense? Environ combien de personnes font partie de ce groupe?

c) Environ combien de Canadiens étaient nonagénaires?

d) En 2006, environ combien de personnes âgées de 10 à 19 ans la population canadienne comptait-elle?

e) En 2006, environ combien y avait-il d'enfants âgés de moins de 10 ans? Qu'est-ce que cette statistique t'apprend sur la population canadienne?

f) Parfois, lorsqu'il est question de la population d'un pays, le premier groupe d'âge représenté est « moins de 15 ans », tandis que le dernier est « 65 ans et plus ». Même si la tranche d'âge de ces deux groupes est exprimée différemment des autres groupes, pourquoi les inclurait-on dans un diagramme?

g) Crée un tableau indicateur du nombre approximatif de personnes par groupe d'âge.

h) Selon ces données, il semble qu'aucun Canadien ne soit âgé de plus de 100 ans. Crois-tu que c'est le cas? Vérifie ta réponse.

i) Fais une recherche pour déterminer l'âge du doyen des Canadiens.

On dit de la population d'Inuits au Canada qu'elle est « jeune et en croissance ». En effet, Statistique Canada indiquait en 2006 que l'âge médian de la population inuite était de 22 ans, comparativement à environ 40 ans pour l'ensemble de la population canadienne, comme le montre le diagramme ci-dessus.

3. Analyse le diagramme à double bande ci-contre; tu constateras que les groupes d'âge sont chronologiques. Crée deux histogrammes pour représenter ces données, soit un diagramme pour les données se rapportant aux femmes, et l'autre aux hommes. Préfères-tu un type de diagramme par rapport à l'autre? Pourquoi?

Nombre de jouets pour chat vendus par âge et par sexe

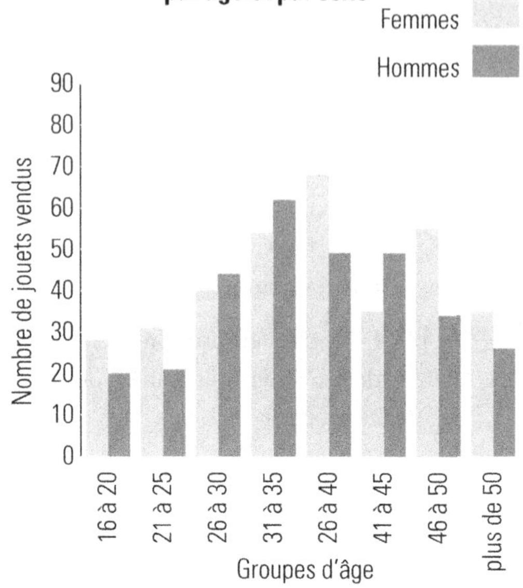

4. Jenny gère une boutique de surf à Tofino, en Colombie-Britannique. Dans son établissement, on vend et loue de l'équipement, en plus d'offrir des cours de surf depuis peu. Aux deux semaines, Jenny compile des données sur le nombre de personnes suivant des cours de niveaux débutant, intermédiaire et avancé. Elle consigne les données à cette fréquence, car il lui est ainsi plus facile de noter les moments où des groupes de voyageurs ou d'étudiants lui rendent visite et de cibler les périodes les plus occupées. En fin d'année, ces renseignements lui permettront de déterminer pour quels cours elle devra embaucher davantage de professeurs de surf.

NOMBRE DE PERSONNES AYANT SUIVI DES COURS DE SURF POUR DÉBUTANT EN 2009

Période de l'année	*1er au 14 avril*	*15 au 30 avril*	*1er au 14 mai*	*15 au 31 mai*	*1er au 15 juin*	*16 au 30 juin*	*1er au 15 juil.*	*16 au 31 juil.*	*1er au 15 août*	*16 au 31 août*	*1er au 15 sept.*	*16 au 30 sept.*
Nombre de personnes	4	5	9	11	21	16	30	23	25	29	11	8

a) Dessine un histogramme pour représenter ces données.

b) Dégages-tu une tendance quant au nombre de personnes qui suivent des cours de surf de niveau débutant et si oui, laquelle?

c) Durant quel mois les cours de surf pour débutant ont-ils été les plus suivis?

d) Selon ton analyse de l'histogramme, prédis ou extrapole le nombre de personnes qui suivront des cours de surf durant la première moitié et la deuxième moitié du mois d'octobre.

e) Explique en quoi l'histogramme constitue ou non la meilleure façon de représenter ces données.

5. En faisant une recherche sur les personnes handicapées, Jeff et Lisa sont tombés sur les deux histogrammes suivants, qui illustrent la proportion que ces gens représentent au sein de la population générale.

Population d'hommes ayant un handicap par groupe d'âge, en 2006

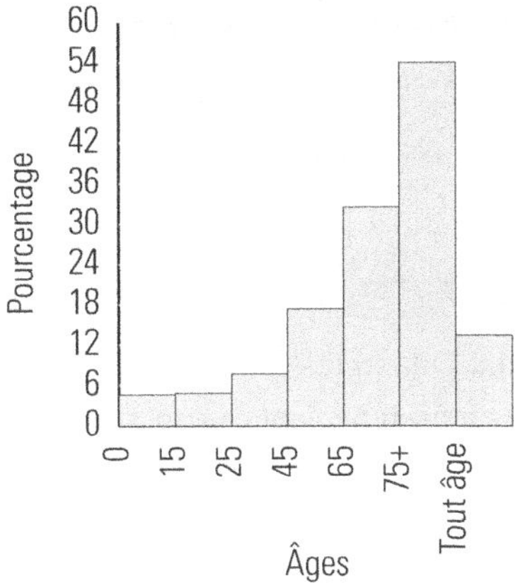

Population de femmes ayant un handicap par groupe d'âge, en 2006

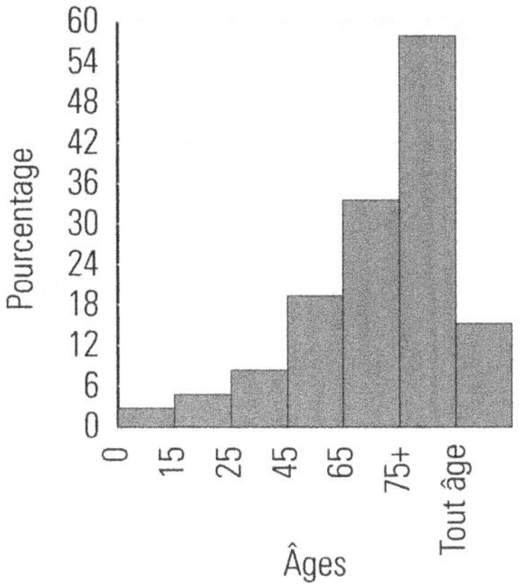

Ce skieur apprend à utiliser un équipement adapté.

a) Quel pourcentage d'hommes âgés de 45 à 64 ans ont un handicap?

b) Quel pourcentage de femmes du même groupe d'âge ont un handicap?

c) Compare les deux histogrammes, puis fais une affirmation générale sur le pourcentage d'hommes ayant un handicap par rapport aux femmes dans la même situation.

d) Selon Carrie, une camarade de Jeff et de Lisa, 66 % des personnes âgées de 65 à 74 ans ont un handicap, proportion qu'elle trouve par ailleurs plutôt élevée. Es-tu en accord ou en désaccord avec cette affirmation? Explique ta réponse.

e) Observe attentivement les histogrammes. Deux éléments peuvent y être trompeurs, lesquels?

6. Examine l'histogramme ci-contre.

a) Quelle information donne-t-il?

b) Combien d'employés gagnent moins de 33 000 $?

c) Quel semble être le salaire le plus élevé que peut toucher un employé?

Répartition salariale

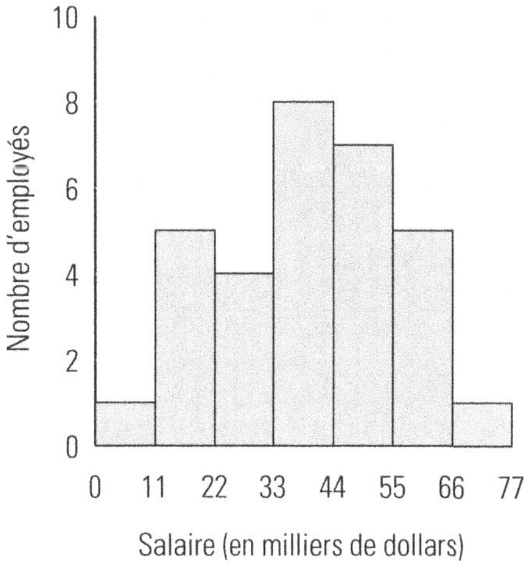

7. Marcel travaille à la direction du personnel d'un grand magasin. Comme sa nouvelle supérieure s'inquiète du maintien en poste des employés, elle a demandé à Marcel de compiler des données pour elle. Marcel a notamment vérifié les dossiers des employés pour connaître leur nombre d'années de service au magasin. Illustre les données ci-dessous sous forme d'histogramme.

ANNÉES DE SERVICE

Nombre d'années	*0 ≤ a < 2*	*2 ≤ a < 4*	*4 ≤ a < 6*	*6 ≤ a < 8*	*8 ≤ a < 10*	*10 ≤ a < 12*	*a ≥ 12*
Nombre d'employés	56	62	48	21	9	15	4

Au Canada, une secrétaire gagne en moyenne 15,53 l'heure, ce qui représente un salaire annuel d'environ 32 000 $.

8. Lise est secrétaire dans un refuge pour animaux. Quand les animaux sont amenés au refuge, un vétérinaire bénévole consigne des renseignements à leur sujet que les éventuels propriétaires voudront connaître. Par exemple, il note le sexe, l'âge, le poids et le comportement de l'animal, et il indique si ce dernier a été vacciné contre différentes maladies. Lise compile ces données chaque mois par espèce, de sorte que le refuge peut effectuer le suivi du nombre et du type d'animaux qui lui sont confiés.

   a) Parmi les renseignements compilés par Lise, lesquels seraient bien représentés sous forme d'histogramme?

   b) Si tu devais dessiner cet histogramme, quelles valeurs utiliserais-tu?

   c) Comment nommerais-tu ton diagramme? Comment identifierais-tu les axes horizontal et vertical?

   d) Selon tes réponses aux questions ci-dessus, dessine un exemple d'histogramme.

Approfondis ta réflexion

9. a) Écris quatre questions auxquelles l'histogramme permettrait de répondre, accompagnées des réponses correspondantes.

   b) Quel autre renseignement te serait nécessaire pour bien utiliser cet histogramme?

Temps consacré à Internet par jour

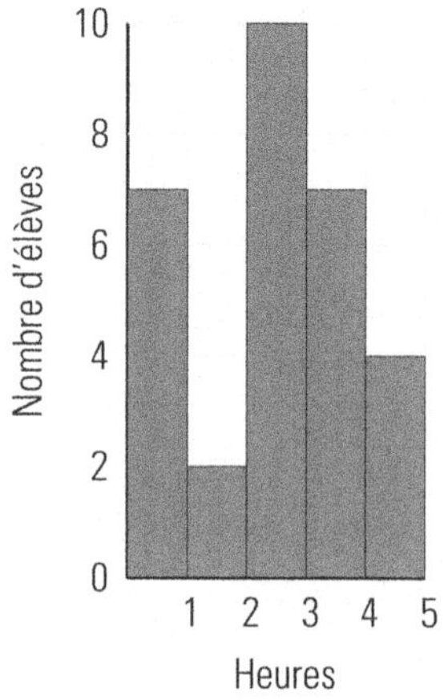

10. Mary fait une recherche sur le marché immobilier de Prince George, en Colombie-Britannique. La Société canadienne d'hypothèques et de logement (SCHL) l'a renseignée sur le nombre de maisons à vendre à Prince George, en novembre 2009, et sur les prix demandés.

PRIX DES MAISONS

Prix (en dollars)	150 000 – 199 999	200 000 – 249 999	250 000 – 299 999	300 000 – 399 999	400 000 – 499 999	500 000 et plus
Nombre de maisons	1	8	4	12	6	2

a) Dessine un histogramme pour représenter ces données.

b) Que remarques-tu au sujet des fourchettes de prix des maisons?

c) À ton avis, pourquoi les données sont-elles présentées de cette façon?

d) Si les données t'avaient été présentées sous forme d'histogramme plutôt que de façon brute, crois-tu que les chiffres t'auraient trompé? Explique ta réponse.

e) Dessine un nouvel histogramme pour représenter des fourchettes de prix plus égales. (Choisis des chiffres que tu juges réalistes.) Quel diagramme semble dessiner un portrait plus réaliste de la situation?

RECHERCHE DE STATISTIQUES SUR LE CENTRE DE VILLÉGIATURE

Le Fairmont Hot Springs, en Colombie-Britannique, est un centre de villégiature populaire. Les sources thermales situées dans la Columbia Valley peuvent atteindre des températures de 45 °C.

À ton centre de villégiature, peut-on faire du vélo de montagne, profiter d'installations de spa ou visionner des films en plein air? Quelles activités y sont offertes? Qu'est-ce qui fait la réputation du centre, les importantes bordées de neige que reçoit la région en hiver ou les chaudes températures, qui attirent des touristes souhaitant se faire bronzer sur la plage de l'établissement? Plus tôt, tu as commencé à planifier le contenu de ta brochure promotionnelle. À présent, tu dois en savoir plus sur le centre de villégiature que tu as choisi de promouvoir et ainsi te renseigner davantage sur les activités qui y seront proposées aux touristes.

Pense à des caractéristiques du centre de villégiature qui pourraient être représentées par deux diagrammes. De nombreux moyens s'offrent à toi pour ce faire. Si ton centre est connu pour le ski, tu pourrais dessiner un diagramme sur les chutes de neige mensuelles. Si le centre est plutôt une destination soleil courue, pense à inclure un diagramme des températures quotidiennes d'été dans ta brochure. Par ailleurs, pourquoi ne pas représenter la popularité de chaque activité du centre à l'aide d'un diagramme si l'on y offre toute une gamme d'activités extérieures? Aussi, illustrer le nombre de visiteurs du centre par saison sous forme de diagramme montrerait aux touristes le succès que connaît l'établissement. Enfin, comme les touristes aiment bien connaître les prix d'un établissement et leurs fluctuations d'une saison à l'autre, tu peux les communiquer au moyen d'un diagramme. Rappelle-toi d'indiquer les sources de tes données ou d'inclure les liens Web.

Une fois ta recherche achevée, compile tes données dans deux tableaux. Illustre ensuite tes données sous forme de diagramme, soit à la main, par un programme informatique ou à l'aide d'un logiciel de création de diagrammes trouvé en ligne.

Crée deux diagrammes par ensemble de données (diagramme à ligne brisée, diagramme à bandes, histogramme ou diagramme circulaire). Quel diagramme illustre le mieux tes données? Est-ce qu'un type de diagramme en particulier transmet plus efficacement ton message promotionnel sur le centre de villégiature?

Choisis le diagramme le plus approprié à chaque ensemble de données qui paraîtra dans ta brochure, puis ajoute-le dans ton fichier informatique.

LES RACINES DES MATHÉMATIQUES

DIAGRAMMES INSPIRÉS DES DONNÉES SUR LA PESTE BUBONIQUE

La peste bubonique s'est propagée par les rats, qui étaient infestés de puces.

Si la représentation graphique est maintenant une pratique courante, elle demeure tout de même récente dans le domaine des mathématiques. Qui aurait pu imaginer qu'une chose aussi répugnante que la peste bubonique allait être à l'origine de la représentation imagée de données statistiques?

En 1538, c'est effectivement un pareil désastre, soit une épidémie de peste, qui a poussé les Anglais à commencer à recueillir des données sur le nombre de naissances, de décès et de mariages. Cette compilation de données appelée *The Bills of Mortality* n'a d'abord été communiquée qu'aux représentants du gouvernement. Il a fallu attendre en 1594 pour qu'elle soit rendue publique, puis en 1662 pour que la première analyse sérieuse en soit faite par un dénommé John Graunt. Ce sont donc ce recensement de données et la nécessité de les représenter d'une façon simple qui ont ouvert la voie à la représentation graphique de statistiques par les scientifiques et mathématiciens de l'époque.

C'est à William Playfair (1759-1823), ingénieur et économiste écossais, qu'on attribue l'invention du diagramme linéaire, du diagramme à bandes et du diagramme circulaire, même si l'on a recensé quelques exemples de diagrammes linéaires avant lui. Playfair a par ailleurs reconnu la contribution d'un de ses contemporains, soit Joseph Priestley, qui a recouru à la géométrie pour représenter le temps. Comme c'est le cas pour de nombreuses autres découvertes mathématiques, d'autres personnes ont proposé de semblables représentations graphiques environ à la même époque, notamment Jacques Barbeu Du Bourg, un savant français, et le philosophe écossais Adam Ferguson. Comme la représentation graphique de données permet de les comprendre facilement, elle a rapidement gagné du terrain. Il faut aussi dire que, depuis le début, William Playfair avait découvert qu'on pouvait induire en erreur au moyen de techniques de représentation graphique, ce dont il a profité quand il y trouvait son compte!

Voici les premiers éléments à avoir été représentés graphiquement :

- les baptêmes célébrés à Londres de 1630 à 1710, représentés sous forme de diagramme à ligne brisée par le Dr John Arbuthnot pour « prouver l'existence de Dieu »;
- la ligne de vie de personnes célèbres, représentée sous forme de diagramme linéaire par Joseph Priestley;
- le marché écossais des importations et des exportations de 1780 à 1781, représenté sous forme de diagramme à double bande par William Playfair;
- la dette nationale de l'Angleterre en 1801, représentée sous forme de diagramme à ligne brisée par William Playfair;
- la disponibilité de différents légumes à Washington en 1802, représentée sous forme de diagramme linéaire par Thomas Jefferson.

1. Pourquoi crois-tu qu'il était important d'avoir des statistiques sur les naissances et les décès avant et après des vagues de peste?
2. Si le recours à des techniques de représentation graphique remonte à aussi loin que 1538, pourquoi crois-tu que le crédit de leur invention revient à William Playfair, qui a vécu bien des années plus tard?
3. Fouille sur Internet pour trouver des images de certains des premiers diagrammes dont il vient d'être question.
4. Dresse une liste des personnes que tes camarades et toi jugez célèbres en considérant les 300 dernières années. Représente ensuite tes données sous forme de diagramme linéaire, comme l'a fait Priestley.

2.4 Diagrammes circulaires

LES MATHÉMATIQUES *AU TRAVAIL*

Neechi signifie « amis » dans le langage des Cris et des Ojibwas. Neechi Foods Co-op Ltd. se charge de fournir des aliments sains à des résidents de Winnipeg, au Manitoba.

Le rôle que joue Trina Monias, gérante des services aux membres de la coopérative, est essentiel pour y attirer les clients en leur offrant les produits qu'ils recherchent. C'est elle qui commande la marchandise, fixe les prix de détail et planifie les offres promotionnelles. Trina, qui est membre de la Garden Hill First Nations, a obtenu son diplôme d'études secondaires de l'école secondaire portant le nom de la bande.

Chaque jour, Trina fait appel à ses connaissances en mathématiques pour exercer son métier. Elle supervise en effet les transactions à la caisse et les factures que prépare le personnel, y compris pour le calcul des taxes et les rabais au volume, et s'occupe des liquidités. Trina prépare également les dépôts bancaires et s'assure que les sommes d'argent disponibles dans le coffre-fort de la coopérative correspondent aux écritures comptables.

Trina Monias travaille à la Neechi Foods Co-op de Winnipeg, un commerce de produits de spécialité autochtones. On y trouve du riz sauvage, des produits régionaux, du poisson pêché au Manitoba, ainsi que des livres et des créations artistiques autochtones.

Différentes marques d'un même produit sont offertes à la coopérative. Si un produit semble moins acheté, Trina peut comparer la popularité de ce produit aux autres en créant un diagramme circulaire à partir des données figurant dans les commandes de marchandises. Ces données permettent ensuite de décider si la coopérative doit cesser de vendre un produit impopulaire.

À la coopérative, on trouve des confitures spéciales faites à partir de fruits du Manitoba, tout comme des marques courantes. Voici un diagramme circulaire représentant les données de vente d'une année. On peut voir dans quelles proportions, établies selon le nombre de pots de confiture vendus, les membres achètent une marque en particulier.

Popularité d'une confiture par marque

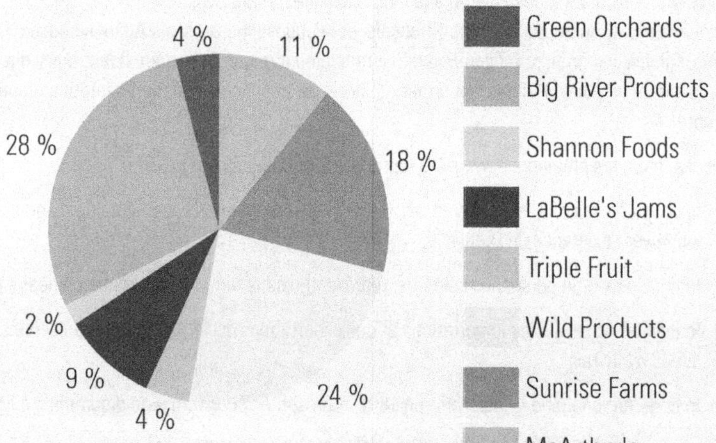

1. Dans quelle proportion les clients ont-ils acheté la marque Wild Products?
2. Quelle marque est la moins populaire?
3. À ton avis, pourquoi les données sont-elles présentées sous forme de diagramme circulaire? Nomme quelques avantages de ce type de diagramme.

EXPLORE LES MATHÉMATIQUES

Un **diagramme circulaire** permet de représenter, à l'aide d'un cercle, comment un tout se divise. Les différents secteurs d'un cercle illustrent ainsi le pourcentage associé à chaque élément représenté.

Le diagramme circulaire peut s'avérer une très bonne façon de représenter des données, étant donné qu'on voit bien l'importance d'un secteur du cercle en fonction de ses dimensions par rapport à l'ensemble. Ce diagramme permet donc de montrer efficacement des proportions. Par ailleurs, il est peu probable de biaiser l'information et d'induire en erreur ceux qui analysent le diagramme circulaire, sauf si d'importantes données sont omises. Même s'il existe différents systèmes automatiques de création de diagrammes circulaires, il faut tout de même comprendre comment les créer. L'exemple 1 t'apprend comment dessiner un diagramme circulaire à la main.

diagramme circulaire : représentation graphique de données au moyen d'un cercle divisé en secteurs dont chacun représente une partie d'un tout.

Exemple 1

Orillia a noté le temps qu'elle consacre à différentes activités au cours d'une journée, dont voici le résumé dans le tableau suivant :

ACTIVITÉS QUOTIDIENNES

Sommeil	*École*	*Travail*	*Devoirs*	*Repas*	*Détente*	*Déplacement*
7 heures	7 heures	4 heures	1,5 heure	2 heures	1,5 heure	1 heure

Illustre ces données sous forme de diagramme circulaire.

SOLUTION

1. Avant de créer ton diagramme circulaire, tu dois d'abord déterminer, en pourcentage, le temps qu'Orillia consacre chaque jour à chaque activité. Comme une journée compte 24 heures, divise le nombre d'heures qu'elle se livre à une activité par 24, multiple le résultat par 100, puis arrondis pour ainsi obtenir un pourcentage.

   Sommeil et école : 7 heures par activité

   $\frac{7}{24} \times 100 \approx 29\ \%$

   Travail : 4 heures

   $\frac{4}{24} \times 100 \approx 17\ \%$

   Devoirs et détente : 1,5 heure par activité

   $\frac{1,5}{24} \times 100 \approx 6\ \%$

   Repas : 2 heures

   $\frac{2}{24} \times 100 \approx 8\ \%$

En 2008, Statistique Canada a publié les résultats d'un sondage mené auprès d'adolescents afin de connaître leur emploi du temps. Le sondage a notamment permis de savoir qu'en moyenne, les filles consacrent 2,5 heures à leurs devoirs chaque jour, contre 2,2 heures chez les garçons.

Déplacement : 1 heure

$$\frac{1}{24} \times 100 \approx 4\ \%$$

Remarques-tu qu'en additionnant ces pourcentages, on obtient seulement 99 % comme total? Pourquoi n'arrive-t-on pas à 100?

Étant donné que la valeur obtenue pour le temps consacré aux repas n'a pas été arrondie à la hausse, tu as probablement utilisé 9 % dans le reste de tes calculs. On pourrait appeler cette façon de faire un « jugement de valeur ».

SUGGESTION

Souviens-toi d'indiquer les pourcentages associés à chacune des catégories du diagramme même si tu te sers de leur somme pour faire tes calculs.

2. La deuxième étape de création d'un diagramme circulaire consiste à déterminer l'angle que forment les secteurs illustrant les différents pourcentages par rapport au centre du cercle. Rappelle-toi d'abord qu'un cercle a 360°. Transforme le pourcentage en nombre décimal en le divisant par 100, puis multiplie le résultat par 360 pour connaître l'angle.

   Tu te demandes peut-être pourquoi il fallait multiplier par 100 dans la formule ci-dessus. C'est pour te permettre d'inscrire le pourcentage dans le diagramme circulaire final.

   Sommeil et école : 29 % chacun

   $$0{,}29 \times 360° \approx 104°$$

   Travail : 17 %

   $$0{,}17 \times 360° \approx 61°$$

   Devoirs et détente : 6 % chacun

   $$0{,}06 \times 360° \approx 22°$$

   Repas : 9 %

   $$0{,}09 \times 360° \approx 32°$$

   Déplacement : 4 %

   $$0{,}04 \times 360° \approx 14°$$

   Si tu additionnes les degrés, que constates-tu?

3. Crée maintenant ton diagramme. Dessine d'abord un cercle, puis calcule les angles à l'aide d'un rapporteur d'angles. Utilise une couleur ou un motif différent pour chaque secteur.

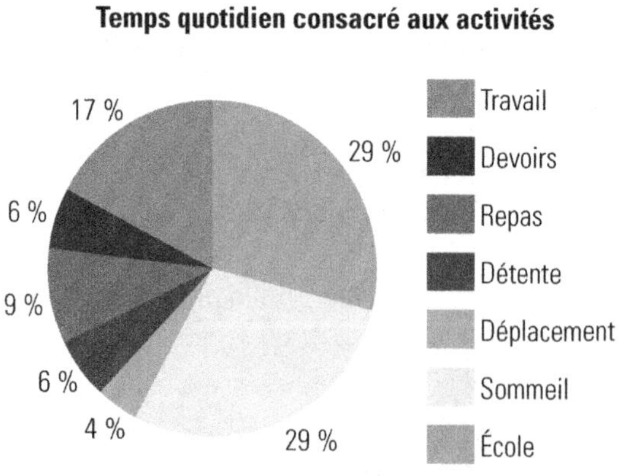

RÉSOUS LE PROBLÈME

ÉNIGME DE LA PIÈCE DE MONNAIE

Ton ami et toi avez fait une randonnée pédestre pour vous rendre dans un chalet isolé loin de la vie courante. Le soleil s'est couché. On ne peut pas y utiliser le téléphone cellulaire. Comme il n'y a pas d'électricité dans le chalet, il n'y a pas non plus de radio et de télévision, et il commence à faire noir. Vous n'avez qu'une lampe de poche pour vous éclairer. Pour passer le temps, ton ami t'annonce qu'il va te montrer un tour de magie.

Il sort douze pièces de monnaie qu'il dispose ensuite sur une table devant toi. Après avoir brièvement regardé les pièces de monnaie, tu constates que sept sont côté pile, et les cinq autres côté face. Tu n'as pas la chance de mémoriser l'emplacement des pièces, car ton ami éteint la lampe de poche, puis te demande de les trouver. Tu trouves les douze pièces de monnaie. Ton ami t'ordonne de séparer les pièces en deux groupes en t'assurant qu'il y a le même nombre de pièces du côté face dans chaque pile quand il rallumera la lampe de poche. Il te précise que tu peux déplacer et retourner certaines pièces au besoin.

Est-ce possible de faire ce que ton ami demande? C'est effectivement possible. En groupe de deux ou de trois personnes, prenez cinq à dix minutes pour tenter de résoudre l'énigme. Ensuite, bandez les yeux de la personne qui souhaite résoudre le problème pour qu'elle mette à l'essai les stratégies de résolution auxquelles vous aurez pensées.

Après une longue journée en randonnée pédestre, jouer à un jeu autour d'un feu de camp est un bon moyen pour se détendre.

Exemple 2

Rochelle travaille comme contrôleuse de l'environnement à Chilliwack, en Colombie-Britannique, où elle recueille des échantillons d'eau de différentes rivières. Les analyses d'eau permettent de déterminer si elle contient différents polluants. Le diagramme ci-dessous illustre le pourcentage de rivières dont l'eau présente une certaine concentration en azote, un nutriment souvent associé aux engrais et aux déchets d'origine animale qu'utilisent les agriculteurs.

L'azote se mesure en milligramme par litre (mg/L).

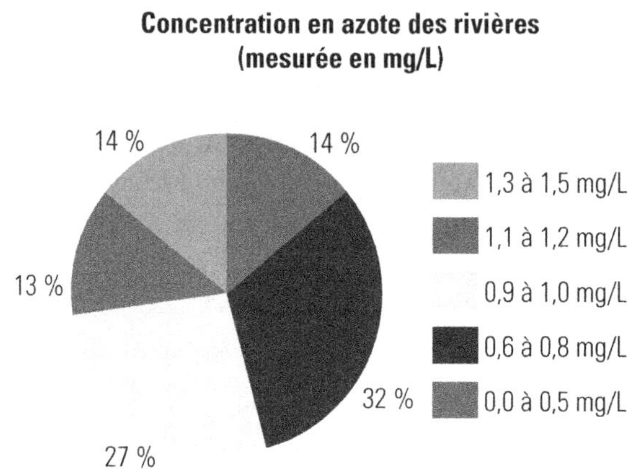

a) Quelle est la concentration en azote la plus fréquente?

b) Quelle est la concentration en azote la moins fréquente?

c) Quelle autre information te serait nécessaire pour déterminer combien de rivières présentent la même concentration en azote?

d) Qu'est-ce qui peut-être trompeur dans ce diagramme?

SOLUTION

a) La concentration en azote la plus fréquente est de 0,6 à 0,8 mg/L.

b) La concentration en azote la moins fréquente est de 1,1 à 1,2 mg/L.

c) Pour déterminer combien de rivières présentent la même concentration en azote, tu dois connaître le nombre total de rivières dont l'eau a été analysée.

d) Ce diagramme porte à confusion parce que les fourchettes de concentration en azote sont différentes.

DISCUSSION DES IDÉES

REPRÉSENTATION DES DONNÉES DANS UN DIAGRAMME CIRCULAIRE

Max est guide de pêche sportive en eaux douces pour une entreprise de guides de plein air du nord de l'Alberta. Il fait le suivi de ses dépenses liées au travail, par exemple pour le carburant du bateau et l'équipement de pêche. À la fin de chaque mois, Max doit fournir ses reçus de dépenses mensuelles et un diagramme circulaire illustrant la répartition de ses achats à la demande de Ben, son employeur.

1. À ton avis, pourquoi l'employeur de Max lui demande-t-il de représenter ses dépenses mensuelles sous forme de diagramme circulaire?
2. Quels calculs mathématiques Max doit-il faire avant de pouvoir créer son diagramme circulaire illustrant ses dépenses mensuelles?
3. Dans quels types de métier crois-tu qu'on a recours au diagramme circulaire? Quel type de données peut-on alors représenter dans ce diagramme?

ACTIVITÉ 2.6

REPRÉSENTATION GRAPHIQUE DES DONS DE BIENFAISANCE

Au Camp Tamarack situé en Saskatchewan, les enfants et adolescents ayant des troubles d'apprentissage peuvent suivre des cours d'été. Les dons aident ainsi cette organisation caritative à offrir des programmes aux jeunes qui viennent y séjourner.

Si une organisation caritative souhaite augmenter son financement provenant de dons, elle doit d'abord examiner qui sont ses donateurs. De cette façon, elle saura où solliciter plus de dons ou quels nouveaux donateurs viser.

Prince Albert, en Saskatchewan, est la troisième ville en importance de la province. Le Camp Tamarack se trouve à proximité de cette ville.

1. Examine la liste de donateurs ci-dessous. Dessine un diagramme circulaire illustrant les différents donateurs selon le pourcentage de fonds qu'ils offrent.

   Particuliers : 3 540,00 $

   Gouvernement provincial : 800,00 $

   Entreprises locales : 1 278,00 $

   Sociétés : 4 421,00 $

   Organismes religieux : 630,00 $

   Établissements d'enseignement : 367,00 $

2. Parmi les donateurs, quels sont les trois que l'organisation devrait solliciter pour qu'ils augmentent leur financement? Quel est ton raisonnement?
3. Quels sont les deux plus importants donateurs? Pourquoi, selon toi?

Les marmottes de l'île de Vancouver vivent dans les prairies subalpines près de Courtenay, en Colombie-Britannique.

CALCUL MENTAL ET ESTIMATION

Au Canada, on trouve quatre espèces de marmottes, dont la marmotte de l'île de Vancouver. À l'heure actuelle, on compte environ une centaine de marmottes de l'île de Vancouver dans le monde, et rares sont celles qui vivent à l'état sauvage.

Deux diagrammes illustrent ci-dessous la population de marmottes de l'île de Vancouver. La section en bleu du diagramme représente la proportion de marmottes adultes de cette population, tandis que la section en vert correspond au pourcentage de juvéniles.

Population adulte et juvénile de marmottes de l'île de Vancouver

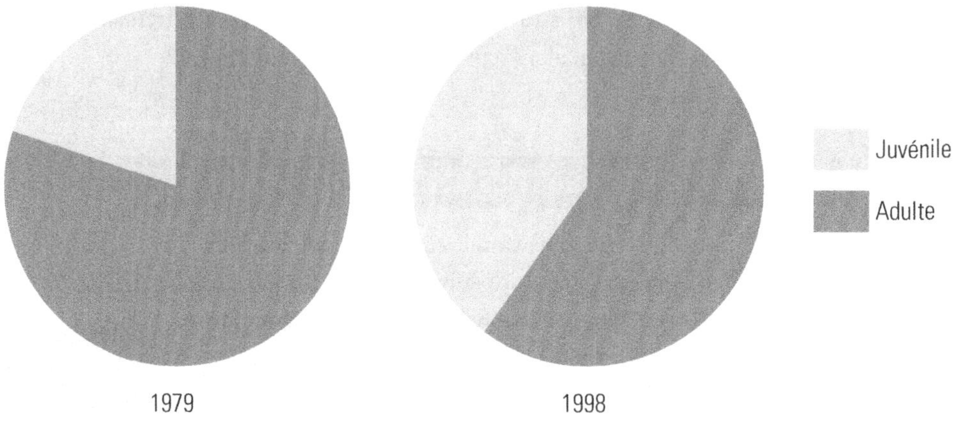

En 1998, dans quelle proportion la population de marmottes de l'île de Vancouver était-elle composée d'adultes? Estime dans quelle mesure la proportion de marmottes adultes a diminué de 1979 à 1998.

CONSTRUIS TES HABILETÉS

1. Raymond travaille dans l'industrie du tourisme. Selon ses données, les cinq destinations touristiques les plus populaires chez les Canadiens sont le Mexique, le Royaume-Uni, la France, Cuba et la République dominicaine. Le diagramme ci-dessous représente le pourcentage de visiteurs pour chacun de ces pays.

Cuba est une destination populaire chez les touristes canadiens. Sur la photo, on voit la capitale, soit la Havane, ou la Ciudad de la Habana, comme la nomment ses résidents.

Cinq principales destinations touristiques des Canadiens

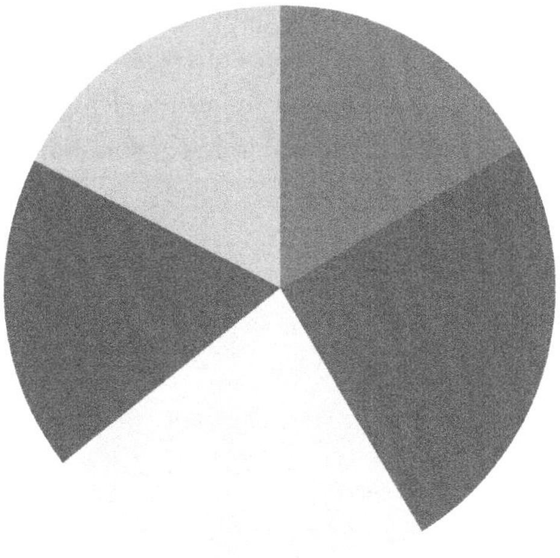

a) Quel pays est le plus populaire chez les touristes canadiens?

b) Environ combien de visiteurs, en pourcentage, sont allés à Cuba?

c) Le diagramme représente le pourcentage de visiteurs des différents pays. Nomme au moins deux renseignements que le diagramme ne te donne pas.

2. Certaines infirmières travaillent dans des centres de collecte de sang. Quand une personne donne du sang, on doit connaître son groupe sanguin selon un classement en 4 types, soit A, B, AB ou O, type auquel est ensuite associée la mention positif ou négatif. Le tableau ci-dessous illustre la répartition des groupes sanguins au sein de la population générale.

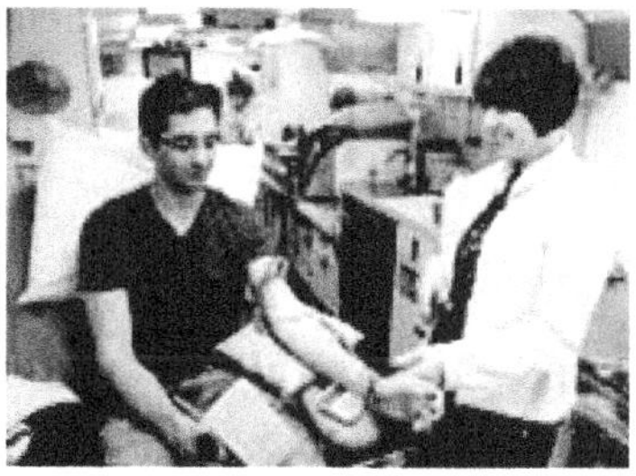

Le don de sang peut améliorer la qualité de vie de certaines personnes et sauver la vie. Le sang et les produits sanguins sont utilisés lors de chirurgies d'urgence ou de greffes d'organes et pour traiter le cancer.

RÉPARTITION DES GROUPES SANGUINS

Groupe sanguin	*% de la population*	*Groupe sanguin*	*% de la population*
A+	34	A⁻	6
B+	10	B⁻	2
AB+	4	AB⁻	1
O+	37	O⁻	6

Dessine un diagramme circulaire à la main où tous tes calculs seront indiqués, dont le degré de l'angle que forme chaque secteur du cercle.

3. Le diagramme circulaire suivant illustre les dépenses moyennes par ménage canadien en 2008. Les prix de la nourriture varient selon la disponibilité et l'abondance des produits. Si le prix de produits courants comme la farine, la viande ou l'huile augmentait considérablement et, par conséquent, les dépenses d'ordre alimentaire, quelles seraient les répercussions sur les autres éléments du cercle? Quel effet cette situation aurait-elle sur les habitudes de consommation des gens?

Dépenses moyennes par ménage canadien en 2008

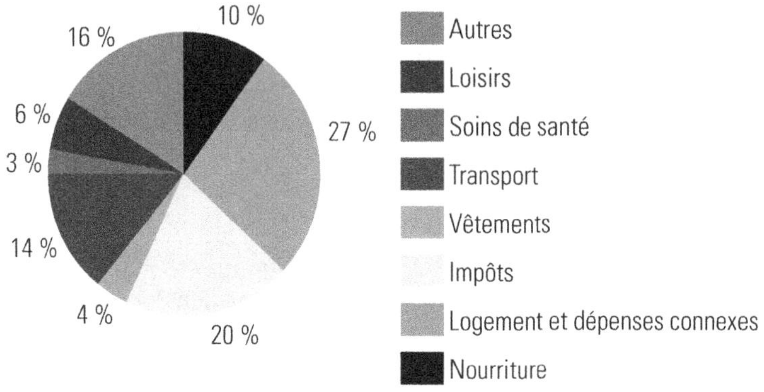

4. Marc est contremaître d'un chantier de construction. Comme il s'inquiète des blessures accidentellement subies au travail par certains travailleurs, il a préparé le diagramme ci-dessous pour illustrer le pourcentage d'employés, par corps de métier, ayant été blessés au travail au cours des cinq dernières années.

Métier des employés blessés

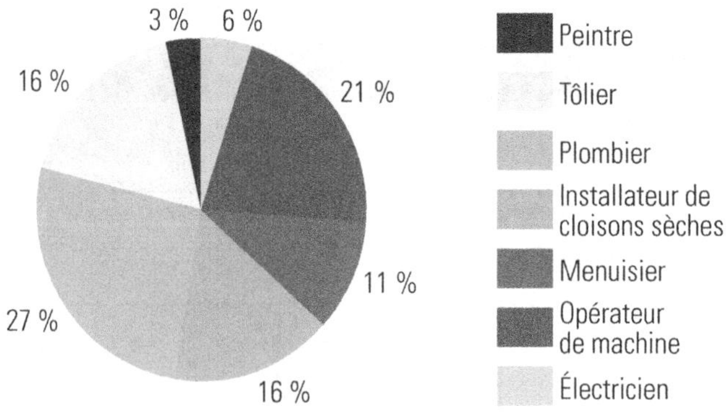

a) Si, au total, 33 travailleurs ont subi des blessures, combien d'entre eux étaient électriciens?

b) Parmi les travailleurs blessés, quel était le pourcentage de peintres?

c) Quel travail semble être le plus dangereux? Peux-tu en être sûr? Explique ta réponse.

5. Garth exploite un commerce de réparation d'automobiles. Voici la répartition du travail de Garth selon le nombre de clients par type de travaux : 28 % de changements d'huile et de travaux de lubrification mécanique courants, 13 % d'entretien du système de freinage, 10 % de travaux liés aux pneus (équilibrage, rotation, alignement), 8 % d'entretien du système de servodirection, 7 % de tâches relatives au liquide de refroidissement, 8 % d'entretien des filtres à air et 12 % de tâches liées aux ceintures. Quel pourcentage de son travail n'est pas compris dans ces données? Crée la catégorie « divers » pour les autres types de tâches. Illustre ces données sous forme de diagramme circulaire.

De nombreux collèges offrent des cours sanctionnés par un certificat pour travailler dans les services automobiles et réparer de petits moteurs.

Approfondis ta réflexion

6. Le diagramme à bandes suivant montre le nombre de clients de Gina qui ont reçu un traitement capillaire dans son salon durant une période donnée.

Nombre de clients par type de traitement capillaire

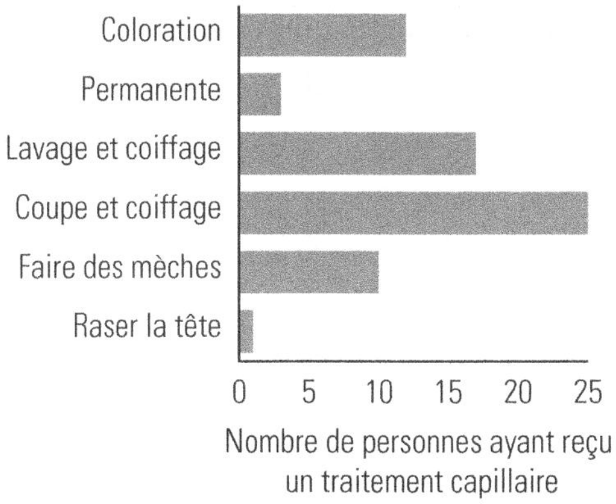

a) Inspire-toi de ce diagramme pour créer un diagramme circulaire donnant les mêmes renseignements.

b) Quel diagramme illustre le mieux les types de traitements qu'ont reçus les clients de Gina? Explique ton raisonnement.

PROMOTION DE TON CENTRE DE VILLÉGIATURE

T

Comme tu as trouvé le centre de villégiature à promouvoir et que tu as créé des diagrammes qui donnent des renseignements importants à son sujet, tu dois maintenant présenter ta brochure et faire la promotion de ton centre à l'occasion d'une simulation de foire commerciale. Voici ce dont tu auras besoin pour faire ta présentation :

- une brochure de deux pages contenant des photos, du texte et deux diagrammes;
- deux tableaux où figurent les données brutes à l'origine de tes diagrammes et la source de celles-ci;
- une feuille où figurent les quatre diagrammes choisis pour représenter tes données;
- une copie du bref exposé (30 s à 1 min) que tu as écrit pour promouvoir ton centre de villégiature.

Réunis tout le matériel nécessaire et fais ta présentation. Sois prêt à répondre aux questions que pourraient avoir tes camarades durant la présentation. Sois également prêt à défendre ton choix de diagrammes pour communiquer tes données.

Une fois la présentation finie, évalue si tu as bien vendu ton centre de villégiature au moyen de ta brochure, de ton exposé et de tes réponses aux questions de tes camarades.

RÉFLEXIONS SUR L'APPRENTISSAGE

REPRÉSENTATION GRAPHIQUE

Comme tu as terminé l'étude de ce chapitre, tu peux maintenant faire ce qui suit :

- déterminer les types de diagrammes permettant de représenter un ensemble de données précis et expliquer tant les avantages que les inconvénients de chacun;
- créer, avec ou sans l'aide d'outils informatiques, un diagramme représentant un ensemble de données précis;
- décrire les tendances qui se dégagent d'un diagramme illustrant un ensemble de données précis;
- interpoler et extrapoler des valeurs à partir d'un diagramme donné;
- expliquer comment un diagramme peut mener à plusieurs conclusions;
- expliquer comment on peut représenter graphiquement un même ensemble de données pour faire valoir une information plus qu'une autre;
- résoudre des problèmes contextuels en interprétant des diagrammes;
- analyser des données sous forme de diagramme avec un regard critique pour juger de leur exactitude et de leur fiabilité.

Tu as également terminé un projet du chapitre te permettant de mettre tes habiletés de représentation graphique à profit dans la vraie vie, soit au travail.

MISE EN PRATIQUE DES NOUVELLES HABILETÉS

1. Le pouding au riz à saveur de mangue et la soupe épicée de type « dumpling » sont quelques-uns des mets que propose le Chiang's Cafe, au centre-ville de Regina. Mei est chef cuisinière de l'établissement. Son supérieur lui a demandé combien d'argent le café perd chaque mois en raison des déchets de cuisine, de sorte que Mei saura quand commander moins de denrées périssables, comme des légumes frais et des produits laitiers. Mei doit ainsi calculer la quantité et le type de déchets de cuisine produits, puis calculer et consigner les coûts correspondants. Illustre les données de Mei à l'aide du diagramme qui convient.

DÉCHETS DE CUISINE

Mois	J	F	M	A	M	J	J	A	S	O	N	D
Coût des déchets de cuisine	135,00 $	125,00 $	92,00 $	53,00 $	86,00 $	72,00 $	97,00 $	89,00 $	112,00 $	98,00 $	82,00 $	47,00 $

2. Wilhelmina est tombée sur le diagramme suivant en réalisant un projet de recherche.

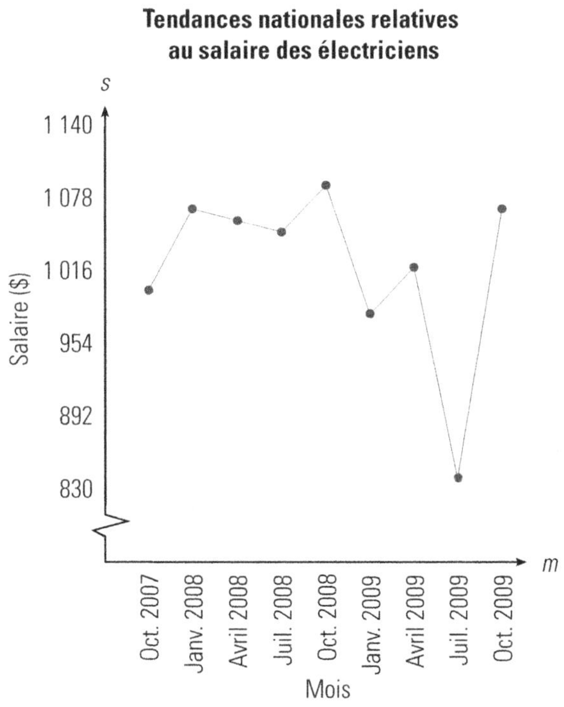

a) Quelle tendance semble se dégager du diagramme?

b) En quoi le diagramme est-il trompeur?

3. À son salon de beauté, Gus vend du vernis à ongles en huit couleurs différentes. Le diagramme à ligne brisée ci-contre lui permet de représenter le nombre de personnes qui achètent du vernis de chaque couleur.

   a) Était-ce la meilleure façon de représenter ces données? Explique ta réponse.

   b) Quel autre diagramme aurait permis d'illustrer ces données et pourquoi? Dessine ce diagramme.

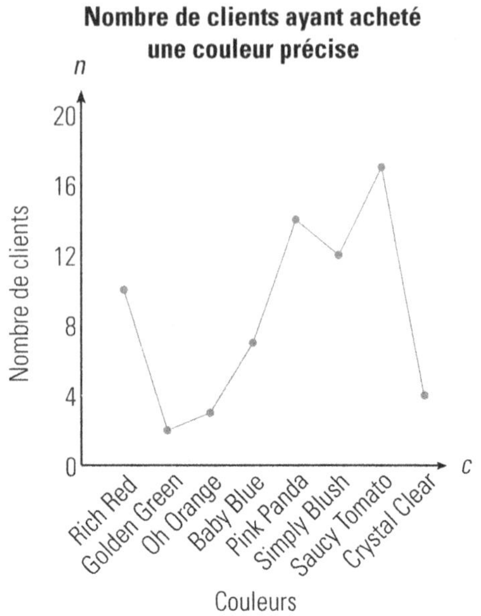

4. On sait du Canada que c'est un pays multiculturel où l'on parle différentes langues. Par conséquent, il se parle de nombreuses langues maternelles différentes au sein de la population canadienne. Un récent recensement a d'ailleurs permis de recueillir des données sur la langue maternelle des Canadiens et le nombre de locuteurs, exprimé en milliers.

À l'heure actuelle, les nouveaux immigrants en sol canadien viennent principalement de Chine et d'Asie du Sud.

CERTAINES LANGUES PARLÉES AU CANADA

Langue	*Locuteurs (en milliers)*	*Langue*	*Locuteurs (en milliers)*
Anglais	17 883	Français	6 817
Cantonais	361	Mandarin	171
Hakka	4	Chinois (autre)	457
Italien	455	Allemand	451
Polonais	211	Espagnol	345
Portugais	219	Pendjabi	368
Ukrainien	135	Arabe	262
Hollandais	129	Tagal	236
Grec	117	Vietnamien	142
Cri	79	Inuktitut	32
Autres	1 956		

a) Choisis le bon diagramme pour représenter ces données et dessine-le.

b) Quel autre type de diagramme aurait pu être utilisé? Explique quels sont les avantages ou les inconvénients de chacun des deux types de diagramme.

SUGGESTION

Un programme d'infographie pourrait faciliter la conversion d'un type de diagramme à l'autre.

5. Les recenseurs de Statistique Canada ont établi qu'au 1er juillet 2009, la population canadienne se chiffrait à 33 739 900 personnes. Le tableau suivant indique la répartition de la population (en milliers de personnes) par province et par territoire selon ce recensement.

POPULATION DU CANADA

Province	T.-N.-L.	Î.-P.-É.	N.-É.	N.-B.	Qc	Ont.	Man.	Sask.	Alb.	C.-B.	Yn	T.N.-O.	Nun.
Population	508,9	141,0	938,2	749,5	7 828,9	13 069,2	1 222,0	1 030,1	3 687,7	4 455,2	33,7	43,4	32,2

a) Représente la répartition de la population (exprimée en milliers de personnes) par province et par territoire sous forme de diagramme à bandes horizontales.

b) Représente la répartition de la population (exprimée en pourcentage de personnes) par province et par territoire sous forme de diagramme circulaire.

c) À ton avis, quel diagramme illustre le mieux la répartition de la population?

6. Harpinder est plombier et il se spécialise dans les petites réparations domestiques. Dans son camion, il conserve du matériel de base, ce qui lui permet généralement de réaliser des travaux de réparation de plomberie sans retourner à son commerce. Cette façon de procéder lui épargne bien du temps et lui permet de répondre à plus de clients au cours d'une journée. Voici le nombre de visites à domicile qu'il a effectuées la semaine dernière : 5 le lundi, 3 le mardi, 7 le mercredi, 5 le jeudi et 2 le vendredi.

a) Illustre ces données sous forme de diagramme.

b) Justifie ton choix de diagramme.

c) Aurais-tu pu choisir un autre type de diagramme pour illustrer tes données? Si oui, lequel?

7. En se penchant sur le marché de l'emploi pour les électriciens, Jody est tombée sur le diagramme de droite, qui illustre le salaire moyen que touchent les électriciens selon leur spécialité.

a) Quel type d'électricien touche le meilleur salaire moyen? Environ combien gagne-t-il annuellement?

b) Un électricien de lignes à haute tension, d'aéronef et dans le secteur commercial ainsi qu'un électricien principal gagnent environ le même revenu. Quel est ce salaire annuel?

c) Ces données auraient-elles pu être présentées dans un autre type de diagramme? Justifie en quoi les trois autres types de diagramme seraient pertinents ou non.

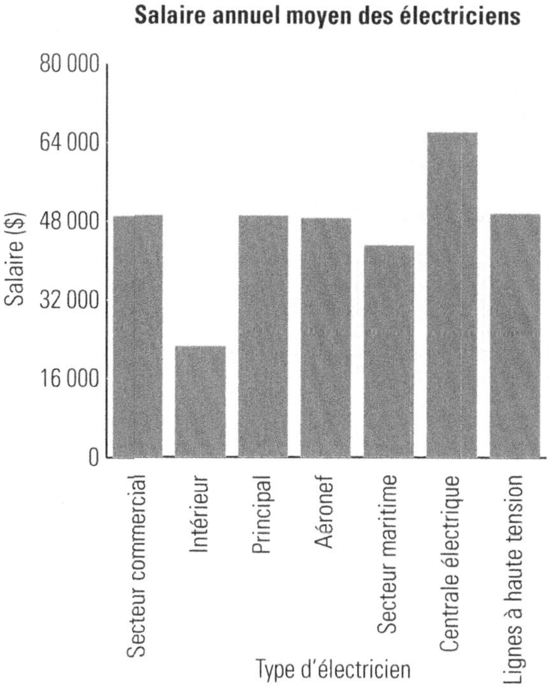

8. Quand il travaillait dans l'industrie forestière, Ray devait déterminer le nombre d'arbres de chaque hauteur dans une zone donnée. Il a représenté ses données dans le diagramme ci-contre.

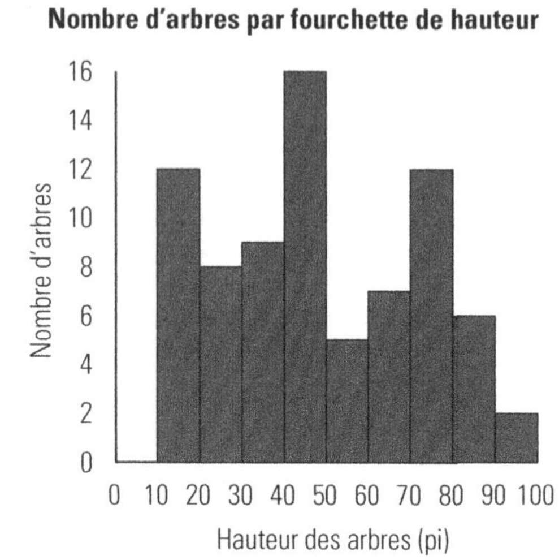

   a) Évalue la pertinence de ce type de diagramme pour représenter ces données.

   b) Selon ce diagramme, combien mesure l'arbre le plus haut du secteur?

   c) Combien d'arbres mesurent au moins 50 pieds?

   d) Combien d'arbres mesurent moins de 50 pieds?

   e) Ces données auraient-elles pu être présentées dans un autre type de diagramme? Si oui, lequel?

Au Canada, on cultive notamment la graine de lin, le blé dur et la graine à canaris. Le Canada est d'ailleurs chef de file mondial dans la production de la graine à canaris issue du phalaris des Canaries, laquelle sert à produire les mélanges de graines pour oiseaux.

9. La terre agricole de Louise est ensemencée de blé à 45 %, d'avoine à 20 % et de canola à 15 %, tandis que le reste de la terre est en jachère d'été. Représente ces données au moyen du diagramme qui convient et justifie ton choix. Pourrait-on recourir à d'autres types de diagramme? Nomme-les et justifie ta réponse.

10. Dans le tableau de données suivant, la colonne « taux horaire inférieur » désigne le taux horaire inférieur de l'échelle salariale que touchent 10 % des travailleurs du domaine, tandis que « taux horaire supérieur » représente le taux horaire supérieur de l'échelle salariale que touchent 10 % des travailleurs.

TAUX HORAIRES À CALGARY

Travail	*Taux horaire inférieur*	*Taux horaire moyen*	*Taux horaire supérieur*
Électricien	29,00 $	30,00 $	37,00 $
Plombier	15,00 $	21,00 $	30,00 $
Charpentier	12,00 $	30,00 $	35,00 $
Peintre et décorateur d'intérieur	12,00 $	19,00 $	32,00 $
Camionneur	14,00 $	20,00 $	30,00 $
Monteur de lignes	14,00 $	22,00 $	45,00 $

a) Crée un diagramme à trois bandes permettant de comparer le taux de rémunération inférieur, moyen et supérieur des travailleurs à Calgary.

b) Quel métier affiche le plus important écart de taux de rémunération?

c) Dans quel métier y a-t-il le moins d'écart entre les taux de rémunération?

d) Évalue si la comparaison du taux moyen aux taux inférieur et supérieur te permet de déterminer si plus de personnes se trouvent dans le haut ou dans le bas de l'échelle salariale.

11. On dispose de données semblables pour les travailleurs de Winnipeg.

TAUX HORAIRES À WINNIPEG

Travail	*Taux horaire inférieur*	*Taux horaire moyen*	*Taux horaire supérieur*
Électricien	14,00 $	24,00 $	28,00 $
Plombier	14,00 $	20,00 $	29,00 $
Charpentier	15,00 $	30,00 $	35,00 $
Peintre et décorateur d'intérieur	9,00 $	16,00 $	25,00 $
Camionneur	13,00 $	20,00 $	33,00 $
Monteur de lignes	11,00 $	17,00 $	25,00 $

a) Dessine un diagramme à trois bandes de mêmes dimensions qu'à la question précédente afin de représenter ces données.

b) Est-ce que les emplois les mieux rémunérés et les moins bien payés sont les mêmes dans les deux villes? Explique ta réponse.

c) Compare le diagramme des données de Calgary à celui pour Winnipeg. Quelles tendances générales dégages-tu du diagramme?

d) En moyenne, un charpentier gagne 10 $ l'heure de plus à Calgary qu'à Winnipeg. Si tu étais charpentier et en mesure de t'installer dans l'une ou l'autre de ces deux villes, quels autres éléments prendrais-tu en considération, outre le salaire moyen?

12. À l'aide des données des deux questions précédentes, crée au moins un diagramme permettant de comparer les salaires moyens versés dans les deux villes.

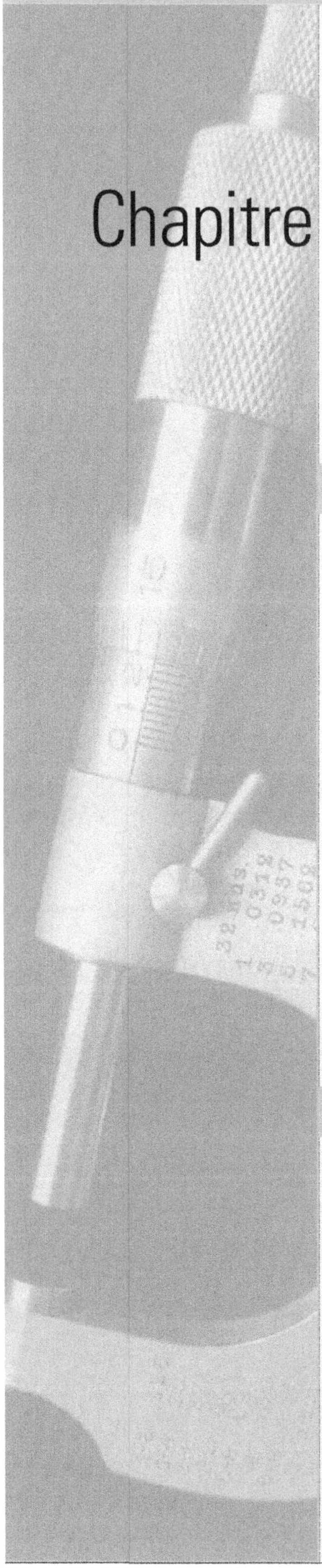

Chapitre 3

Aire totale, volume et capacité

OBJECTIFS

Bon nombre des objets que tu vois tous les jours sont des objets communs à trois dimensions. Le ballon de soccer avec lequel tu as joué est une sphère, le cornet de crème glacée que tu as mangé est un cône et la boîte de céréales qui contient ton déjeuner est un prisme rectangulaire. Lorsque ton ballon a été conçu, quelqu'un a mesuré la quantité de cuir qui serait nécessaire pour le couvrir. Lorsque ta boîte de céréales a été conçue, quelqu'un a mesuré l'espace disponible à l'intérieur pour déterminer la quantité de céréales qu'elle pouvait contenir.

Dans ce chapitre, tu apprendras à faire ce qui suit :

- estimer et calculer l'aire totale d'un objet à trois dimensions;
- estimer, mesurer et calculer le volume d'un objet à trois dimensions;
- modifier tes mesures de l'aire totale et du volume lorsque les dimensions augmentent ou diminuent;
- étudier les relations qui existent entre plusieurs objets et déterminer comment leurs volumes sont liés.

TERMES IMPORTANTS

- cône
- cylindre
- dimension
- prisme
- pyramide
- sphère
- aire totale
- volume
- capacité

COMMENCER L'ORGANISATION

APERÇU DU PROJET

Un emballage adéquat permet de faire la promotion d'un produit grâce à un concept intéressant et de le protéger au moyen de caractéristiques techniques pratiques. Un emballage devrait être coloré, accrocheur et conçu sur mesure pour l'objet qu'il contient.

Dans le cadre de ce projet, tu devras créer un visuel dynamique pour un produit. Tu joueras le rôle d'un concepteur d'emballages qui est chargé de créer trois différents emballages pour le même article.

Tu proposeras ces emballages à l'équipe de direction de l'entreprise pour laquelle tu travailles, ainsi que les coûts liés à chaque emballage. À cet effet :

- chaque emballage devra être de forme différente (par exemple, tu ne peux pas créer trois boîtes ayant la même forme et la même taille);
- un des emballages devra compter deux formes (par exemple, une boîte avec un couvercle bombé).

Les emballages sont conçus pour attirer l'attention des clients et pour protéger les produits qui sont à l'intérieur.

POUR COMMENCER

Tes emballages peuvent être conçus pour un article de n'importe quelle taille et de n'importe quel prix. Il peut s'agir d'un objet aussi petit qu'une bague ou aussi gros qu'une voiture. Pense à un article que tu voudrais acheter et dont tu aimerais faire la promotion, ainsi qu'à la façon dont tu l'emballerais.

Les emballages en trois dimensions ont généralement la forme d'un prisme rectangulaire, mais tu n'as pas à te restreindre à cette forme. Pense aux boîtes de forme triangulaire pour les pointes de pizza individuelles, aux bouteilles de boisson en forme de cylindre irrégulier ou aux contenants en forme de demi-sphère pour les casques d'écoute.

Dresse la liste des différents choix que tu devras faire lorsque tu concevras tes emballages. Par exemple :

- Quelles formes auront tes emballages?
- Comment peux-tu combiner différentes formes dans tes emballages?
- Comment t'y prendras-tu pour concevoir des emballages qui seront suffisamment grands pour loger ton article et qui le protégeront?
- Comment calculeras-tu l'aire totale, la hauteur, la largeur, la longueur et le volume de tes différents emballages?
- Quelle unité utiliseras-tu pour mesurer ces variables?

LISTE DE CONTRÔLE POUR LA PRÉSENTATION FINALE

Ton dossier de projet final et ta présentation doivent contenir les renseignements suivants :

- un dessin de ton article et des trois emballages;
- les dimensions associées et les mesures tridimensionnelles de chaque emballage;
- tes recherches sur les dimensions des emballages, tes clients et les matériaux couramment utilisés pour fabriquer des emballages;
- le coût lié à la création de chaque emballage;
- une affiche, des documents ou une présentation électronique.

3.1 Aire totale des prismes

LES MATHÉMATIQUES *AU TRAVAIL*

Shay est installateur de cloisons sèches à Iqaluit, au Nunavut. Pour devenir installateur de cloisons sèches, Shay a suivi le programme Trades Access au Collège Aurora, à Yellowknife, dans les Territoires du Nord-Ouest. Deux mois après la fin de son programme, il a obtenu un emploi à temps plein. Au travail, Shay est chargé de mesurer et de couper les cloisons sèches, de tracer des lignes de référence et des points et de lire les plans détaillés afin de déterminer la meilleure façon d'installer les cloisons sèches.

Il est nécessaire de porter un équipement de sécurité adéquat, comme des lunettes et des gants, lors de l'installation de cloisons sèches.

Lorsqu'il a commencé à travailler, Shay touchait 20,00 $ l'heure. En tant qu'installateur de cloisons sèches, Shay doit être en bonne condition physique et il doit connaître les techniques de levage appropriées parce qu'il doit soulever de grandes feuilles de cloisons sèches. Lorsqu'on coupe des cloisons sèches, elles produisent de la poussière de plâtre; il est donc important pour la santé et la sécurité de Shay qu'il évite de s'exposer à cette poussière.

Au travail, Shay applique des plaques de plâtre ou d'autres panneaux muraux sur les plafonds et les murs intérieurs des immeubles. Une feuille de cloison sèche standard mesure 4 pieds sur 8 pieds; la longueur de 8 pieds est installée horizontalement. Pour son prochain contrat, on lui a demandé de couvrir un mur dans quatre pièces différentes. Les dimensions de chacun des murs sont les suivantes :

- Mur 1 : 14 pieds de large sur 12 pieds de haut
- Mur 2 : 16 pieds de large sur 12 pieds de haut
- Mur 3 : 10 pieds de large sur 12 pieds de haut
- Mur 4 : 20 pieds de large sur 12 pieds de haut

1. De combien de feuilles Shay aura-t-il besoin pour couvrir chacun des murs?
2. Quelle est la quantité minimale de feuilles dont Shay aura besoin pour couvrir tous les murs?

EXPLORE LES MATHÉMATIQUES

Regarde autour de toi. Combien d'objets ne comportent que deux dimensions (par exemple, la longueur et la largeur)? Les surfaces planes, comme la surface d'un bureau, la taille d'une fenêtre et la couverture d'un livre, peuvent être décrites ainsi. Toutefois, nous vivons dans un monde à trois dimensions, et presque tous les objets ont besoin d'une troisième dimension pour qu'on puisse les décrire. Par exemple, une boîte a une longueur, une largeur et une hauteur.

Imagine une boîte à pizza : il s'agit d'un **prisme rectangulaire**. Chacun de ses côtés est une surface plane dont l'aire peut être calculée au moyen de la longueur et de la largeur.

La boîte peut être faite d'une seule feuille de carton; tu assembles la boîte en divisant d'abord le carton en rectangles qui formeront les côtés de la boîte, puis tu plies le carton le long des côtés des rectangles. Cette représentation plane de la boîte est appelée **développement**.

On calcule l'**aire totale** de la boîte à pizza en additionnant les aires de chacun de ses côtés. Tu peux calculer l'aire totale de la boîte en additionnant les aires des rectangles qui constituent le développement parce que l'aire de la feuille de carton est la même lorsque la feuille est à plat ou lorsqu'elle est pliée.

Sur les surfaces planes, les unités de l'aire sont au carré, comme des mètres carrés ou des pouces carrés. En trois dimensions, les unités de l'aire totale sont également au carré.

Les boîtes ont souvent la forme d'un prisme.

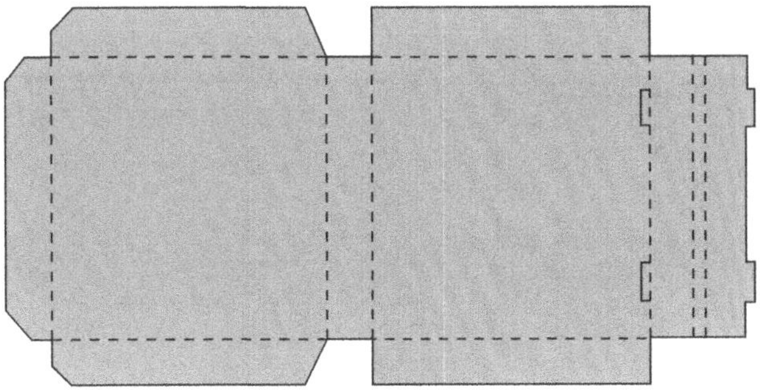

développement : modèle à deux dimensions qui peut être plié de façon à former une forme à trois dimensions

prisme rectagulaire : forme à trois dimensions dont les extrémités sont des rectangles congruents et dont les côtés sont des parallélogrammes

aire totale : aire nécessaire pour couvrir une forme à trois dimensions

DISCUSSION DES IDÉES

CALCULER L'AIRE TOTALE D'UNE LANTERNE EN VITRAIL

base : une des faces parallèles d'un prisme

face latérale : face qui relie les bases d'un prisme

prisme : forme à trois dimensions dont les extrémités sont des polygones congruents et dont les côtés sont des parallélogrammes

Un objet à trois dimensions est un **prisme** s'il compte deux polygones parallèles qui sont congruents.

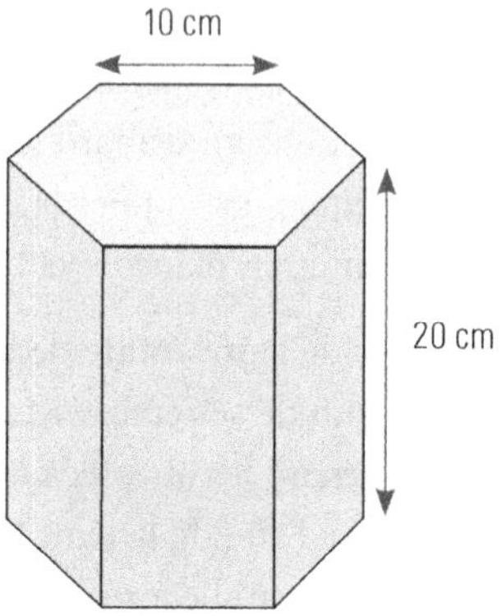

Les polygones congruents :

- ont la même forme et la même taille;
- ont des angles et des côtés qui sont placés dans les mêmes positions.

Chacune des faces parallèles est appelée **base**, et les faces qui relient les bases entre elles sont appelées **faces latérales**.

Si les faces latérales sont perpendiculaires aux bases, il s'agit d'un prisme droit.

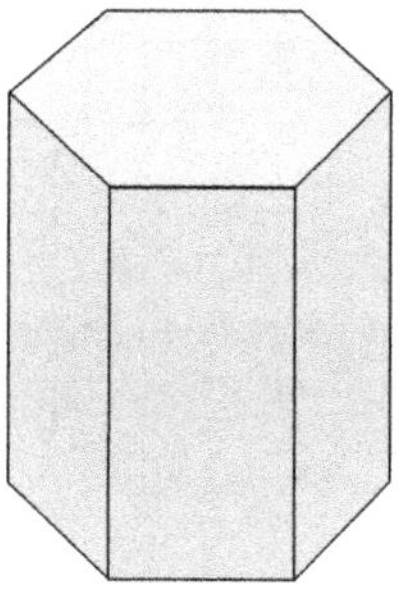

Prisme hexagonal droit

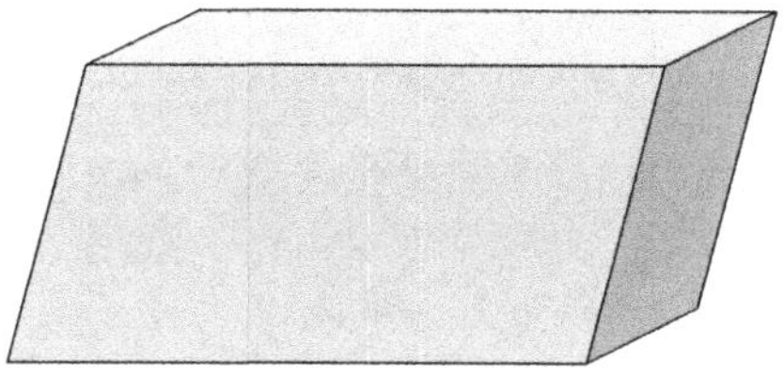

Prisme oblique

Shabina fabrique des lanternes de jardin en vitrail qui ont la forme de prismes hexagonaux. Les bases (le haut et le bas) sont des hexagones et sont fabriquées en métal. Les faces sont faites en verre coloré.

1. Examine les faces latérales du prisme hexagonal droit ci-dessus. Dessine le développement du prisme hexagonal droit.
2. Si chaque côté de la base hexagonale mesure 10 cm de long et que les lanternes mesurent 20 cm de haut, quelle est l'aire de chacun des morceaux de verre utilisés comme faces latérales?
3. Quelle est l'aire totale de verre dont Shabina a besoin pour fabriquer une lanterne? Peux-tu donner deux exemples de la façon de calculer l'aire totale?

Calcul mental et estimation

Chacune des figures ci-dessous a été placée sur une grille. Si chaque carré de la grille mesure 1 cm de long et possède une aire de 1 cm^2, estime l'aire de chaque figure.

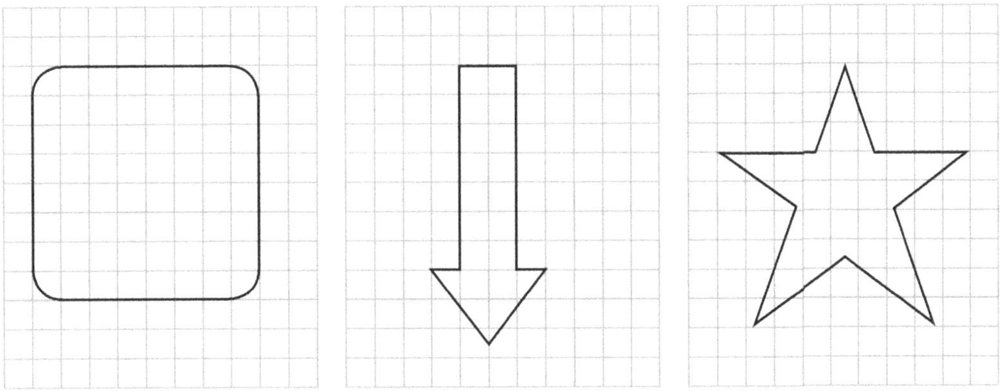

Exemple 1

Davinder construit une clôture autour de sa cour. Pour construire la porte, il coupe 4 pièces de bois de 2 × 4 qui lui serviront de cadre et une pièce qui lui servira d'entretoise afin d'éviter que la porte ne s'affaisse. Pour les piquets de la clôture, il utilise du bois de 2 × 2 et coupe les extrémités à des angles de 45 degrés, comme il est illustré ci-dessous.

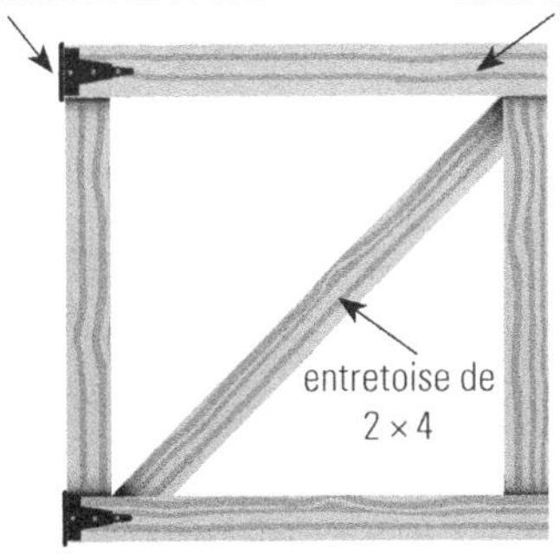

Porte

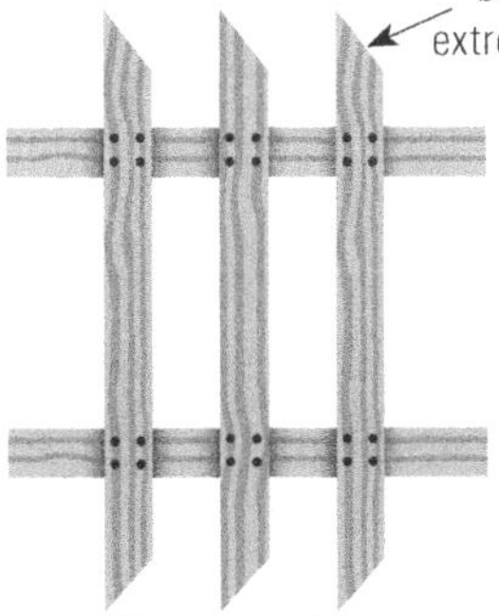

Piquets de clôture

Les constructeurs utilisent leurs connaissances des angles et de la trigonométrie lorsqu'ils construisent une clôture.

a) Quelle est la forme de chacune des pièces qu'il utilise pour le cadre?
b) Quelle est la forme de la pièce qu'il utilise pour l'entretoise?
c) Quelle est la forme des piquets?

SOLUTION

a) Chacune des pièces du cadre a la forme d'un prisme rectangulaire droit.
b) L'entretoise a la forme d'un prisme trapézoïdal.
c) Chaque piquet a la forme d'un prisme trapézoïdal droit.

Exemple 2

Nicholas envoie à ses clients des affiches et des reproductions d'œuvres d'art dans des boîtes en forme de prisme triangulaire équilatéral, comme le montre le schéma ci-dessous.

a) Dessine le développement de la boîte et inscris les dimensions de chacun des côtés.

b) Calcule l'aire totale de la boîte.

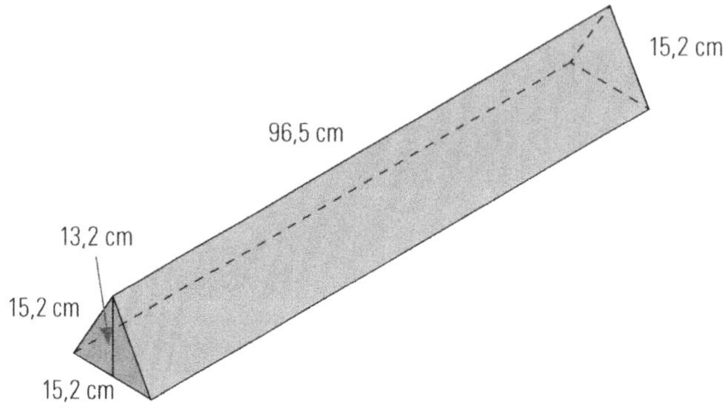

SOLUTION

a) Le développement de la boîte ressemblerait au schéma ci-dessous.

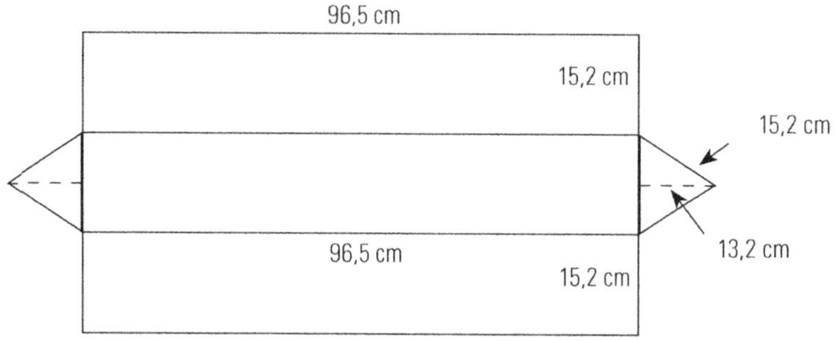

b) La boîte est constituée de trois rectangles identiques et de deux triangles identiques.

Aire d'un rectangle

$A = L \times \ell$

$1\,466{,}8 = 96{,}5 \times 15{,}2$

Aire d'un triangle

$$A = \frac{1}{2}(bh)$$

$$100{,}32 = \frac{1}{2}(15{,}2 \times 13{,}2)$$

Trouve l'aire totale.

Aire totale = 3(1 466,8) + 2(100,32)

Aire totale = 4 400,4 + 200,64

Aire totale = 4 601,04 cm^2

Puisque toutes les mesures comptent une décimale, la réponse devrait être arrondie au dixième près. L'aire totale de la boîte est de 4 601,0 cm^2.

ACTIVITÉ 3.1
HEXOMINOS

Un hexomino est une figure constituée de six carrés identiques qui sont reliés par leurs côtés. À partir de six carrés, on peut créer 35 hexominos différents. En voici cinq :

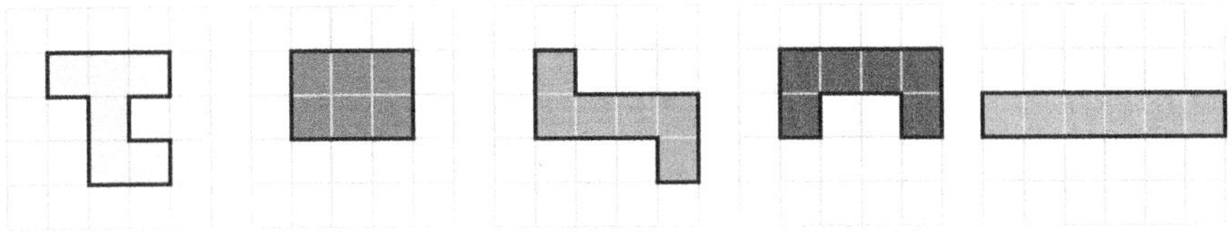

Travaillez en équipe pour réaliser cette activité.

1. Lequel de ces hexominos peut être plié de façon à former un cube fermé?
2. Dessinez les 30 autres hexominos. Repérez les hexominos qui formeront un cube fermé. Soyez prêts à justifier vos choix devant le reste de la classe.

DISCUSSION DES IDÉES

AIRE TOTALE DES ARMOIRES

1. Karl fabrique des armoires. Sa première armoire mesure 40 cm de long × 40 cm de profond × 70 cm de haut. Lorsque l'armoire est complètement fermée, elle a la forme d'un prisme rectangulaire. Quelle est l'aire totale de l'armoire?
2. Karl fabrique une deuxième armoire qui est deux fois plus longue que la première, mais qui a la même profondeur et la même hauteur. Quelle est l'aire totale de la deuxième armoire?
3. Karl fabrique une troisième armoire qui est deux fois plus longue et deux fois plus haute que la première, mais qui a la même profondeur. Quelle est l'aire totale de la troisième armoire?
4. Examine le tableau suivant, qui montre comment l'aire totale varie lorsque les dimensions changent.

RAPPORTS DES AIRES TOTALES

Armoire	*Longueur*	*Profondeur*	*Hauteur*	*Aire totale*	*(Aire totale) / (Aire totale de l'armoire 1)*
1	L	P	H	14 400	1,00
2	2L	P	H	23 200	1,61
3	2L	P	2H	40 000	2,78
4	2L	2P	2H	?	?

Que remarques-tu à propos du rapport des aires totales lorsque la longueur double? Comment les aires totales se comparent-elles lorsque la longueur et la hauteur doublent?

5. Calcule l'aire totale d'une armoire dont les trois dimensions correspondent au double de celles de la première armoire, puis calcule le rapport des aires totales. Que peux-tu conclure à propos de la relation qui existe entre le facteur d'échelle utilisé pour créer les nouvelles dimensions et le rapport des aires totales?

Un chariot d'enfant simple est fabriqué à partir de bois et d'une poignée en T.

Exemple 3

Katie fabrique un chariot d'enfant. La boîte du chariot mesurera 3 pieds de long sur 18 pouces de large. Les côtés du chariot mesureront 10 pouces de haut.

a) Dessine le développement de la boîte du chariot et inscris les dimensions.

b) Calcule l'aire totale de la boîte en pouces carrés.

c) Un pied carré est égal à 144 po^2. Quelle est l'aire totale de la boîte en pieds carrés?

d) Katie peut-elle fabriquer la boîte à partir d'une seule feuille de contreplaqué de 4 pieds × 8 pieds?

SOLUTION

a)

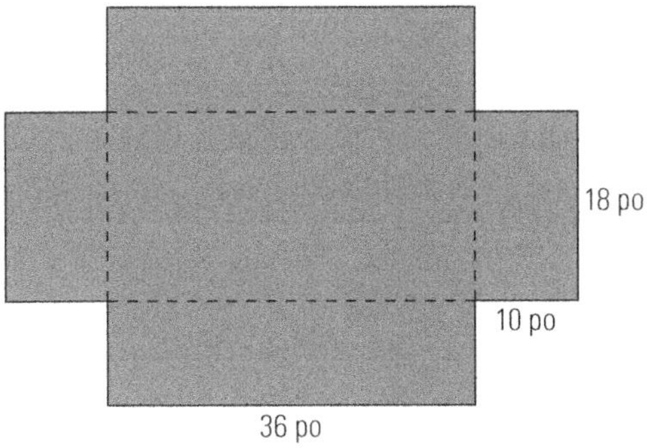

b) Trouve l'aire totale à l'aide de la formule suivante.

A_t = aire de la base du chariot + aire des extrémités + aire des côtés

$A_t = (36 \times 18) + 2(36 \times 10) + 2(18 \times 10)$

$A_t = 1\ 728\ po^2$

L'aire totale de la boîte est de 1 728 po^2.

c) Pour trouver le nombre de pieds carrés, divise le nombre de pouces carrés par 144.

$1\ 728 \div 144 = 12$

L'aire totale de la boîte est de 1 728 po^2, ce qui correspond à 12 pi^2.

d) Calcule le nombre de pieds carrés que compte une feuille de contreplaqué.

$4 \times 8 = 32\ pi^2$

Puisqu'une feuille de contreplaqué mesure 32 pieds carrés, il semble que la boîte du chariot puisse être fabriquée à partir d'une seule feuille. Cependant, d'autres calculs doivent être effectués pour s'assurer que le développement pourra rentrer sur une seule feuille de contreplaqué.

(longueur de la base + 2 × hauteur des côtés) = 36 + (2 × 10)
(longueur de la base + 2 × hauteur des côtés) = 56

56 pouces correspondent à moins de 8 pieds.

(largeur de la base + 2 × hauteur des côtés) = 18 + (2 × 10)
(largeur de la base + 2 × hauteur des côtés) = 38

38 pouces correspondent à moins de 4 pieds.

Par conséquent, le développement pourra rentrer sur une feuille de contreplaqué.

ACTIVITÉ 3.2

FABRIQUER UNE CAISSE D'EXPÉDITION

Les caisses d'expédition sont offertes en différentes tailles.

Gerald fabrique une caisse d'expédition. La caisse est un prisme rectangulaire droit qui doit pouvoir contenir 24 boîtes cubiques. Comment les boîtes doivent-elles être disposées dans la caisse pour que Gerald ait besoin du moins de matériaux possible pour la fabriquer?

1. Sers-toi d'un tableau comme celui qui figure ci-dessous pour déterminer les différentes façons dont les 24 boîtes pourraient être disposées dans un prisme rectangulaire droit. (Indice : Tu devrais trouver 6 boîtes.) À cet effet :
   - détermine l'aire totale de chaque prisme rectangulaire droit que tu as trouvé;
   - chacune des caisses devrait être de forme différente. Cela signifie que tu ne peux pas créer une boîte qui ressemblera à une autre de tes boîtes si on la retourne.

DIMENSIONS DE LA CAISSE			
Longueur	*Largeur*	*Hauteur*	*Aire totale*

2. Quelle caisse nécessitera le moins de matériaux?
3. Si les côtés des boîtes cubiques mesurent 10 pi de long, quelle sera l'aire totale de la caisse que tu as choisie?

CONSTRUIS TES HABILETÉS

1. Darcy a décroché un emploi d'été comme peintre de maisons. On lui a demandé de peindre le parement en bois d'une maison qui mesure 28 pieds de large sur 35 pieds de long. Le parement est installé sur une hauteur de 6 pieds sur chaque côté de la maison.
   a) Quelle est l'aire totale qu'il doit peindre? (Ne tiens pas compte de l'aire des fenêtres, des portes et des escaliers.)
   b) Un gallon de la teinture que Darcy utilise couvre environ 225 pi^2. Si Darcy applique 2 couches de teinture, combien de contenants de teinture devrait-il acheter?

2. Maillardville est l'une des plus anciennes villes francophones en Colombie-Britannique. Le ***Festival du Bois*** de la ville célèbre la francophonie. Les festivaliers apprécient la musique, la danse et la nourriture d'inspiration française.
   Mireille fabrique des cloisons en bois qui seront placées entre les vendeurs. Une fois les cloisons construites, elle doit les recouvrir de toile.
   Chaque cloison rectangulaire mesure 3 pouces de large, 80 pouces de haut et 60 pouces de long.
   a) Dessine le développement d'une cloison et inscris ses dimensions.
   b) Quelle quantité de toile sera nécessaire pour couvrir une cloison? (Ne tiens pas compte des endroits où la toile sera superposée.)

Maillardville, en Colombie-Britannique, accueille le Festival du Bois. *Le festival célèbre la musique, la cuisine et la culture françaises.*

3. Arapoosh est vitrière. Elle fabrique une vitrine d'exposition pour un centre commercial. La vitrine d'exposition dispose d'une base et d'un dessus en bois de forme hexagonale. Chacune des faces latérales sera un trapèze dont la longueur de la partie inférieure mesurera 80 cm, la longueur de la partie supérieure mesurera 40 cm et la hauteur mesurera 2 m.
   a) Quelle est l'aire de l'une des faces latérales de la vitrine d'exposition?
   b) Quelle est l'aire totale du verre dont elle a besoin, en mètres carrés?
4. Mingmei fabrique une caisse d'expédition à partir d'un contreplaqué de $\frac{1}{4}$ po. La caisse est un cube dont chaque côté mesure 3 pieds.
   a) Quelle est l'aire totale de la caisse?
   b) Elle achète des feuilles de contreplaqué standard de 4 pi × 8 pi. De combien de feuilles de contreplaqué a-t-elle besoin pour fabriquer une caisse d'expédition?
   c) Elle fabrique une seconde caisse qui est deux fois plus haute que la première, mais dont la longueur et la largeur sont les mêmes. De combien de feuilles de contreplaqué a-t-elle besoin pour construire la plus grande caisse d'expédition? Explique ta réponse.
5. Dirk fabrique une section du conduit d'un appareil de chauffage à partir de tôle. Quelle est l'aire totale de la tôle dont il a besoin? Le conduit est ouvert sur la face droite supérieure et sur la face gauche inférieure.

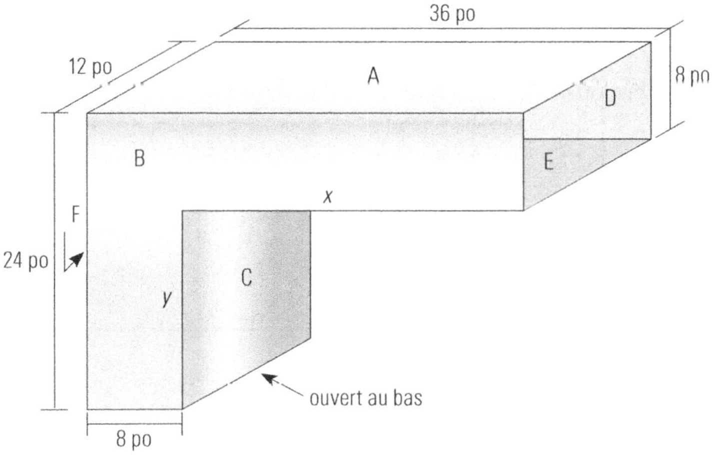

Avant de poser des carreaux, il faut retirer les anciens matériaux, nettoyer la surface du plancher et la mettre de niveau.

6. Zyanya examine le plan d'étage d'une maison afin d'estimer l'aire de carreaux de sol dont il aura besoin pour la salle de bain. Il calcule qu'il aura besoin d'environ 64 m^2 de carreaux. S'agit-il d'une estimation raisonnable? Explique ta réponse. Quelle pourrait être la source possible de l'erreur de Zyanya? (Quelle serait la taille d'une salle de bain qui aurait cette superficie?)

Approfondis ta réflexion

7. Wolfgang veut peindre le toit de son atelier, lequel est doté d'un toit en tôle d'acier ondulée, tel qu'il est illustré ci-dessous.

   Le toit mesure 25 pieds de long sur 20 pieds de large. Wolfgang calcule l'aire du toit à l'aide des dimensions suivantes :

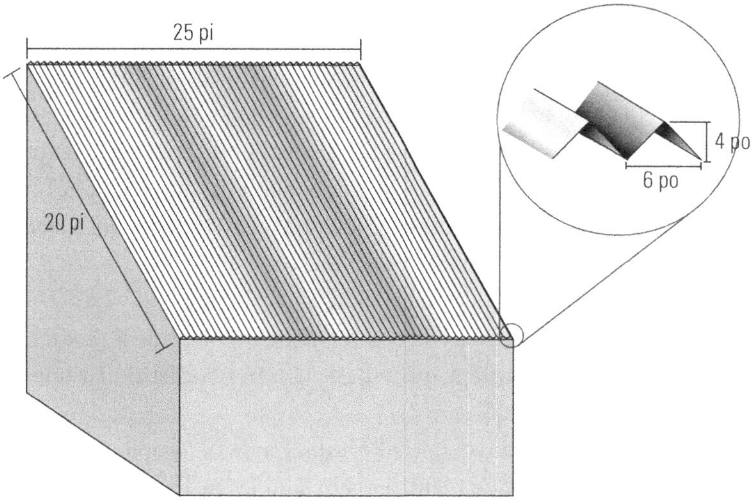

   Aire = longueur × largeur

   Aire = 25 × 20

   Aire = 500 pi^2

   Wolfgang achète suffisamment de peinture pour couvrir 500 pi^2. Une fois la moitié du travail réalisé, il se rend compte qu'il n'a pas suffisamment de peinture. Explique pourquoi Wolfgang a manqué de peinture. Quelle est l'aire qu'il aurait dû utiliser pour calculer la quantité de peinture dont il avait besoin?

Aire totale des pyramides, des cylindres, des sphères et des cônes

3.2

Lorsqu'il conçoit un nouveau logo ou une nouvelle publicité, Marc consulte ses clients afin d'intégrer leurs idées et de produire le résultat qu'ils souhaitent obtenir.

LES MATHÉMATIQUES *AU TRAVAIL*

Marc est concepteur graphique pour une importante agence de publicité à Regina, en Saskatchewan. Par le passé, il a travaillé à la création de logos, de publicités imprimées, de dépliants publicitaires et de pages Web.

Il est spécialiste en stratégie de marque pour des entreprises de partout au Canada. Il utilise la forme, la texture et la couleur. Il fait également des recherches sur le public cible pour réaliser ses projets. Il se sert des mesures que lui fournissent ses clients pour déterminer le meilleur type d'image à utiliser pour leur produit.

Un client a retenu les services de l'agence de Marc afin de développer une nouvelle étiquette pour sa boisson fouettée aux fruits.

Le contenant en plastique cylindrique dans lequel est contenue la boisson fouettée a une hauteur de 12,1 cm et un diamètre de 6,6 cm. Quelle forme à deux dimensions l'étiquette devrait-elle avoir afin de couvrir tout le contenant de façon adéquate? Quelle est l'aire de l'étiquette?

EXPLORE LES MATHÉMATIQUES

Bon nombre des objets qui nous entourent ne sont pas des prismes. Tu trouveras ci-dessous des exemples de tels objets.

- Cylindres – quelques bouteilles, des boîtes de conserve, des tuyaux et des tunnels
- Pyramides – quelques toits
- Cônes – des piles de matériaux (comme du gravier) versés sur le sol
- Sphères – des balles de baseball et des ampoules

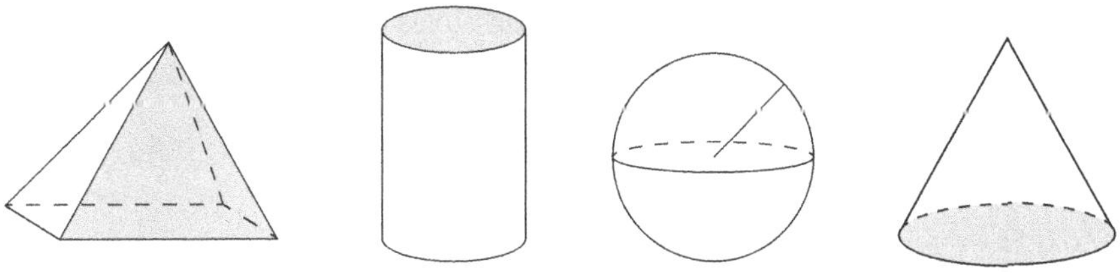

La méthode utilisée pour calculer l'aire totale de ces objets est la même que pour les prismes : tu dois additionner les aires de chacune des surfaces de l'objet.

pyramide : forme à trois dimensions dont la base est un polygone et dont les côtés latéraux sont tous des triangles qui se rencontrent à un sommet qui est opposé à la base

cylindre : forme à trois dimensions dotée de deux bases circulaires qui sont parallèles et congruentes; le côté est un rectangle qui est « enroulé autour » des faces circulaires aux extrémités

sphère : forme à trois dimensions dont la surface est constituée de points qui se trouvent tous à la même distance du centre de la forme

cône : forme à trois dimensions dotée d'une base circulaire et d'un sommet qui est opposé à cette base

L'aire totale d'une pyramide est facile à calculer parce que toutes les faces d'une pyramide sont plates. Toutefois, les cylindres, les cônes et les sphères ont tous des surfaces courbes.

Imagine que tu enlèves l'étiquette d'une boîte de soupe. Peux-tu visualiser la forme de l'étiquette? L'étiquette sera un rectangle. Il aura la même hauteur que la boîte de soupe, mais sa largeur correspondra à la distance qui entoure la boîte (c'est-à-dire la circonférence de la boîte). Pour calculer l'aire, déroule l'étiquette et dépose-le à plat.

Les cylindres et les cônes peuvent être déroulés et dessinés sur une surface plane de la même façon qu'un développement. Une sphère peut-elle être déroulée ainsi?

Les relations mathématiques qui existent entre les surfaces courbes et leurs aires totales peuvent généralement être exprimées au moyen du rayon de la surface, r, et de la constante pi, π ($\pi \approx 3{,}1415$).

DISCUSSION DES IDÉES

LE MUTTART CONSERVATORY

On trouve des vanilliers et plus de 700 autres espèces de plantes au Muttart Conservatory d'Edmonton.

Le Muttart Conservatory est un jardin botanique situé à Edmonton, en Alberta. Il compte quatre jardins qui ont tous la forme d'une pyramide.

Lorsque l'architecte a conçu le jardin botanique, il a dû dessiner un plan pour chacune des pyramides. Chaque pyramide est faite de quatre murs en verre et d'une base sur laquelle on trouve des plantes et des allées pour les visiteurs.

1. L'aire totale des quatre murs en verre de l'une des plus petites pyramides mesure 410 mètres carrés. Quelle est l'aire de chacun des murs en verre?
2. L'aire totale des quatre murs en verre de l'une des plus grandes pyramides mesure 660 mètres carrés. Si chaque mur est un triangle équilatéral dont la hauteur est de 16,5 mètres, quelle est la longueur des côtés de chaque triangle?

Exemple 1

La surface latérale des poulies motrices (les tambours cylindriques) des convoyeurs est souvent dotée d'un enduit de caoutchouc qu'on appelle revêtement et qui empêche la courroie de glisser. La largeur du convoyeur illustré ci-dessous est de 24 pouces. La poulie motrice mesure 30 pouces de diamètre.

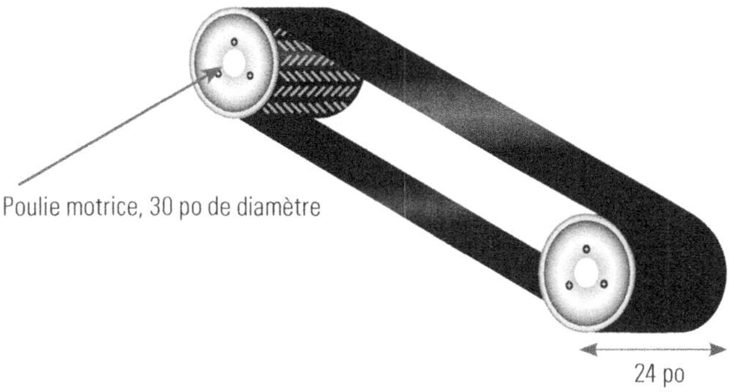

Ces convoyeurs, situés dans l'inlet Burrard, en Colombie-Britannique, transportent du soufre.

Quelle est l'aire, en pouces carrés et en pieds carrés, du revêtement de caoutchouc nécessaire pour couvrir la surface latérale de la poulie motrice?

SOLUTION

Seule la surface latérale de la poulie motrice est couverte (pas ses bases). La surface latérale de la poulie motrice est un rectangle.

La formule pour calculer l'aire est la suivante :

$A = L \times \ell$

Dans ce cas, L correspond à la circonférence de la poulie motrice.

$L = \pi d$

$A = (\pi 30) \times 24$

$A \approx 2\ 262$ po^2

Pour convertir les po^2 en pi^2, divise le résultat par 144 puisqu'un pied carré compte 144 pouces carrés.

$A = \frac{2\ 262}{144}$

$A \approx 15{,}7$ pi^2

La surface latérale de la poulie motrice devra être couverte par 15,7 pi^2 de caoutchouc.

Exemple 2

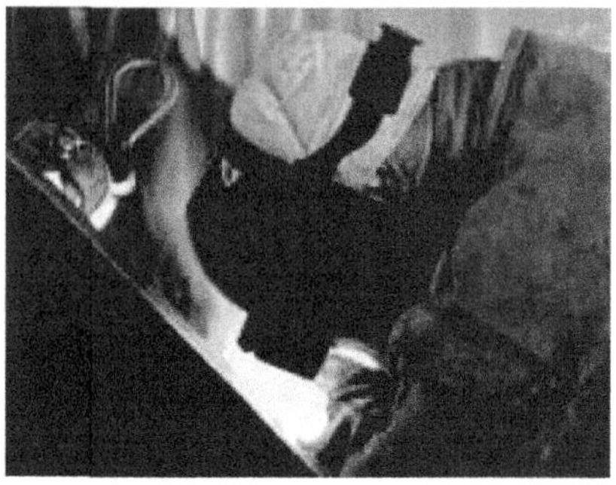

Les soudeurs fabriquent des boîtes de conserve, des trémies et des chauffe-eau qui ont la forme de cylindres, de sphères et de prismes.

Darius conçoit un réservoir à eau pour recueillir l'eau de pluie pour son chalet situé à Mayne Island, en Colombie-Britannique. Il décide d'utiliser un réservoir sphérique dont le diamètre est de 1,5 mètre. Darius a besoin de connaître la quantité de métal dont il aura besoin pour fabriquer son réservoir. On peut calculer l'aire totale d'une sphère à l'aide de la formule suivante : $A_t = 4\pi r^2$. De quelle quantité de métal Darius aura-t-il besoin?

SOLUTION

$A_t = 4\pi r^2$

$A_t = 4\pi(0,75)^2$

$A_t \approx 7,07\ m^2$

Darius aura besoin d'un peu plus de 7 m² de métal pour fabriquer le réservoir à eau.

ACTIVITÉ 3.3

DESSINS D'OBJETS À L'AIDE DE PYRAMIDES ET DE CYLINDRES

Une entreprise a conclu un contrat avec Rhashan afin qu'il construise un grand ballon pour le défilé de la ville. Il réalise un schéma de son concept, tel qu'il est illustré ci-dessous.

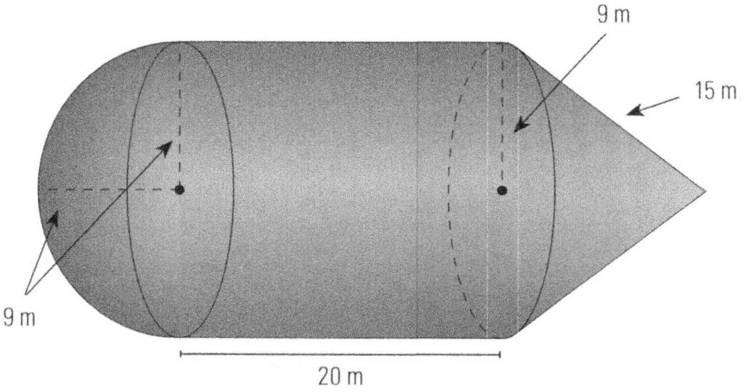

On peut trouver l'aire totale du ballon en le divisant en sections.

- L'avant du ballon est un hémisphère, c'est-à-dire la moitié d'une sphère.
- Le corps du ballon est un cylindre.
- L'extrémité du ballon est un cône.

On peut trouver l'aire totale de la section conique à l'aide de la formule πra, dans laquelle a représente l'apothème de 15 m de la face latérale du cône.

En équipes de deux, déterminez la quantité de matériaux dont Rhashan aura besoin pour construire son ballon. Il n'y a que l'extérieur du ballon qui sera recouvert de matériaux, non l'intérieur.

DISCUSSION DES IDÉES

AIRE TOTALE DES CERCLES ET DES SPHÈRES

Pour trouver l'aire totale, il faut faire des calculs en deux dimensions. En ce qui concerne les surfaces constituées de lignes droites, les deux dimensions, comme la largeur et la longueur, sont souvent faciles à repérer.

Étant donné que l'aire est le produit des deux dimensions, il est facile de constater ce qui arrive à l'aire lorsque l'une des dimensions, ou les deux, change.

- Si l'une des dimensions double, l'aire double également.
- Si les deux dimensions doublent, les facteurs de 2 sont multipliés ensemble, et l'aire est 4 fois plus grande.

Aire 1 = longueur × largeur

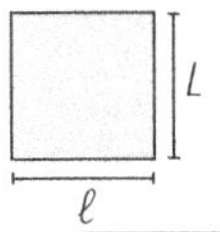

Aire 2 = (2 × longueur) × largeur
Aire 2 = 2 × (longueur × largeur)
Aire 2 = 2 × aire 1

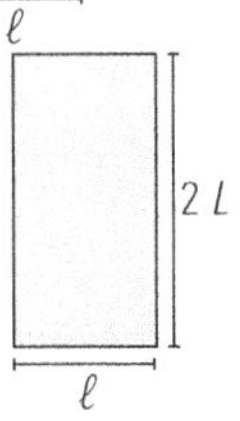

Aire 3 = (2 × longueur) × (2 × largeur)
Aire 3 = 2 × 2 × (longueur × largeur)
Aire 3 = 4 × (longueur × largeur)
Aire 3 = 4 × aire 1

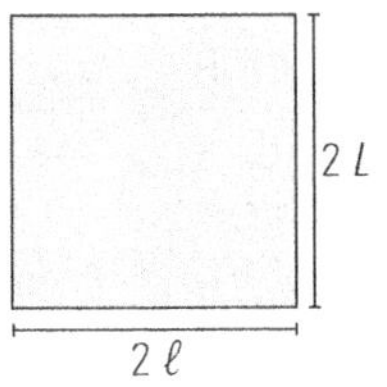

On peut trouver l'aire d'un cercle à l'aide de la formule suivante :

Aire = πr^2

Quelle est la relation entre l'aire d'un cercle et l'aire d'un cercle dont le rayon est deux fois plus grand que celui du premier cercle?

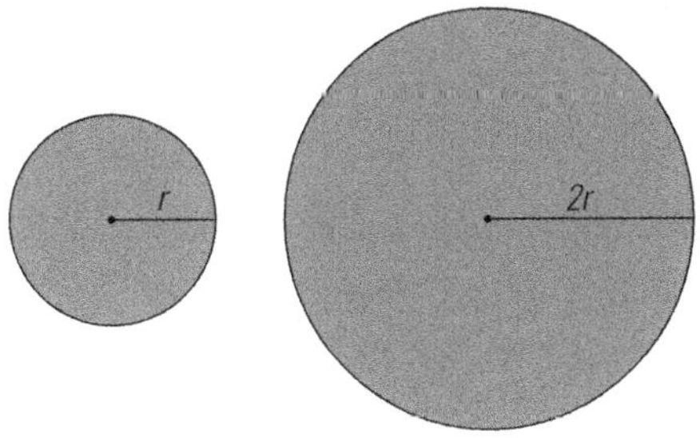

Exemple 3

Utilise r pour représenter le rayon d'une petite sphère, et compare les aires totales des deux sphères ci-dessous.

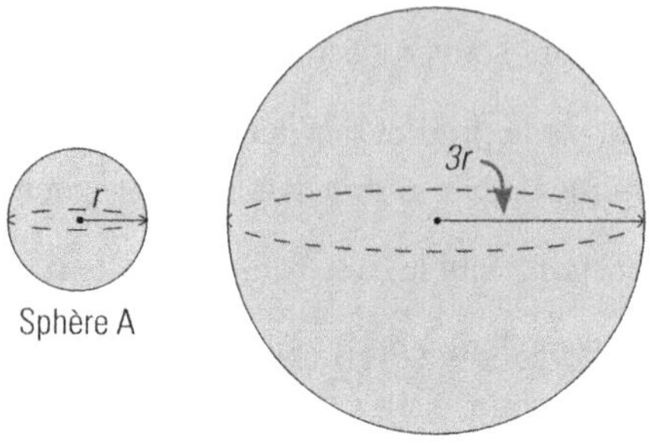

SOLUTION

Aire totale de la sphère A = $4\pi r^2$

Aire totale de la sphère B = $4\pi(3r)^2$

Aire totale de la sphère B = $4\pi(9)r^2$

Le rapport des aires totales est le suivant :

$$\frac{\text{Aire totale de la sphère B}}{\text{Aire totale de la sphère A}} = \frac{4(9)\pi r^2}{4\pi r^2}$$

$$\frac{\text{Aire totale de la sphère B}}{\text{Aire totale de la sphère A}} = 9$$

Même si le rayon ne constitue qu'une seule dimension, on l'utilise deux fois pour calculer l'aire.

$r^2 = r \times r$

Par conséquent, le fait de tripler le rayon fait augmenter l'aire de la sphère selon un facteur de 9 ; $3 \times 3 = 9$

Exemple 4

Yotin estime le coût du remplacement des bardeaux de son toit. Pour déterminer le nombre de bardeaux, elle doit calculer l'aire totale du toit. Le toit est en forme de pyramide. La base de chaque côté mesure 25 pieds de long et l'apothème mesure 15 pieds 3 pouces.

Vue en plan de la maison

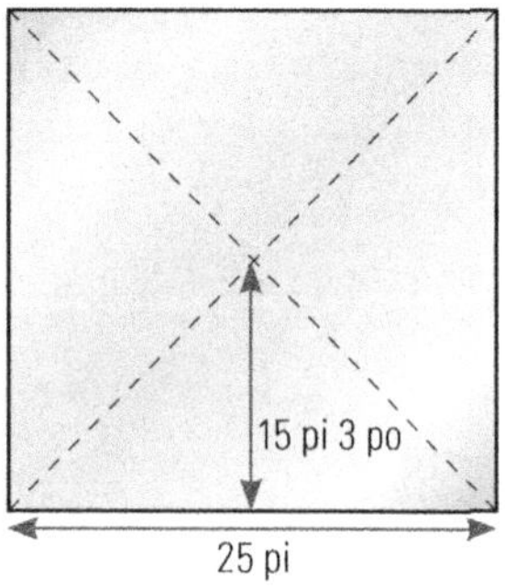

a) Quelle est l'aire totale de la surface qu'elle doit couvrir?

b) Yotin choisit un bardeau d'asphalte à 3 pattes qui mesure $40\frac{3}{4}$ po de long sur $13\frac{3}{4}$ po de large. Elle calcule l'aire d'un seul bardeau et divise l'aire totale de son toit par l'aire du bardeau afin de déterminer le nombre de bardeaux dont elle aura besoin. Achètera-t-elle la bonne quantité de bardeaux si elle utilise cette méthode de calcul?

Les tuiles de couverture peuvent être faites de bois, d'ardoise, d'asphalte ou de céramique.

c) Les bardeaux d'asphalte sont vendus en paquets (un paquet compte généralement de 15 à 20 bardeaux). Le fabricant précise la surface qui est couverte par un paquet. Chaque paquet du bardeau choisi par Yotin couvre 30 pi^2. De combien de paquets a-t-elle besoin?

d) Chaque paquet coûte 31,50 $. Quel est le coût total des bardeaux?

SOLUTION

a) Utilise la formule de calcul de l'aire totale d'une pyramide.

$$\text{Aire totale} = 4 \times \frac{1}{2}(bh)$$

$$\text{Aire totale} = 4 \times \frac{1}{2}(25 \times 15{,}25)$$

$$\text{Aire totale} \approx 762{,}5 \text{ pi}^2$$

b) Non, elle oublie le fait que les bardeaux doivent se chevaucher, souvent sur la moitié de leur largeur. Elle n'achètera pas suffisamment de bardeaux.

c) $$\frac{762{,}5 \text{ pi}^2}{30 \text{ pi}^2 \text{ par paquet}} \approx 25{,}4 \text{ paquets}$$

Étant donné que tu dois acheter des paquets complets, arrondis ta réponse à 26 paquets.

d) 26 paquets × 31,50 $/paquet = 819,00 $

Calcul mental et estimation

Les calculs qui touchent les surfaces courbes comprennent souvent la valeur de π.

1. Quelle simplification ferais-tu afin de pouvoir estimer les réponses sans avoir à utiliser une calculatrice? Tes résultats seront-ils surestimés ou sous-estimés en raison de cette simplification?
2. Estime la circonférence d'un cercle dont le rayon mesure 8 cm.
3. Estime l'aire totale d'une sphère dont le rayon mesure 3 pouces.

Les fabricants de meubles utilisent souvent des mortaises et des assemblages à tenon.

Les ébénistes utilisent des assemblages à goujons pour soutenir les tablettes.

ACTIVITÉ 3.4

ASSEMBLAGES À TENON ET MORTAISE OU ASSEMBLAGES À GOUJONS

Celeste est une fabricante de meubles qui habite à Kamloops, en Colombie-Britannique. Elle fabrique un canapé et elle doit y installer les pattes en créant et en collant des assemblages. Celeste examine deux types d'assemblage :

- un assemblage à tenon et mortaise, qui permet d'assembler deux composantes en insérant une pièce rectangulaire dans un trou rectangulaire
- un assemblage à goujons, qui permet d'assembler les composantes en insérant une pièce cylindrique dans un trou cylindrique

Celeste détermine l'aire totale de chaque type d'assemblage. Elle utilisera l'assemblage qui possède la plus grande aire totale parce qu'elle pourra y mettre plus de colle et que, par conséquent, le canapé sera plus solide.

- L'assemblage à tenon et mortaise mesure 5,5 cm de long, et les côtés de la base carrée mesurent 1,5 cm.
- L'assemblage à goujons mesure 5,5 cm de long, et son rayon est de 1,5 cm.

En équipes de deux, réalisez les tâches suivantes :

1. Réalisez un schéma de l'assemblage à goujons ainsi que de l'assemblage à tenon et mortaise.
2. Déterminez l'aire totale de chaque type d'assemblage.
3. Quel assemblage devrait choisir Celeste?

CONSTRUIS TES HABILETÉS

1. Sasha est décoratrice. Elle peint une colonne pour un spectacle. Elle doit peindre toutes les surfaces de la colonne. La colonne est un cylindre ayant une hauteur de 130 cm et un rayon de 13 cm.
   a) Dessine le développement de la colonne cylindrique.
   b) Détermine l'aire totale que Sasha devra peindre pour couvrir toute la colonne.
2. L'intérieur des tunnels, comme les passages inférieurs pour les voitures et les piétons, les ponceaux et les tunnels ferroviaires, sont souvent tapissés de tôle d'acier ondulée au moyen d'une méthode de construction qu'on appelle construction multi-couches.

   Un tunnel pour le bétail qui passe sous l'autoroute Coquihalla, entre Vancouver et Merritt, en Colombie-Britannique, mesure 20 m de long et a un diamètre de 6 m. Il est recouvert de tôle d'acier ondulée dont les feuilles mesurent 1,3 m de long sur 2,0 m de large.

Ce tunnel pour le bétail, recouvert de tôle d'acier ondulée, passe sous l'autoroute Coquihalla, en Colombie-Britannique.

a) Estime la quantité de tôle qui a été utilisée pour recouvrir le tunnel.

b) Tiens compte de la forme de la tôle d'acier ondulée. Si l'intérieur du tunnel devait être peint à l'aide de peinture antirouille, le peintre pourrait-il se fier à l'aire totale de la surface pour déterminer l'aire qu'il doit peindre?

3. M'Girl est un groupe de musiciens formé de membres des Premières nations qui est originaire de Vancouver, en Colombie-Britannique. Les membres de M'Girl's jouent d'un tambour fabriqué à partir de cuir étiré sur un cerceau de bois. Ce genre de tambour à main traditionnel est utilisé dans les cérémonies et les événements culturels et est considéré comme une œuvre d'art. Ces tambours doivent être manipulés avec respect et d'après le protocole approprié.

Les membres de M'Girl composent des chansons en intégrant leur talent musical, différents genres de musiques et leurs perspectives cries, métisses, ojibway et mohawks.

Détermine la quantité de cuir et de bois nécessaire pour fabriquer un tambour en cuir circulaire de 5 cm de haut et de 45 cm de large. (Tiens compte du fait que le diamètre du cuir doit mesurer 14 cm de plus que le diamètre du tambour puisque le cuir doit couvrir l'extérieur du cerceau ainsi qu'une partie de l'intérieur.)

4. Un tas de grains en forme de cône mesure 96 m de diamètre et 23 m de haut. De quelle quantité de matériaux aura-t-on besoin pour le couvrir?

Approfondis ta réflexion

5. La pyramide de Kukulcan, à Chichen Itza, au Mexique, est une pyramide carrée. La longueur de côté de sa base mesure 180 pieds, et sa hauteur est de 98 pieds.

La pyramide de Kukulcan se trouve à Chichen Itza. Chichen Itza était une ville maya située dans la péninsule du Yucatán. Son nom signifie « bouche du puit des Itzas ».

   a) Quelle est la mesure de l'apothème, ou la longueur de la base au sommet, de la pyramide?

   b) Quelle est l'aire totale latérale, ou l'aire des quatre côtés triangulaires, de la pyramide?

   c) La pyramide est constituée de blocs de face rectangulaire dont les dimensions sont de 1 pi sur 3 pi. Donne une estimation du nombre de blocs qui couvrent l'extérieur de la pyramide.

6. a) Quelle est la longueur du côté, c, d'un cube dont l'aire totale est de 1 350 cm^2?

   b) Quel est le diamètre, d, d'une sphère dont l'aire totale est de 1 350 cm^2?

UNE RECHERCHE SUR TES IDÉES

Pour la prochaine partie de ton projet, tu devras trouver les dimensions de ton article et les emballages qui sont couramment utilisés pour le transporter ou l'entreposer. Pour t'aider à concevoir ton emballage, trouve les renseignements suivants sur les personnes qui achètent ton article :

- âge;
- revenu disponible;
- ce qu'elles aiment;
- ce qu'elles n'aiment pas.

Tu devras concevoir un emballage que les gens remarqueront et qui les inciteront à vouloir essayer le produit qu'il contient.

T

- À l'aide d'Internet, cherche les dimensions les plus courantes de ton article en Australie, en Europe, en Amérique du Nord, en Asie, en Amérique du Sud et en Afrique. Ensuite, trouve l'emballage le plus couramment utilisé pour ton article dans chacun de ces pays.
- Essaie de trouver une ou deux dimensions et un ou deux types d'emballage pour chaque continent. Consigne les résultats de tes recherches dans un document.
  - N'oublie pas que tu dois donner au moins trois exemples d'emballages qui sont utilisés pour l'article que tu as choisi. Au fil de tes recherches, tu peux réaliser des schémas de ce à quoi ressemble l'emballage afin de t'aider lors de ta conception.
- Dans un document séparé, fais des recherches sur les gens qui achètent ton article. Trouve les réponses aux questions suivantes :
  - Quel âge ont-ils en moyenne?
  - Combien d'argent peuvent-ils dépenser?
  - Quelles sont les formes qui les attirent : angulaires ou arrondies?
  - Leur attention sera-t-elle captée par un emballage discret ou par un emballage voyant, brillant et chargé?
- Fais des recherches sur les matériaux couramment utilisés dans la création d'emballages et dresse la liste de trois à cinq matériaux.
- Remplis les documents remis par ton enseignant, le cas échéant.

Lorsque tu effectues des recherches, consigne les sources desquelles tu tires tes renseignements. Ainsi, tu auras un dossier auquel tu pourras te référer dans l'avenir et ton enseignant pourra connaître tes sources.

LES RACINES DES MATHÉMATIQUES

LA CONTRIBUTION D'ARCHIMÈDE AUX CALCULS DE L'AIRE TOTALE

La mécanique, la géométrie et la physique sont quelques-uns des sujets sur lesquels Archimède a écrit. Il s'est également intéressé à l'astronomie et aux mathématiques.

Archimède de Syracuse, en Sicile (aujourd'hui en Italie), était un mathématicien grec considéré par de nombreux historiens comme le plus grand mathématicien de tous les temps. Il est né en 287 avant notre ère et est décédé en 212 avant notre ère. Archimède était un aristocrate, et il était le fils d'un astronome.

À Syracuse, le commerce était favorisé par la présence du port ainsi que par la culture des olives et des raisins sur les versants à proximité de la ville. Étant donné qu'il a grandi dans une ville portuaire, Archimède a vraisemblablement été exposé aux cultures et aux langues européennes et africaines ainsi qu'aux biens qui arrivaient dans le port. Syracuse attirait également les Grecs et les Romains, qui souhaitaient prendre le contrôle de la région. Les comptes rendus historiques révèlent qu'Archimède a inventé une catapulte qui a été utilisée pour lancer de lourdes pierres sur les navires des envahisseurs romains.

On ne sait que peu de choses sur la jeunesse d'Archimède, sauf qu'il a étudié pendant un certain temps à Alexandrie, en Égypte. Alexandrie était un important centre pour le commerce et l'apprentissage. Des érudits provenant de nombreux pays y faisaient des découvertes en anatomie, en chimie et en mathématiques. Archimède est devenu l'un de ces érudits. Plusieurs de ses écrits ont été conservés par les Grecs et les Arabes jusqu'au Moyen-Âge. Les travaux et les conclusions d'Archimède dans de nombreuses branches des mathématiques ainsi qu'en hydrostatique (étude de la stabilité de liquides statiques et de la pression qu'ils exercent) n'ont pu être surpassés pendant plus de 1 500 ans.

Archimède a écrit un traité intitulé *De la sphère et du cylindre*, dans lequel il explique deux importantes découvertes sur les aires totales des sphères et des cylindres.

Selon une de ces découvertes, si un cylindre et une sphère ont le même rayon et la même hauteur, l'aire totale de la sphère sera égale à l'aire de la surface courbe du cylindre.

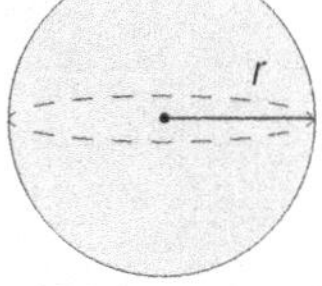

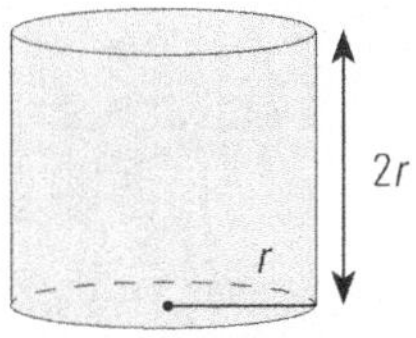

1. L'aire totale d'une sphère correspond à $4\pi r^2$. L'aire totale de la section courbe d'un cyclindre correspond à πdh. Peux-tu expliquer comment les deux formules peuvent donner le même résultat?
2. Archimède a également découvert que l'aire totale de la sphère susmentionnée correspond aux deux-tiers de l'aire totale du cylindre susmentionné. L'aire totale d'une sphère correspond à $4\pi r^2$. L'aire totale d'un cylindre correspond à $\pi dh + 2\pi r^2$. Peux-tu expliquer comment l'aire totale de la sphère peut être égale aux deux-tiers de l'aire totale du cylindre?

3.3 Volume et capacité des prismes et des cylindres

LES MATHÉMATIQUES *AU TRAVAIL*

L'agencement de vieilles photos et d'anciens billets d'avion dans un *scrapbook* transforme les souvenirs en projet artistique personnel. Tamye Dunbar dirige une entreprise spécialisée dans l'estampillage créatif et le *scrapbooking* à Edmonton, en Alberta. Le *scrapbook*, qu'il soit fait de façon traditionnelle ou électronique, se crée en collant des souvenirs sur des pages de livre ou au moyen d'un logiciel informatique. Le *scrapbooking*, une industrie qui génère des millions de dollars, est aussi un passe-temps qui, depuis peu, attire autant d'amateurs que le golf.

Tamye Dunbar vend du matériel de scrapbooking et d'estampillage créatif à ses clients.

On peut notamment orner un *scrapbook* de plumes, d'autocollants, de rubans et de papiers de couleur ou texturés. C'est souvent en fonction d'une combinaison de couleurs et autour d'un événement, comme un anniversaire, un mariage ou une période de vacances, que les amateurs organisent leur album de *scrapbooking*.

Les clients commandent du matériel de *scrapbooking* et d'estampillage créatif auprès de Tamye, qui le leur fait parvenir dans des boîtes de différents formats. C'est en fonction de la quantité de matériel à expédier qu'elle peut ainsi déterminer le format de boîte qu'il convient d'utiliser.

En tant que commerçante, Tamye a constaté que le matériel de cartes de souhaits est son produit le plus en demande. En achetant ce matériel, ses clients disposent ainsi de tout ce dont ils ont besoin pour créer des cartes de souhaits originales afin de souligner des occasions spéciales comme un mariage ou les vacances. Le matériel de cartes de souhaits vient dans une boîte de forme cubique dont le côté mesure 10 cm de long. Si Tamye souhaite expédier 125 produits de ce type à un client, dans laquelle des boîtes illustrées ci-dessous doit-elle les empaqueter?

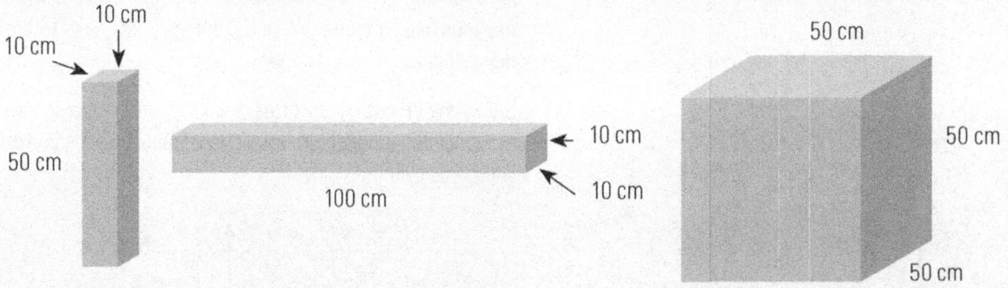

EXPLORE LES MATHÉMATIQUES

volume : mesure de l'espace qu'occupe un objet à trois dimensions

capacité : quantité que peut contenir un objet à trois dimensions

Tous les jours, tu fais appel aux concepts que sont le **volume** et la **capacité** dans de nombreuses activités, mais sans nécessairement t'en rendre compte. Voici d'ailleurs quelques exemples :

- déterminer le choix du bol pouvant contenir ta soupe en conserve;
- déterminer combien de boîtes le coffre d'une voiture peut contenir;
- déterminer la quantité de carburant nécessaire pour remplir ton réservoir à essence;
- déterminer le nombre de vêtements que peut contenir une valise.

Par volume d'un objet, on désigne la quantité d'espace tridimensionnel qu'il occupe.

Ces contenants n'ont pas la même capacité.

Comme nous vivons dans un monde en trois dimensions, tous les objets ont un volume. Pense par exemple à une feuille de papier; seule, elle n'a peut-être pas beaucoup d'épaisseur, mais empiles-en 200 et le volume de cette pile deviendra bien visible.

La mesure du volume est exprimée au cube, par exemple en m^3, en po^3 ou en pi^3, ce qui reflète son aspect tridimensionnel.

La capacité est étroitement liée au volume. Elle désigne quant à elle la quantité que peut contenir un objet creux. Par exemple, une brique a un volume parce qu'elle occupe une partie de l'espace. Pour la même raison, une boîte a un volume, mais également une capacité puisqu'elle peut contenir d'autres objets. Les objets creux ont donc un volume et une capacité, contrairement aux objets pleins, qui n'ont qu'un volume.

On exprime souvent la capacité en litres ou en gallons.

DISCUSSION DES IDÉES

CALCULER LE VOLUME DE DALLES

Julia empile de petites dalles cubiques sur une palette. Comme un étage de dalles en comprend dix de long et dix de large, leur disposition est de forme carré.

1. Combien de dalles un étage comprend-il?
2. Julia empile ensuite quatre autres étages de dalles sur la palette, qui en contient maintenant cinq au total. Combien de dalles cubiques la palette contient-elle?
3. Si la longueur du côté de chaque dalle représente une unité de longueur, quelle formule permettrait d'exprimer le nombre total de dalles?
4. Quelle serait la formule exprimant le volume des dalles?

Exemple 1

Luis vend des aquariums de différents formats à son animalerie.

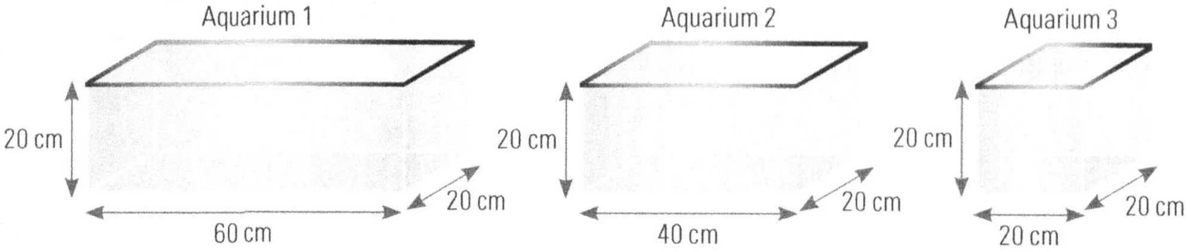

Avant d'acheter un aquarium et des poissons à l'animalerie, assure-toi d'avoir suffisamment d'espace à la maison pour que l'installation soit sécuritaire.

a) Combien faut-il d'eau pour remplir chaque aquarium complètement?

b) Observe les aquariums 2 et 3. Combien de dimensions diffèrent de l'un à l'autre? De combien? Quel est le volume de l'aquarium 2 par rapport à celui de l'aquarium 3?

c) Observe les aquariums 1 et 3. Combien de dimensions diffèrent de l'un à l'autre? De combien? Quel est le volume de l'aquarium 1 par rapport à celui de l'aquarium 3?

d) Un litre équivaut à 1 000 centimètres cubes. Convertis le volume des aquariums en litres pour exprimer leur capacité.

SOLUTION

a) Aquarium 1 : $(60 \times 20 \times 20) = 24\ 000\ \text{cm}^3$

Aquarium 2 : $(40 \times 20 \times 20) = 16\ 000\ \text{cm}^3$

Aquarium 3 : $(20 \times 20 \times 20) = 8\ 000\ \text{cm}^3$

b) Une dimension n'est plus la même, soit la longueur, qui a doublé. Le volume de l'aquarium 2 est le double de celui de l'aquarium 3.

c) Une dimension n'est plus la même, soit la longueur, qui a triplé. Le volume de l'aquarium 1 est le triple de celui de l'aquarium 3.

d) Aquarium 1

$$\frac{24\ 000}{1000} = 24\ \text{L}$$

Aquarium 2

$$\frac{1\ 6000}{1\ 000} = 16\ \text{L}$$

Aquarium 3

$$\frac{8\ 000}{1\ 000} = 8\ \text{L}$$

Exemple 2

Les murs d'escalade en salle où s'exercent de nombreux alpinistes sont conçus de façon à imiter des falaises et des pentes raides. Les formes disposées sur le mur sont appelées prises d'escalade; les alpinistes les utilisent pour grimper. Certaines prises d'escalade sont faites de résine de polyester que l'on verse dans des moules de différentes formes. Le moule d'une prise cylindrique a un rayon de 1,5 po et mesure 3 po de hauteur. La machine qui coule la résine de polyester dans les moules doit être programmée par un technicien afin que la quantité versée corresponde au volume de ceux-ci. Quel est le volume du moule?

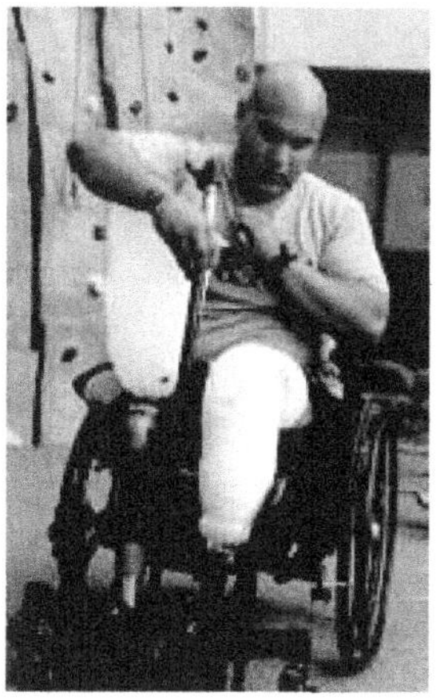

Cet alpiniste vient de finir d'escalader un mur de 30 pi de haut. Au fil de l'ascension ou de la descente, les alpinistes empoignent les prises d'escalade de différentes formes insérées dans les murs ou y posent leurs pieds.

SOLUTION

Calcule le volume du moule à l'aide de la formule suivante :

$A_{base} = \pi r^2$

$A_{base} = \pi(1,5)^2$

$A_{base} = 2,25\pi$

V_{moule} = aire de la base × hauteur

$V_{moule} = 2,25\pi \times 3$

$V_{moule} = 6,75\pi$

$V_{moule} \approx 21,2$ po^3

Le volume du moule est de 21,2 po^3.

ACTIVITÉ 3.5

VOLUME D'UN PRISME OBLIQUE

Tatyana et Sherri doivent déterminer le volume du prisme rectangulaire oblique ci-dessous.

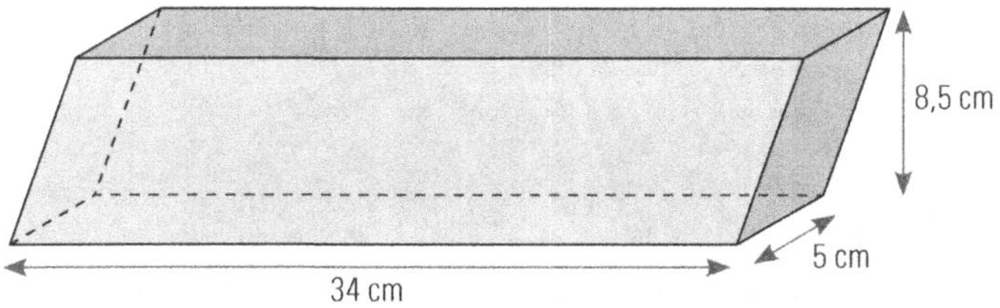

Sherri croit qu'il est impossible de calculer le volume parce qu'il ne s'agit pas d'un prisme rectangulaire. Tatyana se souvient toutefois qu'il est possible de trouver l'aire d'un parallélogramme en le transformant en rectangle.

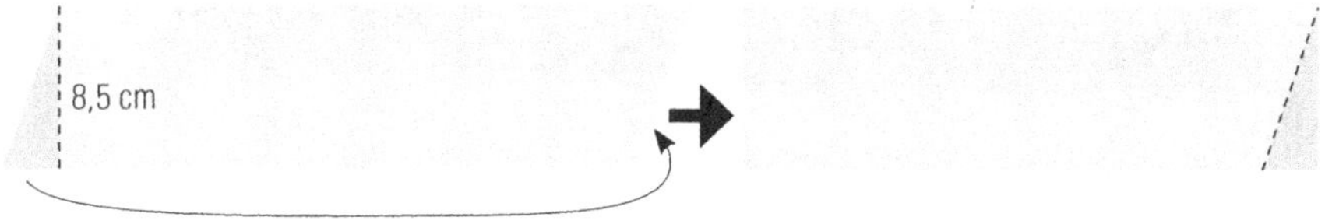

En équipe de deux, déterminez si vous pouvez calculer le volume d'un prisme rectangulaire oblique selon la même méthode. Soyez prêts à défendre votre point de vue devant le reste de la classe.

DISCUSSION DES IDÉES
L'ÉTUDE DU VOLUME

Julia est paysagiste. Elle plantera des fleurs dans 15 jardinières. Comme elle dispose de trois formats de jardinière, elle doit savoir combien de terre ils peuvent contenir afin d'en acheter la bonne quantité. Les côtés des trois jardinières de forme cubique mesurent respectivement 1 pi, 2 pi et 4 pi.

1. Calcule le volume de chaque boîte à fleurs.

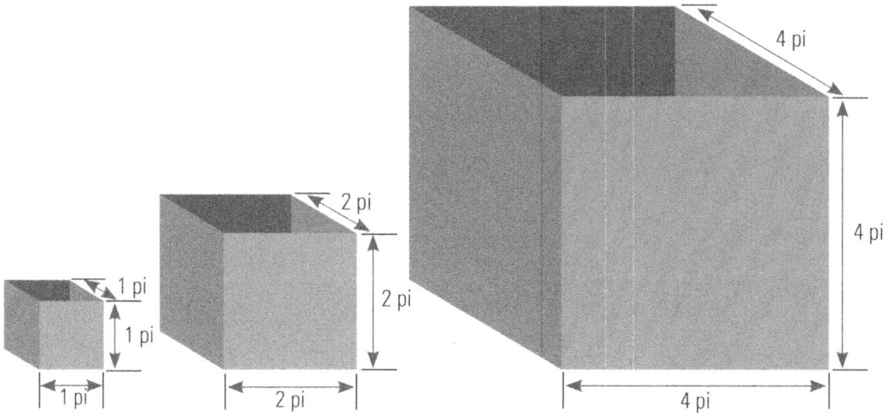

2. Qu'advient-il du volume quand la longueur des côtés double? Explique ta réponse.
3. Si Julia a cinq jardinières de chaque format, combien lui faudra-t-il de terre, en pieds cubes?

Les jardinières de béton installées à l'extérieur de ce populaire café de Victoria, en Colombie-Britannique, ont été conçues par Mackay Precast, une entreprise établie à Nanaimo, dans la même province, et qui se spécialise dans la préfabrication d'installations en béton comme des jardinières, des tables de pique-nique, des bancs et des poubelles, pour des clients de partout en Amérique du Nord.

Exemple 3

La cylindrée correspond au volume d'un cylindre de moteur décrit par le mouvement des pistons. La formule suivante permet de calculer la cylindrée :

$$\text{cylindrée} = \pi\left(\frac{\text{Alésage}}{2}\right)^2 \text{(course de piston) (nombre de cylindres)}$$

L'alésage désigne le diamètre intérieur d'un cylindre de moteur. La course renvoie par ailleurs à la distance que parcourt le piston dans le cylindre.

Un moteur à 4 cylindres a un alésage de 75,5 mm et une course de 82 mm.

a) Quelle est la cylindrée en cm^3?

b) On exprime généralement la cylindrée en litres. Quelle est la cylindrée de ce moteur, en litres? (Indice : 1 L = 1 000 cm^3)

c) Jusqu'à tout récemment, c'est en pouces cubes qu'on exprimait la cylindrée du moteur des voitures fabriquées aux États-Unis. Quelle est la cylindrée, en pouces cubes, du moteur selon le calcul établi à la question a)? (Indice : 1 po = 2,54 cm)

d) Plus la cylindrée d'un moteur de voiture est grande, plus le moteur est puissant. Si l'on doublait la course, quel en serait l'effet sur la cylindrée?

e) Si l'on doublait l'alésage, quel en serait l'effet sur la cylindrée?

Un moteur de voiture est une machine complexe comprenant de nombreuses pièces qui se déplacent et fonctionnent à l'unisson.

SOLUTIONS

a) $\text{cylindrée} = \pi\left(\frac{7,55}{2}\right)^2(8,2)(4)$

$\text{cylindrée} \approx 1\,468\ cm^3$

La cylindrée du moteur est de 1 468 cm^3.

b) $\text{cylindrée} = \frac{1\,468}{1\,000}$

La cylindrée est de 1,468 L.

c) $\frac{1\,468}{2,54 \times 2,54 \times 2,54} \approx 89,6$

La cylindrée est de 89,6 po^3.

d) La course étant un élément du calcul du volume, si elle est deux fois plus importante, le volume ou la cylindrée doublera.

e) La mesure de l'alésage (ou deux fois le rayon) est exprimée deux fois dans le calcul du volume $(\text{alésage})^2$. Ainsi, doubler l'alésage quadruplerait la cylindrée.

$2 \times 2 = 4$

CONSTRUIS TES HABILETÉS

La nage favorise le développement des muscles et de l'endurance.

1. Une piscine communautaire mesure 100 pieds de long sur 50 pieds de large. La piscine atteint 7 pieds au plus profond tandis qu'à l'autre extrémité, il n'y a aucune profondeur, l'entrée étant à un niveau similaire à celui d'une plage. D'une extrémité à l'autre de la piscine, la pente est constante.

   a) Dessine la piscine et indique ses dimensions.

   b) En pieds cubes et en gallons américains, combien d'eau la piscine peut-elle contenir? Souviens-toi qu'un pied cube équivaut à 7,48 gallons américains.

   c) Quelle est l'aire totale intérieure de la piscine?

Les longs cylindres métalliques appelés barres d'armature permettent de renforcer les murs de fondation.

2. Les murs de fondation en béton des maisons prennent généralement la forme d'un T à la base, ce qu'on appelle une semelle. La semelle permet de répartir les charges d'une maison sur une plus grande surface et ainsi d'éviter l'affaissement de ses parties. La semelle est généralement deux fois plus large que le mur de fondation. L'épaisseur de la semelle doit par ailleurs être égale à la largeur du mur.

   a) Le mur de fondation d'une maison fait 8 pouces de largeur, tandis qu'il mesure 4 pieds de hauteur, semelle comprise. Quel volume de béton faut-il, en pieds cubes, pour chaque pied de mur?

   b) On commande généralement le béton en verges cubes. Une verge cube équivaut à 3 pi × 3 pi × 3 pi ou à 27 pi^3. Combien faut-il de verges cubes de béton pour un pan de mur de fondation de 25 pi?

Les boulangers doivent entreposer tous leurs produits secs, comme la farine, les fruits séchés et les épices, dans des récipients hermétiques à l'air pour éviter toute détérioration.

3. Une boulangerie stocke de la farine dans un récipient cylindrique de 70 cm de haut ayant un diamètre de 50 cm.
   a) Quel volume de farine le récipient contient-il?
   b) À la boulangerie, on commande la farine par sac de 20 kg. Chaque sac fait environ 46 cm de largeur, 80 cm de longueur et 15 cm d'épaisseur. Combien le récipient peut-il contenir de sacs de farine?
   c) En kilogrammes, combien de farine le récipient contient-il?
   d) À la boulangerie, on stocke du sel dans un récipient dont la hauteur et le diamètre sont la moitié des mesures ci-dessus. À l'aide de tes réponses obtenues à la question a) et en utilisant le raisonnement proportionnel, trouve le volume de sel que le récipient peut contenir.

De nombreuses maisons sont équipées d'un réservoir à eau chaude, ce qui permet à ceux qui y habitent d'avoir de l'eau chaude pour des activités quotidiennes comme cuisiner ou se laver et pour chauffer leur résidence.

4. Un réservoir à eau chaude est fait d'acier et comprend une couche d'isolant ainsi qu'une coquille extérieure. Les dimensions externes d'un réservoir à eau chaude de forme cylindrique sont 62,2 cm de diamètre et 149,9 cm de hauteur. Sa capacité de stockage d'eau prévue est de 270 L.
   a) Quel est le volume total du réservoir à eau chaude, en litres?
   b) Compare le volume total du réservoir à eau chaude par rapport à sa capacité prévue et exprime ton résultat en pourcentage.
5. Un atelier d'usinage fait parvenir une partie d'une tige en acier usiné par courrier à un client. Pour protéger le fini de la pièce, elle est enveloppée d'une couche de plastique à bulles avant d'être empaquetée dans une boîte en carton à base carrée.

   La tige a un diamètre de 40 mm et fait 475 mm de longueur. Le plastique à bulles a 10 mm d'épaisseur et la boîte mesure 6 cm de côté sur 50 cm de long.
   a) Combien faut-il de plastique à bulles (en cm^2) si les extrémités de la tige ne sont pas recouvertes?
   b) Combien de matériel d'emballage supplémentaire faut-il pour remplir la boîte?

6. L'extrusion du plastique est une méthode efficace de fabrication de formes complexes. Le plastique fondu est coulé à travers une longue filière ou buse dont les sections transversales ont la forme profilée que l'on souhaite donner au plastique.

   Sur le diagramme, on voit la coupe transversale appliquée par procédé d'extrusion. Vue de l'extérieur, la filière ou la buse (en bleu) accueillera la matière par trois conduits différents (en blanc). Quel est le volume de plastique nécessaire par mètre (1 000 mm) d'extrusion?

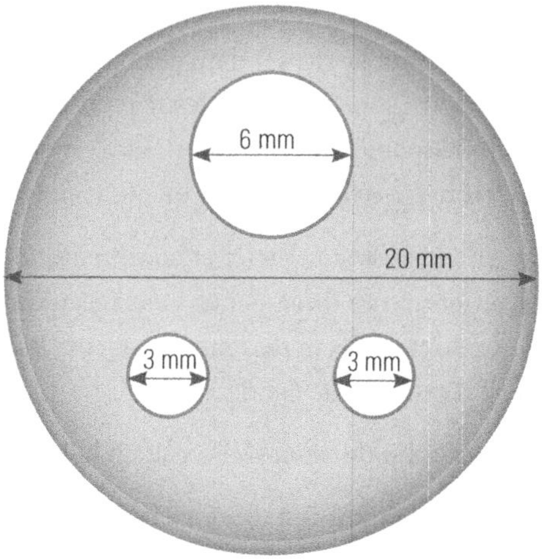

Approfondis ta réflexion

7. Quel est le volume de la partie cylindrique figurant sur le diagramme?

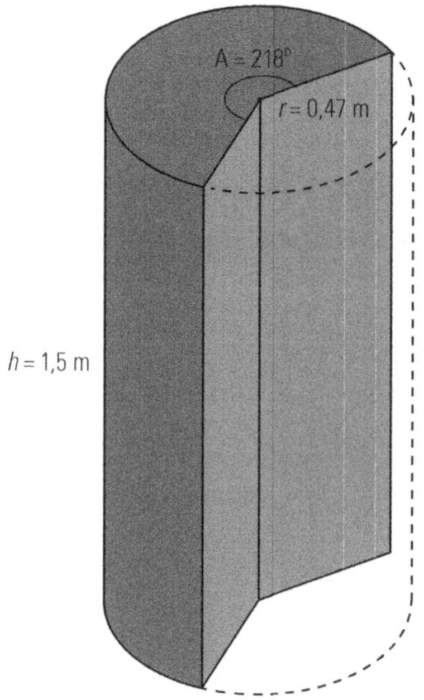

CONCEPTION DE TON EMBALLAGE

Maintenant que tu connais les dimensions d'emballage courantes pour un produit comme le tien, tu peux à présent créer ton emballage. Tu peux commencer par faire un dessin d'aspect professionnel du produit pour lequel tu souhaites concevoir un emballage en y indiquant les mesures.

Par la suite, dessine trois versions de ton emballage. Tiens compte des coûts et de l'apparence au fil de ta création. Les coûts de production de ton emballage devraient être relativement bas, mais sa forme et sa couleur doivent être suffisamment attrayantes pour intéresser les clients.

- Mesure les trois emballages et inscris ces données sur tes dessins.
- Mesure la longueur, la hauteur, la largeur et l'aire totale de tes trois modèles d'emballage, puis inscris ces données sur tes dessins.

Une fois ces étapes franchies, tu pourras utiliser ces dessins dans le cadre de ta présentation. Une affiche comprenant tes dessins, des documents ou une présentation électronique sont des exemples de matériel à présenter.

Une fois tes modèles d'emballage dessinés, tu dois y inscrire les dimensions et calculer l'aire totale de chacun.

RÉSOUS LE PROBLÈME

CUBE

Sarah a conçu un cube dont la valeur numérique de l'aire totale équivaut à la valeur numérique du volume. Quelle est la longueur des côtés du cube?

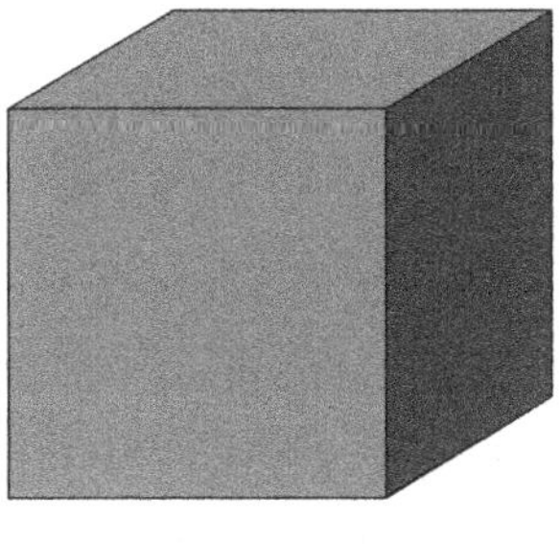

3.4 Volume et capacité des sphères, des cônes et des pyramides

LES MATHÉMATIQUES *AU TRAVAIL*

En tant que plombière et monteuse d'installations au gaz, de tuyaux et de gicleurs, Kristi Hansen a appris que les « mathématiques sont à la base de la construction et que ce sont les mêmes notions qu'apprennent les élèves au secondaire! »

Forte de son certificat de plombière portant le Sceau rouge et de son permis pour monter des installations au gaz délivré en Colombie-Britannique, Kristi Hansen a les compétences pour participer à une multitude de projets. Elle a réalisé des travaux dans les secteurs résidentiel, commercial et industriel, et ce, dans des installations allant de maisons familiales à des usines de pâte à papier.

Au fil de sa carrière, Kristi a été plombière, monteuse d'installations au gaz, de gicleurs et de tuyaux, en plus d'avoir sa propre entreprise de plomberie. Kristi a décroché son diplôme au British Columbia Institute of Technology (BCIT). Les compétences hautement spécialisées qu'elle y a acquises lui permettent de travailler partout dans le monde.

Par la projection isométrique, qui consiste à dessiner des objets tridimensionnels en deux dimensions, Kristi peut mieux se figurer les exigences d'un projet en trois dimensions. « Je les dessine tous à la main, directement sur les plans, mais certains les font à l'ordinateur pour que la représentation soit meilleure et plus précise », signale Kristi. Ces dessins lui permettent de calculer la quantité de tuyaux, de raccords et d'appareils nécessaires à l'installation de l'ensemble d'une structure. Elle peut également déterminer les dimensions de la tuyauterie pour toute l'installation de plomberie. « Pour ce faire, je dois connaître le débit et la force de frottement de l'eau afin de concevoir un système ayant la bonne capacité. Si trop d'appareils sont raccordés à des tuyaux trop petits, il y aura des refoulements dans l'ensemble de l'installation, qui sera ainsi non fonctionnelle », explique Kristi.

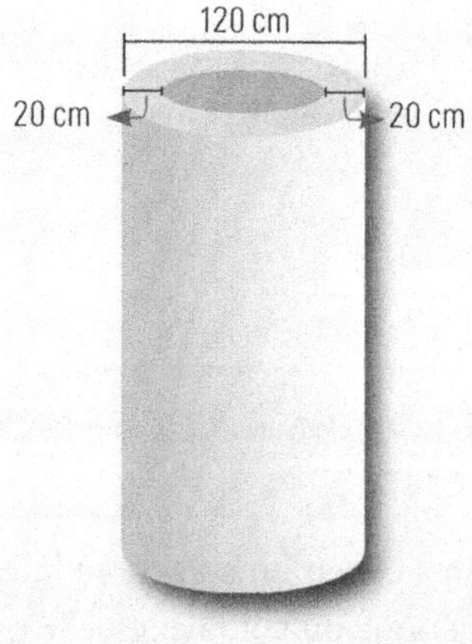

Pour faire son travail, Kristi doit pouvoir calculer la capacité. Elle doit souvent déterminer la quantité d'eau chaude nécessaire dans le cadre d'un projet afin d'installer un réservoir à eau chaude qui répondra aux besoins.

Kristi installe un réservoir à eau chaude de 2,5 m de hauteur ayant 120 cm de diamètre et un isolant de 20 cm d'épaisseur. Quelle quantité d'eau le réservoir peut-il contenir, en litres? (Indice : 1 L = 1 000 cm^3)

EXPLORE LES MATHÉMATIQUES

Les matériaux en vrac comme le minerai, le gravier, le charbon et les grains sont souvent déversés par des convoyeurs ou des camions pour former d'importants tas. Les matières ainsi déchargées s'empilent en forme de cône. Lorsqu'il est question de matériaux en vrac, il importe de connaître le volume de matières pouvant être accumulées en tas à une hauteur donnée afin qu'il soit possible de faire le suivi des quantités.

Les silos et cellules de stockage ayant une coupe transversale carrée sont équipés d'entonnoirs à la base prenant la forme de pyramides inversées. Encore une fois, il faut calculer tant le volume de la pyramide que le volume du silo pour connaître la capacité de ce dernier.

Les réservoirs d'eau cylindriques en plastique ou en tôle servent souvent à l'entreposage de l'eau destinée au bétail ou ayant un usage agricole.

Souvent, la nature offre des éléments en forme de sphère, qu'il s'agisse de particules microscopiques ou de planètes. Connaître le volume de ces éléments permet aux scientifiques de calculer la masse, ce qui est essentiel pour comprendre le mouvement physique d'un objet donné. La plupart des machines tournantes contemporaines fonctionnent par roulement à billes, soit de petites sphères en acier qui diminuent le frottement et la consommation d'énergie entre des pièces en mouvement. Les citernes et réservoirs de matières liquides sont souvent en forme de sphère. Et ne passons pas sous silence le rôle de la sphère dans de nombreux loisirs!

Le calcul du volume des cônes, des pyramides et des sphères ne se fait pas de façon aussi directe que pour les cylindres et les prismes. Pour le calculer, il faut en fait recourir à des formules qui ont été mises au point au fil du temps par des mathématiciens et qui ont fait leurs preuves.

$$V_{\text{cône}} = \frac{1}{3} \times \text{aire de la base} \times \text{hauteur}$$

$$V_{\text{pyramide}} = \frac{1}{3} \times \text{aire de la base} \times \text{hauteur}$$

$$V_{\text{sphère}} = \frac{4}{3}\pi \times (\text{rayon})^3$$

DISCUSSION DES IDÉES

FORMULES MATHÉMATIQUES APPLICABLES AUX CYLINDRES ET AUX SPHÈRES

Richard fait fondre un gros poids de plomb sphérique conçu pour la pêche afin d'en créer de plus petits. Il fait fondre le poids dans un récipient cylindrique dont la hauteur est égale au diamètre du poids. Une fois le plomb refroidi, Richard constate qu'il remplit exactement les $\frac{2}{3}$ du récipient.

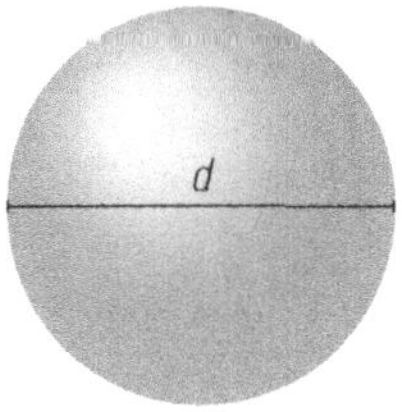

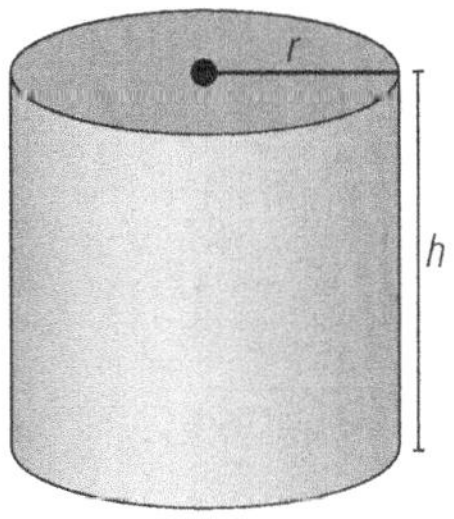

En t'aidant de cette information, détermine comment tu peux trouver la formule de la sphère à partir de la formule applicable au cylindre. (Souviens-toi que la hauteur du cylindre est égale au double du rayon de la sphère [2*r*].)

Exemple 1

Les balles de tennis sont fabriquées au moyen de deux pièces de caoutchouc liées. Selon les règles du jeu, une balle doit peser un peu plus de deux onces une fois la fabrication finie.

Une balle de tennis a un diamètre de 6,7 cm.

a) Quel est le volume d'une balle de tennis?

b) Les balles de tennis sont généralement vendues dans un tube de forme cylindrique contenant trois balles. Quel est le volume du contenant?

c) Quel est le rapport entre le volume des trois balles et le volume du contenant?

d) Au moyen de la lettre ***d*** désignant le diamètre, démontre que le volume d'une sphère correspond à $\frac{2}{3}$ du volume d'un cylindre qui englobe complètement celle-ci.

SOLUTION

a) $V_{\text{balle}} = \frac{4}{3}\pi r^3$

$V_{\text{balle}} = \frac{4}{3}\pi\left(\frac{6,7}{2}\right)^3$

$V_{\text{balle}} \approx 157,5 \text{ cm}^3$

b) La hauteur du contenant est le triple du diamètre d'une balle de tennis.

$V_{\text{contenant}} = \pi r^2 h$

$V_{\text{contenant}} = \pi\left(\frac{6,7}{2}\right)^2 \times (3 \times 6,7)$

$V_{\text{contenant}} \approx 708,7 \text{ cm}^3$

c) $\frac{V_{\text{balles}}}{V_{\text{contenant}}} = \frac{3\,(157,5)}{708,7}$

$\frac{V_{\text{balles}}}{V_{\text{contenant}}} \approx 0,667$

d) La hauteur du cylindre équivaut au diamètre de la sphère.

$\frac{V_{\text{sphère}}}{V_{\text{cylindre}}} = \frac{\left(\frac{4}{3}\pi r^3\right)}{\left(\pi r^2 h\right)}$

$\frac{V_{\text{sphère}}}{V_{\text{cylindre}}} = \frac{\left(\frac{4}{3}\pi r^3\right)}{\left(\pi r^2 2r\right)}$

Divise le haut et le bas par $2\pi r^3$.

$\frac{V_{\text{sphère}}}{V_{\text{cylindre}}} = \frac{2}{3}$

Exemple 2

Lorsque des matériaux granulaires en vrac comme le sable, le gravier ou des grains sont déversés sur une surface plane, ils s'empilent en formant un cône. L'angle que forme la pente d'un tas par rapport au plan horizontal (le sol) est appelé angle de repos. Cet angle reste le même peu importe la hauteur qu'atteint un tas.

Un tas prend la forme d'un cône.

Un tas de gravier dans une cour d'entretien mesure 1,2 m de haut et fait 3,5 m de diamètre.

a) Quel volume de gravier contient-il?

b) Quel serait le volume d'un tas ayant deux fois les dimensions mentionnées? Utilise le raisonnement proportionnel pour le déterminer.

SOLUTION

a) $V_{\text{cône}} = \frac{1}{3}(\text{aire de la base}) \times \text{hauteur}$

$V_{\text{cône}} = \frac{1}{3}\pi\left(\frac{3,5}{2}\right)^2 \times 1,2$

$V_{\text{cône}} \approx 3,8 \text{ m}^3$

b) Comme les dimensions sont doublées (le radius figure deux fois dans le calcul), le volume du tas est huit fois plus grand.

Nouveau volume $= 8 \times 3,8$

Nouveau volume $= 30,4 \text{ m}^3$

ACTIVITÉ 3.6

MESURER AU MOYEN DU MICROMÈTRE ET DU PIED À COULISSE

C'est souvent au moyen d'une règle ou d'un ruban que l'on mesure la longueur. Pour calculer le diamètre d'un objet de forme cylindrique ou sphérique, tu peux cependant recourir à d'autres outils, soit au pied à coulisse et au micromètre.

On peut mesurer le diamètre d'une sphère ou d'un cylindre à l'aide d'un micromètre, où on lit les données au moyen de la ligne de foi et du tambour.

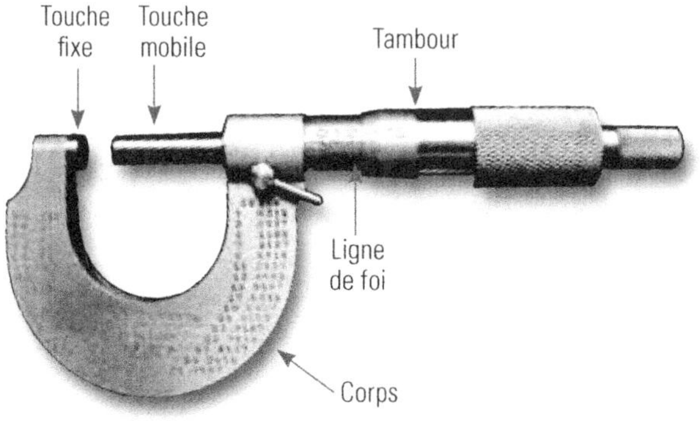

La ligne de foi est graduée en millimètres et le tambour, en centièmes de millimètres.

Lis la valeur que donne la ligne de foi (1), soit 22 mm dans ce cas ci. Regarde ensuite la valeur qu'indique le tambour (2), soit 36 ou 0,36 mm, ce qui signifie que la longueur est de 22,36 mm.

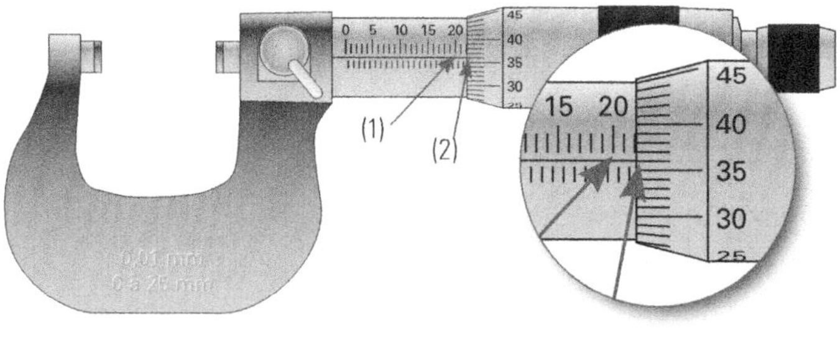

1. En équipe de deux, mesurez les objets que l'on vous a distribués à l'aide du micromètre prêté par votre enseignant.
   a) Quel est le diamètre de chaque objet?
   b) Comment le diamètre d'un objet peut-il vous aider à déterminer l'aire totale de celui-ci? Comment pouvez-vous trouver le volume au moyen du diamètre? Choisissez un objet pour lequel vous calculerez l'aire totale et le volume.

On peut mesurer le diamètre intérieur ou extérieur d'un objet à l'aide d'un pied à coulisse. Par exemple, le diamètre intérieur du rouleau de papier de toilette peut être calculé avec cet outil.

La règle du haut est graduée en centimètres et en millimètres. Détermine, au millimètre près, la donnée indiquée à la gauche du 0 sur la règle du bas, soit 31 mm dans ce cas-ci (1). La règle du bas est graduée en centièmes de centimètres. À partir du 0 sur la règle inférieure (2), trouve une ligne parfaitement droite par rapport à la règle supérieure (3). Il s'agit de la ligne à 0,02 cm, ce qui signifie une mesure de 3,12 cm.

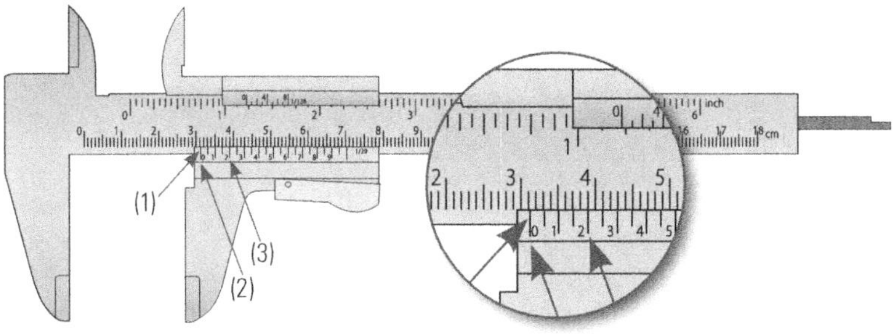

2. En équipe de deux, mesurez les objets que l'on vous a distribués à l'aide du pied à coulisse prêté par votre enseignant.
   a) Quel est le diamètre extérieur et intérieur de chaque objet?
   b) En quoi les deux mesures du diamètre permettent de déterminer la quantité de matériaux nécessaires à la conception de l'objet en question?

ACTIVITÉ 3.7
MESURER LE VOLUME PAR LE DÉPLACEMENT

La méthode du déplacement permet également de calculer le volume d'un objet. On détermine pour ce faire la quantité de liquide que déplace un objet donné.

Réalisez les étapes suivantes en équipe de deux :

- Procurez-vous une tasse, un cylindre gradué, une casserole et plusieurs objets à mesurer.
- Remplissez la tasse d'eau à rebord, puis placez-la dans la casserole.
- Déposez un objet dans la tasse.
- Mesurez ensuite l'eau ayant débordé dans la casserole à l'aide du cylindre gradué. Le résultat correspond alors au volume de votre objet.

Inscrivez la mesure du volume de chaque objet étudié, puis comparez vos résultats avec ceux de vos camarades ayant calculé le volume des mêmes objets.

1. Vos mesures sont-elles identiques? Si non, comment expliquer cet écart?
2. Nommez un avantage que présente cette méthode de calcul du volume.

Exemple 3

Ce réservoir de stockage sphérique contient du pétrole.

Un réservoir sphérique contenant de l'huile de chauffage a un diamètre de 1,5 m.

a) Quel est son volume en m^3?

b) Si un mètre cube équivaut à 1 000 litres, combien de litres le réservoir contient-il?

c) Un gallon américain est égal à 3,785 litres. Quelle est la capacité du réservoir en gallons américains?

SOLUTION

a) $V = \frac{4}{3}\pi r^3$

$V = \frac{4}{3}\pi\left(\frac{1,5}{2}\right)^3$

$V \approx 1,767\ m^3$

b) Capacité = 1,767 × 1 000

Capacité = 1 767 litres

c) $\frac{1 \text{ gallon américain}}{3,785 \text{ L}} = \frac{V}{1\ 767 \text{ L}}$

$V = \frac{1\ 767}{3,785}$

$V \approx 467$ gallons américains

Exemple 4

Mikhail crée des nains de jardin en béton. Il a besoin de connaître la quantité de béton dont il aura besoin pour fabriquer vingt nains. Comme les nains de jardin ont une forme irrégulière, Mikhail les conçoit de façon approximative au moyen d'une série de formes plus simples, par exemple un cône pour imiter le chapeau, une sphère pour la tête et un cylindre pour le corps.

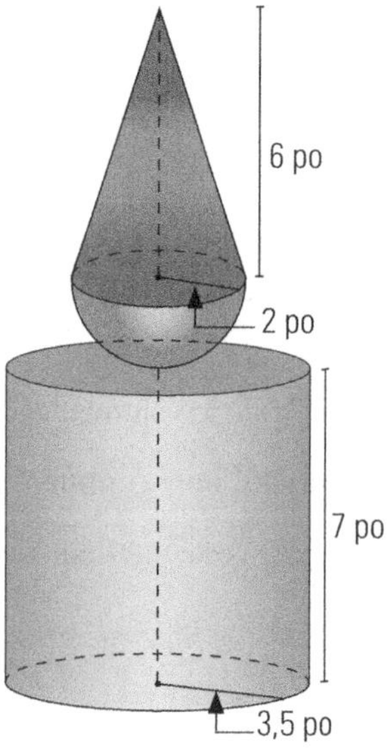

a) En pieds cubes, quel volume de béton est nécessaire à la création de vingt nains de jardin?

b) Après avoir conçu plusieurs nains de jardin, Mikhail souhaite connaître la quantité réelle de béton utilisée pour chaque nain. Comment pourrait-il s'y prendre?

Les nains de jardin décoratifs viennent d'Europe. Ils sont faits de résine ou de béton et sont peints à la main.

SOLUTION

a) Commence par déterminer le volume du cylindre.

$V = \pi r^2 h$

$V = \pi(3{,}5)^2(7)$

$V \approx 269 \text{ po}^3$

Calcule ensuite le volume du cône.

$V = \frac{1}{3}\pi r^2 h$

$V = \frac{1}{3}\pi(2)^2(6)$

$V \approx 25 \text{ po}^3$

Calcule également le volume de la sphère.

$V = \frac{1}{2}\left(\frac{4}{3}\right)\pi r^3$

$V = \frac{1}{2}\left(\frac{4}{3}\right)\pi(2)^3$

$V \approx 17 \text{ po}^3$

Additionne les volumes et multiplie ton résultat par 20.

Volume d'un nain de jardin = 269 + 25 + 17
V = 311 po^3

Volume de vingt nains de jardin = 20 × 311
V = 6 220 po^3

Convertis le résultat en pieds cubes.

1778,78 po^3 = 1 pi^3
6 220 ÷ 1 728 ≈ 3,60
Il aura donc besoin d'environ 3,60 pi^3.

b) Il pourrait immerger un nain de jardin dans de l'eau en connaissant la quantité (dans un sceau de 5 gallons, par exemple). Une fois le nain retiré du sceau, la quantité d'eau nécessaire pour le remplir au niveau d'eau précédent correspond au volume du nain.

CONSTRUIS TES HABILETÉS

1. Jayne a construit un modèle de maison à l'aide d'un prisme rectangulaire pour former la base et d'une pyramide rectangulaire pour la toiture. Si le modèle est solide, quel en est le volume?

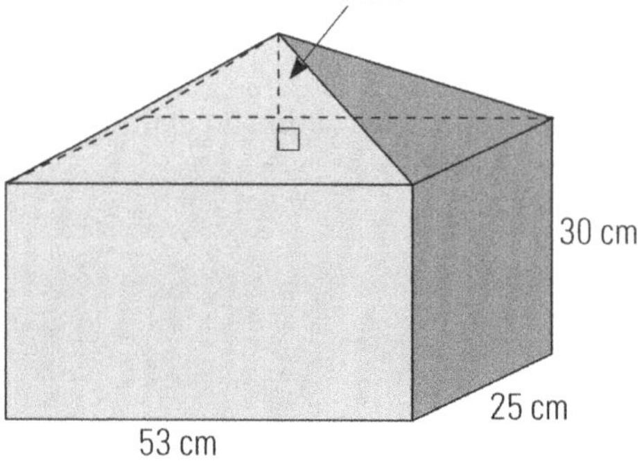

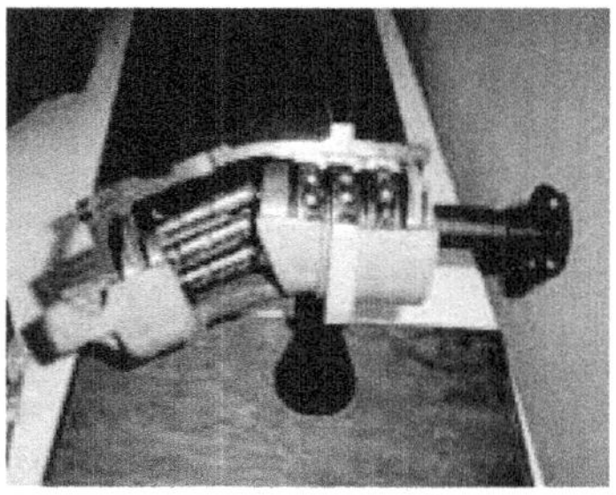

Les roulements à billes permettent de garder des pièces en mouvement ou des coussinets de machine séparés. Les roulements à billes métalliques montrés sur la photo se trouvent à l'intérieur d'une pompe.

2. Les dispositifs de roulement à billes sont des assemblages mécaniques permettant d'unir des pièces devant rouler l'une sur l'autre, par exemple une roue de bicyclette autour d'un axe. Les billes en acier sont maintenues en place entre deux bagues, l'une intérieure et l'autre extérieure, qu'on appelle bagues de roulement et qui sont écartées par une pièce nommée cage. Le roulement se fera adéquatement si les billes sont parfaitement rondes.
   a) Quel est le volume d'une bille de roulement ayant 6 mm de diamètre?
   b) Si le diamètre d'une deuxième bille est le double du diamètre de la première, par combien le volume sera-t-il multiplié?
   c) Le diamètre d'une troisième bille est le quadruple de celui de la première. Par combien le volume sera-t-il multiplié?

3. Observe les micromètres dessinés ci-dessous pour déterminer la mesure que chacun indique.

a)

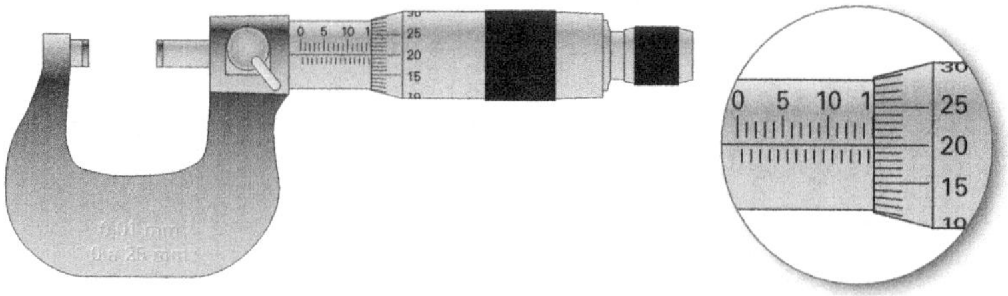

b)

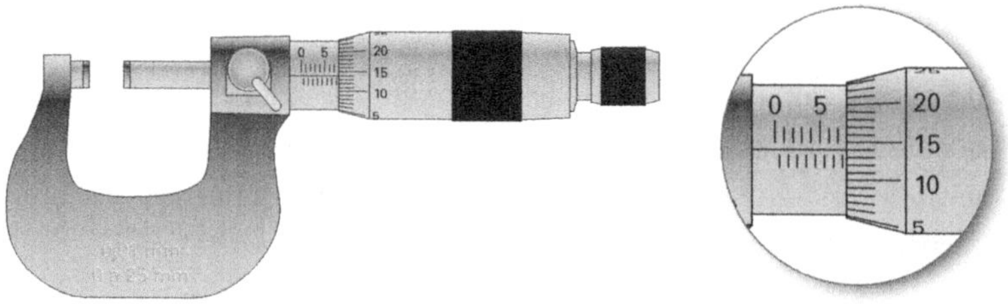

c)

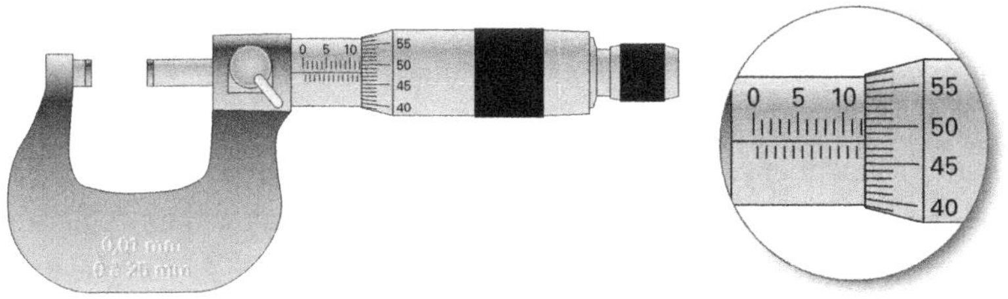

4. Observe les pieds à coulisse dessinés ci-dessous pour déterminer la mesure que chacun indique.

a)

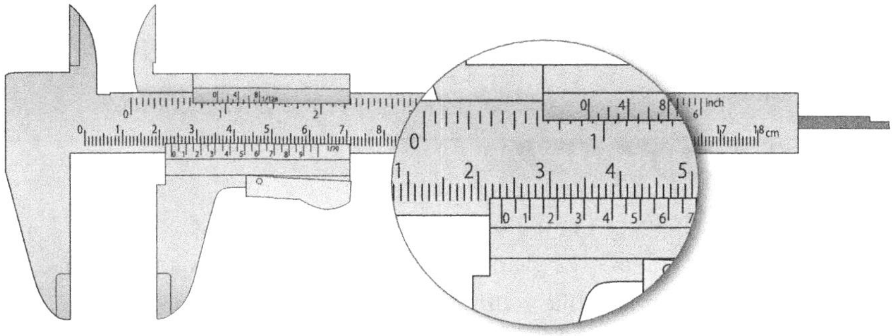

b)

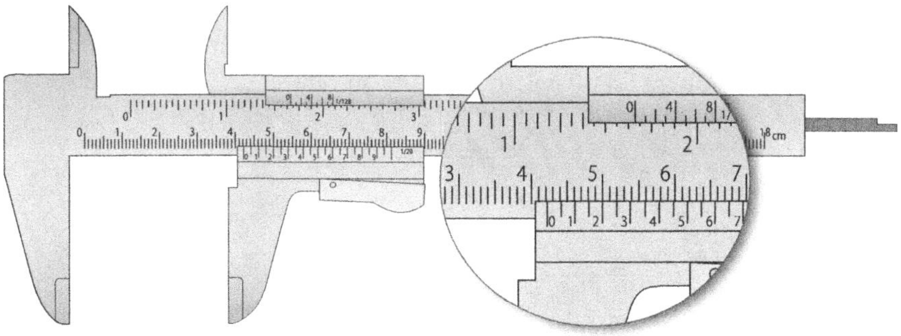

c)

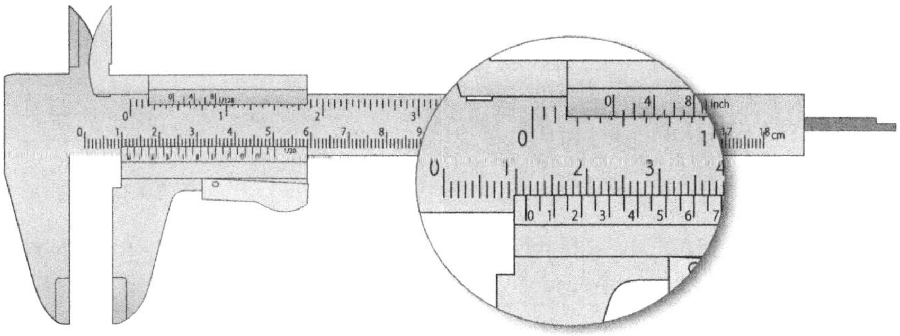

5. Il y a plusieurs siècles, on a découvert une méthode simple de fabrication de boules de pierre servant d'ornements architecturaux. Il s'agissait d'abord de couper le marbre en cubes, puis d'arrondir grossièrement les côtés et les coins. Ces cubes étaient ensuite placés entre deux plaques de pierre rainurées pour empêcher les boules de rouler. La plaque supérieure était actionnée par une roue hydraulique. Après plusieurs jours de frottement, la forme grossièrement cubique devient peu à peu une sphère parfaite.

   a) Quel volume de marbre a été éliminé du bloc cubique par frottement pour obtenir une boule ayant 54 mm de diamètre?

   b) Quel est le pourcentage de perte de marbre résultant de l'application de cette méthode?

Approfondis ta réflexion

6. Compare la hauteur (h_p) d'une pyramide à base carrée de côté égal à L à la hauteur (h_c) d'un cône ayant un diamètre égal à L, en supposant que les deux formes ont le même volume.

7. On peut créer un tas de minerai concassé de forme allongée à l'aide d'un convoyeur qui se déplacerait en ligne droite d'un point A vers un point B (voir le dessin ci-dessous). À chaque extrémité, le tas prendra alors la forme de demis cônes et formera un prisme triangulaire au centre.

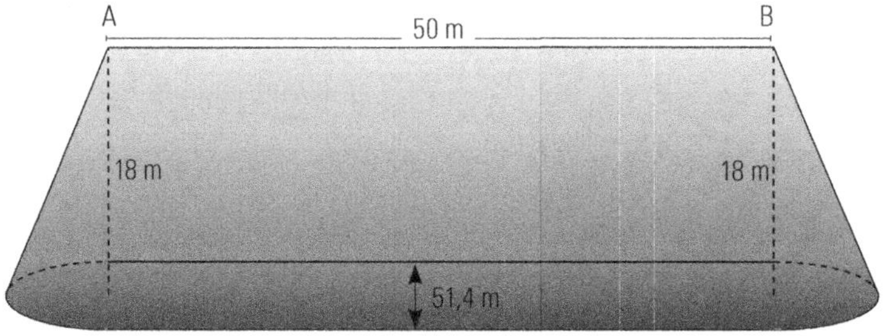

   Cinquante mètres séparent le point A du point B, et le tas s'élève à 18 m de hauteur. La base du tas fait 51,4 m de large.

   a) Quel volume de minerai le tas contient-il?

   b) Quel est l'angle de repos (angle que forme la pente du tas par rapport au sol)?

   c) Quels seraient la hauteur et le diamètre d'un tas unique de forme conique ayant le même volume?

PRÉSENTATION DE TON EMBALLAGE

Avant de passer à la dernière étape de ce projet, soit à la présentation, calcule la quantité de matériel nécessaire à la création de ton emballage, ainsi que le coût et le volume de celui-ci. Pour établir le coût, compte 0,05 $ par centimètre carré de matériel.

Range tes dessins ainsi que tes documents de recherche sur les dimensions, les matériaux et les clients dans une pochette que tu pourras remettre à ton enseignant.

Avant de remettre ton dossier de projet, assure-toi que tous les éléments suivants s'y trouvent :

- un dessin de ton article indiquant ses mesures;
- les résultats de ta recherche sur les dimensions de l'emballage, ses matériaux et les préférences des clients;
- les dessins de tes trois emballages indiquant les mesures et le volume, emballages que tu as pris soin d'adapter à l'article que tu souhaites empaqueter;
- la quantité de matériaux nécessaires à la création de l'emballage, exprimée selon l'unité pertinente;
- les coûts de création de chaque emballage;
- une affiche, des documents ou une présentation électronique.

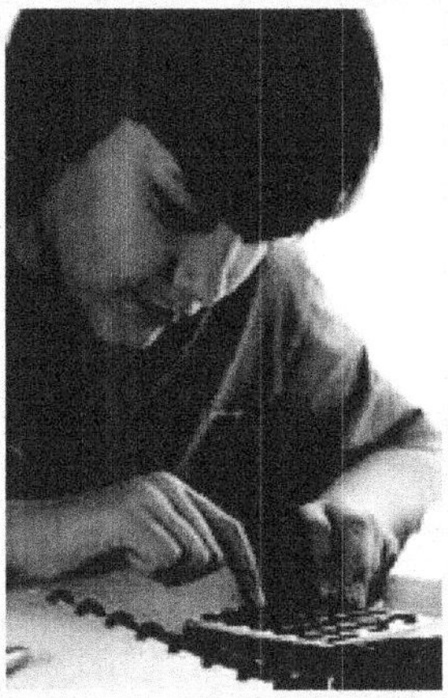

Une fois tes modèles d'emballage dessinés, tu dois y inscrire les dimensions et calculer l'aire totale de chacun.

Sois prêt à justifier la conception de ton emballage devant tes camarades. Tu peux les renseigner sur les mesures et les coûts de chaque emballage. Explique à tes camarades pourquoi un modèle d'emballage est plus pratique ou plus créatif que les autres. Demande-leur de se prononcer sur tes modèles.

RÉFLEXIONS SUR L'APPRENTISSAGE

AIRE TOTALE, VOLUME ET CAPACITÉ

Maintenant que tu as terminé ce chapitre, tu devrais être en mesure de faire ce qui suit :

- Expliquer, à l'aide d'exemples, ce qui différencie le volume de l'aire totale.
- Expliquer, à l'aide d'exemples et de développements, ce qui différencie le volume de l'aire totale.
- Estimer et calculer l'aire totale et le volume d'un objet à trois dimensions.
- Expliquer, à l'aide d'exemples, ce qui différencie le volume de la capacité.
- Convertir un volume en une unité de mesure, par exemple en cm^3, puis en une autre, comme le m^3.
- Calculer le volume d'un objet tridimensionnel à l'aide de différents outils de mesure, par exemple une règle, du ruban a mesurer, un micrometre ou un pied a coulisse.
- Calculer la capacité d'un objet tridimensionnel à l'aide de différents outils et méthodes de mesure, par exemple un cylindre gradué, une tasse à mesurer, des cuillères à mesurer et le déplacement.
- Décrire le lien entre le volume d'un cône et le volume d'un cylindre ayant les mêmes bases géométriques et hauteurs.
- Décrire le lien entre le volume d'une pyramide et le volume d'un prisme ayant les mêmes bases géométriques et hauteurs.
- Expliquer les répercussions sur l'aire totale et le volume d'un objet tridimensionnel lorsque ses dimensions sont modifiées.

MISE EN PRATIQUE DES NOUVELLES HABILETÉS

1. Calcule les rapports suivants.

   a) Le volume par rapport à l'aire totale d'un cube ayant *c* comme longueur de côté.

   b) Le volume par rapport à l'aire totale d'une sphère ayant *r* comme rayon.

   c) Une sphère et un cube ont la même aire totale. Quel est le lien entre la longueur du cube et le rayon de la sphère?

   d) Une sphère et un cube ont le même volume. Quel est le lien entre la longueur du cube et le rayon de la sphère?

L'oléoduc trans-Alaska sert à transporter du pétrole sur une distance d'environ 800 miles.

2. L'oléoduc trans-Alaska s'étend sur 800 miles de Prudhoe Bay au port de Valdez, tous deux situés en Alaska. Le diamètre du pipeline fait 48 po.

   a) Quel volume de pétrole brut, en pi^3, peut contenir un tronçon de 1 mile du pipeline? (1 mile égale 5 280 pi.)

   b) Combien de gallons contient un mile de pipeline? (1 pi^3 égale 7,4 805 gallons.)

   c) Le pétrole brut est généralement mesuré en barils. Comme un baril équivaut à 42 gallons américains, combien de barils de pétrole brut un mile de pipeline contient-il?

   d) Combien de barils de pétrole brut pourrait contenir tout le pipeline sur 800 miles?

De nombreuses personnes croient que la culture du caféier a vu le jour en Éthiopie.

3. Dans un supermarché, on trouve un contenant de grains de café en vrac, comme celui sur la photo. Le fond du contenant étant amovible, les grains peuvent être versés dans des sacs.

   a) Quel est le volume du contenant?

   b) Un kilo de grains de café a un volume de 2 250 cm^3. En kilogrammes, combien le récipient peut-il contenir de grains de café?

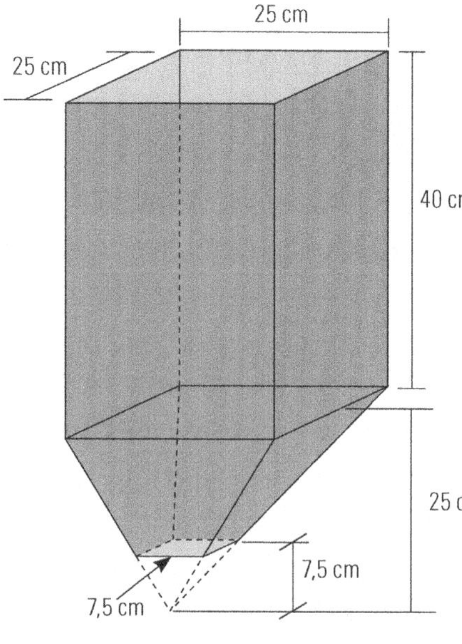

4. Un cône a un rayon r, une hauteur h et un apothème a.

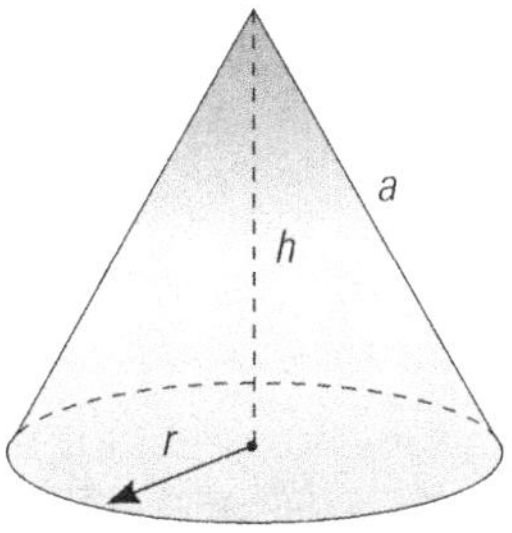

a) Dessine le développement d'un cône lorsque celui-ci est coupé en ligne droite, de son sommet à sa base. Suppose que le cône n'a pas de fond.

b) Combien mesure la partie courbe (circonférence partielle) du développement?

5. Sur la photo ci-dessous, on voit un silo de stockage en acier destiné aux aliments granulés pour le bétail.

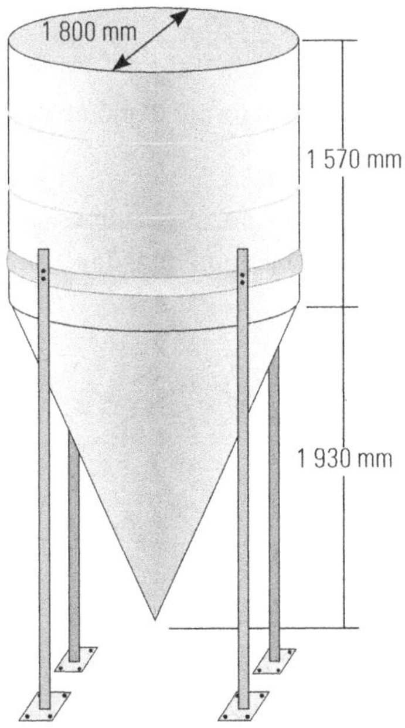

Les silos à grains sont généralement en acier inoxydable. Ils servent à l'entreposage d'aliments pour animaux, de la farine, des semences ou des grains.

a) Quelle surface de tôle d'acier est nécessaire à la fabrication du silo, si l'on inclut un couvercle?

b) Quelle en est l'aire en mètres carrés?

6. Ara doit fournir des jardinières suspendues à la municipalité. Ces jardinières seront accrochées aux lampadaires le long de la rue principale. Les paniers de fleurs de forme hémisphérique ont un diamètre de 50 cm. Elle doit en fournir 48 à la ville pour couvrir six pâtés de maisons.

a) Combien lui faudra-t-il de terreau, en litres, pour remplir toutes les jardinières?

b) Ara peut acheter un sac de terreau de 60 litres à 13,50 $ ou une verge cube pour 41,50 $. Quelle option est la plus économique? (Une verge cube égale 27 pieds cubes et un pied cube équivaut à 28,23 litres.) Explique ta réponse.

7. Seth travaille pour une entreprise qui vend des tentes et des auvents. On lui a demandé un proposition de prix pour un auvent de commerce, comme sur l'image ci-dessous. Quelle devrait-être l'aire de tissu à prévoir dans son estimation?

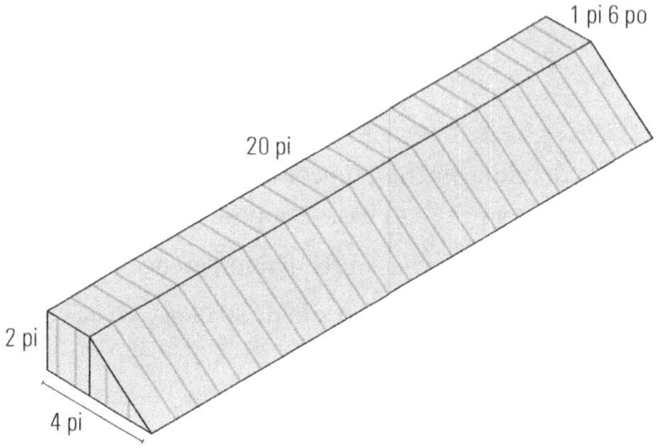

8. Calcule l'aire totale d'une tente en forme de dôme hémisphérique ayant 7 pieds de diamètre.

9. a) Quel volume de béton faut-il, en verges cubes, pour construire des escaliers comme ceux de l'image ci-dessous? Présume que les escaliers sont tous de mêmes dimensions.

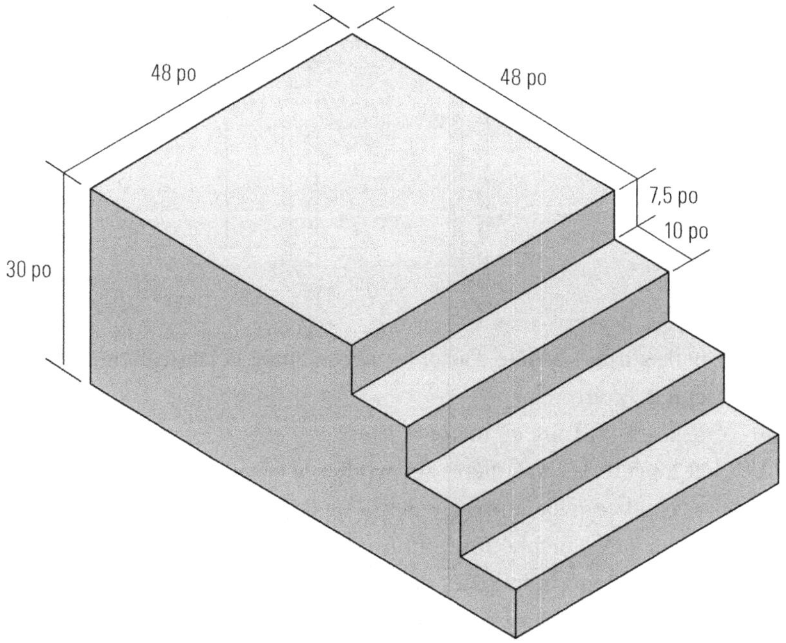

b) S'il fallait peindre les escaliers, quelle aire totale faudrait-il alors recouvrir?

10. La Grande pyramide de Gizeh, en Égypte, s'élève à 138,75 m. Chaque côté de la base mesure 230,56 m.

    a) Sans tenir compte du volume des galeries, quel volume de pierre a servi à édifier la pyramide?

    b) Le calcaire a une masse d'environ 2,56 tonnes métriques par mètre cube (1 tonne métrique égale 1 000 kg). Estime la masse de la pyramide en tonnes.

Trois grandes pyramides forment ce qu'on appelle les pyramides de Gizeh. Le Sphinx se trouve d'ailleurs à proximité.

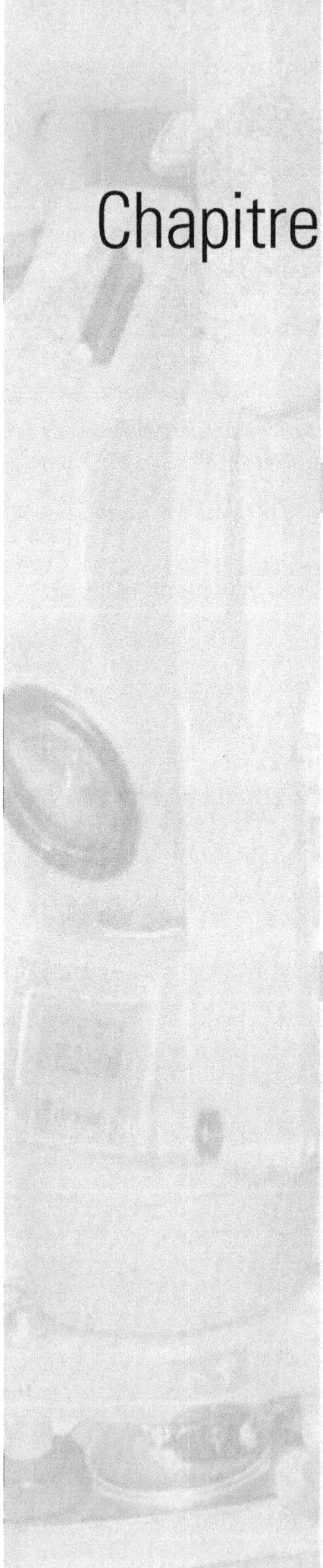

Chapitre 4

Trigonométrie dans les triangles rectangles

OBJECTIFS

La trigonométrie – les mathématiques des triangles rectangles – est un outil mathématique pratique qui sert déjà depuis plusieurs millénaires. Aujourd'hui, arpenteurs, charpentiers, constructeurs de routes et ouvriers métallurgistes, pour ne nommer que ceux-là, sont autant de gens de métiers qui se servent de la trigonométrie au quotidien.

Dans ce chapitre, tu apprendras à faire ce qui suit :

- calculer des distances et des angles à l'aide de la trigonométrie;
- résoudre des problèmes complexes en les décomposant en deux ou en trois triangles rectangles;
- résoudre des problèmes en trois dimensions à l'aide des triangles rectangles.

TERMES IMPORTANTS

- problème comportant deux triangles
- problème comportant trois triangles

COMMENCER L'ORGANISATION

APERÇU DU PROJET

S'il y a un parc dans le quartier, tu peux pratiquer des sports extérieurs, rencontrer tes amis ou te trouver un endroit tranquille où relaxer. En tant qu'habitant de ton quartier, tu peux contribuer à créer un lieu du genre en concevant le plan d'un parc qui pourra plaire à tous, peu importe l'âge et les goûts. Ce parc sera aménagé sur un terrain dont la forme est représentée sur le plan ci-dessous. Tu devras entre autres y aménager un théâtre en plein air en forme de demi-lune, dont tu devras créer une maquette à l'échelle.

On trouve au parc du Wascana Centre, à Regina, en Saskatchewan, de nombreux attraits, dont un kiosque à musique, une galerie d'art, des jardins et des sculptures.

POUR COMMENCER

Pense à un nouveau parc facile d'accès pour les habitants de ton quartier. Inscris trois éléments que tu désires y aménager pour lesquels les gens voudront venir. En plus de ces éléments, prévois :

- un endroit prévu pour un marché fermier ou des vendeurs d'artisanat;
- un théâtre en plein air en forme de demi-lune et des sièges;
- un stationnement;
- des salles de bain;
- des sentiers accessibles en fauteuil roulant et en scouteur pour personnes à mobilité réduite.

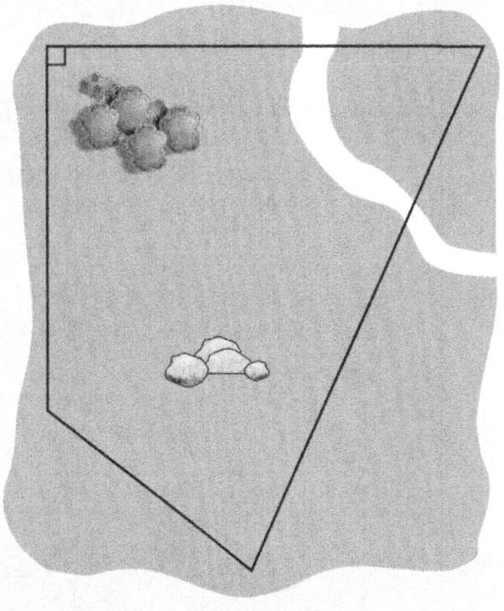

Tu peux aussi adapter ce projet pour qu'il convienne à un secteur rural en concevant une promenade extérieure à vocation éducative. Au lieu d'un théâtre capable d'accueillir une foule importante, conçois une scène couverte, plus petite, et une série de bancs-gradins en forme de demi-lune. L'endroit prévu pour les vendeurs peut loger des affiches éducatives illustrées au sujet de la faune, de la flore, des formations géographiques et de l'histoire de l'endroit. Dans l'endroit prévu pour le marché fermier, tu peux installer des équipements de jeux pour les jeunes ou des appareils d'exercice.

Après avoir réfléchi aux éléments que tu veux aménager dans ton parc, prépare un plan préliminaire de ton travail.

LISTE DE CONTRÔLE POUR LA PRÉSENTATION FINALE

Une fois terminé, ton projet devra comprendre ce qui suit :

- un plan à l'échelle de ton parc. Sur le plan, tu devras indiquer les éléments et sentiers du parc. Sur les sentiers, indique aussi les angles et les pentes;
- une maquette à l'échelle de ton théâtre en plein air et des sièges;
- une esquisse de ton théâtre ou de ta scène, sur laquelle tu indiqueras l'angle de dépression ou d'élévation et la distance entre le centre de la scène et un siège situé à l'arrière, un au centre et un à l'avant.

4.1 Calcul des angles, des longueurs et des distances

LES MATHÉMATIQUES *AU TRAVAIL*

George Hill est arpenteur sur l'île de Vancouver. Il a fait ses études à l'école secondaire George Mason Dawson à Masset, sur Haida Gwaii (îles de la Reine-Charlotte), et a déménagé à Port Hardy, sur l'île de Vancouver, à 20 ans. Il est membre de la Première nation Haïda.

Les arpenteurs comme George Hill utilisent des appareils de mesure comme des compas, des théodolites et des niveaux lorsqu'ils travaillent.

George et son équipe utilisent un appareil nommé **théodolite** avec lequel ils peuvent mesurer l'angle par rapport à un objet au loin, ce qui les aide à déterminer l'inclinaison d'une route. Le théodolite est muni d'un télescope par lequel l'ouvrier fixe une mire maintenue au loin par un collègue, de même que de deux roulettes de mesure qui agissent comme des rapporteurs munis d'une nivelle et qui permettent de déterminer les angles horizontal et vertical. Ainsi, les arpenteurs peuvent faire des levés détaillés de l'inclinaison ou de la distance entre l'emplacement de nouvelles routes avant que les constructeurs commencent le travail.

Le propriétaire d'un terrain a fait venir George et son équipe pour qu'ils trouvent l'emplacement des bornes de sa propriété. Ils trouvent la borne 1 dans le coin sud de la propriété. Directement au nord de la borne 1, ils trouvent la borne 2, et déterminent que la borne 3 se trouve à 40 m de la borne 1 à un relèvement de 68°. Les trois bornes forment un triangle rectangle comme sur le dessin ci-dessous. Quelle distance y a-t-il entre les bornes 2 et 1? Quelle distance y a-t-il entre les bornes 3 et 2?

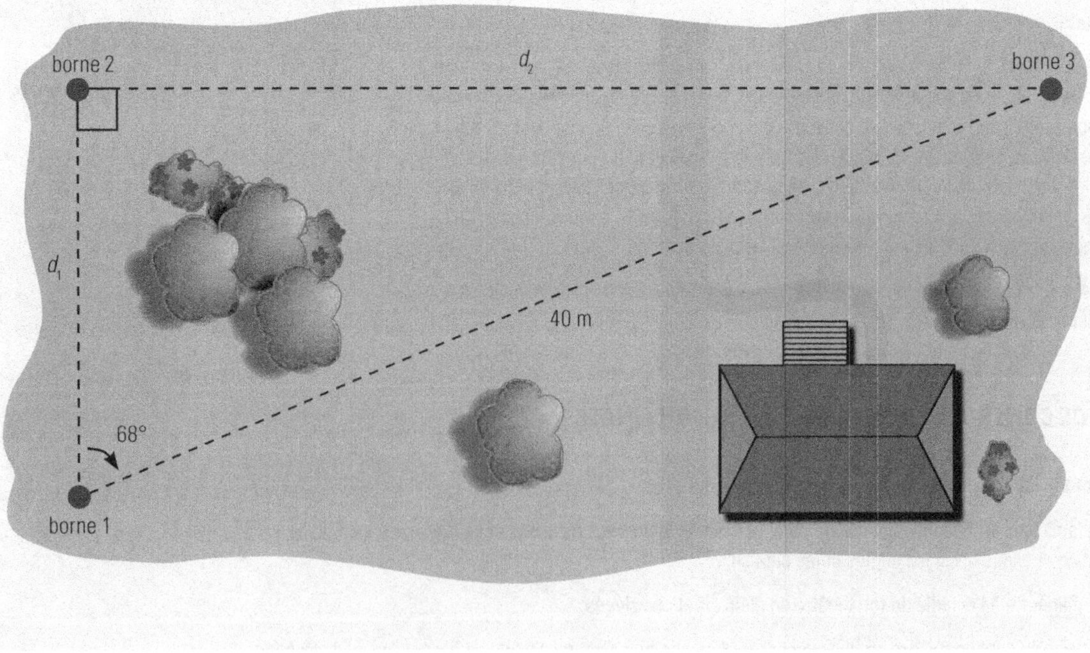

Arpenteur pour Maltais Geomatics Inc., Raymond Hill participe à des travaux d'arpentage effectués pour les Premières nations Champagne et Aishihik, et doit percer une borne courte près de Haines Junction, au Yukon. C'est son entreprise qui a construit le cairn pour marquer, par un moyen facile à repérer, la frontière entre les terres des Premières nations et celles de la Couronne.

EXPLORE LES MATHÉMATIQUES

Les arpenteurs travaillent au quotidien avec des longueurs et des relèvements, qu'ils convertissent en coordonnées géographiques à l'aide de la trigonométrie. L'arpentage est l'un des nombreux métiers dans lesquels on fait appel à la trigonométrie pour déterminer des distances et des dimensions qui peuvent être difficiles à mesurer. Le soudage, l'usinage et la fabrication de verres d'optique sont d'autres exemples de métiers où l'on détermine des distances et des angles de cette façon.

Trace un triangle rectangle dans ton cahier de notes. Indique l'angle droit. Quelles données concernant un triangle rectangle te faut-il, au minimum, pour pouvoir résoudre ce triangle? Essaie différentes combinaisons de longueurs et d'angles, et sers-toi des relations du **sinus**, **du cosinus** et de la **tangente**. Utilise les termes « côté opposé », « côté adjacent » et « hypoténuse » dans ton analyse.

Maintenant, dessine un triangle non rectangle. Comment pourrais-tu le diviser en deux triangles rectangles? Essaie de voir en quoi tu pourrais te servir de cette stratégie pour trouver la mesure d'un angle ou une longueur.

théodolite : instrument d'arpentage servant à mesurer des angles horizontaux et verticaux

sinus : rapport entre la longueur du côté opposé à un angle donné et la longueur de l'hypoténuse (abréviation : sin) dans un triangle rectangle

cosinus : rapport entre la longueur du côté adjacent à un angle donné et la longueur de l'hypoténuse (abréviation : cos) dans un triangle rectangle

tangente : rapport de la longueur des côtés adjacent et opposé à un angle donné (abréviation : tan) dans un triangle rectangle

Tu trouveras peut-être plus facile de résoudre un problème comportant un volet trigonométrique si tu illustres la situation.

Exemple 1

Ethan, qui doit mettre en tas des matériaux d'aménagement paysager, comme du gravier, dans sa cour d'entretien, s'achète un convoyeur portable. Ce convoyeur peut être être positionné à un angle d'au plus 15° par rapport au sol, et l'axe de sa bande mesure 12 m.

a) Dessine le convoyeur. Indique sur ton dessin les données que tu connais.

b) Quelle est la hauteur maximale du tas formé par ce convoyeur?

c) Le tas de gravier est en forme de cône et forme un angle de 37° par rapport au sol. Quel volume de matériaux Ethan pourra-t-il entreposer dans ce tas?

SOLUTION

a)

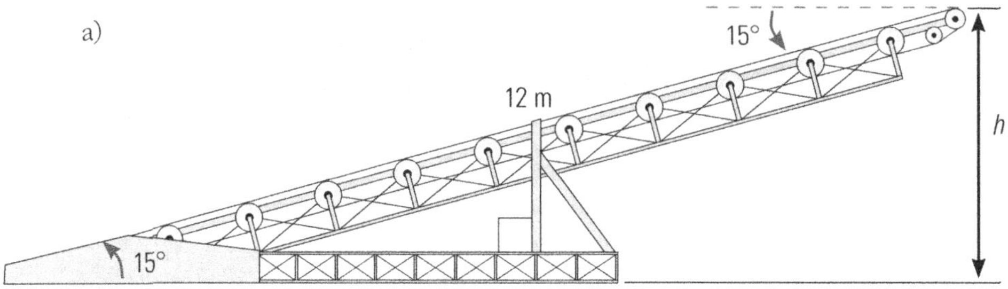

b) La hauteur inconnue, h, est le côté opposé à l'angle connu. La longueur du convoyeur forme l'hypoténuse d'un triangle. Le rapport trigonométrique qui constitue le rapport du côté opposé sur l'hypoténuse est le rapport du sinus.

$$\sin\theta = \frac{\text{opp}}{\text{hyp}}$$

$$\sin 15° = \frac{h}{12}$$

$$12 \times \sin 15° = \frac{h}{12} \times 12$$

$$12 \times \sin 15° = h$$

$$3{,}106 \approx h$$

La hauteur maximale du tas de matériaux est de 3,106 m.

c) Dans ce problème, tu utiliseras les mesures d'un triangle rectangle (formé par le sol, le convoyeur et la ligne qui les relie) pour résoudre les mesures d'un second triangle rectangle (formé par le sol, la pente du cône et la ligne qui les relie). Il s'agit d'un problème comportant deux triangles.

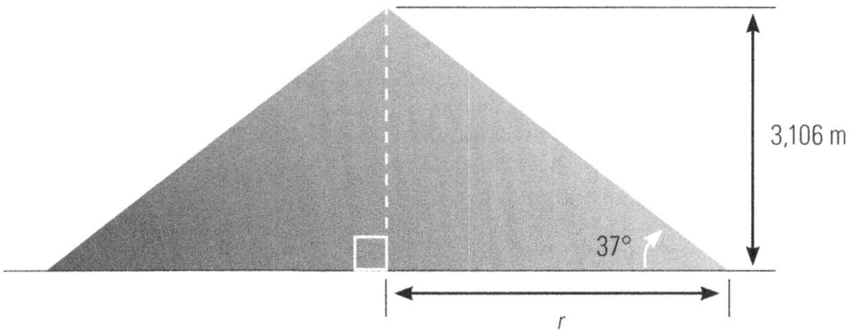

Dans la partie b), tu as trouvé la mesure de h, le segment de droite qui relie le sol et le haut du convoyeur, qui est de 3,106 m.

Il te faut trouver le rayon, r, du tas. Tu sais que l'angle formé entre le sol et la pente du cône est de 37°. Tu peux donc déterminer le rayon du tas à l'aide du rapport de la tangente.

$$\tan \theta = \frac{\text{opp}}{\text{adj}}$$

$$\tan 37° = \frac{3{,}106}{r}$$

$$r \tan 37° = 3{,}106$$

$$r = \frac{3{,}106}{\tan 37°}$$

$$r \approx 4{,}122$$

Le rayon du tas est de 4,122 m.

Il ne te reste plus qu'à insérer le rayon et la hauteur dans la formule qui permet de calculer le volume d'un cône.

$$V = \frac{1}{3} \times (\text{aire de la base}) \times \text{hauteur}$$

$$V = \frac{1}{3} \times \pi r^2 \times h$$

$$V = \frac{1}{3} \times \pi(4{,}122)^2 \times 3{,}106$$

$$V \approx 55{,}264$$

Le tas contient un volume de 55,264 m^3 de matériaux.

Une fois extraits, l'ardoise, le minerai ou le calcaire sont mis en tas avant d'être vendus et expédiés à l'acheteur.

Notez que θ (thêta) est la lettre grecque qu'on utilise souvent pour représenter un angle. Elle peut être remplacée par n'importe quelle autre lettre de l'alphabet. Ex ; A, B ...

ACTIVITÉ 4.1

TRIGONOMÉTRIE ANCIENNE : RAPPORTS DU SINUS

corde : segment qui joint deux points de la circonférence d'un cercle

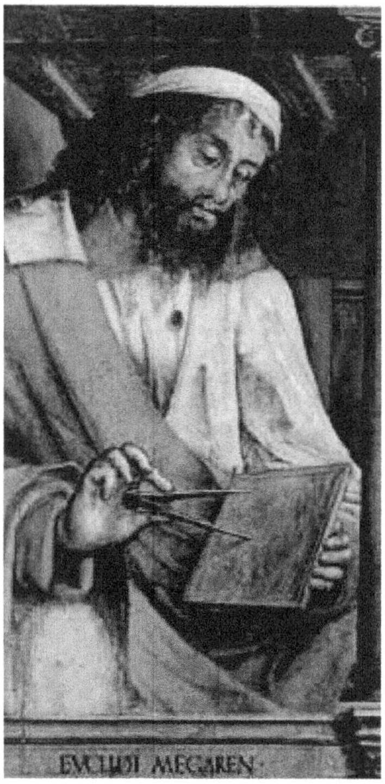

Euclide est un mathématicien grec qui a vécu vers 300 av. J.-C. Nombreux sont ceux qui disent que ses travaux ont été à la base de la géométrie moderne.

Lorsqu'ils étudiaient la trigonométrie, les premiers mathématiciens se servaient de triangles tracés à l'intérieur d'un cercle. Ils remarquèrent que le rapport entre la longueur d'une demi-**corde** ($\overline{AB}$ et $\overline{CD}$, sur l'illustration) et la mesure de l'angle était toujours le même.

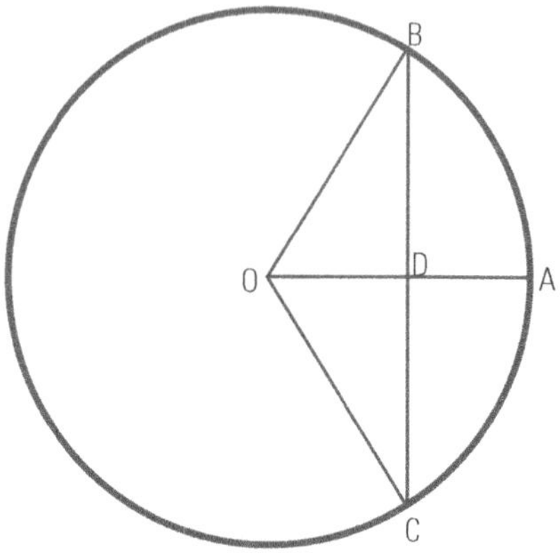

1. Trace un cercle au centre O, comme celui de l'illustration à droite.
2. Trace deux rayons du cercle, $\overline{OB}$ et $\overline{OC}$, pour former un angle.
3. Relie l'extrémité des deux rayons pour former une corde, $\overline{BC}$, dans le cercle.
4. Trace la bissectrice, $\overline{OA}$, de l'angle. Indique D à l'intersection de $\overline{OA}$ et de $\overline{BC}$, tu formeras ainsi deux triangles rectangles, ΔODB et ΔODC, égaux.
5. Mesure la longueur de la demi-corde $\overline{DB}$ et la longueur du rayon $\overline{OA}$. Inscris les rapports dans un tableau comme celui présenté ci-dessous.

RAPPORT ENTRE LA DEMI-CORDE ET L'ANGLE

Mesure de l'angle	*Longueur de DB*	*Longueur de OA*	*Rapport* $\frac{DB}{OA}$

EXEMPLE

6. Mesure ∠BOD à l'aide d'un rapporteur et inscris la mesure dans ton tableau.
7. Trace un nouvel angle de la grandeur de ton choix. Utilise la même lettre pour chacun des points, mais ajoute un chiffre en indice, ce qui te donnera OB_1, OB_2, etc. Refais les mêmes étapes pour quatre ou cinq angles.
8. À l'aide de la fonction réciproque de ta calculatrice, calcule la mesure de chaque angle.
9. Compare tes réponses avec la valeur de ∠BOA que tu as mesurée. Que constates-tu?

DISCUSSION DES IDÉES

RÉSOLUTION DE PROBLÈMES À L'AIDE DE TRIANGLES RECTANGLES

Comme tu l'as vu à l'exemple 1, la trigonométrie te permet de résoudre des longueurs ou des angles d'une série de triangles en utilisant la solution à un triangle pour trouver les données qu'il te manque pour résoudre le triangle suivant.

Avec cette stratégie, tu pourrais trouver les côtés et les angles manquants d'un triangle qui ne comporte pas d'angles droits; il te suffit de le décomposer en triangles rectangles. Avec un camarade, résous un problème pour explorer cette méthode.

Eugene construit une ferme triangulaire asymétrique comme sur l'illustration. Il s'apprête à couper la base, mais doit savoir à quelle longueur.

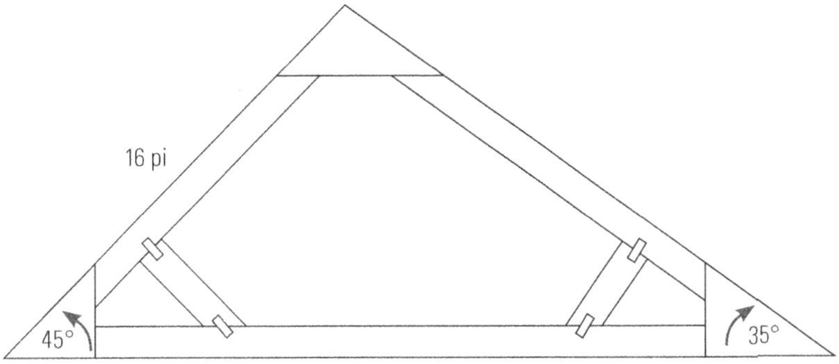

Les fermes triangulaires permettent de stabiliser des plateformes, des ponts et des toitures.

1. Eugene peut-il calculer le troisième angle? Quel est-il?
2. La ferme constitue-t-elle un triangle rectangle?
3. Examine la ferme. Peux-tu proposer une façon de la diviser en deux triangles rectangles qui te permettrait de résoudre le triangle? Trace ces rectangles.
4. Disposes-tu d'assez de données pour résoudre le triangle de droite?
5. Disposes-tu d'assez de données pour résoudre le triangle de gauche?
6. Trouve la hauteur et la longueur de la base du triangle de gauche.
7. Après avoir calculé la hauteur, quelle autre méthode, outre le rapport du cosinus, aurais-tu pu utiliser pour calculer la longueur de la base du triangle de gauche?
8. Maintenant, réexamine le triangle de droite. Disposes-tu d'assez de données pour le résoudre?
9. Calcule la longueur de la base et la longueur de l'hypotenuse du triangle de droite.
10. À l'aide du théorème de Pythagore, vérifie si tu as trouvé la bonne longueur d'hypoténuse.
11. Quelle est la longueur de la base de la ferme?
12. Pour résoudre un triangle rectangle, il te faut deux données : une longueur et un angle, ou encore, deux longueurs. Avec quelles données, au nombre de trois, peux-tu résoudre un triangle qui ne contient pas d'angle droit?

Exemple 2

100 Mile House, en Colombie-Britannique, est un endroit reconnu pour ses lacs de pêche à la truite et ses pistes de ski de fond.

Un propriétaire de ranch qui habite près de 100 Mile House, en Colombie-Britannique, possède un terrain, illustré sur le plan ci-dessous. Il prévoit ériger sur l'ensemble du périmètre une nouvelle clôture comptant trois rangées de barbelé. Quelle quantité de barbelé lui faudra-t-il pour construire sa clôture?

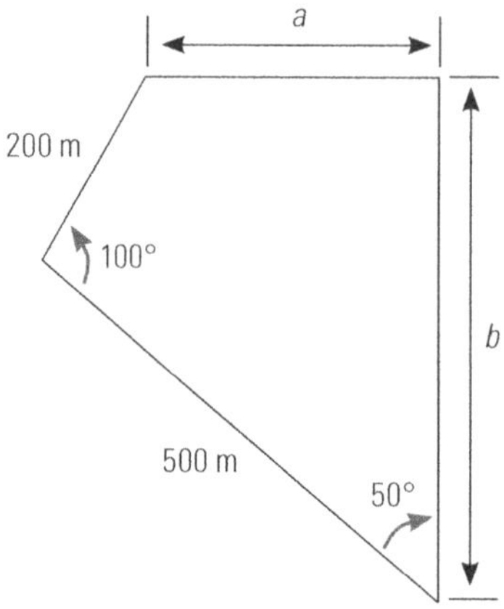

SOLUTION

Tu peux diviser son terrain en deux triangles rectangles, comme sur l'illustration ci-dessous.

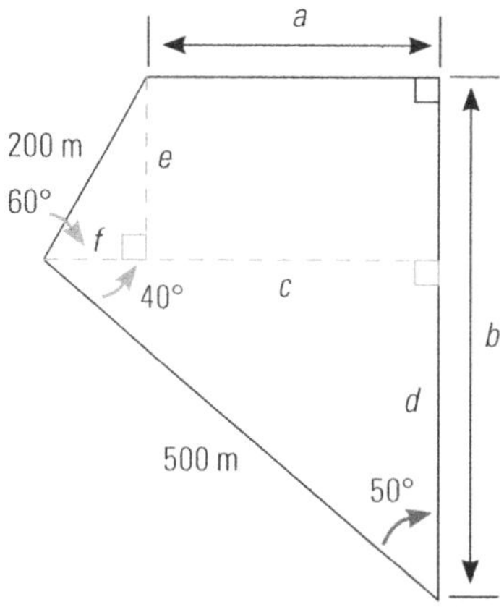

Pour trouver les dimensions manquantes a et b, résous d'abord les deux triangles rectangles.

$$\sin \theta = \frac{\text{opp}}{\text{hyp}}$$

$$\sin 50° = \frac{c}{500}$$

$$c = 500 \times \sin 50°$$

$$c \approx 383{,}0 \text{ m}$$

$$\cos\theta = \frac{\text{adj}}{\text{hyp}}$$

$$\cos 50° = \frac{d}{500}$$

$$d = 500 \times \cos 50°$$

$$d \approx 321{,}4 \text{ m}$$

$$\sin 60° = \frac{e}{200}$$

$$e = 200 \times \sin 60°$$

$$e \approx 173{,}2 \text{ m}$$

$$\cos 60° = \frac{f}{200}$$

$$f = 200 \times \cos 60°$$

$$f = 100{,}0 \text{ m}$$

$$a = c - f$$

$$a = 383{,}0 - 100{,}0$$

$$a = 283{,}0 \text{ m}$$

$$b = d + e$$

$$b = 321{,}4 + 173{,}2$$

$$b = 494{,}6 \text{ m}$$

Le périmètre total, p, correspond à la somme des côtés.

$$p = 500{,}0 + 200{,}0 + a + b$$

$$p = 500{,}0 + 200{,}0 + 283{,}0 + 494{,}6$$

$$p = 1\ 477{,}6$$

Le périmètre du terrain est de 1 477,6 m. Or, puisque la clôture sera constituée de trois rangées de barbelé, la longueur de barbelé nécessaire sera de trois fois le périmètre.

Longueur de barbelé = 3 × 1 477,6

Longueur de barbelé = 4 432,8

Il faudra donc 4 432,8 m, soit presque 4,5 km de barbelé.

Une clôture de barbelés constitue un enclos efficace pour du bétail. On peut en fabriquer une à faible coût à l'aide de poteaux, de barbelé et d'agrafes pour fixer le barbelé.

Exemple 3

Li Ping fabrique un cerf-volant comme celui ci-dessous, pour aller au festival.

a) Quelle sera la longueur des deux baguettes qui formeront le cadre?

b) Calcule la longueur de ficelle qu'il faudra pour former le périmètre extérieur du cerf-volant.

c) Quelle aire de tissu faudra-t-il, dans chacune des quatre couleurs?

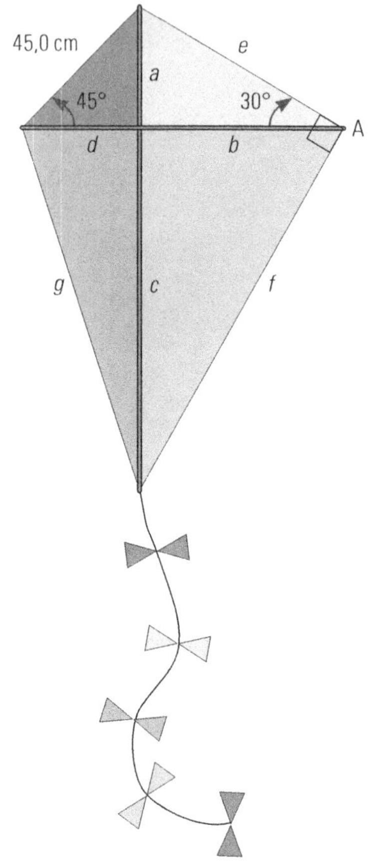

SOLUTION

Pour trouver les longueurs et les aires, Li Ping doit résoudre les quatre triangles. Il connaît deux données à propos du triangle rose, c'est donc celui-là qu'il devrait résoudre en premier.

$$\sin \theta = \frac{\text{opp}}{\text{hyp}}$$

$$\sin 45° = \frac{a}{45{,}0}$$

$$a = 45{,}0 \times \sin 45°$$

$$a \approx 31{,}8 \text{ cm}$$

$$\cos \theta = \frac{\text{adj}}{\text{hyp}}$$

$$\cos 45° = \frac{d}{45{,}0}$$

$$d = 45{,}0 \times \cos 45°$$

$$d \approx 31{,}8 \text{ cm}$$

Maintenant, il connaît aussi deux données à propos du triangle jaune. Ce sera le prochain à résoudre.

$$\sin \theta = \frac{\text{opp}}{\text{hyp}}$$

$$\sin 30° = \frac{a}{e}$$

$$e = \frac{a}{\sin 30°}$$

$$c \approx 95{,}4 \text{ cm}$$

$$g \approx 100{,}6 \text{ cm}$$

$$\tan \theta = \frac{\text{opp}}{\text{adj}}$$

$$\tan 30° = \frac{a}{b}$$

$$b = \frac{a}{\tan 30°}$$

$$b = \frac{31{,}8}{\tan 30°}$$

$$b \approx 55{,}1 \text{ cm}$$

Pour résoudre le triangle bleu, Li Ping doit calculer un des angles intérieurs. Il peut le faire, car il sait que l'angle intérieur A du triangle bleu plus 30° donnent 90°. L'angle intérieur A du triangle bleu est de 60°.

$$\cos \theta = \frac{\text{adj}}{\text{hyp}}$$

$$\cos 60° = \frac{b}{f}$$

$$f = \frac{b}{\cos 60°}$$

$$f = \frac{55{,}1}{\cos 60°}$$

$$f = 110{,}2$$

$$\tan \theta = \frac{\text{opp}}{\text{adj}}$$

$$\tan 60° = \frac{c}{b}$$

$$c = b \times \tan 60°$$

$$c = 55{,}1 \times \tan 60°$$

$$c \approx 95{,}4$$

Le Windscape Kite Festival, de Swift Current, en Saskatchewan, est un festival du cerf-volant bien connu au Canada.

Pour résoudre le triangle vert, Li Ping peut appliquer le théorème de Pythagore. C'est grâce aux calculs qu'il a faits pour les deux triangles d'avant, le rouge et le bleu, que Li Ping est capable de trouver les dimensions du troisième triangle (le vert). Un problème qui nécessite de résoudre deux premiers triangles pour obtenir les données nécessaires à la résolution d'un troisième triangle est un problème comportant trois triangles.

$$c^2 + d^2 = g^2$$

$$g^2 = 95{,}4^2 + 31{,}8^2$$

$$g^2 = 10\ 112{,}4$$

$$g \approx 100{,}6$$

On peut fabriquer l'armature d'un cerf-volant en canne ou en bois franc, et on la recouvre d'une voilure de nylon ou de papier mince.

a) Trouve la longueur de la baguette verticale.

longueur de la baguette verticale = $a + c$

longueur de la baguette verticale = 31,8 + 95,4

longueur de la baguette verticale = 127,2 cm

Trouve la longueur de la baguette horizontale.

longueur de la baguette horizontale = $d + b$

longueur de la baguette horizontale = 31,8 + 55,1

longueur de la baguette horizontale = 86,9 cm

b) Trouve le périmètre du cerf-volant.

périmètre = $45{,}0 + e + f + g$

périmètre = 45,0 + 63,6 + 110,2 + 100,6

périmètre = 319,4 cm

c) Trouve l'aire de chaque couleur.

aire du triangle rose = $\frac{1}{2} \times d \times a$

aire du triangle rose = $\frac{1}{2} \times 31{,}8 \times 31{,}8$

aire du triangle rose ≈ 505,6 cm^2

aire du triangle jaune = $\frac{1}{2} \times a \times b$

aire du triangle jaune = $\frac{1}{2} \times 31{,}8 \times 55{,}1$

aire du triangle jaune ≈ 876,1 cm^2

aire du triangle bleu = $\frac{1}{2} \times b \times c$

aire du triangle bleu = $\frac{1}{2} \times 55{,}1 \times 95{,}4$

aire du triangle bleu ≈ 2 628,3 cm^2

aire du triangle vert = $\frac{1}{2} \times c \times d$

aire du triangle vert = $\frac{1}{2} \times 95{,}4 \times 31{,}8$

aire du triangle vert ≈ 1516,9 cm^2

ACTIVITÉ 4.2

RÉALISATION D'UN EXERCICE D'ARPENTAGE

Travaillez en petits groupes pour réaliser cette activité. Chaque groupe doit choisir une surface de forme irrégulière dans la cour d'école. Vous utiliserez un ruban à mesurer et un compas pour effectuer les exercices suivants.

1. Dessinez un plan de la surface que vous avez arpentée.
2. Calculez le périmètre de cette surface.
3. Calculez l'aire de la surface que vous avez arpentée.

On peut utiliser des fanions pour marquer les limites d'une propriété.

Calcul mental et estimation

Sans calculatrice, détermine la valeur de la tangente de 45°, dans un triangle 45° -45° -90°; les deux côtés adjacents à 90° sont égaux.

CONSTRUIS TES HABILETÉS

1. Miranda installe un tuyau qui a un coude. La première partie du tuyau mesure 6,2 m et forme un angle de 18° vers le bas par rapport à l'horizontale. La seconde partie du tuyau mesure 3,4 m et forme un angle de 42° vers le bas par rapport à l'horizontale. À quelle hauteur sous l'horizontale l'extrémité du tuyau se trouve-t-elle?

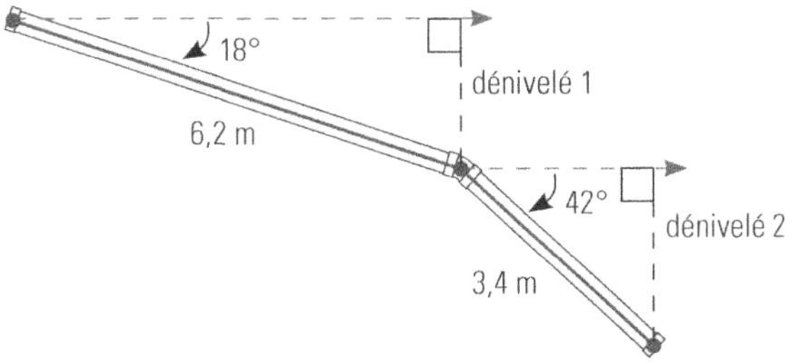

2. Jack travaille pour une agence de sécurité qui doit installer un système de sécurité à faisceau laser dans un musée. Du haut de la salle égyptienne, il prend une photo du faisceau laser qui se reflète sur un miroir spécial pour s'assurer que la réflexion ne déforme pas le faisceau. Si c'était le cas, le système ne fonctionnerait pas correctement. Il prend les mesures suivantes. Trouve les angles A et B. La réflexion est-elle parfaite ou déformée?

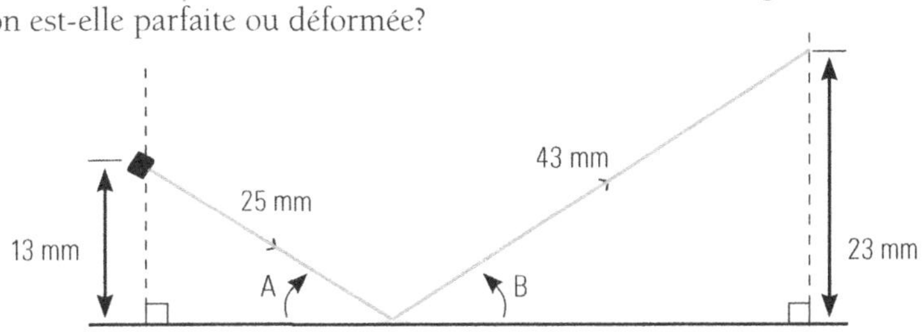

Le gardien de sécurité doit notamment surveiller et patrouiller les lieux de travail, répondre aux alarmes et signaler tout dégât matériel.

3. Une organisatrice de fêtes un peu tatillonne insiste pour que l'on accroche des rubans rose, bleu et jaune à un arbre et qu'on les plante dans le sol exactement comme sur son plan. Si l'on fixe chaque ruban à l'arbre à une hauteur de 4,8 m, calcule la distance entre l'arbre et chacun des pieux qui retiennent les rubans.

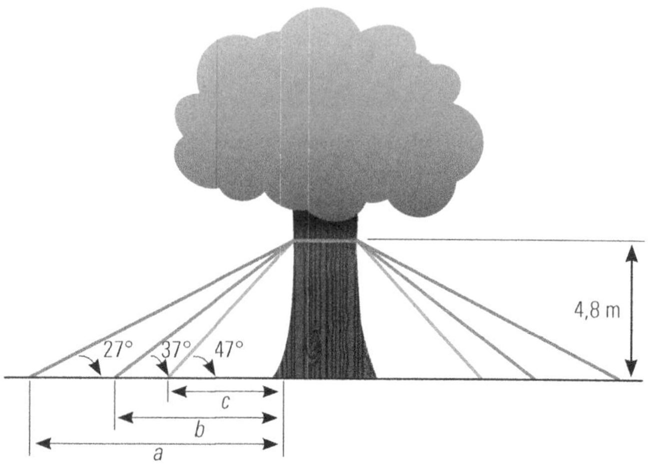

4. Une piste de ski présente une angle de 67° par rapport à l'horizontale, pour une descente de 440 m. Ensuite, la descente devient moins abrupte, présentant un angle moyen de 35° par rapport à l'horizontale, pour une longueur de 300 m. Si l'altitude est de 1 400 m au-dessus du niveau de la mer au bas de la pente, quelle est l'altitude au sommet?

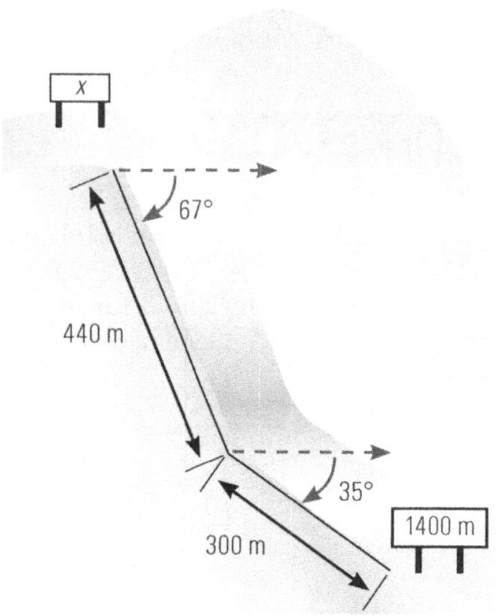

Lorsqu'il aura neigé, cette pente de ski servira à des skieurs et à des athlètes de compétition.

5. Calcule la mesure de tous les angles et la longueur de tous les segments de droite dans l'illustration suivante d'une tente-présentoir.

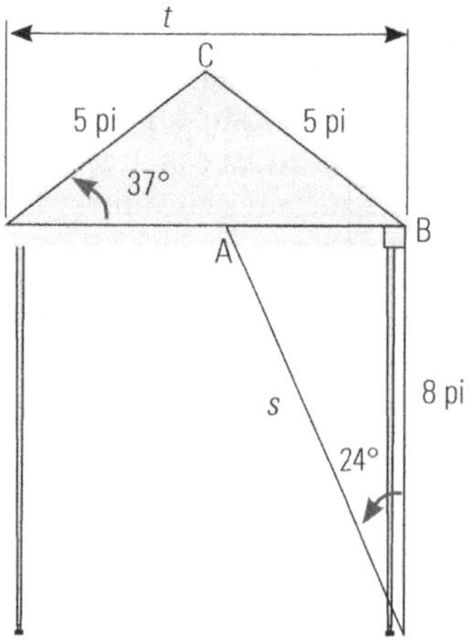

6. Un circuit de montagnes russes dans un parc d'attractions a une montée d'un angle de 40°, sa longueur mesure 50 m, puis une descente jusqu'au niveau du sol sur une distance horizontale de 30 m. Quel est l'angle de descente (X)?

Les rails de montagnes russes sont parfois faits de tubes en acier.

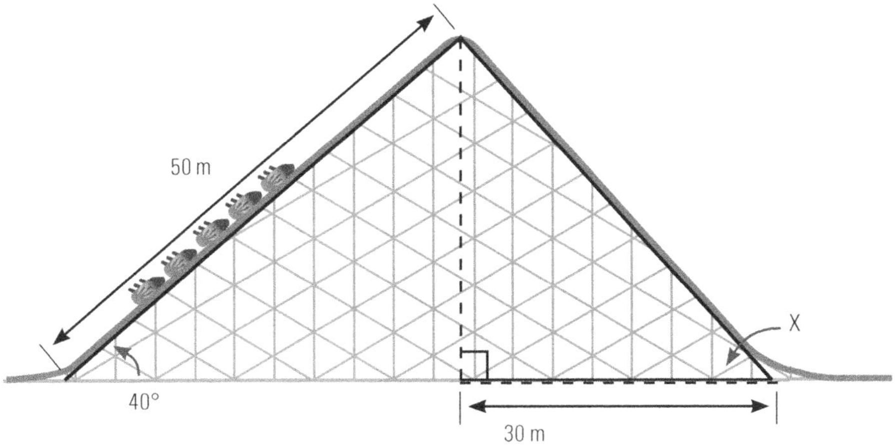

7. Vasee fabrique une goulotte en fonte finée qui dirigera du minerai broyé d'un convoyeur vers un autre qui se trouve en-dessous. Le dessin ci-dessous représente cette goulotte vue de côté.

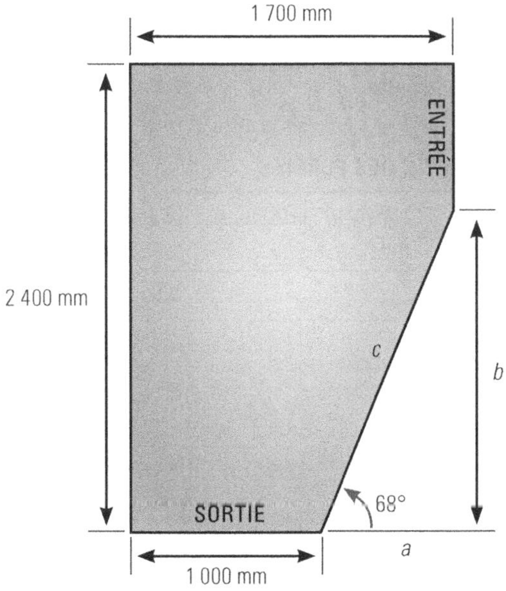

a) Quelle est l'aire totale de l'un des panneaux latéraux en mètres carrés?

b) Si la goulotte mesure 1 200 mm de large, quelle est l'aire du panneau qui constituera la face inclinée, en mètres carrés?

8. Pablo coupe des bouts de madrier de 2 po sur 4 po qui serviront à fabriquer une ferme de toit. L'angle du toit est de 30°.

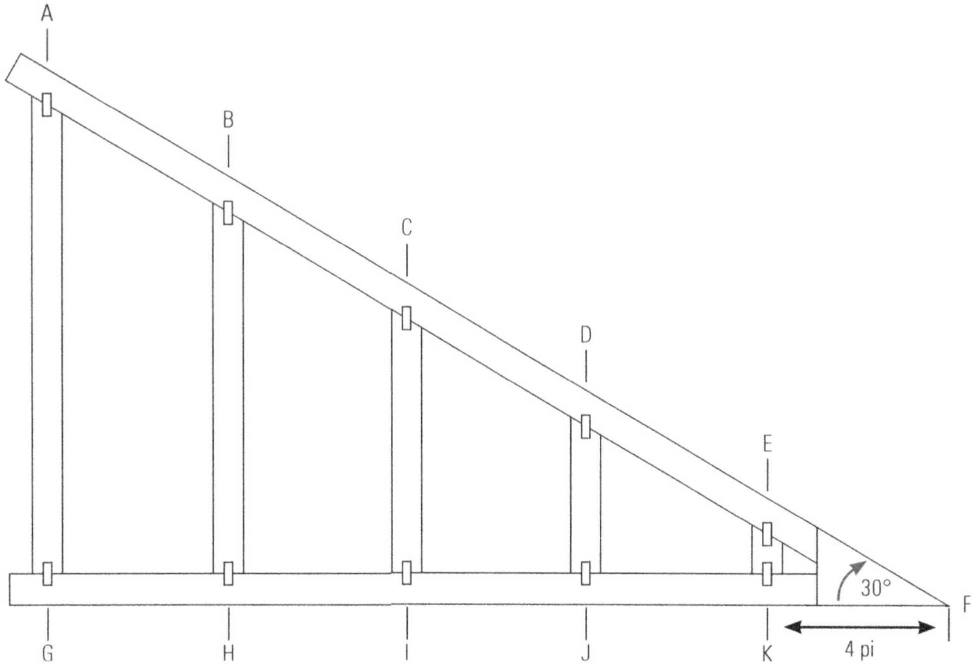

Un relèvement vrai : angle mesuré dans le sens horaire entre le nord vrai et une direction ou un cap souhaité, exprimé en degré. (On l'appelle aussi azimut).

a) En supposant que la distance entre chaque support vertical est de 4 pi, à quelle longueur approximative doit-il les couper? Remplis une feuille de calcul comme celle-ci.

DIMENSIONS DES FERMES

Segment	*Longueur horizontale (pi)*	*Segment*	*Longueur verticale (pi)*
$\overline{FK}$		$\overline{KE}$	
$\overline{FJ}$		$\overline{JD}$	
$\overline{FI}$		$\overline{IC}$	
$\overline{FH}$		$\overline{HB}$	
$\overline{FG}$		$\overline{GA}$	

EXEMPLE

b) Quelle doit être la longueur de la section oblique $\overline{AF}$?

9. Pour faciliter la navigation dans les méandres des voies navigables comme les fleuves, on place souvent des aides à la navigation sur le rivage. C'est le soir et Davis pilote un remorqueur. En remontant une section du fleuve, il doit maintenir les deux balises A1 et A2 dans sa portée optique pour rester à l'écart des deux rives.

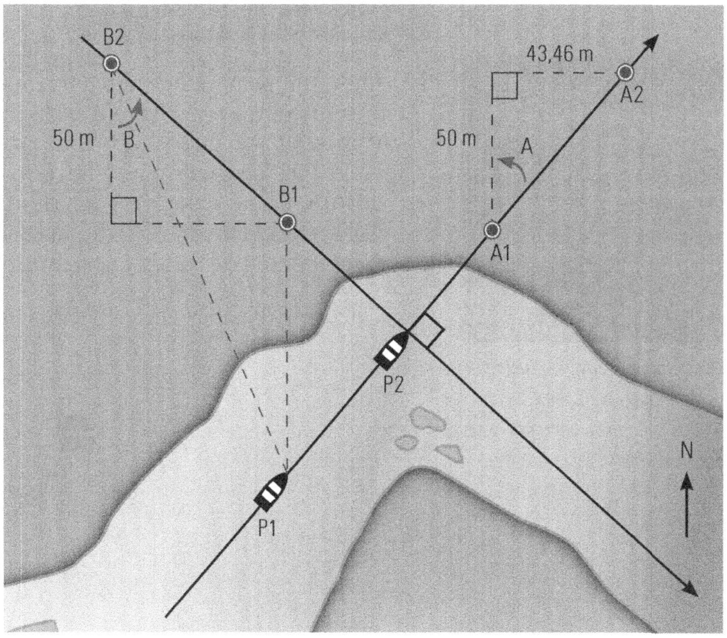

   a) Le technicien de la Garde côtière a installé les balises de façon que la A2 se trouve à 50 m au nord et à 43,46 m à l'est de la A1. Sur quel relèvement Davis met-il le cap dans première section du fleuve?

   b) Lorsqu'il se trouve à P1, Davis voit les balises B1 et B2 sur deux portées optiques différentes. En atteignant P2, il peut voir les balises B1 et B2 dans la même portée optique, et doit alors changer de cap pour suivre une relèvement de façon à maintenir B1 et B2 dans la même portée optique. Le nouveau relèvement est de 130°. Si B2 est à 50 m au nord de B1, à quelle distance à l'ouest de B1 peut-on dire que B2 se trouve?

Dans les langues slaves déné, on appelle le fleuve Mackenzie Deh Cho, ce qui veut dire « grand fleuve ». Cette route de navigation, ouverte de la fin mai au début octobre, dessert une bonne partie de l'Arctique de l'Ouest à partir de Hay River, sur la rive sud du Grand lac des Esclaves.

10. Luke est dessinateur, et dessine actuellement le tracé d'une nouvelle route. Celle-ci se dirige vers l'est, effectue un virage de 50° et poursuit dans cette direction, comme sur le dessin suivant. Le rayon du virage est de 120 m, comme sur le dessin, et commence au point A. À quelle distance à l'est et au sud le point B se trouve-t-il?

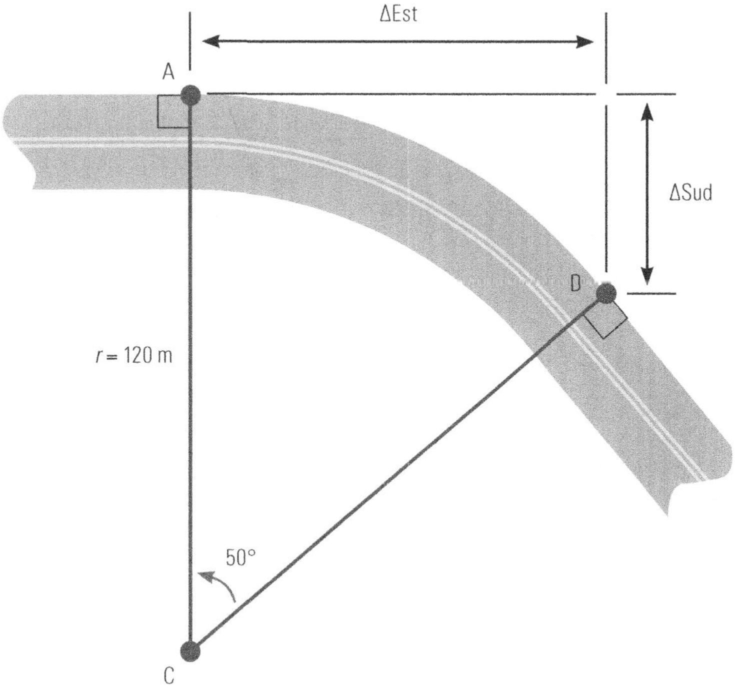

Un bon tracé de route permet de réduire le nombre d'accidents.

Approfondis ta réflexion

Le corégone, le grand brochet et le doré jaune sont des espèces de poisson qui vivent dans le lac South Wabasca.

11. Andy, un membre de la Première nation des Cris de Bigstone, est un observateur de tour contractuel à la tour d'observation de Sandy Lake, près de South Wabasca Lake, en Alberta. Tout à coup, il aperçoit de la fumée à un relèvement de 140° et la signale par radio. De son côté, l'observateur à la tour d'observation de Rock Island Lake, près de Calling Lake, signale de la fumée à 20°. La tour d'observation de Rock Island Lake est à 62 km à un relèvement de 165° de la tour d'observation de Sandy Lake. Tu trouveras ces données sur le dessin ci-dessous.

    Calcule la distance entre chacune des tours d'observation et la fumée.

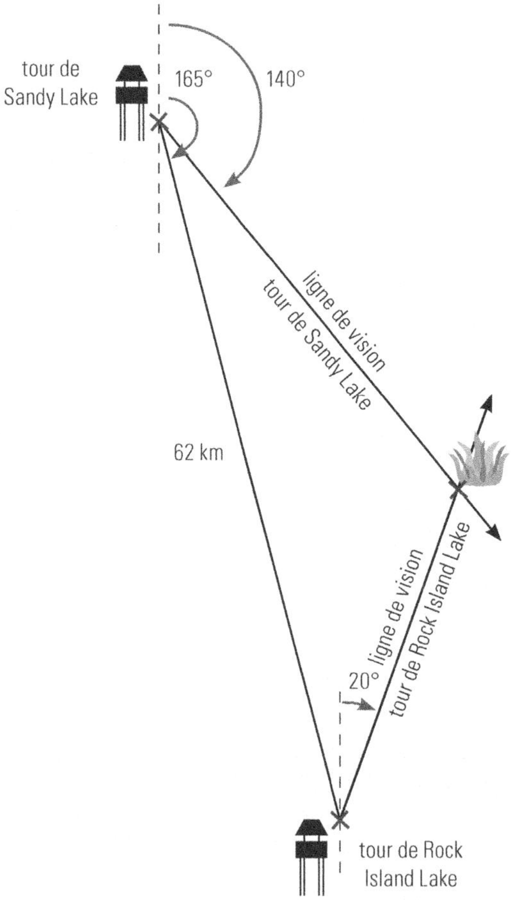

CARTOGRAPHIE DE TON PARC

Au parc aménagé le long du fleuve Yukon, au centre-ville de Whitehorse, on peut trouver des panneaux d'information historique, une promenade en bordure du fleuve, un endroit pour les commerçants et des festivals de musique.

Le dessin ci-dessous illustre le terrain consacré au parc. Commence par calculer sa superficie, cela t'aidera à planifier ton travail. Détermine à quelle échelle tu créeras le plan de ton parc. Les éléments naturels, comme le ruisseau et les rochers, ne peuvent être enlevés ni modifiés. Ils doivent donc faire partie de ton concept.

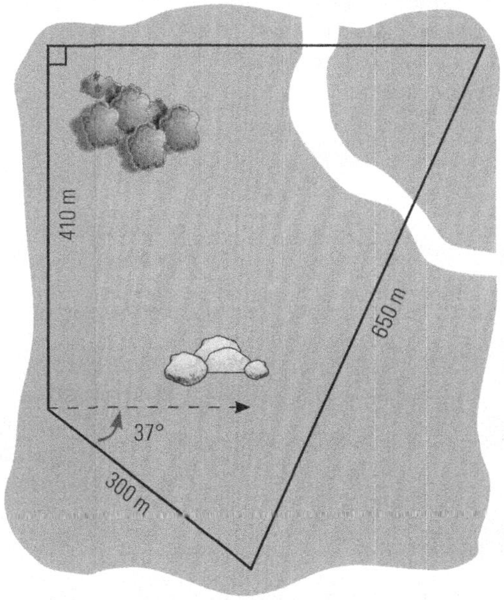

Ensuite, commence à aménager ton parc. Place les éléments et relie-les par des sentiers. N'oublie pas qu'il s'agit d'un plan à l'échelle : tiens-en compte lorsque tu placeras tes éléments.

Étant donné que ton parc est destiné à tous les habitants de ton quartier, pense à l'accessibilité lorsque tu concevras le tracé de tes sentiers. Par exemple, les scouteurs motorisés qu'utilisent les personnes à mobilité réduite ne peuvent pas tous prendre des virages serrés. Tes sentiers ne doivent donc présenter aucun virage de moins de 60 degrés. Calcule les angles de tes sentiers pour t'assurer qu'ils répondent à ce critère. Renseigne-toi sur les pentes de sentiers accessibles aux fauteuils roulants et indique sur ton plan où se trouvent ces pentes accessibles.

Vitrail de la Sacred Heart Cathedral de Prince Albert, en Saskatchewan. L'artiste y a intégré des pièces de verre triangulaires pour représenter des symboles sacrés.

RÉSOUS LE PROBLÈME

VOILIER EN VITRAIL

Un mécène désire donner à un musée un vitrail, à condition que le modèle soit une réplique de l'une des fenêtres d'une vieille remise à bateau familiale qui a été détruite par le feu depuis. Ce vitrail représentait un voilier. Les seules mesures qu'on a pu conserver du modèle original sont indiquées ci-dessous.

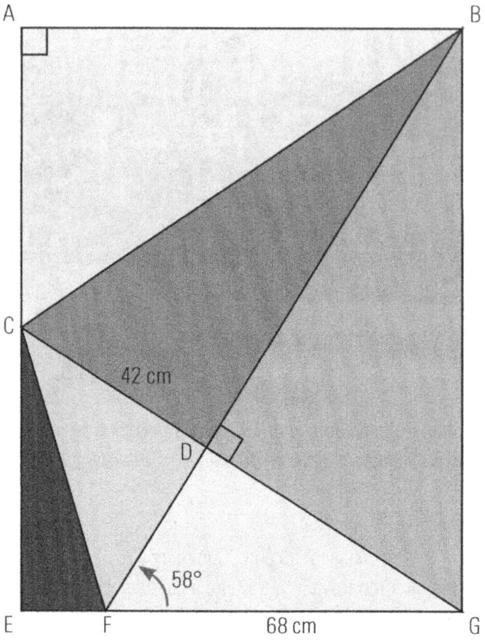

1. Ce problème peut être résolu individuellement ou en équipe de deux à cinq.
2. Dressez une liste des angles et des côtés dans l'ordre dans lequel ils devront être résolus.
3. Essayez de résoudre les angles et les côtés dans l'ordre donné au n° 2.
4. Voyez qui a résolu le plus de côtés et d'angles. Si vous décidez de le faire, vous pourriez proposer d'autres modèles contenant tout juste assez de données pour qu'il soit possible de le résoudre et faire plusieurs manches. D'une manche à l'autre, les gagnants pourraient aller en demi-finale et en finale pour, en bout de ligne, remporter un prix.

Résolution de problèmes complexes et concrets

4.2

Judith Dupuis fait appel à ses connaissances en mathématiques pour calculer le temps qu'il faudra pour que son avion puisse effectuer une ascension ou une descente sécuritaire.

LES MATHÉMATIQUES *AU TRAVAIL*

Judith Dupuis est pilote. Elle a obtenu sa licence de pilote professionnel, de pilote de ligne et sa qualification d'instructeur de vol de classe 2. Elle est maintenant instructeur de vol auprès de nouveaux pilotes à l'aéroport de Springbank, à Springbank, en Alberta. Elle travaille aussi au Mission Aviation Fellowship of Canada et se rendra bientôt en Afrique, où elle formera des pilotes et apportera du même coup des marchandises, des denrées alimentaires et des approvisionnements de secours à des gens dans des régions éloignées. Elle aidera aussi à transporter des gens dans ces régions.

L'atterrissage d'avion s'effectue d'abord par une approche de la piste à un angle de descente précis, qu'on appelle aussi trajectoire de descente. Dans les aéroports modernes, il y a des système de guidage visuel qui aident les pilotes à voir s'ils effectuent leur approche au bon angle. À une altitude de 344 pi, Judith aperçoit un voyant blanc et un voyant rouge sur l'indicateur visuel de pente d'approche (VASIS) de la piste. Cela signifie qu'elle est au bon angle, soit 3°. À quelle distance Judith se trouve-t-elle de son point de contact?

Judith constate que son relèvement est de 42°. À quelle distance au sud et à l'ouest Judith se trouve-t-elle de son point de contact?

EXPLORE LES MATHÉMATIQUES

La trigonométrie est un outil très utile. Comme tu as pu le voir précédemment, on peut s'en servir pour calculer des longueurs, des distances ou des angles. Ces valeurs peuvent être utiles en soi, mais elles peuvent aussi servir à calculer d'autres quantités, comme le volume d'un objet ou l'aire d'une surface. De plus, les mesures d'un triangle rectangle peuvent aussi servir à résoudre un autre triangle rectangle qui possède un côté en commun avec le premier. Dans la section précédente, tu as appliqué ce principe pour résoudre, sur un cerf-volant, quatre triangles consécutifs, où tu connaissais, pour chaque triangle, encore moins de données que pour le précédent.

Cet appareil est un de Havilland Beaver, un appareil qu'on appelle communément « avion de brousse ». Il s'agit d'un appareil monomoteur construit au Canada.

Étant donné que le monde qui t'entoure est tridimensionnel, il ne te sera pas toujours possible d'illustrer une situation donnée sur papier. Cependant, tu peux toujours utiliser les principes de la trigonométrie, mais dans ce cas, les différents triangles peuvent être à angle les uns par rapport aux autres et n'avoir qu'un côté en commun. Par exemple, on peut représenter la trajectoire de vol de Judith en utilisant deux triangles : le premier est au sol (on trace ses distances vers le sud et vers l'ouest) et le deuxième est à la verticale (on représente son altitude).

Illustre le problème de calcul de la distance de Judith, en traçant les deux triangles, et indique le côté que ceux-ci ont en commun. Quel triangle résoudras-tu d'abord?

Avant l'étape de conception, des arpenteurs doivent déterminer l'élévation des dénivellations sur le terrain.

Exemple 1

Un tunnel qui traverse une montagne présente un angle d'élévation de 3,5° et se dirige à 22° au nord de l'est. Il mesure 1 400 m de long. Examine le dessin ci-dessous.

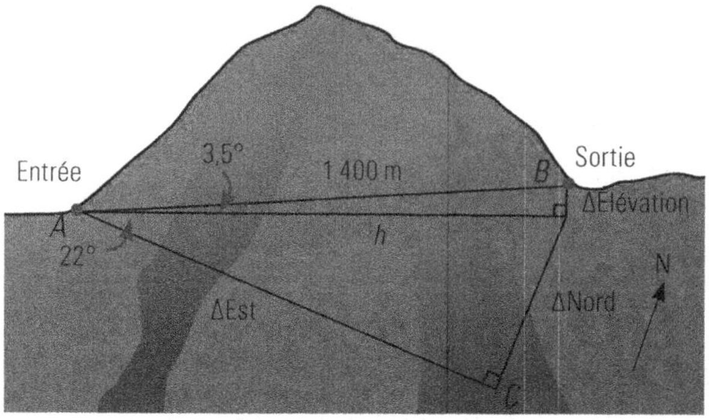

a) Quel est la différence d'élévation entre l'entrée et la sortie du tunnel?

b) À quelle distance au nord de l'entrée la sortie se trouve-t-elle? À quelle distance à l'est se trouve-t-elle?

SOLUTION

a) Si tu veux trouver la différence d'élévation, tu dois analyser le triangle ABC. Tu connais la longueur de l'hypoténuse et l'angle d'élévation. Il te reste à calculer la hauteur du côté opposé à l'angle d'élévation — la différence d'élévation —, ce que tu peux faire en te servant du rapport du sinus.

$$\sin \theta = \frac{\text{opp}}{\text{hyp}}$$

$$\sin 3{,}5° = \frac{\Delta\text{Élévation}}{1\ 400}$$

$$1\ 400 \sin 3{,}5° = \Delta\text{Élévation}$$

$$85 \approx \Delta\text{Élévation}$$

La différence d'élévation est de 85 m.

b) Ensuite, pour calculer la distance sur les axes nord et est de l'entrée du tunnel, tu dois d'abord calculer la distance horizontale entre les deux extrémités.

$$\frac{\text{adj}}{\text{hyp}} = \cos \theta$$

$$\frac{h}{1\ 400} = \cos 3{,}5°$$

$$h = 1\ 400 \cos 3{,}5°$$

$$h \approx 1\ 397 \text{ m}$$

$$\frac{\Delta\text{Nord}}{1\,397} = \sin 22°$$

$$\Delta\text{Nord} = 1\,397 \sin 22°$$

$$\Delta\text{Nord} \approx 523 \text{ m}$$

$$\frac{\Delta\text{Est}}{1\,397} = \cos 22°$$

$$\Delta\text{Est} = 1\,397 \cos 22°$$

$$\Delta\text{Est} \approx 1\,295 \text{ m}$$

La sortie du tunnel est à 523 m au nord et à 1 295 m à l'est de l'entrée.

Exemple 2

Justin s'apprête à aménager une rampe d'accès dans un parc qui permettra de gravir une butte dont la pente est de 30°. Il doit la placer en diagonale par rapport à la pente, parce qu'elle doit être facile à monter pour les gens en fauteuil roulant ou en scouteur, donc sa pente ne peut être supérieure à 1 : 20. La différence d'élévation est de 4 pi.

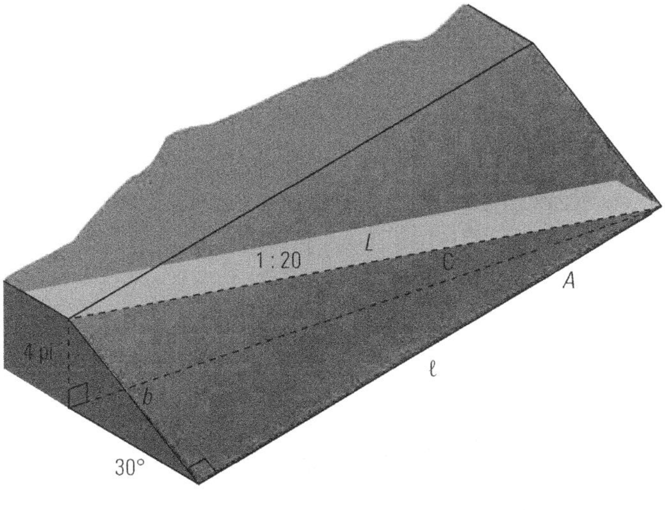

a) À quel angle la rampe doit-elle être placée par rapport au pied de la butte?

b) Quelle devra être la largeur de la butte s'il veut construire une rampe sans zigzag?

c) Comment Justin peut-il se servir des données calculées pour aménager la rampe sans avoir à mesurer d'angles sur la butte?

SOLUTION

a) Pour calculer l'angle, Justin a besoin de deux données, par exemple *L* et *b*.

En sachant que la pente de la rampe est de 1 : 20, on peut calculer l'angle C. Comme nous l'avons vu au chapitre 1, ce rapport représente la tangente d'un angle dont le déplacement vertical est de 1 unité et le déplacement horizontal, de 20 unités.

$$\tan C = \frac{\text{déplacement vertical}}{\text{déplacement horizontal}}$$

$$\tan C = \frac{1}{20}$$

$$\tan C = 0{,}05$$

$$\angle C = \tan^{-1}(0{,}05)$$

$$\angle C \approx 2{,}862^\circ$$

$$\sin C = \frac{\text{variation de l'élévation}}{L}$$

$$\sin C = \frac{4}{L}$$

$$L = \frac{4}{\sin C}$$

$$L = \frac{4}{\sin 2{,}862}$$

$$L \approx 80{,}111 \text{ pi}$$

$$\sin 30^\circ = \frac{\text{variation de l'élévation}}{b}$$

$$\sin 30^\circ = \frac{4}{b}$$

$$b = \frac{4}{\sin 30^\circ}$$

$$b = 8 \text{ pi}$$

On peut maintenant calculer l'angle A d'après la longueur de *b* et de *L* :

$$\sin A = \frac{b}{L}$$

$$\sin A = \frac{8}{80{,}111}$$

$$\sin A = 0{,}100$$

$$A = 5{,}731^\circ$$

b) Justin peut calculer la largeur à l'aide du rapport du cosinus.

$$\cos A = \frac{\text{adjacent}}{\text{hypoténuse}}$$

$$\cos A = \frac{\ell}{L}$$

$$\ell = L \cos A$$

$$\ell = 80{,}111 \cos 5{,}731$$

$$\ell \approx 79{,}711$$

La largeur est de 79,711 pieds, qu'on arrondira à 80 pieds.

Construction d'une rampe d'accès en béton.

AUTRE SOLUTION

En se servant des valeurs de L et de b calculées au point a), Justin peut trouver la largeur à l'aide du théorème de Pythagore.

$$\ell^2 + b^2 = L^2$$

$$\ell^2 = L^2 - b^2$$

$$\ell^2 = 80{,}111^2 - 8^2$$

$$\ell^2 = 6417{,}77 - 64$$

$$\ell = \sqrt{6353{,}77}$$

$$\ell \approx 79{,}711$$

c) Pour aménager la rampe, Justin peut mesurer une distance de 79,711 pi à partir du point de départ à la base de la butte, puis tout droit jusqu'en haut de la butte, au niveau suivant. Il aura trouvé l'arrivée de la rampe.

Calcul mental et estimation

Le sinus d'un angle de 36° est de 0,587 8 (à quatre décimales près). Montre comment tu peux déterminer la valeur du cosinus de 54°, à quatre décimales près et sans calculatrice.

DISCUSSION DES IDÉES

CALCUL DE LA HAUTEUR À L'AIDE DE LA TRIGONOMÉTRIE

Une arboriste doit mesurer la hauteur d'un arbre. Il serait difficile pour elle de le faire à l'aide d'un ruban à mesurer, mais elle sait qu'elle peut la calculer à l'aide de la trigonométrie.

Pour calculer la hauteur d'un arbre, les arboristes peuvent se servir de la trigonométrie.

1. Que doit-elle savoir si elle veut calculer la hauteur de l'arbre?
2. Quelles données, qui lui serviront ensuite dans son calcul trigonométrique, seraient pour elle les plus faciles à mesurer?

On appelle **angle d'élévation** l'angle entre une ligne de vision horizontale et la ligne de vision d'un objet plus haut que l'observateur. Si l'objet est plus bas que l'observateur, cet angle entre la ligne de vision horizontale et la ligne de vision de l'objet se nomme **angle de dépression**. Il est possible de mesurer cet angle d'élévation ou de dépression à l'aide d'un outil simple qu'on appelle **clinomètre**.

angle d'élévation : angle formé entre le plan horizontal et la ligne de vision lorsqu'on regarde vers le haut; on l'appelle parfois angle d'inclinaison

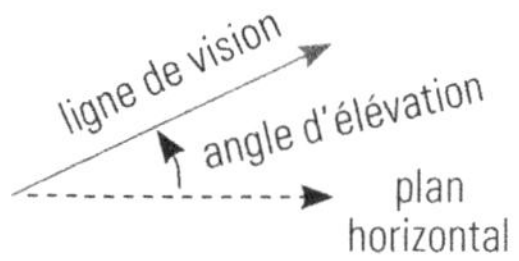

angle de dépression : angle formé entre le plan horizontal et la ligne de vision lorsqu'on regarde vers le bas

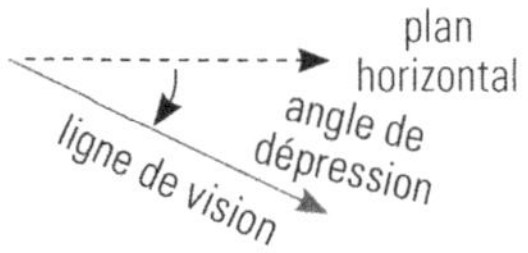

clinomètre : instrument permettant de mesurer les angles d'élévation et de dépression

L'arboriste s'approche de l'arbre jusqu'à ce que son clinomètre indique un angle d'élévation de 45 degrés par rapport à la cime de l'arbre. Ensuite, elle mesure la distance entre cet endroit et l'arbre, qui est de 23 mètres.

3. Fais un dessin de la position de l'arboriste par rapport à l'arbre et inscris-y les mesures connues.
4. Quel rapport trigonométrique doit-elle utiliser pour calculer la hauteur de l'arbre?
5. Pourquoi choisit-elle un angle de référence de 45 degrés?
6. Quelle est la hauteur de l'arbre par rapport à sa ligne de vision horizontale?
7. Quelle mesure doit elle additionner à cette hauteur pour trouver la hauteur réelle de l'arbre?

Exemple 3

Eloise se tient au bord d'un immeuble. Elle constate que l'angle d'élévation par rapport au sommet de l'immeuble voisin est de 46°, et que l'angle de dépression par rapport au pied de ce même immeuble est de 62°. Si ce dernier est à 30 m, quelle est sa hauteur?

SOLUTION

Fais d'abord un dessin.

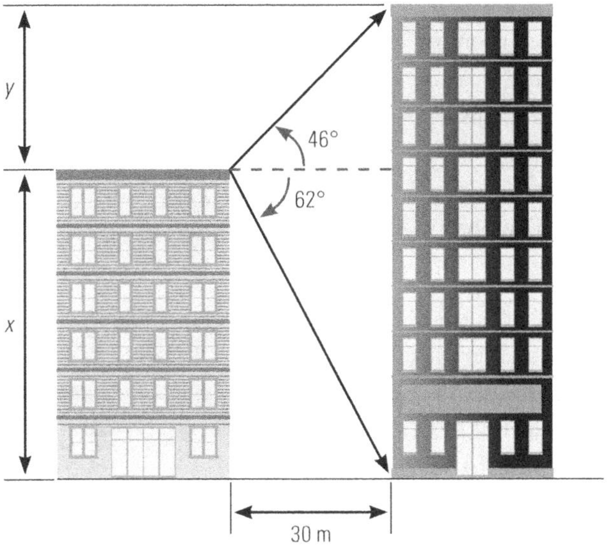

Tu devras faire deux calculs de tangente. En effet, dans les deux cas, tu connais l'angle et le côté adjacent, et tu dois trouver le côté opposé.

$$\tan 46° = \frac{y}{30}$$

$$y = 30 \tan 46°$$

$$y \approx 31{,}1 \text{ m}$$

$$\tan 62° = \frac{x}{30}$$

$$x = 30 \tan 62°$$

$$x \approx 56{,}4 \text{ m}$$

Pour trouver la hauteur totale de l'immeuble, additionne x et y.

56,4 m + 31,1 m = 87,5 m

Des règlements limitent la hauteur d'immeubles, comme ceux-ci, au centre-ville de Saskatoon, en Saskatchewan.

Exemple 4

Le mathématicien chinois Liu Hui a écrit *Le Manuel Mathématique de l'île de la mer* au troisième siècle. Dans ce manuel, il présente une méthode permettant aux capitaines de navires de calculer la hauteur d'îles en mer en mesurant l'angle de la ligne de vision par rapport à leur sommet à partir de deux endroits différents. L'angle entre l'horizon et le sommet d'un élément topographique ou d'un objet se nomme angle d'élévation.

Liu Hui était un mathématicien et un écrivain du troisième siècle. Cette illustration montre la méthode qu'il avait trouvée pour qu'une personne en mer puisse calculer la hauteur d'une île.

Le capitaine Ji aperçoit une île au loin. À l'aide d'un clinomètre, il mesure l'angle d'élévation par rapport au sommet de l'île et obtient 32°. Il rapproche son vaisseau de l'île et, après 400 m, il reprend une mesure. De sa nouvelle position, l'angle d'élévation par rapport au sommet de l'île est de 58°. Quelle est la hauteur de l'île?

SOLUTION

Pour résoudre ce problème, il faut appliquer la trigonométrie et l'algèbre. Puisqu'il y a deux variables inconnues, tu dois écrire deux équations.

Le capitaine Ji sait qu'il peut résoudre ce problème à l'aide de la trigonométrie s'il crée deux triangles rectangles imaginaires en traçant une ligne droite à partir du sommet de l'île.

Il peut maintenant inscrire deux tangentes.

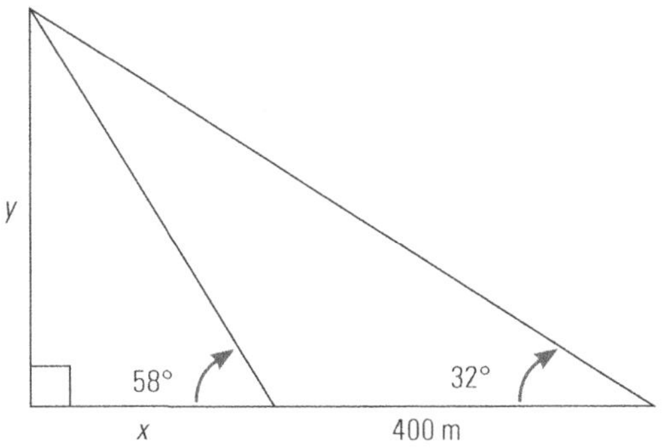

Liu Hui aurait vécu dans cette région, qui est aujourd'hui la province chinoise de Shanxi.

$$\tan 58° = \frac{\text{opp}}{\text{adj}} \qquad \tan 32° = \frac{\text{opp}}{\text{adj}}$$

$$\tan 58° = \frac{y}{x} \qquad \tan 32° = \frac{y}{x + 400}$$

Transforme la première équation.

$y = x \tan 58°$

Remplace le y de la deuxième équation par cette donnée.

$$\tan 32° = \frac{x \tan 58°}{x + 400}$$

$$(x + 400)\tan 32° = x \tan 58°$$

$$x \tan 32° + 400 \tan 32° = x \tan 58°$$

$$400 \tan 32° = x \tan 58° - x \tan 32°$$

$$400 \tan 32° = x(\tan 58° - \tan 32°)$$

$$x = \frac{400 \tan 32°}{\tan 58° - \tan 32°}$$

$$x \approx 256{,}23 \text{ m}$$

Remplace $y = x \tan 58°$ par $x \approx 256{,}23$.

$$y = 256{,}23 \tan 58°$$

$$y \approx 410{,}05 \text{ m}$$

L'île mesure environ 410 m de haut.

Les hottes qu'on installe au-dessus des cuisinières assurent une ventilation.

ACTIVITÉ 4.3

FABRICATION D'UNE HOTTE DE CUISINE

On t'a demandé de fabriquer une hotte dont le plan figure ci-dessous.

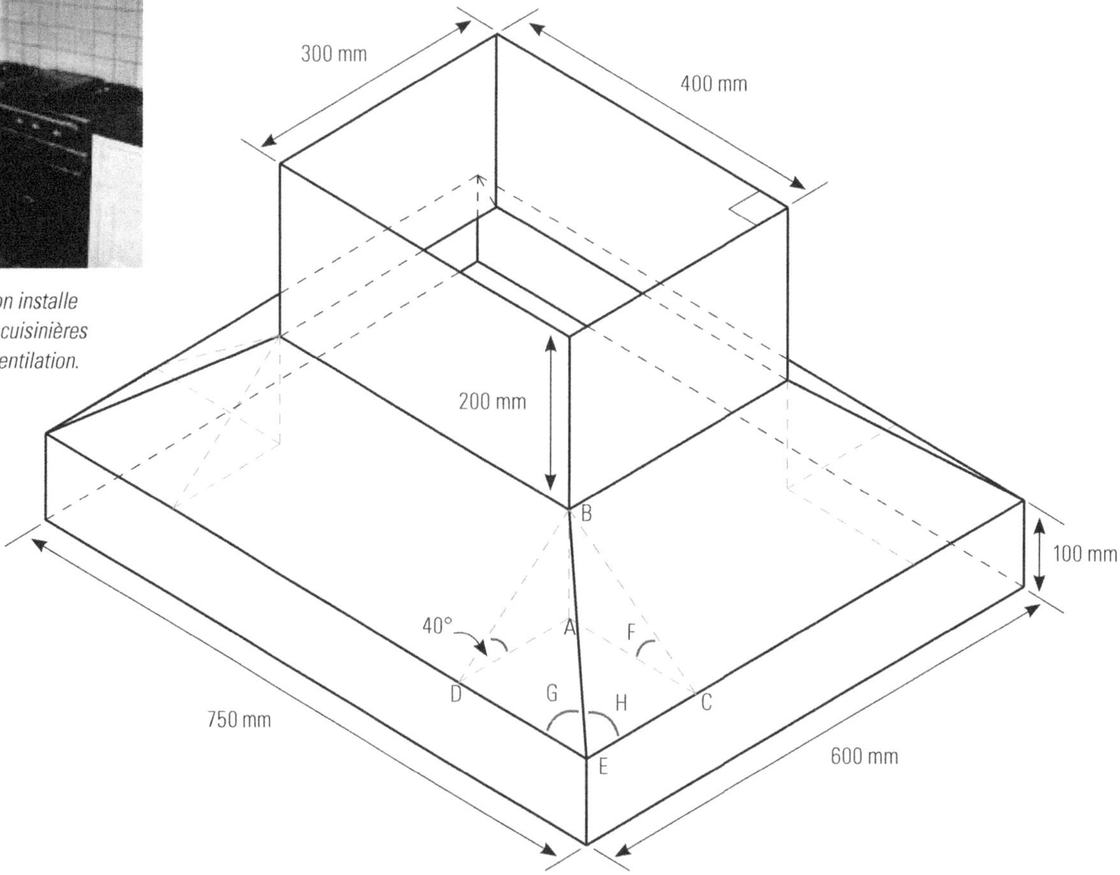

1. a) Quelle est la mesure de l'angle F?

   b) Quelles sont les mesures des angles G et H?

2. Dessine le patron pour chacun des panneaux de la hotte et inscris-y les dimensions.

3. Remplis un tableau comme celui proposé ci-dessous et inscris-y les dimensions de la hotte.

DIMENSIONS DE LA HOTTE DE CUISINE

Dimension	*Formule de calcul*	*Valeur calculée*
a		
b		
c		
d		
e		
F		
G		
H		

EXEMPLE

Ensuite, dessine chaque panneau sur du carton, découpe les pièces et fabrique la hotte.

Assemble les panneaux. La qualité de l'assemblage dépendra de la précision avec laquelle tu mesureras les longueurs et les angles.

CONSTRUIS TES HABILETÉS

1. Anna entreprend une étude géologique au sommet d'une montagne, dont elle sait qu'il se trouve à 8 060 pi au-dessus du niveau de la mer. Elle descend la montagne et mesure la distance qu'elle a parcouru sur la pente : 2 210 pi à un angle de dépression de 15°. Elle parcourt ensuite 2 460 pi à un angle de dépression de 23°, et une dernière portion de 890 pi à un angle de dépression de 34°. À quelle altitude au-dessus du niveau de la mer se trouve-t-elle lorsqu'elle arrive à cet endroit?

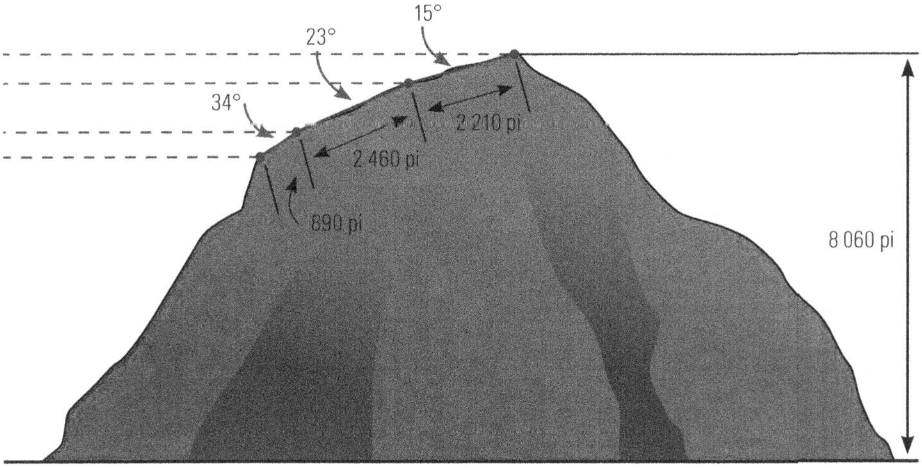

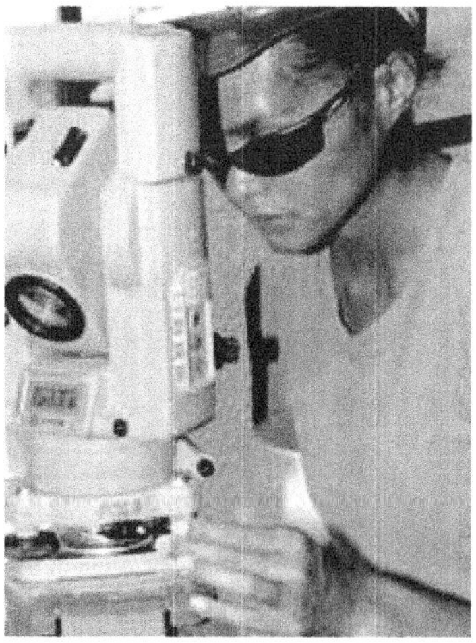
Une femme utilisant un théodolite.

Les grimpeurs doivent être forts et agiles. Avant d'entreprendre leur escalade, ils doivent prévoir le trajet qui les mènera au sommet.

2. Un alpiniste, debout au bord du canyon de Horsethief à Drumheller, en Alberta, mesure un angle de dépression de 62° par rapport au fond du canyon de l'autre côté. De cet endroit, à un angle d'élévation de 14°, il remarque une formation rocheuse qui surplombe le ressaut de l'autre côté du canyon. Il désire escalader cette paroi du canyon du fond jusqu'au sommet de la formation rocheuse. Quelle distance cela représente-t-il? S'il doit disposer de 10 pi de corde de plus que la hauteur de son ascension avant de l'entreprendre, quelle longueur de corde lui faut-il?

On a jusqu'à maintenant observé plus d'une centaine d'espèces d'oiseaux, dont l'aigle royal, au parc provincial Dry Island Buffalo Jump.

3. Jordan, qui est en train de mener un projet de recherche, doit mesurer la profondeur de l'érosion de certaines falaises aux environs du parc provincial Dry Island Buffalo Jump en Alberta. Jadis, les chasseurs Cris forçaient des troupeaux de bétail à se précipiter en bas de ces falaises. Il y a 80 ans, un arpenteur a mesuré la hauteur de la falaise, qui était de 49,07 m. Jordan est à 25 m de la base de la falaise. Celle-ci forme un angle droit par rapport au sol. Il mesure l'angle d'élévation et obtient 62,9°. Quelle est la hauteur de la falaise aujourd'hui? Combien de centimètres l'érosion a-t-elle fait perdre à la falaise en hauteur? Quel était l'angle d'élévation il y a 75 ans?

4. Alan doit percer un trou allant du point A au point B dans un bloc de cèdre de 12 po de côté, comme sur le dessin. À quel angle horizontal CAD et à quel angle vertical BAD doit-il percer pour obtenir le trou désiré?

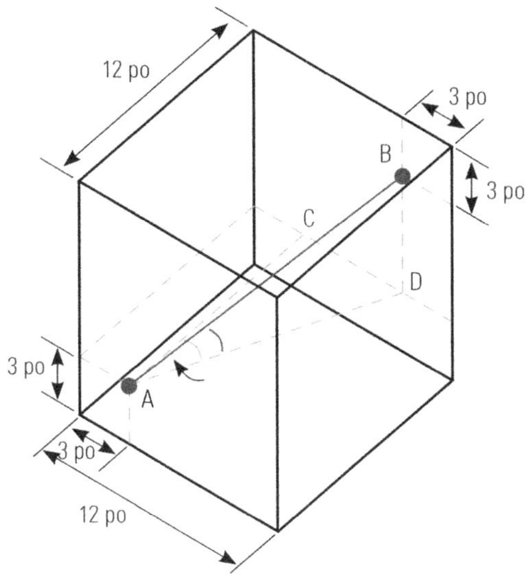

5. La distance entre un avion et la tour de contrôle est 36,2 km. L'angle d'élévation formé entre la tour et l'avion est de 4° et l'avion est à 24 km au sud de la tour.

   a) Calcule *d*

   b) À quelle distance *(b)*, l'avion se trouve-t-il à l'ouest de la tour?

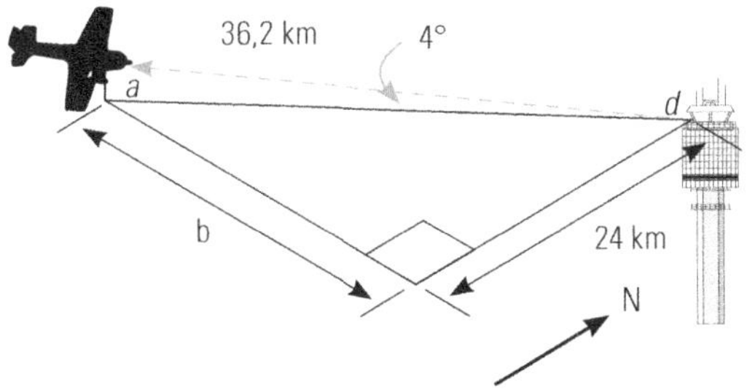

Les employés de la tour de contrôle d'un aéroport communiquent avec les pilotes et veillent à ce que les appareils puissent atterrir et décoller en toute sécurité.

6. Un cabinet d'architectes vient de recevoir un contrat de conception d'un hôtel aménagé en porte-à-faux sur le bord d'un canyon et construit partiellement à même le roc de la falaise. Avant de concevoir le bâtiment, les architectes doivent connaître la hauteur de la falaise. Les formes irrégulières du roc font qu'il est difficile de mesurer la hauteur d'une falaise à l'aide de moyens physiques, et le gros de la falaise empêche de tracer une ligne droite à partir du point A. Par contre, il y a une ligne de vision depuis le point B, de l'autre côté du canyon, et les techniciens ont pu prendre les mesures suivantes.

   a) Quelle est la distance entre le point B et le point C au bas de la falaise?

   b) Quelle est la hauteur de la falaise?

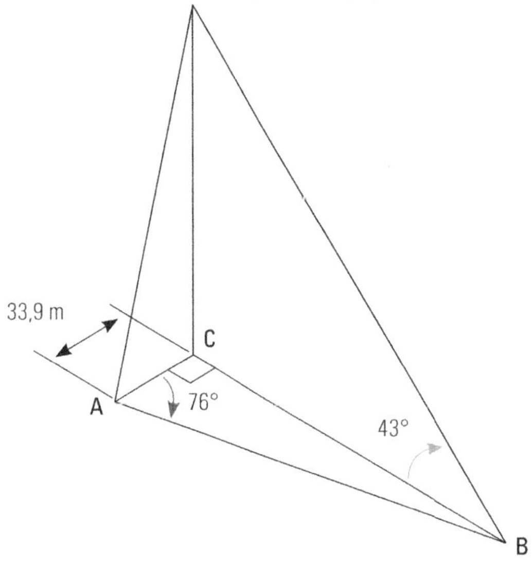

7. En regardant vers le nord, Tim peut voir le sommet d'un immeuble qui se trouve à une distance de 40 m à un angle d'élévation de 20°. En regardant vers l'ouest à partir du même endroit, il peut voir le sommet d'un immeuble qui se trouve à une distance de 80 m à un angle d'élévation de 14°.

   a) Illustre cette mise en situation.

   b) Lequel des immeubles est le plus haut et de combien?

   c) Quelle est la distance la plus courte entre les deux immeubles?

   d) Quel est l'angle d'élévation entre le sommet du plus petit des deux immeubles et le sommet de l'autre immeuble?

Approfondis ta réflexion

8. Marie-Claude doit fabriquer un chevalet de peintre. Elle veut que la toile repose à un angle de 20° par rapport à la verticale. L'angle formé à l'endroit où les deux pieds se rejoignent au sommet est de 30°, et les trois pieds mesurent 2 000 mm de long.

   a) Calcule l'angle formé A entre le pied arrière et le sol lorsque le chevalet est installé.

   b) Elle veut que son chevalet soit toujours au même angle chaque fois qu'elle l'installe. Pour ce faire, elle relie le pied arrière et les deux pieds avant au moyen d'une ficelle. Quelle doit être la longueur L_6 de la ficelle pour que sa toile soit toujours à 20°?

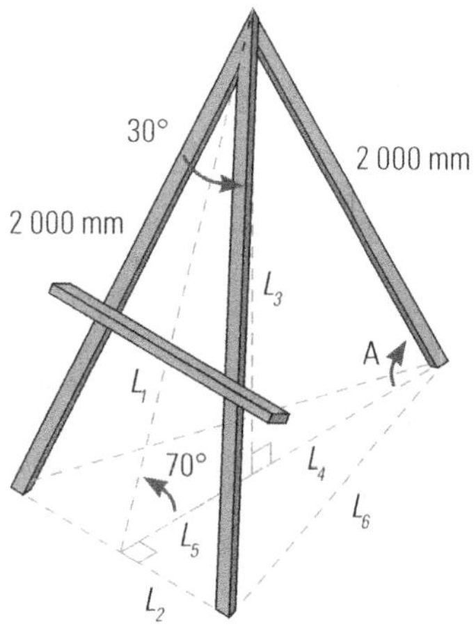

9. Un dessin paru dans le Code du débardage par câble montre l'efficacité de haubans (un câble qui sert à soutenir un poteau) à différents angles par rapport au sol.

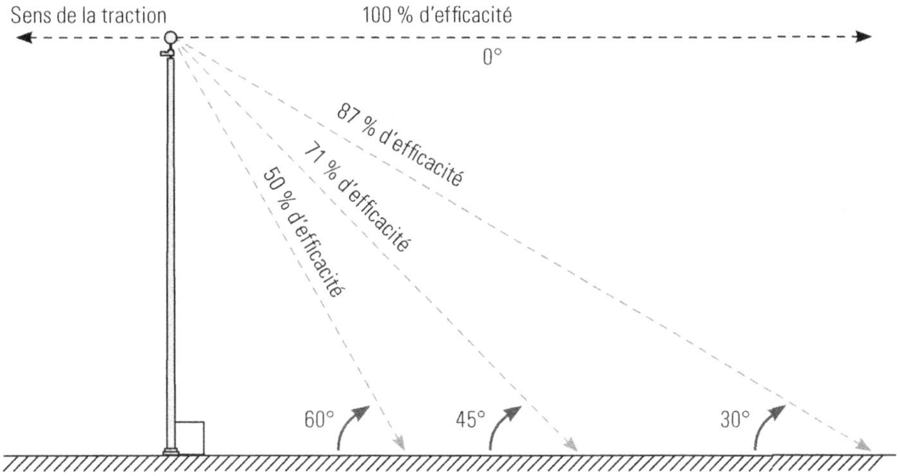

Inscris dans le tableau suivant les rapports trigonométriques des angles formés entre les haubans et le sol.

EFFICACITÉ DU HAUBAN

Angle du hauban	*Pourcentage d'efficacité*	*Sinus de l'angle*	*Cosinus de l'angle*	*Tangente de l'angle*
60	50			
45	71			
30	87			
0	100			

Constates-tu un lien entre ces rapports et l'efficacité? Duquel ou desquels s'agit-il?

LES RACINES DES MATHÉMATIQUES

LA NAVIGATION À TRAVERS LES ÂGES

Il est important de savoir s'orienter. Ce randonneur pédestre, près de Hoge Pass, au Yukon, s'oriente à l'aide d'un GPS.

Voici un chronomètre de marine de plus de 200 ans. Les marins s'en servaient pour déterminer la longitude.

Pendant des milliers d'années, l'homme parcourut des distances incroyables sur les mers du monde sans se perdre, avec les astres pour seul guide. En effet, les membres des Premières nations et les Inuits — de même que des gens d'endroits aussi variés que la Micronésie, la Chine ou la Méditérrannée — pouvaient, le soir venu, se tourner vers le ciel et évaluer leur propre position par rapport aux astres.

En développant ses connaissances au fil des millénaires, l'homme apprit comment déterminer sa position en observant le mouvement et l'heure d'apparition des astres pour s'orienter sur terre, en mer ou sur la glace.

Chez bien des peuples, le nom donné aux astres témoigne de leur importance dans le domaine de la navigation. Par exemple, en inuktitut, l'étoile Polaire se nomme *niqirtsituq*, un mot qui signifie « ne bouge jamais ». Cette étoile apparaît d'ailleurs sur le drapeau du Nunavut, juste à côté d'un inukshuk, un autre important outil de navigation.

Lorsque les Européens prenaient la mer à bord de grands vaisseaux pour explorer le monde, l'équipage comptait toujours un navigateur, dont le travail complexe et non moins important consistait à passer des heures à faire des calculs trigonométriques pour déterminer la position du navire sur Terre. Il pouvait parfois travailler avec des cartes aussi, mais la précision de celles-ci n'était pas toujours garantie. Enfin, les calculs du navigateur pouvaient aussi servir à tracer de nouvelles cartes d'endroits que l'équipage n'avait pas encore visités.

De nos jours, l'homme a placé ses propres « astres », des satellites, dans le ciel. Ceux-ci se servent de la trigonométrie pour déterminer avec exactitude et presque instantanément la position de l'utilisateur d'un système GPS sur Terre. Le GPS (système de positionnement global) fonctionne selon un système qu'on appelle *triangulation*. Au moins trois satellites parviennent à « voir » tout point donné sur Terre, et ils peuvent en calculer la position exacte en une fraction de seconde.

Au début des années 1980, les récepteurs GPS de pointe avaient la taille d'une mallette, et toute donnée GPS assez précise relevait du secret militaire jalousement gardé. Mais de nos jours, le technologie GPS est à la portée de pratiquement tout le monde, et les récepteurs GPS sont assez petits pour tenir dans un téléphone cellulaire ou autre appareil de poche.

1. Quelles applications de la technologie GPS utilisées au quotidien autour de toi connais-tu?
2. Cherche sur Internet d'autres utilisations de la technologie GPS par les entreprises privées, les gouvernements et les adeptes de plein-air.
3. Cherche sur Internet ou à la bibliothèque, ou discute avec des personnes âgées, pour en apprendre davantage sur les anciennes méthodes de navigation utilisées par les Premières nations ou d'autres peuples. Quelles similarités et différences y a-t-il entre les méthodes astronomiques de navigation et les systèmes GPS modernes? Fais une recherche sur ces sujets, puis crée une affiche avec un groupe d'amis, ou participe à une table ronde pour en discuter.

CONSTRUCTION D'UN THÉÂTRE EN PLEIN AIR ET RECHERCHE PRÉALABLE

Pour que tous les éléments nécessaires à ton parc y soient, tu devras concevoir un théâtre en plein air où les visiteurs auront l'occasion d'assister à des pièces de théâtre, des conférences ou des discours qui auront lieu sur la scène. Fais une recherche sur Internet ou à la bibliothèque sur l'architecture et les dimensions des théâtres d'hier et d'aujourd'hui. Prends en note l'angle des sièges dans un théâtre romain, un théâtre shakespearien et un théâtre moderne. Comment peux-tu faire pour que ton théâtre soit accessible aux personnes à mobilité réduite?

Après avoir trouvé ces mesures, choisis l'angle de la pente des sièges de ton théâtre. Ensuite, fabrique une maquette à l'échelle simple de ton théâtre en mousse de polystyrène ou en pâte à modeler. Pour que tes sièges soient bien selon l'angle et la pente de ton choix, découpe un grand triangle qui présente cette même pente. Détermine la hauteur et la longueur d'un triangle qui posséderait cette pente à l'aide de la tangente. En alignant tes sièges sur l'hypoténuse du triangle, tu sauras qu'ils sont installés selon la bonne pente.

Dessine ton théâtre. Calcule et inscris sur ton dessin l'angle d'élévation ou de dépression que forme un siège situé à l'arrière, au centre et à l'avant par rapport au point milieu au devant de la scène. Ensuite, calcule et note la distance qui sépare chacun de ces trois sièges du point milieu en question. Ton projet est maintenant terminé!

Le site du Selo Ukraina-Ukrainian Folk Art Centre and Museum, à Dauphin, au Manitoba, est consacré à la culture ukrainienne. Aménagé au Parc national du Mont-Riding, ce site possède un théâtre en plein air. C'est là que se déroule le Countryfest de Dauphin, qu'on voit sur la photo.

RÉFLEXIONS SUR L'APPRENTISSAGE

TRIGONOMÉTRIE DANS LES TRIANGLES RECTANGLES

Maintenant que tu as terminé ce chapitre, tu devrais être en mesure de faire ce qui suit :

- ❒ résoudre des problèmes comportant plusieurs triangles rectangles à l'aide du sinus, du cosinus, de la tangente et du théorème de Pythagore;
- ❒ résoudre des problèmes en deux dimensions comportant des triangles rectangles;
- ❒ résoudre des problèmes en trois dimensions comportant des triangles rectangles;
- ❒ résoudre des problèmes touchant l'angle d'élévation et l'angle de dépression.

MISE EN PRATIQUE DES NOUVELLES HABILETÉS

1. Anna-Mieke, qui participe à une course d'orientation, parcourt 300 m vers le nord et 130 m vers l'est. Anne-Christine, qui part du même point, parcourt 200 m vers l'ouest et 420 m vers le nord.

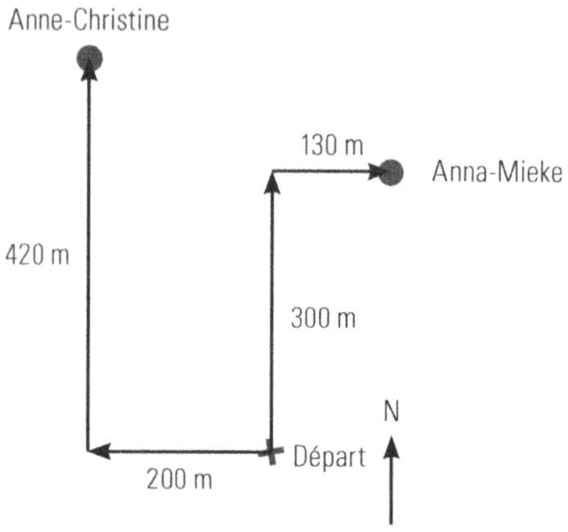

   a) Quelle direction chacune des concurrentes a-t-elle pris à partir du point de départ?

   b) Quelle distance sépare les deux concurrentes?

2. Dans un parc d'attractions, il y a un nouveau manège qui comporte une pente descendante de 42° d'un côté, une partie plane de 10 pi et une pente ascendante de 34° de l'autre côté. Si ce manège mesure 80 pi de haut, quelle est sa longueur totale?

Les architectes et les gens de métier utilisent leurs connaissances en mathématiques pour concevoir et construire les structures qui t'entourent.

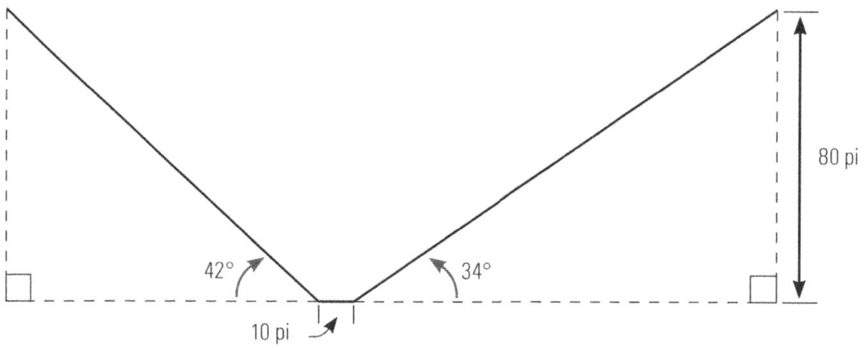

3. Clara réalise une expérience scientifique dans un laboratoire et prend une photo pour mesurer le rayon laser et sa réflexion dans un miroir. Le rayon laser touche le miroir à une angle de 38°. La source du rayon est à 18 cm du miroir. Le rayon réfléchi par le miroir mesure 45 cm de long sur une distance perpendiculaire au miroir de 24 cm. Le miroir réfléchit-il le rayon parfaitement (donc l'angle d'incidence est égal à l'angle de réflexion)? Ou le miroir est-il déformé?

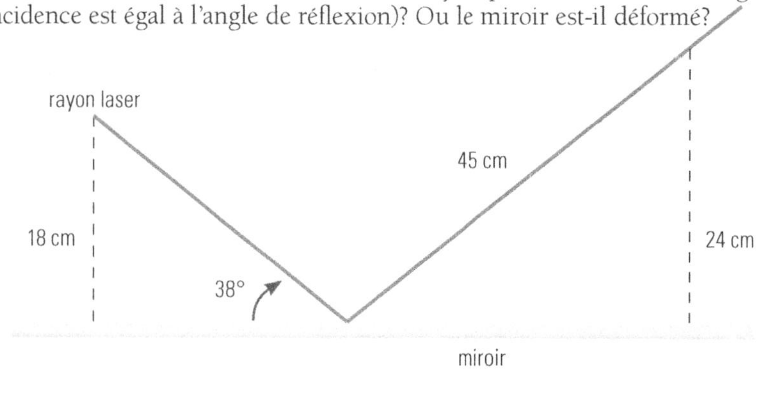

4. Une alpiniste utilise un clinomètre pour repérer le sommet d'une montagne à un angle de 70°. Elle s'approche de la montagne de 300 m, et constate maintenant un angle de 75° par rapport au sommet. Quelle est la hauteur de la montagne?

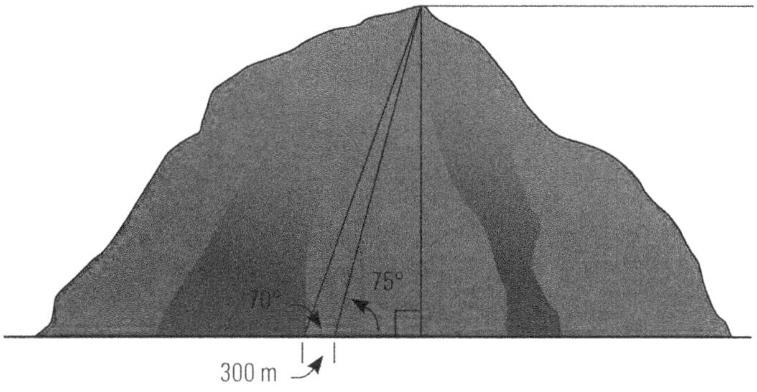

Cet arpenteur calcule la hauteur d'un arbre à l'aide de son clinomètre.

5. Leslie est en train de paver une terrasse dont la forme est présentée ci-dessous. Avant de commander les dalles, elle doit estimer la quantité de dalles nécessaires en calculant la superficie de la terrasse.

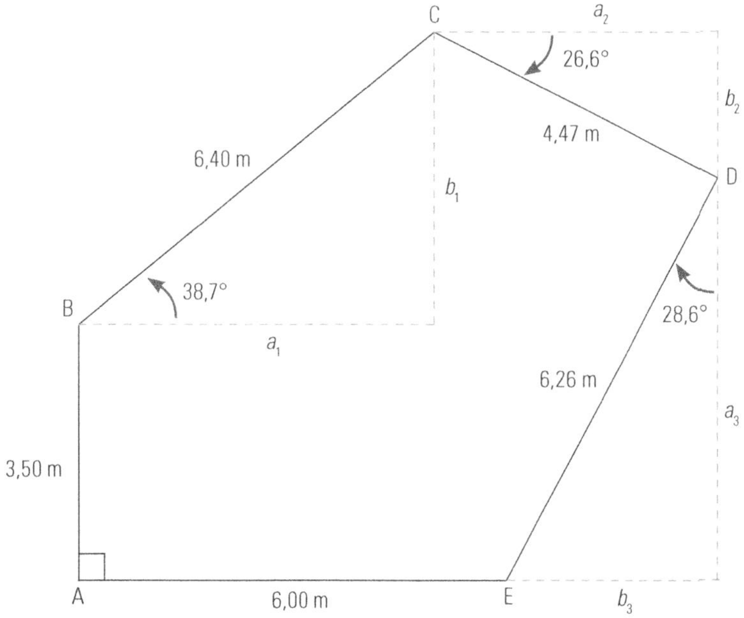

a) Calcule les longueurs *a* et *b* des triangles aux coins de la terrasse.

b) À l'aide des longueurs que tu as calculées à la question a), calcule la superficie de la terrasse.

c) Le client de Leslie a choisi des dalles qui mesurent 30 cm sur 20 cm. Combien de dalles devrait-elle commander? Ajoute 10 % à la superficie que tu as trouvée en prévision des pertes causées par la coupe à angle des dalles qui iront en bordure de la terrasse.

6. James, un membre de la Première nation de Liard, est en poste à une tour d'observation près de Watson Lake, au Yukon. Il aperçoit de la fumée à un relèvement de 215°. Une touriste alerte qui circule sur la route de l'Alaska à 12 km à l'ouest de la tour d'observation remarque aussi de la fumée. À l'aide du GPS de sa voiture, elle détermine que cette fumée est à un relèvement de 145° par rapport à sa position. Calcule la distance séparant le feu de la tour d'observation.

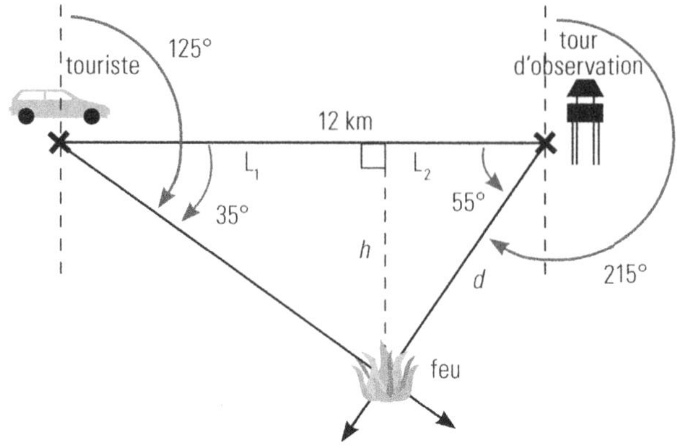

L'aéroport le plus fréquenté au Canada est l'Aéroport international Lester B. Pearson de Toronto, en Ontario.

7. Un avion vole à une altitude de 2 000 pi et se trouve à 3 mi au nord et à 5 mi à l'est de son lieu de décollage.

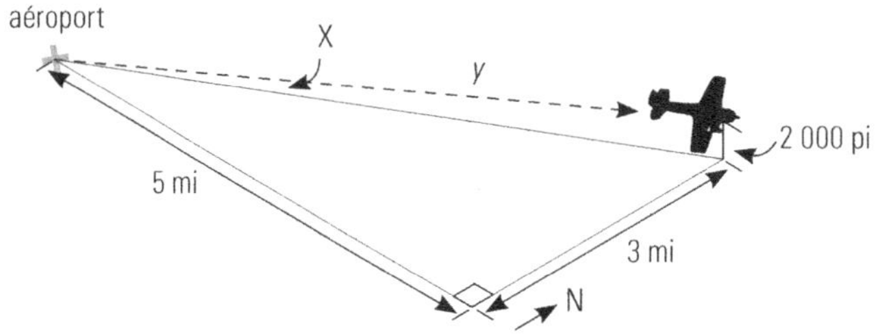

a) Si une personne se trouvant au sol à cet endroit prenait un clinomètre pour regarder l'avion, quel angle d'inclinaison (∠ X) aurait-elle? (Il y a 5 280 pi dans un mile.)

b) Quelle est la distance (y) séparant l'avion du point de décollage?

8. Claire est en train de faire le levé d'un échangeur autoroutier. De sa position sur un passage supérieur, elle aperçoit le début d'une bretelle de sortie à 250 m au sud et à 80 m à l'ouest, à un angle de dépression de 1,754°.

À quelle hauteur par rapport au début de la bretelle de sortie Claire se trouve-t-elle?

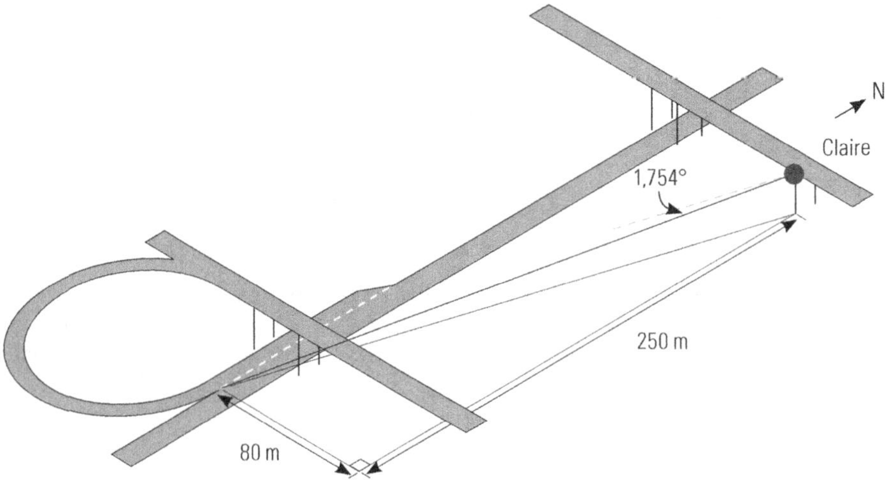

9. Shosha pose du bardeau sur la toiture d'un garage. Elle utilise une cloueuse pneumatique. Le tuyau à air qui raccorde la cloueuse au compresseur au sol mesure 8 m.

   a) Elle installe le compresseur au coin du garage, au point A. Quelle longueur de la rangée de bardeau du haut sera-t-elle capable de poser avant d'arriver au bout du tuyau?

   b) Quel angle le tuyau formera-t-il par rapport au sol au niveau du compresseur?

   c) Elle installe ensuite le compresseur au point D, au milieu de la longueur du garage. Sera-t-elle capable de terminer la rangée de bardeau du haut sans déplacer le compresseur de nouveau?

On peut utiliser une cloueuse sur des surfaces de métal, de bois ou encore de ciment.

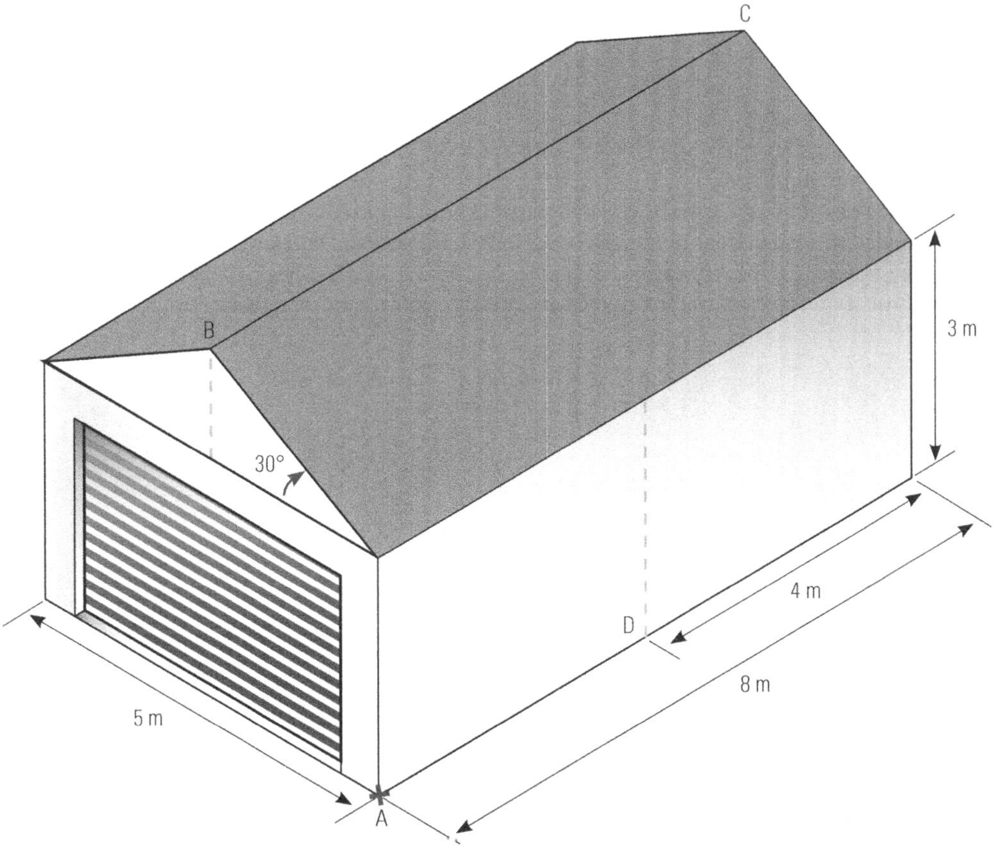

10. Un fabricant de tentes vient de concevoir un modèle de tente pour une personne, comme l'illustre le dessin. Les parois sont faites de nylon résistant à la déchirure, alors que le fond est fait de toile enduite de plastique. Dessine un patron pour les parois et pour le fond. Indique la longueur de chaque côté et la mesure des angles internes.

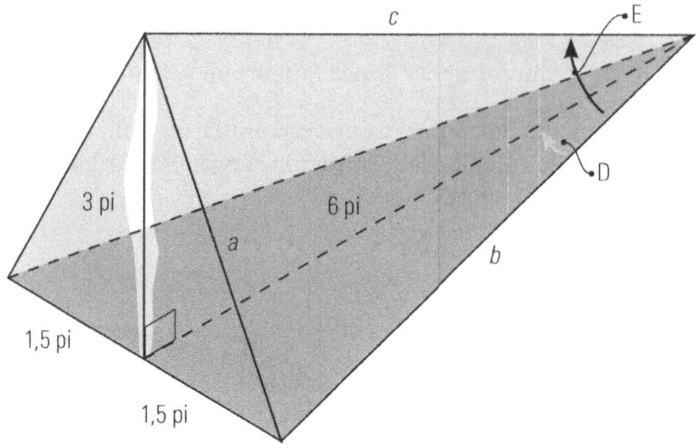

11. Jessica installe un nouveau tuyau dans une maison ancestrale. Elle doit le disposer en trois sections dans le mur original. La première section mesure 6 pi et descend à un angle de dépression de 22°. La deuxième section mesure 4 pi 6 po et descend à un angle de 25°. Ensuite, le tuyau forme un angle droit au coin du mur, et comporte une troisième section de 3 pi 4 po à un angle de 42°.

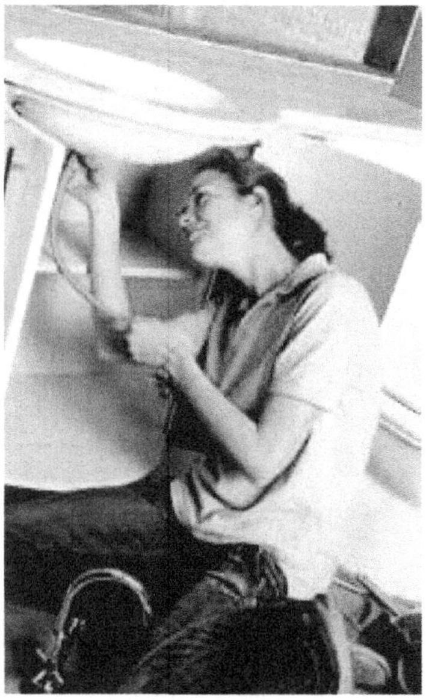

Pour adapter un tuyau aux dimensions requises, un plombier peut le glisser dans un collier et le scier à l'aide d'une scie à métaux.

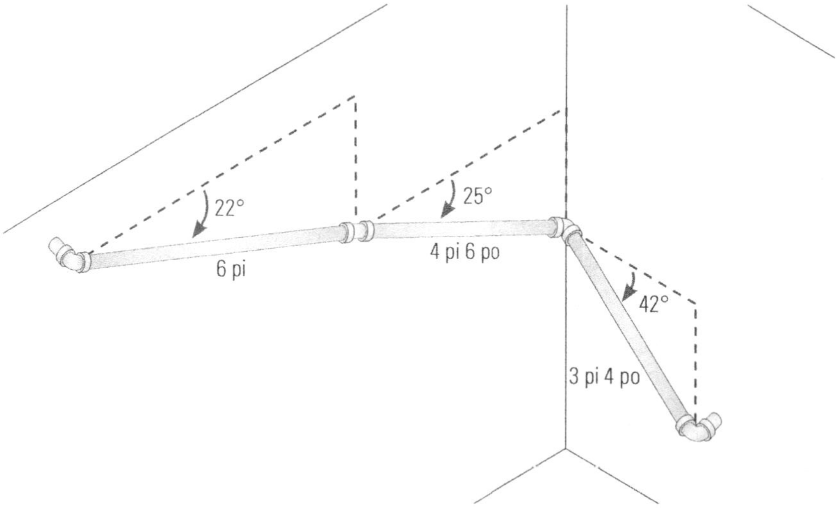

a) Calcule la longueur de l'attache qu'elle doit couper pour suspendre la partie inférieure de la première section du tuyau si elle utilise un tuyau de $\frac{3}{4}$ de pouce.

b) Calcule le dénivelé total de l'ensemble de l'installation.

c) Calcule la distance diagonale qui sépare le haut et le bas du tuyau.

12. Des ouvriers s'apprêtent à ancrer un câble dans un mur de béton. Il y a déjà deux plaques d'acier qui sont fixées de chaque côté du mur et qui sont boulonnées ensemble selon les mesures indiquées sur le dessin. Des quatre trous percés dans le ciment, trois sont parfaitement alignés. Le quatrième trou, par contre, a été mal percé, ce qui fait qu'il ne s'aligne pas très bien avec le trou existant sur la plaque d'acier.

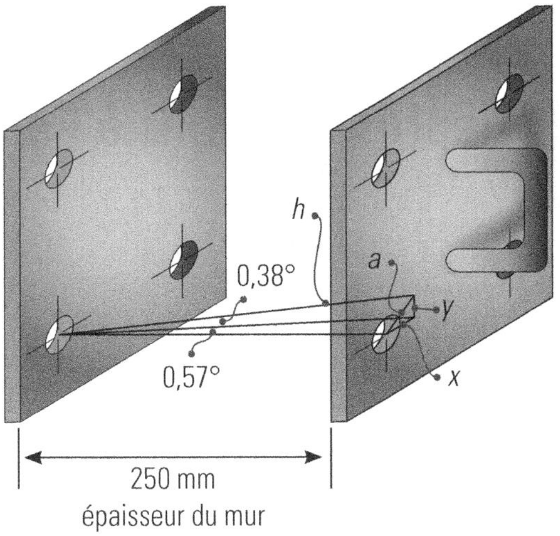

a) Calcule la déviation horizontale en trouvant x entre le centre du trou percé dans le béton et celui du trou de la plaque d'acier.

b) Calcule la déviation verticale y entre le centre du trou percé dans le béton et celui du trou de la plaque d'acier.

Chapitre 5

Représentations à l'échelle

OBJECTIFS

As-tu déjà lu une carte, cousu un vêtement, construit un modèle ou assemblé un meuble? Si c'est le cas, tu as alors sûrement utilisé une représentation à l'échelle d'un objet réel. Dans bon nombre de milieux de travail, on utilise des dessins ou des modèles à l'échelle pour guider l'installation ou l'assemblage. Les plombiers et les menuisiers, par exemple, utilisent souvent des dessins dans le cadre de leur travail. Les constructeurs et les équipes sur les plateaux de tournage se servent également de modèles.

Qui sont les auteurs de ces dessins ou modèles? Ils sont créés par des personnes qui travaillent dans divers domaines, dont la mode, le graphisme, le design d'intérieur, l'arpentage et le dessin technique.

Dans ce chapitre, tu utiliseras certains concepts mathématiques que tu connais déjà, tels que les fractions, les rapports, les proportions et les mesures pour :

- créer des maquettes;
- créer des dessins en deux ou en trois dimensions;
- calculer des mesures de grandeur réelle d'objets à partir de dessins;
- créer des vues et des dessins en perspective d'objets et de leurs composantes.

TERMES IMPORTANTS

- dessin de composantes
- élévation
- vue éclatée
- dessin isométrique
- perspective centrale
- facteur d'échelle
- échelle
- représentation à trois dimensions
- représentation à deux dimensions

COMMENCER L'ORGANISATION

APERÇU DU PROJET

Les tôliers, les couturiers, les menuisiers et de nombreux autres gens de métier se servent de diagrammes pour concevoir ou construire leur produit. Dans le présent chapitre, tu devras dessiner des diagrammes d'instruction qui montrent comment assembler un objet. Tu devras aussi créer un dessin et un modèle à l'échelle de l'objet.

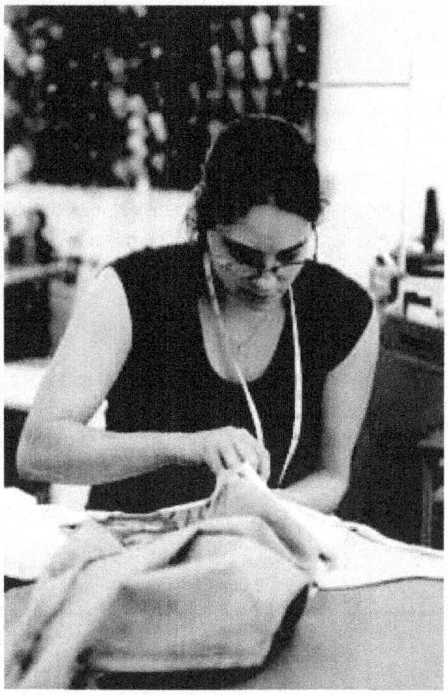

Les diagrammes nous aident à comprendre des concepts et des conceptions. Cette couturière se sert d'un patron pour fabriquer un vêtement.

POUR COMMENCER

Pour commencer le projet, choisis un métier qui t'intéresse, comme la menuiserie ou la création de mode.

Ensuite, pense à un objet que tu aimerais fabriquer si tu exerçais ce métier. Un menuisier, par exemple, pourrait fabriquer un meuble. Quant au créateur de mode, il pourrait créer un vêtement.

Dessine ton objet. Ensuite, cherche et prends en note les mesures courantes. Sers-toi de ces données pour déterminer les mesures réelles de ton objet. Inscris ces mesures sur ton dessin. Finalement, rédige un paragraphe pour décrire ton objet et la fonction de celui-ci. Conserve ces documents dans ton dossier de projet aux fins de référence.

LISTE DE CONTRÔLE POUR LA PRÉSENTATION FINALE

Une fois terminé, ton projet devra comprendre ce qui suit :

- une description de ton objet, comprenant un énoncé de sa fonction et une liste des matériaux dont il est fait;
- un croquis préliminaire de l'objet;
- les mesures réelles de l'objet;
- des dessins à l'échelle du devant, des côtés, du dessus et de l'arrière de l'objet (s'il y a lieu);
- un dessin central en trois dimensions ou en perspective isométrique de l'objet;
- une vue éclatée;
- un diagramme des composantes;
- une maquette;
- tes commentaires sur ce que tu as retenu des représentations à l'échelle une fois ton projet terminé.

5.1 Plans à l'échelle et maquettes

LES *MATHÉMATIQUES AU TRAVAIL*

Jack et Linda McKinnon ont démarré une entreprise de photographie aérienne il y a 34 ans, à Carman au Manitoba. Prairie Agri Photo td. offre des services de photographie aérienne au Manitoba, en Alberta et en Saskatchewan. Les photographies aériennes sont notamment utilisées par les entreprises agricoles, les contrôleurs environnementaux et les municipalités. Les photographies servent à déterminer les variations dans les types de sol et de couverture végétale, à surveiller l'érosion des berges ou à planifier l'aménagement d'aires de loisir.

Des familles d'agriculteurs font aussi appel à Jack pour qu'il prenne des photographies aériennes de leurs terres et de leurs propriétés. Ces photographies deviennent une part importante de l'héritage familial.

Jack McKinnon prend des photographies aériennes de terrains de golf, de chantiers de construction et de villages.

Jack prend ses photos à partir d'une ouverture dans le plancher de l'avion. Son appareil photo doit être orienté perpendiculairement au sol afin de prendre des photos précises qui lui permettront de bien déterminer les mesures et l'échelle.

Jack prend une photographie aérienne d'une ferme. L'échelle de la photo est de 1 cm : 10 000 cm.

1. Si une aire clôturée sur la photo mesure 3,2 cm de longueur sur 4,1 cm de largeur, quelle est la largeur du terrain?
2. La mesure réelle d'un pâturage carré de la ferme est de 1 hectare (10 000 m^2). Quelle serait la mesure à l'échelle du pâturage sur la photo?

EXPLORE LES MATHÉMATIQUES

échelle : rapport qui exprime la relation de dimension entre deux objets

De nombreux objets du quotidien sont des représentations à l'échelle (dessins ou maquettes) d'objets plus gros ou plus petits. Par exemple, un modèle réduit d'un navire a une **échelle** de 1 : 350. Cette échelle correspond au rapport qui sert à comparer la dimension du modèle à la dimension de l'objet réel. Si le modèle mesure 1 mètre de long, quelle est la longueur du navire grandeur nature?

Dans un modèle réduit, le modèle est une réduction de l'original. De quelle façon l'échelle changerait-elle si un objet était agrandi au lieu d'être réduit? Pense à l'agrandissement d'une photo de format 3 × 5 à 6 × 10. Quelle échelle utiliserait-on pour décrire la relation entre l'agrandissement et l'original?

Tu remarqueras que certaines échelles comprennent des unités de mesure et d'autres non. Pourquoi selon-toi? L'échelle de la carte d'un plan d'étage comprend des unités de mesure. Un modèle réduit de voiture ne comprend pas d'unité de mesure.

Si tu connais l'échelle d'un modèle ou d'un dessin ainsi que les unités de mesure de celui-ci, tu peux calculer les dimensions de l'objet ou de l'image réel. Quelle méthode utiliserais-tu?

Il est possible d'exprimer une échelle sous forme de fraction, comme $\frac{1}{350}$. Si le numérateur est 1, le dénominateur de la fraction est alors le **facteur d'échelle**, soit la valeur par laquelle toutes les dimensions des composantes d'un objet ou d'une image doivent être multipliées pour déterminer les dimensions à l'échelle.

facteur d'échelle : nombre par lequel toutes les dimensions d'une figure d'origine sont multipliées pour produire un agrandissement ou une réduction

Mesure les dessins ci-après. Quel facteur d'échelle a-t-on utilisé pour trouver les dimensions de l'agrandissement?

On multiplie chaque dimension par 2 pour trouver les mesures agrandies. Par conséquent, le facteur d'échelle est 2. Tu peux aussi utiliser le facteur d'échelle pour diviser les mesures de l'agrandissement et trouver les mesures initiales.

Exemple 1

Philippe est un ébéniste à qui on a demandé de fabriquer des enceintes acoustiques en bois. Le fabricant des haut-parleurs lui fait parvenir le dessin à l'échelle ci-après. Quelle sera la taille réelle de l'enceinte acoustique?

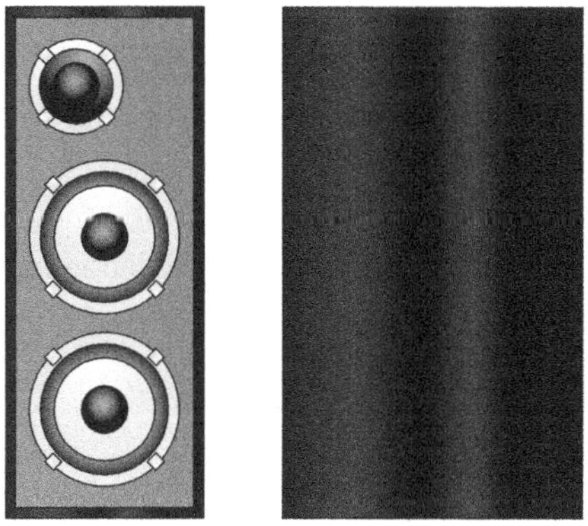

Échelle 1 : 14

Vue avant

Vue latérale

SOLUTION

Pour calculer les mesures réelles de l'enceinte acoustique, il faut d'abord mesurer la profondeur, la hauteur et la largeur du dessin à l'échelle.

Profondeur : 3 cm

Largeur : 2 cm

Hauteur : 5 cm

Comme l'échelle est de 1 : 14, 1 cm dans le dessin correspond à 14 cm de l'enceinte acoustique réelle. Pour trouver les dimensions de l'enceinte acoustique, multiplie les mesures par le facteur d'échelle de 14.

Profondeur : $3 \times 14 = 42$

Largeur : $2 \times 14 = 28$

Hauteur : $5 \times 14 = 70$

L'enceinte acoustique aura une profondeur de 42 cm, une largeur de 28 cm et une hauteur de 70 cm.

Exemple 2

Des camions comme celui-ci sont utilisé dans l'industrie pétrolière de l'Alberta.

Antonio est un camionneur de l'industrie des sables bitumineux de l'Alberta. Son camion a une hauteur qui correspond à plus de deux étages et il peut transporter jusqu'à 360 tonnes de sable bitumineux. Antonio envoie à son ami Martin une photo de lui-même se tenant à côté de son camion. Martin s'interroge sur la taille du camion. Il sait qu'Antonio mesure environ 180 cm. Sur la photo, il mesure 0,7 cm. Si le camion mesure 2,5 cm sur la photo, quelle est la hauteur réelle du camion en mètres?

SOLUTION

Pour calculer la hauteur du camion, mesure sa hauteur sur la photo. Établis ensuite une proportion.

$$\frac{180}{0{,}7} = \frac{x}{2{,}5}$$

$$1{,}75 \times \frac{180}{0{,}7} = \frac{x}{2{,}5} \times 1{,}75 \quad \text{Multiplie par le produit des dénominateurs.}$$

$$\frac{315}{0{,}7} = \frac{1{,}75x}{2{,}5}$$

$$450 = 0{,}7x \quad \text{Divise par 0,7.}$$

$$642{,}9 \approx x$$

Le camion mesure 624,9 cm, soit environ 6,4 m.

Calcul mental et estimation

Les téléphones intelligents sont souvent dotés de cartes numériques qui peuvent servir à planifier un itinéraire. Sers-toi de l'échelle sur la carte pour estimer la distance entre les points A et B. Si tu conduis à 90 km/h, environ combien de temps te faudra-t-il pour te rendre d'un village à l'autre?

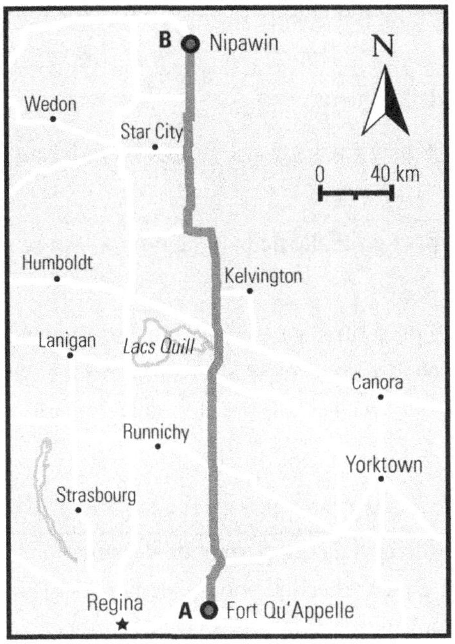

La campagne en périphérie de Nipawin, en Saskatchewan, est une destination hivernale pour les amateurs de ski de fond et de motoneige.

DISCUSSION DES IDÉES

L'INCIDENCE DE L'ÉCHELLE

Sur une carte, l'échelle sert à comparer la distance sur la carte à la distance sur la terre. Consulte l'Atlas du Canada en ligne (http://atlas.nrcan.gc.ca) et observe l'incidence de l'échelle sur les cartes.

1. Consulte plusieurs types de cartes de l'Atlas du Canada, comme celles sur le climat ou sur la géologie. Prends note de l'échelle de chacune des cartes que tu consultes. Compare ensuite les cartes en discutant de la quantité de détails présentés sur chacune d'elles. Est-ce une carte très générale ou comporte-t-elle de nombreux détails?

2. La plupart des cartes de l'Atlas du Canada sont interactives et tu peux faire un zoom avant pour voir une zone plus petite. Fais un zoom avant sur la province où tu habites (clique le bouton « Zoom sur une région » pour obtenir un menu déroulant des provinces et des territoires). L'échelle de la carte a-t-elle changé? Que remarques-tu au sujet de la quantité de renseignements qui s'affichent?

3. Décris la relation entre l'échelle et la quantité de détails pouvant apparaître sur la carte.

4. Selon-toi, quels sont les facteurs qui peuvent avoir une incidence sur l'échelle à laquelle la carte est conçue?

ACTIVITÉ 5.1

CRÉATION D'UN PLAN D'ÉTAGE ET CONSTRUCTION D'UNE MAQUETTE

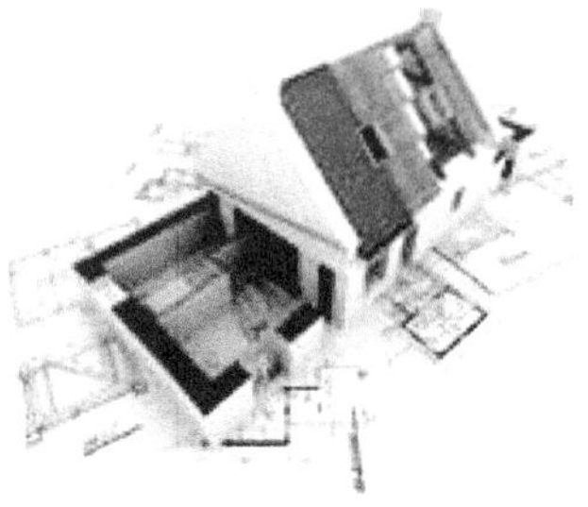

Les maquettes permettent à l'observateur d'avoir une idée des dimensions et de l'esthétique de l'immeuble réel.

PARTIE 1

Ashok est dessinateur. On lui remet le devis suivant pour la conception d'un chalet et on lui demande de dessiner un plan d'étage à l'échelle. Les caractéristiques du chalet sont les suivantes :

- 15 pi de largeur et 21 pi de longueur;
- une grande pièce (espace fonctionnel à usage multiple) au devant du chalet mesure 15 pi × 12 pi;
- une chambre de 9 pi × 9 pi et une salle de bain de 6 pi × 9 pi se situent à l'arrière du chalet;
- il y a une fenêtre de 2 pi 6 po centrée sur chaque mur extérieur de chaque chambre, une porte d'entrée de 3 pi centrée sur le mur avant et des portes de 2 pi 6 po qui communiquent avec la chambre et la salle de bain;
- il y a une terrasse de 6 pi × 6 pi à l'avant du chalet.

Ashok dessine les plans d'étage sur des feuilles de 11 po × 17 po. En tenant compte des caractéristiques, choisis une échelle qui permet de dessiner le plan d'étage sur le format de papier. Utilise le facteur d'échelle pour calculer les mesures du chalet. Dessine un plan d'étage au moyen de ces mesures. Tu peux tracer ton dessin à la main ou le produire à l'aide d'un logiciel.

PARTIE 2

Ce modèle de chalet a un toit à deux versants.

Linda travaille pour une entreprise qui construit des maquettes d'architecture. Ces maquettes permettent aux clients et au public d'avoir un aperçu des structures réelles. Linda conçoit une maquette pour le nouveau chalet d'un client. À l'aide du plan d'étage que tu as dessiné à la partie 1, construis une maquette du chalet. Les murs du chalet sont d'une hauteur de 8 pi. Le chalet a un toit à deux versants qui mesure 10 pi au point le plus élevé. La porte mesure 3 pi de largeur sur 7 pi de hauteur. Les fenêtres mesurent 3 pi de largeur sur 3 pi de hauteur.

CONSTRUIS TES HABILETÉS

Dans certaines cultures, les mariées portent de magnifiques saris ornés le jour de leur mariage.

1. a) Énumère deux emplois dans lesquels on utilise des maquettes.

   b) Énumère deux emplois dans lesquels on utilise des dessins à l'échelle.

2. a) Énumère deux situations dans lesquelles il faudrait réduire un diagramme ou une maquette.

   b) Énumère deux situations dans lesquelles il faudrait agrandir un diagramme ou une maquette.

3. Alli veut coudre un sari. Tu trouveras ci-dessous un diagramme à l'échelle d'un sari. Si la largeur du tissu du sari est habituellement de 44 pouces, de quelle longueur de tissu Alli aurait-elle besoin pour confectionner son sari?

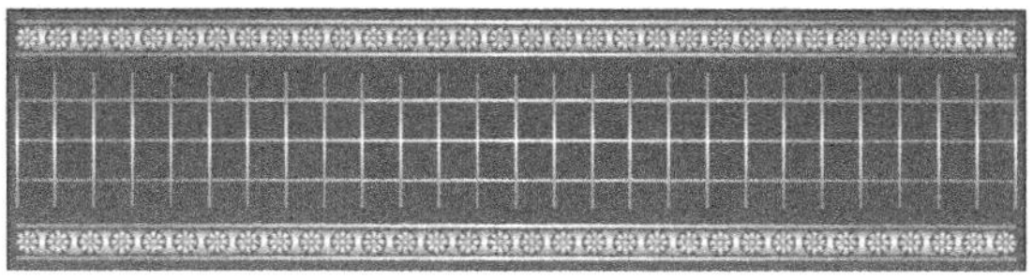

4. Lorne construit une niche au moyen de plans à l'échelle sur lesquels les dimensions ne figurent pas. Pour déterminer la quantité de bois dont il a besoin, Lorne doit déterminer les dimensions réelles de la niche. Pour convenir au chien de Lorne, la niche devrait avoir une longueur d'au moins 5 pieds.

   a) Quel est le facteur d'échelle que Lorne utilisera pour agrandir le plan?

   b) Quelles seront les mesures réelles de la niche?

   c) Le chien de Lorne mesure environ $2\frac{1}{4}$ pieds. Selon toi, quelles devraient être la hauteur et la largeur de l'entrée de la niche?

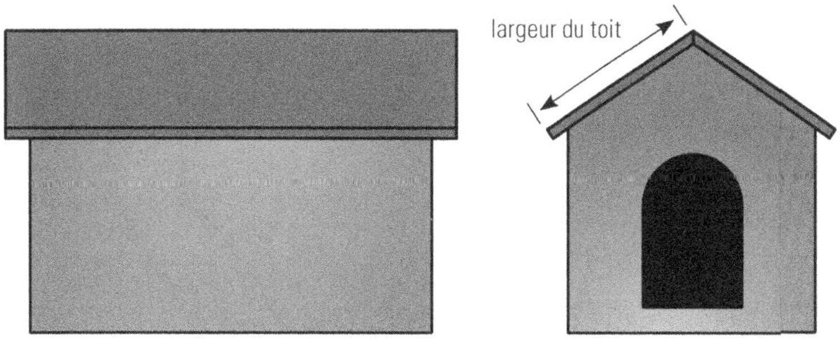

VUE LATÉRALE   VUE AVANT

5. Simon est responsable de la mise en page du journal *L'Express du Pacifique*. Ce journal de la Colombie-Britannique traite de sujets liés à la communauté

francophone. Sur une page, Simon doit insérer une publicité qui fait initialement 2,5 cm de hauteur sur 4,5 cm de largeur.

a) Le lundi, on demande à Simon de ramener la hauteur de l'annonce à 2 cm. Quelle sera alors la largeur de l'annonce?

b) Le lundi, on demande à Simon d'agrandir la largeur de l'annonce pour l'établir à 6 cm. Quelle est maintenant la hauteur de l'annonce?

Cette statue de Sir Wilfrid Laurier est située au carré Dorchester à Montréal, au Québec.

6. Durant ses vacances d'été, Reiko a parcouru le Québec et a pris de nombreuses photos. On peut voir sur l'une d'elles Reiko assise devant une statue commémorative de Sir Wilfrid Laurier, le premier francophone élu premier ministre au Canada. Sur la photo, la statue mesure 8,1 cm et Reiko mesure 3,9 cm. En réalité, Reiko mesure 5 pieds et 7 pouces. Quelle est la taille réelle, en mètres, de la statue de Sir Wilfrid Laurier?

7. Reshma est assistante de laboratoire. Son travail consiste à déterminer les quantités et les espèces de moustiques près de Griffin, en Saskatchewan. Elle doit prendre en note la longueur, le genre et les espèces des moustiques capturés dans les différents pièges.

Elle observe un moustique au microscope puis trace le diagramme suivant.

a) La zone visible au microscope (qu'on appelle le champ) est d'une longueur réelle de 12 mm, mais le dessin de Reshma est d'une longueur de 107 mm. Mesure la longueur entre les points A et B, puis sers-toi de cette mesure pour calculer la longueur réelle du moustique du point A au point B.

b) Quel est l'agrandissement du dessin? Pour calculer l'agrandissement, il faut diviser la dimension du dessin par celle de l'objet.

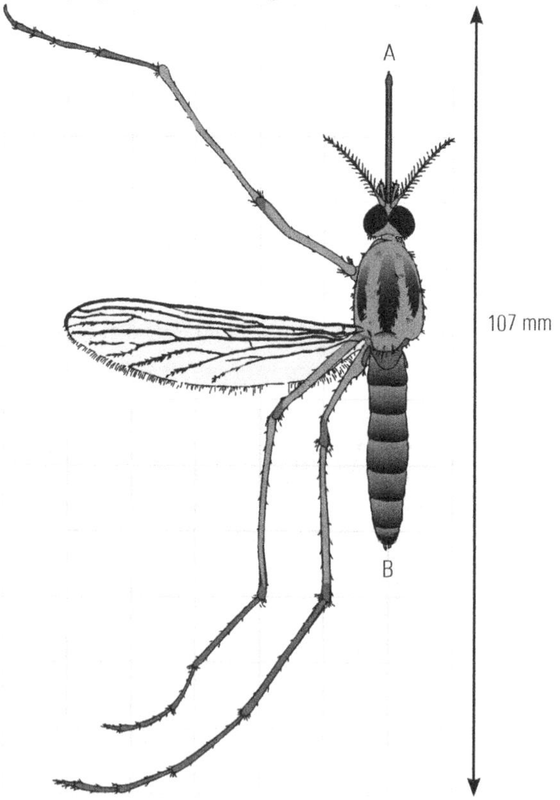

Approfondis ta réflexion

8. Darcy est soudeuse. On lui a remis des diagrammes de poutres rectangulaires qu'elle devra fabriquer pour un pont à poutre triangulée.

Les ponts à poutre triangulée sont généralement faits d'acier.

   a) On lui remet un dessin d'une poutre dont l'épaisseur est de 5 cm, la largeur de 20 cm et la longueur de 1,2 m. On demande à Darcy de fabriquer une deuxième poutre pour un autre projet en agrandissant la première poutre selon une échelle de 1 : 1,25. Quelles seraient les dimensions de la deuxième poutre?

   b) On remet à Darcy un diagramme à l'échelle du pont à poutre triangulée achevé. Dans le diagramme à l'échelle, les poutres verticales font 3 cm de longueur. Si les poutres ont été tracées en réduisant les dimensions de la première poutre au point a), quelle échelle a-t-on alors utilisé?

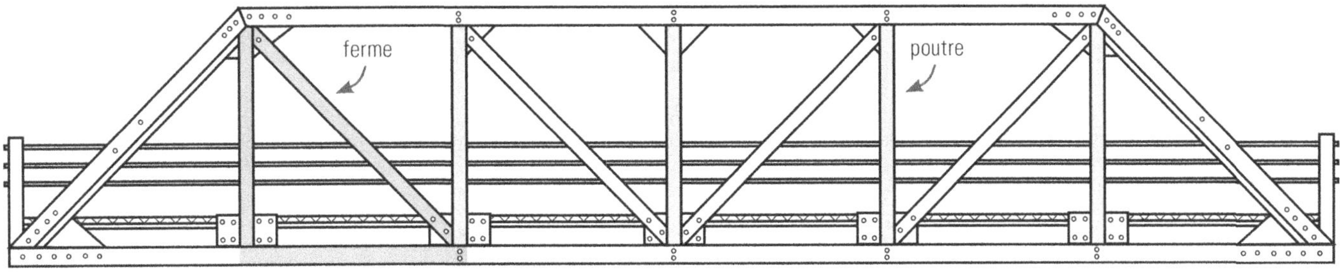

5.2 Représentations à deux dimensions

LES *MATHÉMATIQUES AU TRAVAIL*

La plupart des matériaux tordent ou se brisent lorsqu'ils subissent une pression importante. Eric Fox a décidé de devenir transformateur de métaux, soudeur et concepteur pour s'assurer que les matériaux ne se brisent pas. Eric, adepte du vélo de montagne, affirme qu'il brisait son vélo à chaque randonnée. « Personne ne fabriquait des composantes pour vélo d'une qualité qui me convenait .»

Eric est diplômé de l'école secondaire Maple Ridge, en Colombie-Britannique. « J'ai toujours été fasciné par les mécanismes et la façon dont les choses fonctionnent et sont fabriquées », raconte Eric. C'est notamment ce qui l'a motivé à étudier à la British Columbia Institute of Technology (BCIT), où il a suivi des cours d'usinage, de soudage à l'arc en atmosphère inerte avec électrode à tungstène, de programmation de commande numérique par ordinateur et de génie. Eric améliore actuellement ses mathématiques de 12e année pour entreprendre des études en génie mécanique. « Je me sers des mathématiques de base pour fixer les prix et faire la facturation. » Je dois souvent recourir aux principes de géométrie, de trigonométrie et aux rapports. Ces notions sont essentielles à la pratique de tous les métiers », raconte-t-il.

Avant de fabriquer des composantes de vélo comme des cadres, des guidons et des potences, Eric conçoit celles-ci à l'aide d'un logiciel de conception assistée par ordinateur (COA). Ce logiciel lui permet de voir les composantes qu'il conçoit sous plusieurs angles.

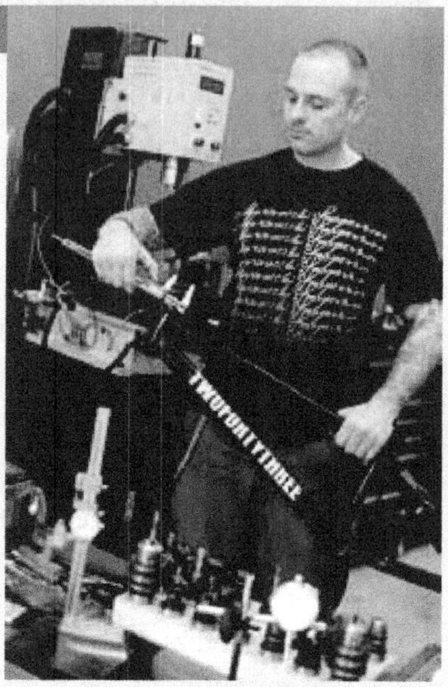

Eric Fox se sert d'un pied à coulisse pour mesurer la largeur du matériau qu'il utilise pour fabriquer un cadre de vélo de montagne.

Voici un diagramme d'un vélo. La zone en bleu représente le cadre du vélo. Elle comprend 4 parties : le tube horizontal, le tube de direction, le tube oblique et le tube de selle. Lorsqu'il conçoit des cadres de vélo, Eric dessine chaque partie individuellement.

1. Le cadre du vélo est dessiné selon une échelle de 1 : 13. Quelles sont les longueurs réelles des 4 parties du cadre du vélo?
2. Trace chaque partie du cadre de vélo pleine grandeur selon une échelle de 1 : 7. Dans ton dessin, combien mesure chaque partie du cadre?
3. Si tu devais fabriquer l'une de ces parties, quels seraient les autres renseignements sur les dimensions dont tu aurais besoin?

EXPLORE LES MATHÉMATIQUES

Tu as déjà utilisé des plans d'étage, qu'on appelle aussi vues en plan, pour fabriquer des maquettes. Tu peux également créer des vues qui montrent le devant, le côté et l'arrière d'édifices ou d'autres objets. Quels sont les autres types de vues que tu pourrais dessiner? Indique les raisons pour lesquelles tu pourrais avoir besoin de ces autres vues.

vue : dessin géométrique qui montre une face d'un objet

élévation : autre terme pour vue; fait habituellement référence à une face verticale

diagramme des composantes : représentation à l'échelle en deux dimensions qui montre chaque partie d'un objet

Une **vue** est une représentation en deux dimensions, ou plate, montrant une face d'un objet. On désigne également les vues comme des **élévations**. Ces dessins t'aident à visualiser l'objet réel. Voici différentes vues d'un panneau d'information, soit un petit abri qui sert habituellement à afficher des cartes et des avis.

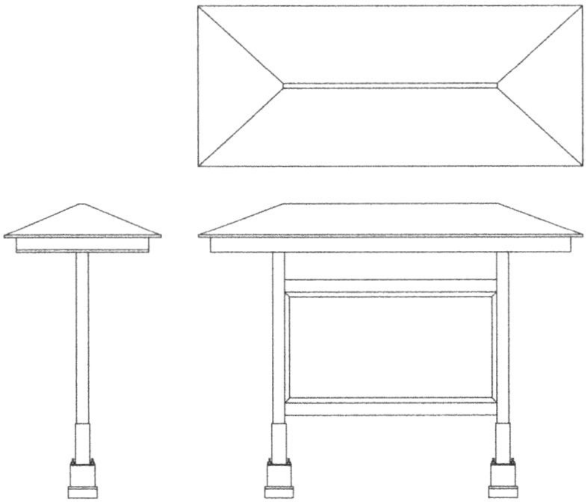

Un tableau communautaire est un endroit pratique pour afficher des renseignements sur la communauté.

Il est possible de dessiner une vue à l'échelle ou de façon approximative.

- En quelle circonstance un dessin approximatif donne-t-il suffisamment de renseignements?
- En quelle circonstance pourrait-on avoir besoin d'un diagramme à l'échelle?

Les élévations peuvent être tracées à la main, mais de nos jours, elles sont habituellement produites à l'aide de logiciels.

- As-tu déjà utilisé un programme de CAO pour produire un dessin?
- Quels sont les métiers dans lesquels on pourrait utiliser un logiciel de CAO pour produire des vues?

Les dessins de composantes peuvent t'aider à visualiser la façon dont les pièces s'agencent. Par exemple, un meuble qu'on assemble à la maison comprend souvent des instructions d'assemblage qui renferment un **diagramme des composantes**, soit un dessin à l'échelle qui montre chaque partie du meuble. Les patrons de couture et les plans de menuiserie comprennent aussi des diagrammes des composantes.

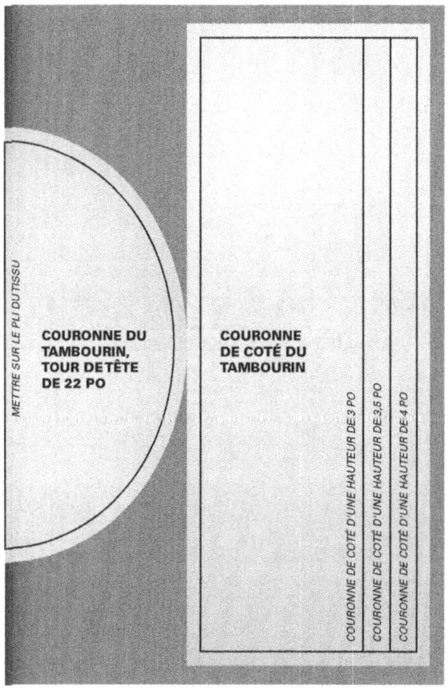

Ce diagramme d'un patron de couture montre les éléments d'un tambourin.

Exemple 1

Park a fait construire sur sa propriété une maison d'allée, soit une petite maison qu'on construit normalement près d'une allée arrière, pour que ses parents puissent y emménager. Il souhaite maintenant ajouter un solarium d'un côté de la maison. Tu es un géomètre expert qu'on a engagé pour dessiner les vues de la maison d'allée actuelle. Dessine les vues des trois côtés de la maison qui seront touchés par l'ajout du solarium.

SOLUTION

Travaille à partir des photos et des mesures de la maison pour dessiner les élévations avant, latérale et arrière de la maison.

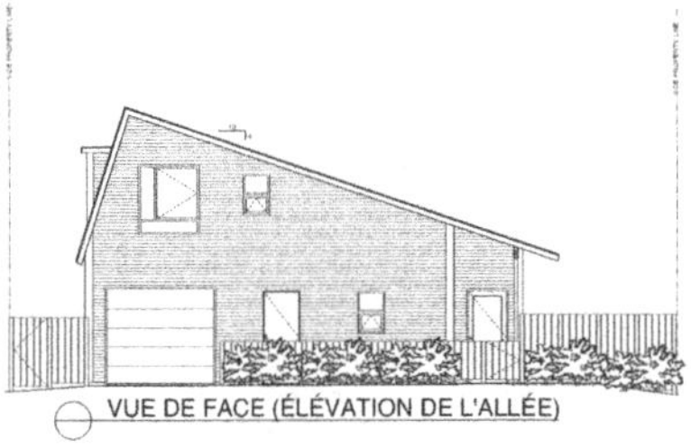

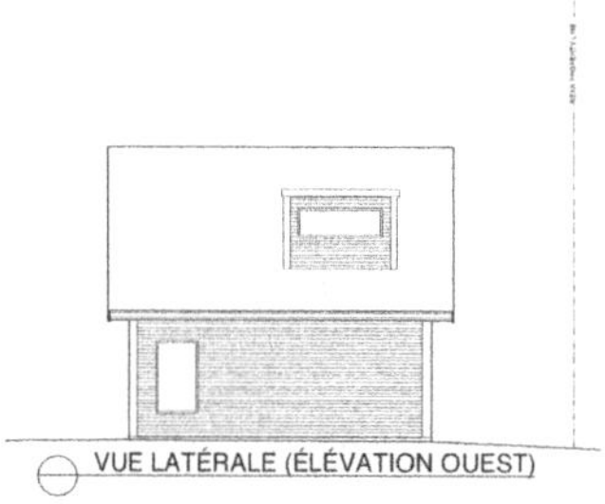

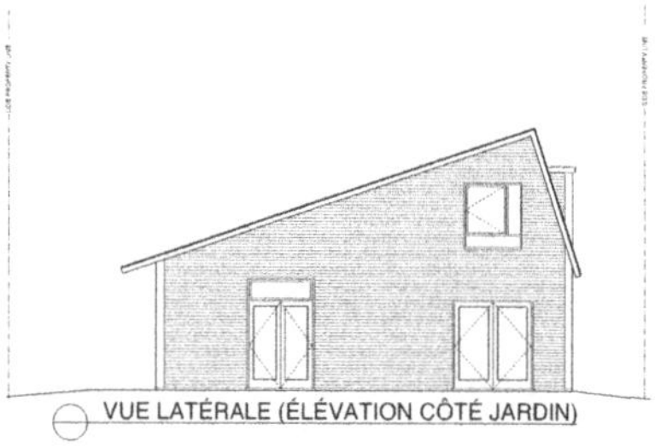

Il s'agit de la première étape de l'ajout du solarium.

Exemple 2

As-tu déjà assemblé un meuble ou un appareil? Le cas échéant, tu as probablement utilisé des instructions pour savoir comment assembler les éléments.

Les livrets d'instruction comprennent habituellement des diagrammes de pièces à l'échelle, de sorte que les personnes puissent voir la quantité et le type de matériel nécessaires pour construire quelque chose.

Tu es l'illustrateur technique qui doit dessiner les parties d'une armoire selon une échelle de 1 : 10. Inscris les mesures de chacune des composantes.

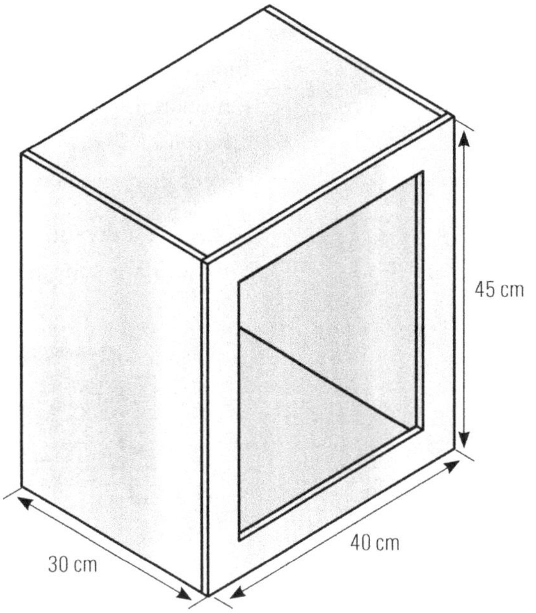

SOLUTION

Identifie les composantes de l'armoire. Il y a deux pièces latérales, une pièce sur le dessus, une pièce au-dessous, une pièce à l'arrière et une pièce à l'avant.

Calcule les mesures à l'échelle en divisant par le facteur d'échelle de 10.

Longueur : 40 ÷ 10 = 4 cm
Profondeur : 30 ÷ 10 = 3 cm
Hauteur : 45 ÷ 10 = 4,5 cm

Dessine chaque composante individuellement et inscris le nom puis les mesures de celle-ci. Si les composantes sont identiques, tu peux en dessiner une seule.

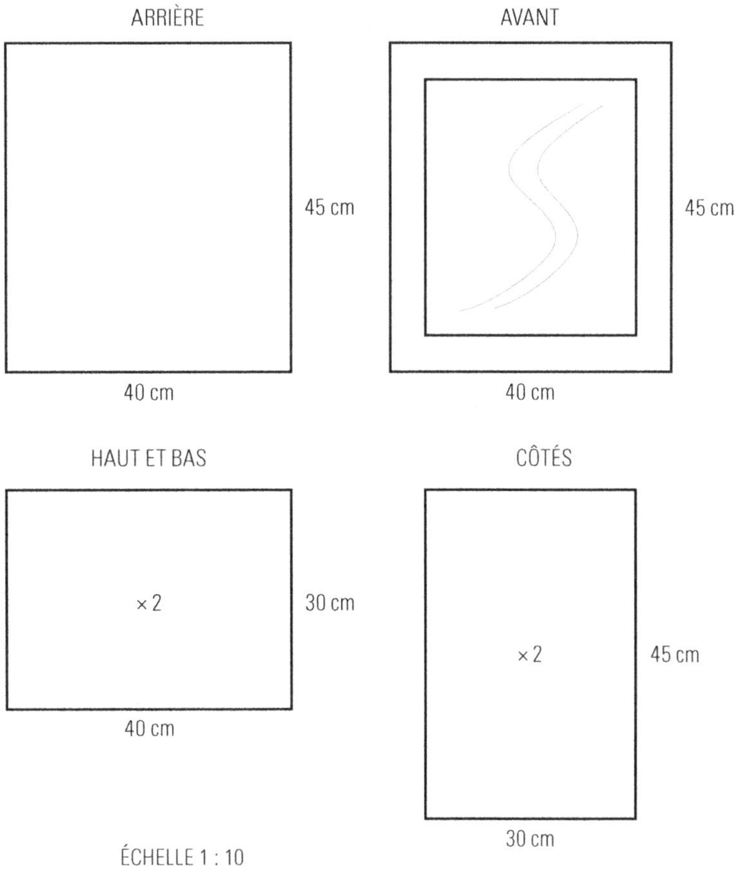

Calcul mental et estimation

Agnella regarde une annonce d'un divan dont on peut voir les vues ci-dessous. Elle aime le design du divan, mais elle n'est pas certaine qu'elle pourra le mettre dans son salon. Elle estime que son salon mesure 12 pieds × 12 pieds. Le long du mur, à l'endroit où le divan irait, se trouve une bibliothèque mesurant environ 3 pieds de largeur. Il y a aussi une armoire qui mesure environ 4 pieds de largeur.

Le divan est dessiné selon une échelle de 1 : 30. Agnella aurait-elle suffisamment d'espace dans son salon pour y mettre le divan?

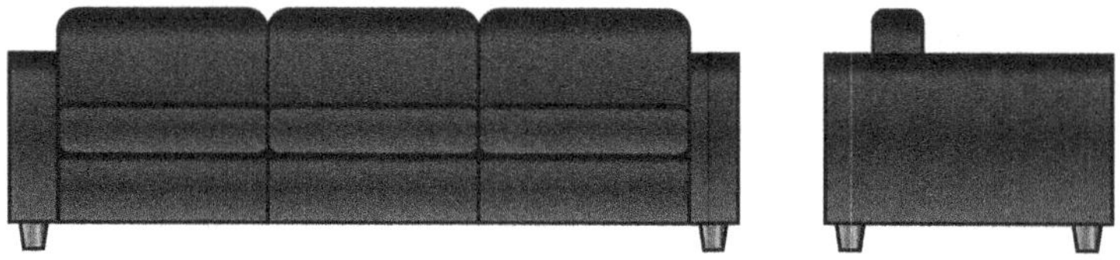

DISCUSSION DES IDÉES

VUES

Il est possible de représenter entièrement certains objets avec moins de six vues lorsqu'ils sont symétriques ou que leurs côtés ont la même forme et les mêmes mesures. Même si les vues sont très pratiques pour représenter les objets en trois dimensions, elles comportent des limites. Par exemple, si un objet est creux, il est possible qu'on ne puisse pas voir l'épaisseur de l'objet ou la position de ce qui se trouve à l'intérieur de l'objet.

1. Trouve trois objets que l'on peut représenter entièrement avec moins de six vues. Justifie tes choix.
2. Trouve trois objets pour lesquels six vues seraient nécessaires pour les représenter entièrement. Pourquoi as-tu choisi ces objets?
3. Combien de vues faudrait-il pour représenter entièrement un coffret à bijoux? Des shorts? Un tuyau de métal?

ACTIVITÉ 5.2

MODÈLES DE COUSSINS JAPONAIS

Dans les chambres de style japonais, on trouve parfois un *makura* (oreiller traditionnellement remplis de pois ou de paillettes de sarrasin) et une couverture *kakebuton* (courtepointe décorative). On trouve aussi parfois des coussins de différentes formes pour s'asseoir. On désigne un coussin rond par le nom de *zafu*. Dans cette activité, tu dessineras les tissus qui recouvrent un coussin carré et un *zafu*.

PARTIE 1 : LE COUSSIN CARRÉ

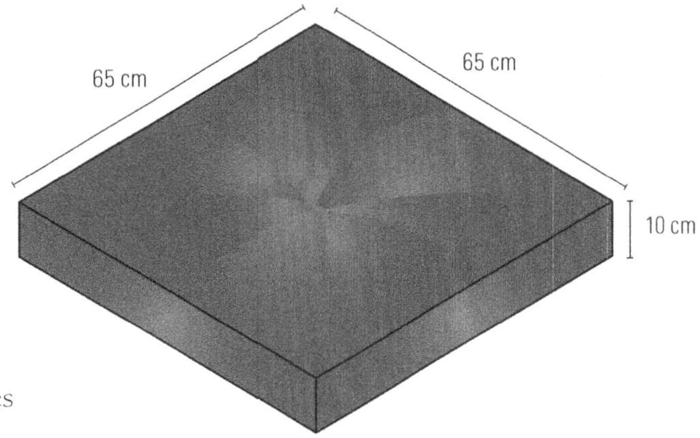

Le coussin carré mesure 65 cm sur 65 cm. Il est d'une épaisseur de 10 cm. Pense à la forme du coussin. Combien de vues faut-il pour le représenter adéquatement?

1. À l'aide d'une échelle de 1 : 20, dessine les vues du coussin, identifie-les et inscris les mesures.
2. Le coussin carré est fait en trois parties, soit le dessus, le dessous et les côtés. Dessine les parties du coussin à l'échelle puis indique les mesures. Il faut prévoir une marge pour la couture de 1,5 cm sur chaque rebord de chaque morceau de tissu avant de dessiner les parties.

PARTIE 2 : LE *ZAFU*

De quelle forme géométrique le *zafu* se rapproche-t-il le plus? Il est fait de 3 parties (deux cercles et un rectangle). Le rayon des cercles mesure 20 cm et le *zafu* est d'une épaisseur de 22 cm.

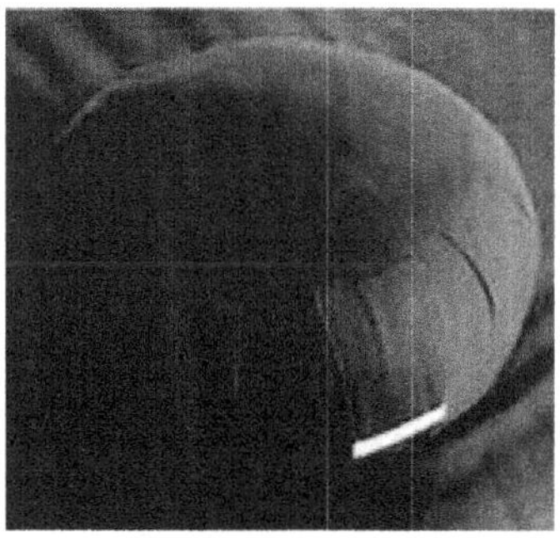

Les coussins zafu sont confortables et relativement faciles à fabriquer.

1. Calcule la longueur du morceau de tissu rectangulaire à l'aide de la formule servant à trouver la circonférence d'un cercle et du rayon de 20 cm. Ajoute 1,5 cm au rayon afin de laisser de l'espace pour la couture.
2. Ajoute 30 % à la longueur de ta mesure, car le tissu doit être plissé ou plié. Tu devras également ajouter 1,5 cm à tous les côtés afin de laisser de la marge pour la couture.
3. Dessine les morceaux du *zafu* selon une échelle de 1 : 20. Quels sont les autres matériaux dont tu aurais besoin pour confectionner le coussin?
4. On demande à une couturière de confectionner un coussin carré et un *zafu* qui sont 1,5 fois plus gros que ceux décrits ci-dessus. Calcule les nouvelles mesures des morceaux des coussins, sans oublier de prévoir la marge pour la couture.

ACTIVITÉ 5.3

CONCEPTION ET CONSTRUCTION D'UNE STRUCTURE DE SERRE À L'ÉCHELLE

Avant de construire une structure, un constructeur peut concevoir une maquette. La conception d'une maquette aide le constructeur à planifier la façon de construire le bâtiment et à évaluer la quantité de matériaux nécessaires. Dans cette activité, tu construiras une maquette d'une structure de serre.

PARTIE 1 : CONCEPTION DE LA STRUCTURE DE SERRE

Examine le diagramme de la structure de serre. Compte le nombre de pièces ayant servi à la conception.

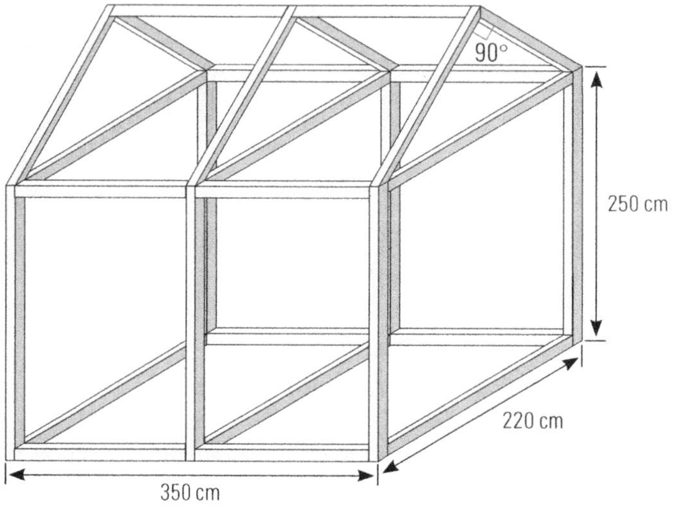

- La partie inférieure de la serre mesure 350 cm de longueur, 220 cm de largeur et 250 cm de hauteur. L'angle au sommet du toit est de 90° Dessine la structure et inscris les dimensions réelles.
- Sers-toi de tes connaissances en trigonométrie pour déterminer la longueur des pièces du toit.
- Utilise une échelle de 1 : 25 pour calculer les mesures de ta maquette.
- Utilise ces mesures pour faire un nouveau dessin à l'échelle. Inscris ces mesures à échelle réduite sur ton dessin.

PARTIE 2 : CONSTRUCTION DE LA STRUCTURE DE SERRE

- Sers-toi de ton dessin à l'échelle pour mesurer et pour couper les éléments de ta structure.
- Relie les éléments à l'aide de colle, de ruban adhésif ou de mastic.

Si tu devais construire ta propre serre, quelles modifications apporterais-tu à cette structure?

RÉSOUS LE PROBLÈME

DÉPLACEMENT DE FORMES

Le carré ci-dessous mesure 8 unités sur 8 unités et a une aire de 64 unités carrées.

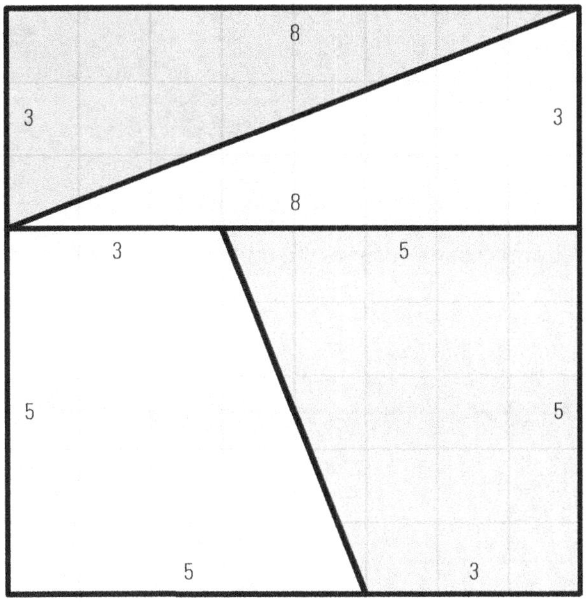

Reproduis le carré à l'échelle et découpe soigneusement les éléments de celui-ci.

Utilise les éléments du carré pour faire un rectangle d'une aire de 65 unités carrées. Si le rectangle comprend exactement le même nombre d'éléments que le carré de 64 unités, comment se fait-il que le rectangle ait une unité carrée de plus?

CONSTRUIS TES HABILETÉS

1. Johan est concepteur d'emballage. Il travaille actuellement à un projet de conception d'une boîte qui servira à expédier un nouveau modèle de cafetière. Johan a reçu cette vue latérale de la cafetière. Dispose-t-il de suffisamment de renseignements pour concevoir la boîte? Si non, quels sont les renseignements supplémentaires dont il aurait besoin?

2. Voici les diagrammes d'un chaudron et d'un banc de parc.

   a) Les dessins du chaudron représentent-ils entièrement l'objet? Explique ta réponse.

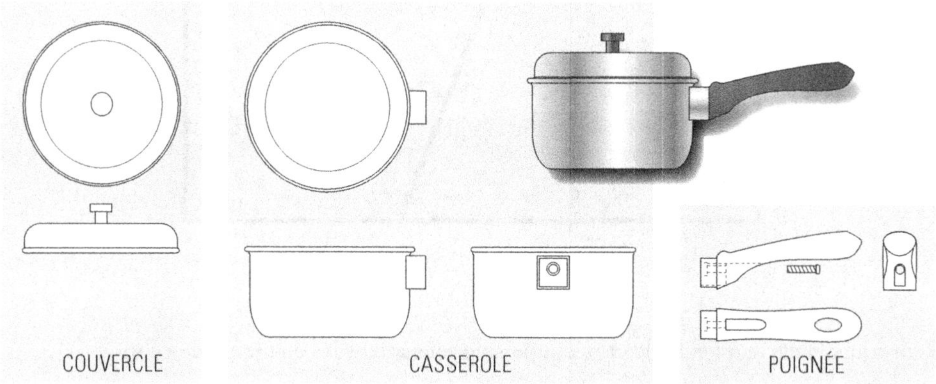

   b) Le dessin du banc représente-t-il entièrement l'objet? Explique ta réponse.

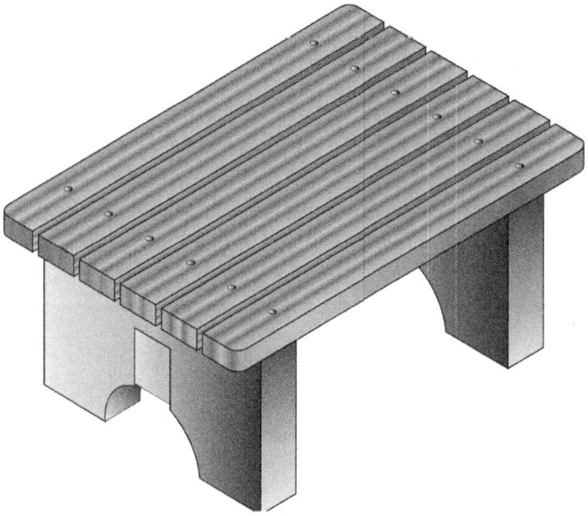

3. Bae est illustratrice technique. Elle conçoit les diagrammes des livrets d'instructions pour une entreprise de Calgary. Les instructions comportent des vues de ce dont doit avoir l'air le produit une fois assemblé. À l'aide du diagramme de la boîte aux lettres, dessine les vues du dessus, du devant et des côtés de la boîte, selon une échelle de 1 : 6.

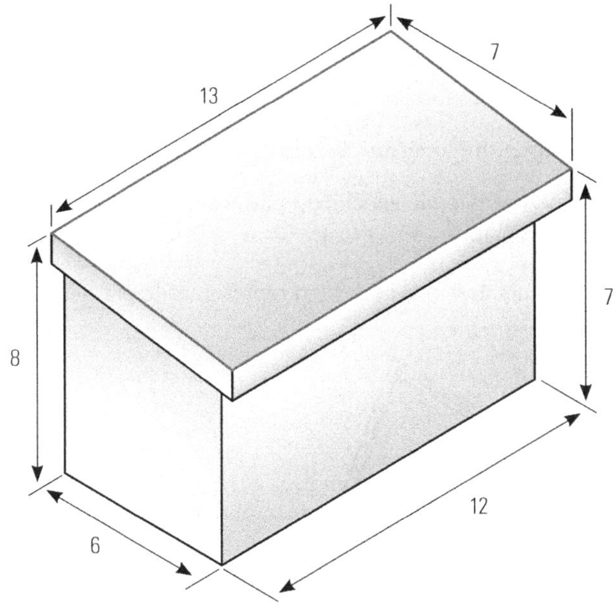

4. Zahra veut coudre à la main des sacs en tissus ouverts en haut pour les vendre dans une foire de l'artisanat à Ste-Agathe, au Manitoba. Elle décide de dessiner un patron selon l'exemple ci-contre. Dessine les parties du sac selon une échelle de 1 : 4, puis inscris leurs mesures. Prévois une marge de 1,5 cm pour la couture.

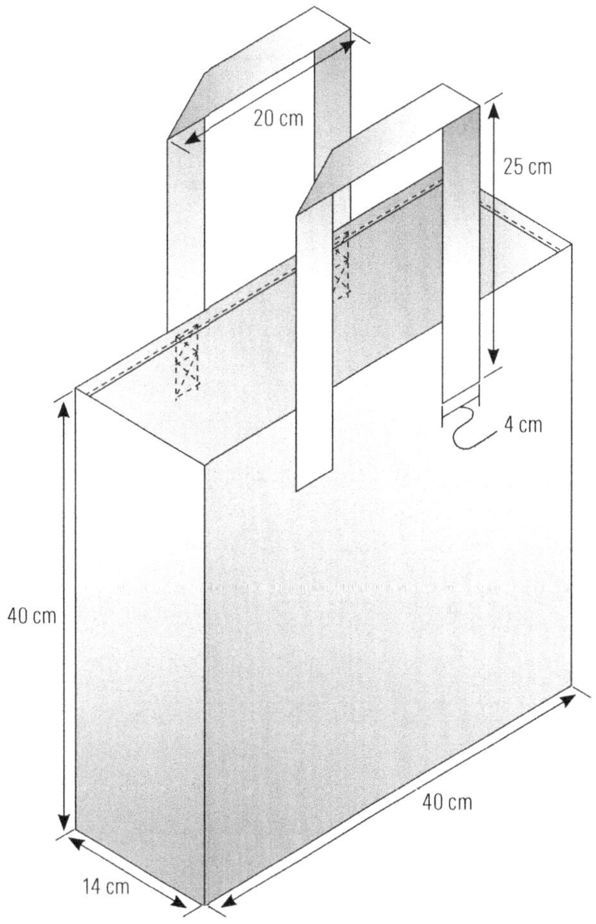

5. Richard est décorateur de plateau et il travaille dans l'industrie du cinéma à Vancouver, en Colombie-Britannique. Il travaille à la conception d'un panneau de contrôle pour une navette spatiale. On lui remet les caractéristiques suivantes :

   - Le panneau mesure 1,2 m à l'arrière et 0,75 m à l'avant. La largeur de l'avant du panneau est de 65 cm.
   - Les parties avant et arrière du panneau sont rectangulaires et sont séparées par un espace de 25 cm.
   - L'arrière est relié à l'avant par une section en pente d'une longueur de 51,5 cm.
   - La section en pente doit comprendre un écran d'ordinateur.

   a) Dessine une vue avant et une vue latérale gauche du panneau selon une échelle appropriée. Indique l'échelle sur tes dessins.

   b) Quelles sont les vues que tu dois dessiner pour bien représenter le panneau de contrôle? Explique ton raisonnement.

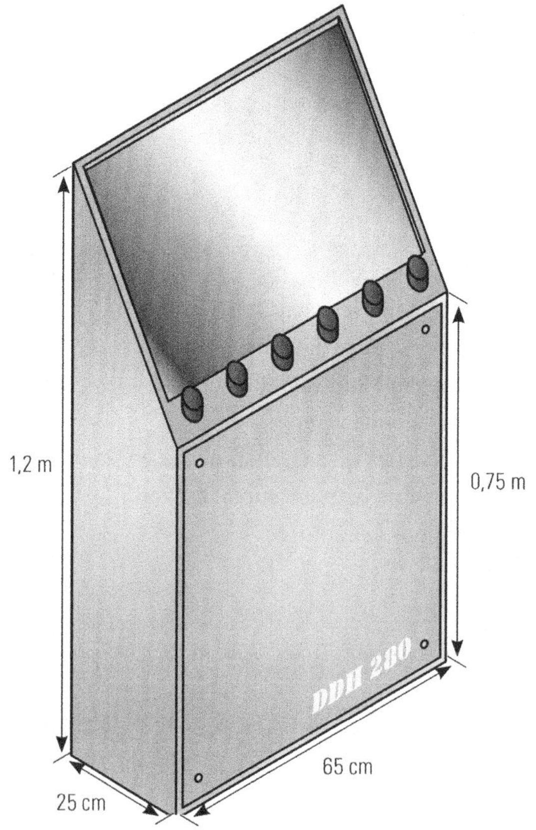

6. Une artisane a conçu cette maison pour papillons. Elle crée un ensemble permettant de faire soi-même la maison qu'elle compte vendre au marché de producteurs de Swift Current. Elle prévoit y inclure un diagramme des composantes.

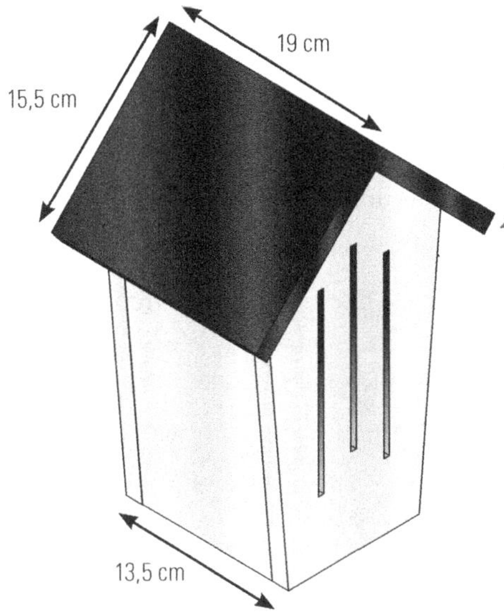

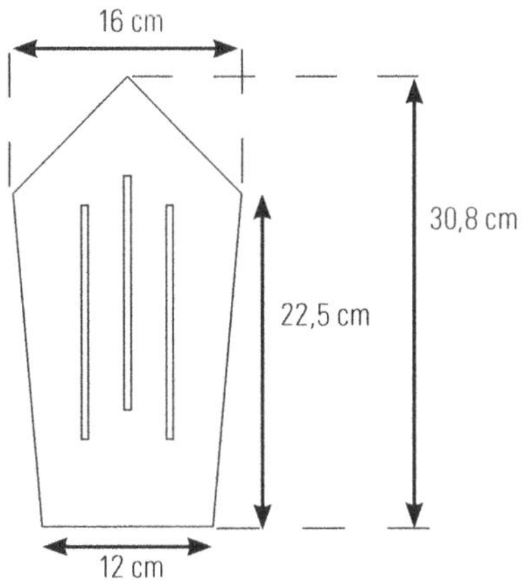

COMPOSANTE DE LA VUE AVANT

On trouve les papillons monarques, comme celui-ci, du Mexique au Canada. Les gens aménagent des maisons de papillons dans leurs jardins pour que les papillons y trouvent refuge.

Dessine les composantes que l'artisane pourrait inclure dans la trousse, selon une échelle de 1 : 5.

7. La librairie La Bouquinerie Gravel, à Gravelbourg en Saskatchewan, vend des livres et présente des lectures d'auteurs en français. Un menuisier doit fabriquer de nouveaux rayons de rangement pour la marchandise. Voici les pièces que le menuisier utilisera pour fabriquer un rayon de rangement, dessinées selon une échelle de 1 : 25. L'épaisseur réelle du bois qu'il utilisera est de 2 cm.

   a) Sers-toi de ce dessin pour tracer une esquisse du rayon.

   b) Si le menuisier voulait diviser le rayon en deux à la verticale, quelle incidence cela aurait-il sur le diagramme des pièces?

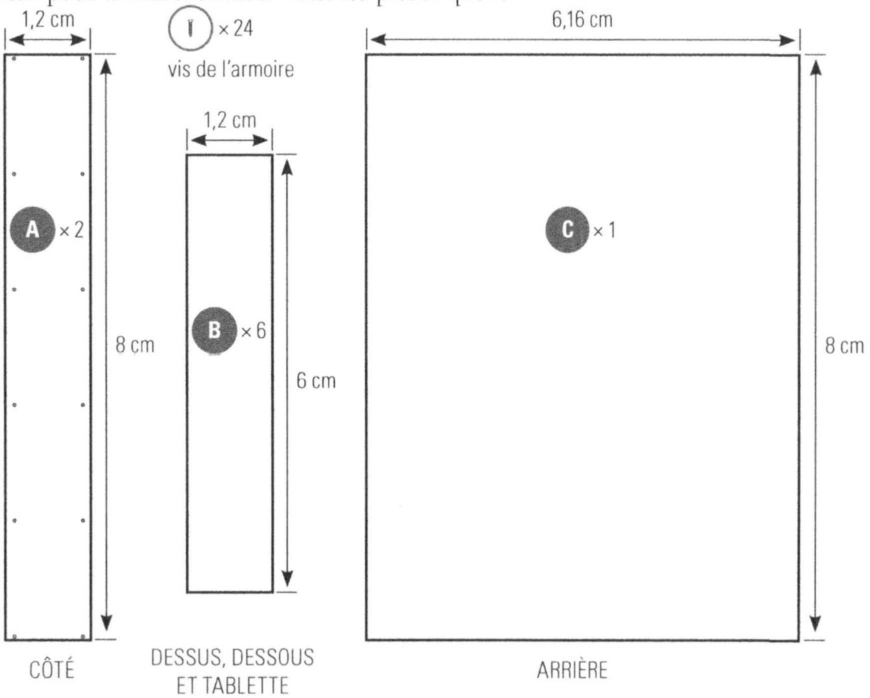

Approfondis ta réflexion

8. Savais-tu qu'on vend le tissu plié en deux? Une couturière place ensuite les morceaux d'un patron sur le dessus du tissu, puis elle fixe le patron aux deux épaisseurs de tissu avec des épingles.

   Lorsqu'elle coupe le morceau, elle obtient deux pièces symétriques (pour les patrons fixés le long d'un pli) ou deux pièces identiques (pour les patrons fixés à l'écart du pli).

   Par conséquent, les patrons ne montrent souvent que la moitié d'un morceau (pour les pièces symétriques) et seulement une des deux pièces identiques.

   Gwen est étudiante en conception de costumes. Elle conçoit un patron de couture pour un tablier à partir du dessin suivant.

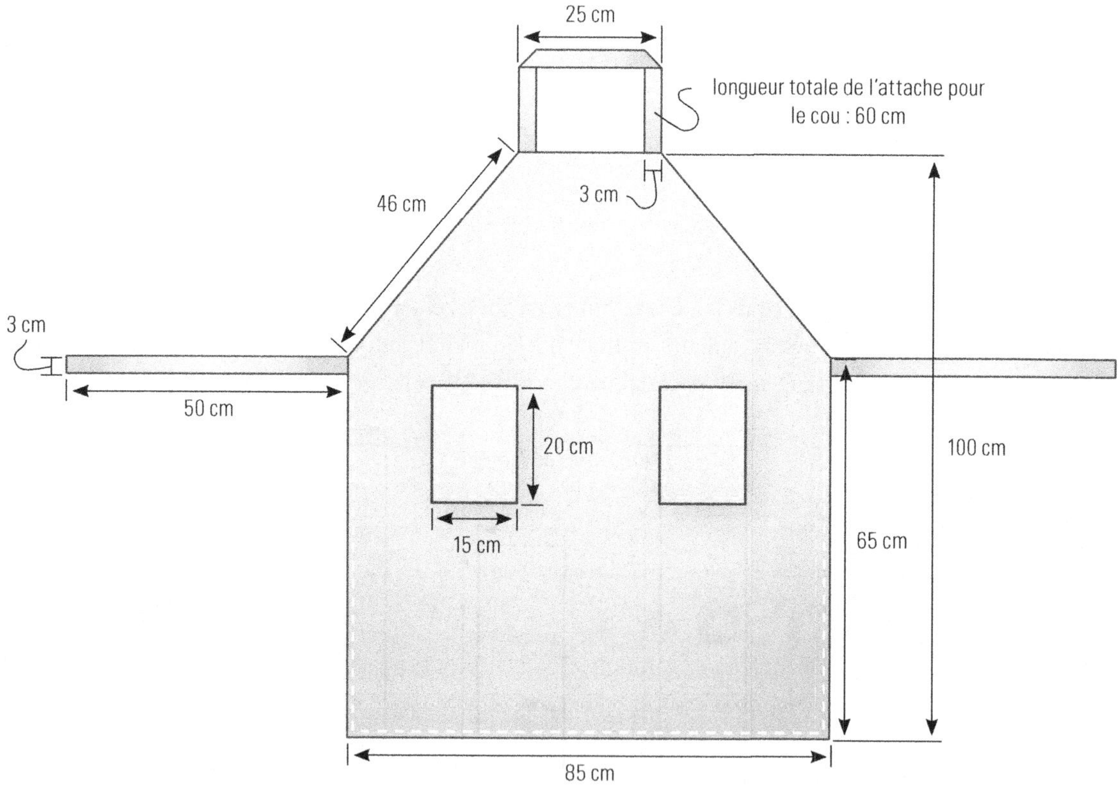

   Gwen doit créer des morceaux de patron pour les parties du tablier et déterminer la meilleure façon de les placer sur le tissu afin d'en utiliser le moins possible.

Le tissu qu'elle utilisera est d'une largeur de 150 cm. Elle décide de mettre à l'essai son patron en le dessinant sur une feuille d'une largeur de 15 cm.

a) Quelle échelle Gwen utilisera-t-elle pour créer ses morceaux?

b) Quelle sera la largeur du morceau de patron le plus large si Gwen ne dessine que la moitié du morceau principal du tablier et qu'elle prévoit 1,5 cm pour la couture? Quelle sera la largeur de ce morceau de patron dans son dessin?

c) Combien de morceaux pour les poches doit-elle dessiner? Quelle sera la hauteur de la poche dans son dessin, en comptant la marge pour la couture?

d) Combien de morceaux Gwen devra-t-elle dessiner?

e) Dessine les morceaux du dessin à l'échelle de Gwen en prévoyant la marge pour la couture.

f) Montre la façon dont tu pourrais placer les morceaux du patron de Gwen sur une feuille d'une largeur de 15 cm de façon à utiliser le moins de tissu possible. N'oublie pas de plier la feuille en deux. Les différents morceaux du patron peuvent se toucher sur les rebords, ce qui permet d'économiser du tissu.

g) Selon ton dessin, quelle est la longueur minimale de tissu dont Gwen aura besoin pour son patron?

PROJET – CRÉATION DE DESSINS ET D'UNE MAQUETTE

DESSINE TON OBJET

T La prochaine étape du projet consiste à créer un dessin à l'échelle de ton objet. Commence par faire de plus amples recherches pour apprendre la façon dont on construit ton objet dans le milieu de travail.

- De quels matériaux ton objet, grandeur nature, est-il fait?
- Quelles sortes de pièces ou de matériaux faut-il pour assembler l'objet?
- De quels matériaux auras-tu besoin pour produire ta maquette?
- Comment fixeras-tu les pièces les unes aux autres?

Dessine à l'échelle le devant, les côtés, le dessus et l'arrière de l'objet (s'il y a lieu). Indique sur tes dessins les mesures réelles de ton objet et l'échelle que tu as utilisée.

Dessine les pièces de ton objet à l'échelle. Inscris le nom et les mesures des pièces.

Quelles sont les choses que tu as découvertes durant ta recherche? As-tu eu besoin de modifier ton modèle? Si oui, pourquoi? Ajoute ces renseignements à ton dossier de projet.

Une fois que tu as fais tes dessins, tu peux demander de la rétroaction à ton enseignant; ces renseignements pourront t'aider à élaborer ton projet.

5.3 Représentations à trois dimensions

LES *MATHÉMATIQUES AU TRAVAIL*

« Lorsque j'allais à l'école secondaire Jasper Place d'Edmonton, je suivais un cours qui s'intitulait Technologie hypermédia. J'ai ainsi découvert le monde du graphisme, de l'animation et du multimédia. J'ai tout de suite su que c'était ce que je voulais faire dans la vie », raconte Natasha Bowen.

Tout de suite après avoir reçu son diplôme, Natasha a été embauchée par Christie Communications. L'entreprise produit du matériel d'éducation et se spécialise dans les médias interactifs et l'apprentissage en ligne. Aujourd'hui, Natasha travaille pour cette même entreprise en tant qu'animatrice et illustratrice. « Vous pensez peut-être que parce que je dessine des choses, les mathématiques n'ont rien à voir dans mon travail? », nous demande Natasha. « Les mathématiques font partie de tout ce que je fais au travail, même s'il arrive que je ne m'en rende pas compte : les rapports de forme, la proportion et la dimension, les dimensions des scènes, etc. font tous appel à des principes mathématiques », affirme-t-elle.

« J'ai suivi tous les cours d'art donnés dans toutes les écoles où je suis allée », raconte Natasha Bowen.

Au travail, Natasha conçoit des personnages, des scénarimages pour des scènes d'animation, des graphiques numériques à partir d'esquisses tracées à la main, programme du contenu pour des cours, et crée des plateaux de jeu personnalisés. « J'ai souvent eu l'occasion d'apprendre au travail », affirme Natasha. Elle continue aussi de parfaire son éducation et de perfectionner ses compétences au travail en suivant d'autres cours en art.

1. Natasha crée un scénarimage éducatif qui apprend aux élèves du secondaire les étapes nécessaires pour dessiner des objets en trois dimensions. La dernière image du scénarimage montre une représentation achevée d'une table de cafétéria en trois dimensions. Dessine la table comme tu l'imagines.
2. Si tu devais remettre ton dessin à une ébéniste, aurait-elle suffisamment de renseignements pour fabriquer la table? Explique ta réponse.

dessin en perspective : représentation en deux dimensions d'un objet en trois dimensions; l'objet semble proportionnellement plus petit avec l'éloignement et comprend des caractéristiques comme un avant-plan et un point de fuite qui servent à créer une impression de profondeur et d'espace

dessin isométrique : représentation d'un objet en trois dimensions pour laquelle on utilise la même échelle pour tracer la hauteur, la largeur et la profondeur du même objet; les lignes qui sont parallèles dans la réalité sont parallèles dans le dessin

EXPLORE LES MATHÉMATIQUES

Les dessins qui représentent trois dimensions peuvent être très utiles dans bon nombre de situations au travail.

Examine les dessins ci-dessous. Quelles différences remarques-tu entre eux? Peux-tu expliquer pourquoi ils semblent tous différents les uns des autres?

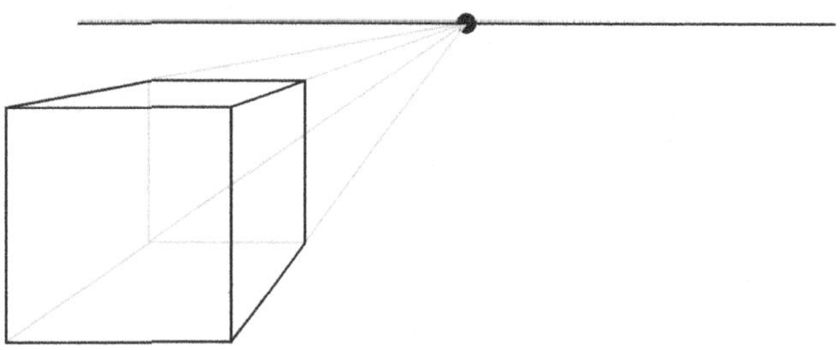

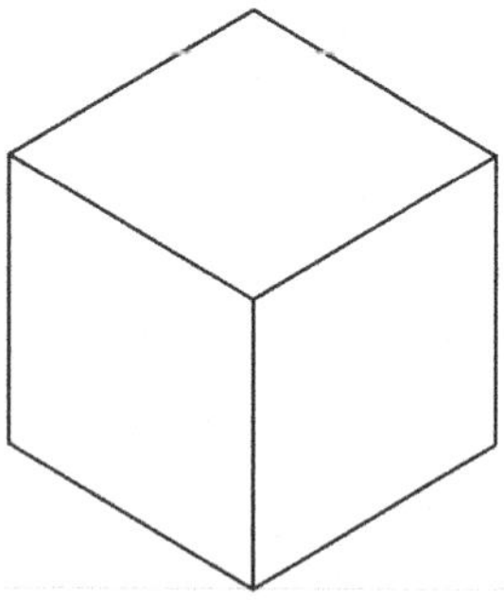

Le dessin de gauche est un **dessin en perspective**. Le dessin de droite est un **dessin isométrique**.

- Dans quelle situation serait-il plus pratique d'opter pour un dessin isométrique? ou pour un dessin en perspective?

Cette photo montre une portion de la Transcanadienne qui traverse l'Alberta. Il s'agit également d'une représentation d'une perspective centrale ou perspective linéaire.

Les dessins isométriques représentent le choix idéal lorsqu'il faut communiquer des renseignements techniques. Les dessins isométriques :

- montrent une projection parallèle d'un objet, ce qui signifie que les lignes qui sont parallèles dans la réalité le sont aussi dans le dessin;
- comprennent des lignes verticales pour montrer la hauteur d'un objet;
- comprennent des lignes mesurées à 30° d'une ligne horizontale pour montrer la largeur et la hauteur.

Les dessins isométriques combinent la profondeur d'un objet à une vue sans distorsion des dimensions de l'objet. Cela facilite la mesure et la visualisation de l'assemblage des composantes. Cependant, ces dessins n'ont pas un aspect tout à fait réaliste, car les lignes parallèles ne convergent pas en s'éloignant, comme dans les dessins en perspective et dans la réalité.

diagramme en vue éclatée : représentation en trois dimensions d'un objet qui montre la façon dont s'agencent les éléments; les éléments sont montrés de façon individuelle, mais dans leurs positions relatives

Par contre, les dessins en perspective visent à représenter les objets tels qu'on les perçoit. Dans un dessin en perspective centrale ou perspective à point de fuite, les scènes ou les objets sont dessinés selon l'aspect qu'ils ont à partir d'un point donné. Les parties de la scène ou de l'objet qui sont éloignées semblent plus petites et les lignes parallèles convergent vers l'horizon.

Un **diagramme en vue éclatée** peut être un dessin en perspective ou un dessin isométrique. Dans un diagramme en vue éclatée, les éléments qui constituent l'objet sont montrés séparément, mais dans leurs positions relatives, de sorte que l'observateur peut voir où vont toutes les pièces et comprendre comment elles s'agencent.

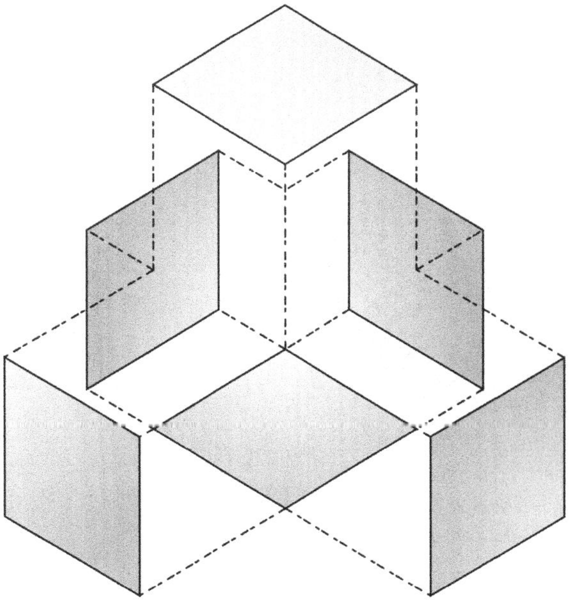

Dans un diagramme en vue éclatée les parties d'un objet qui sont normalement cachées sont apparentes. Les diagrammes en vue éclatée peuvent servir à montrer la façon d'assembler un meuble, de construire quelque chose, d'agencer des pièces ou à identifier les éléments d'un objet. Les diagrammes en vue éclatée ne sont habituellement pas dessinés à l'échelle, mais plutôt de façon approximative. On indique souvent à l'aide de traits interrompus l'endroit où les pièces s'assemblent.

Exemple 1

Antoine fabrique une trousse d'assemblage pour un coffre à couvertures datant des années 1800. Le coffre achevé mesure 89,5 cm de longueur, 42,5 cm de largeur et 43,5 cm de hauteur (ce qui comprend le couvercle, d'une épaisseur de 2 cm). Les trousses prévoient des techniques et des matériaux de construction traditionnels. Antoine doit incorporer un dessin isométrique à la trousse. Prépare un dessin à l'échelle qu'Antoine pourra joindre à la trousse.

SOLUTION

Utilise du papier isométrique pour faire ton dessin. Commence par identifier le dessus, le côté et l'avant du coffre à couvertures. Utilise une échelle de 1 : 10 pour calculer les mesures du dessin.

Longueur : 89,5 cm ÷ 10,0 cm = 8,95 cm

Largeur : 42,5 cm ÷ 10,0 cm = 4,25 cm

Hauteur : 43,5 cm ÷ 10,0 cm = 4,35 cm

Hauteur du couvercle : 2,0 cm ÷ 10,0 cm = 0,20 cm

Choisis la vue du coffre qui représente le mieux ses dimensions. Pour cet exemple, utilise la même vue que celle qu'on voit sur la photo. Commence par dessiner la face du côté court du coffre.

Étape 1 : Dessine une ligne verticale de 4,35 cm qui représente la hauteur de l'un des coins du coffre.

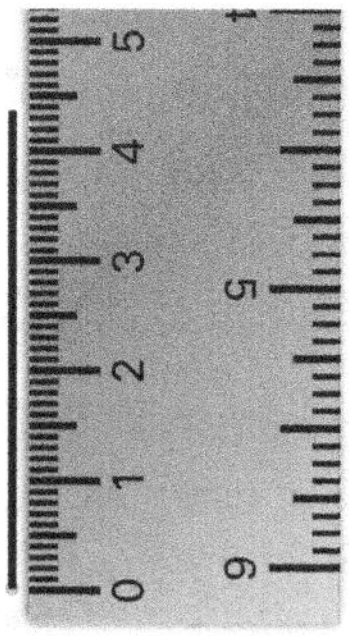

SUGGESTION

Lorsque tu utilises du papier isométrique, les lignes qui sont horizontales dans la réalité traversent une rangée de points à un angle de 30° par rapport à la rangée suivante ou sont parallèles à cette rangée. Les lignes qui semblent verticales dans la réalité traversent une rangée de points ou sont parallèles à cette rangée.

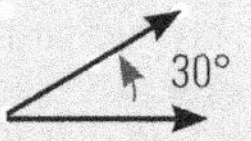

Ce coffre à couvertures a été fabriqué à Hudson, au Québec, vers la fin du dix-neuvième siècle.

Étape 2 : Dessine deux lignes de 4,25 cm à partir du haut et du bas de ta ligne verticale pour représenter les rebords du haut et du bas des côtés du coffre. Les deux lignes doivent être tracées à 30° à l'horizontale et être parallèles.

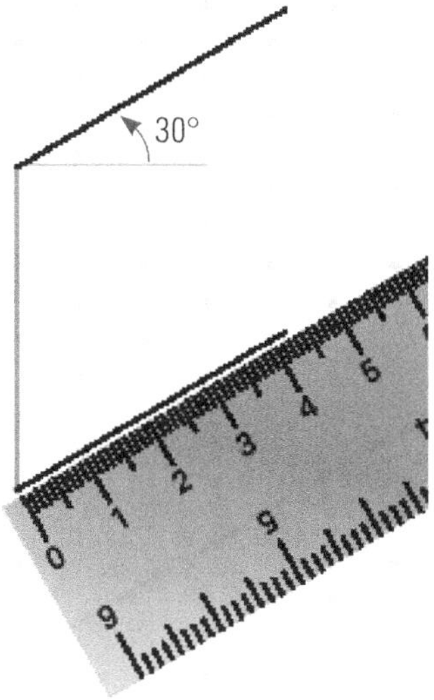

Étape 3 : Complète le côté du coffre en traçant une autre ligne verticale de 4,35 cm pour représenter le coin arrière droit du coffre.

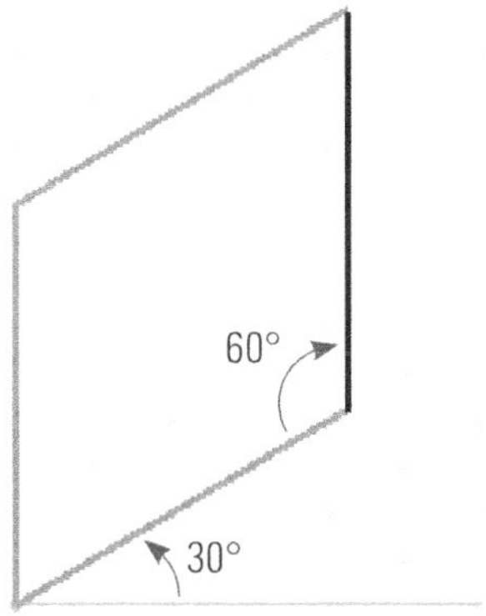

Étape 4 : Dessine la face du côté long du coffre. Les rebords du haut et du bas de la face doivent mesurer 8,95 cm de longueur et le rebord de gauche doit mesurer 4,35 cm de hauteur.

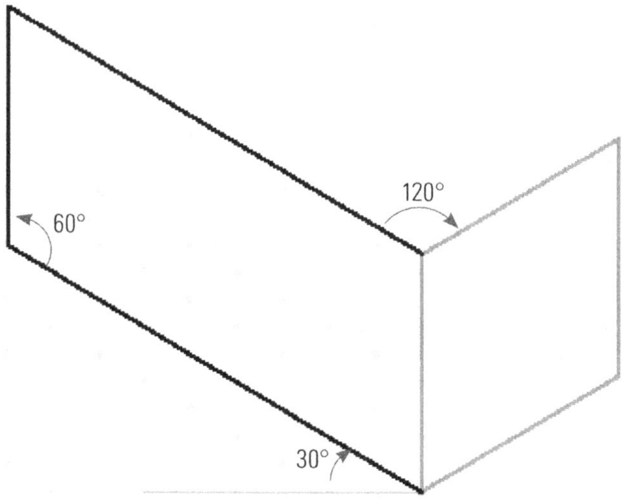

Étape 5 : Dessine la face du dessus du coffre. Pour ce faire, dessine une ligne de 8,95 cm à partir du coin avant droit du coffre, parallèle au côté long supérieur du coffre. Relie maintenant le coin supérieur arrière gauche du coffre au coin supérieur arrière droit.

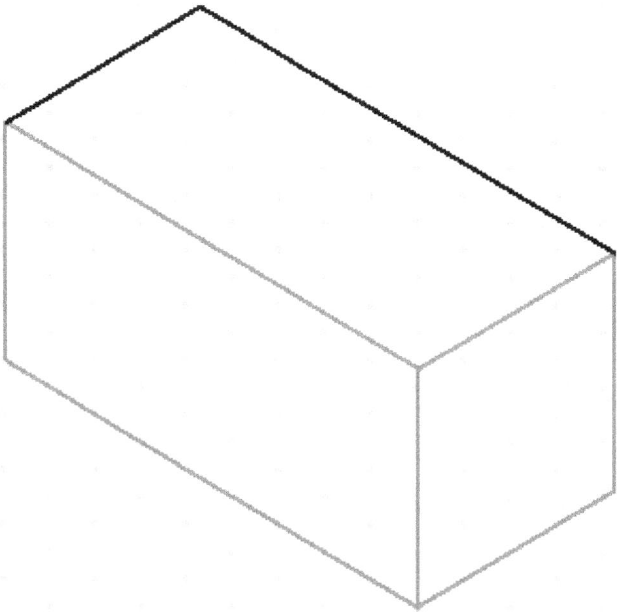

Étape 6 : Pour compléter le couvercle, trace deux lignes parallèles à 0,2 cm du côté long et du côté court du dessus du coffre.

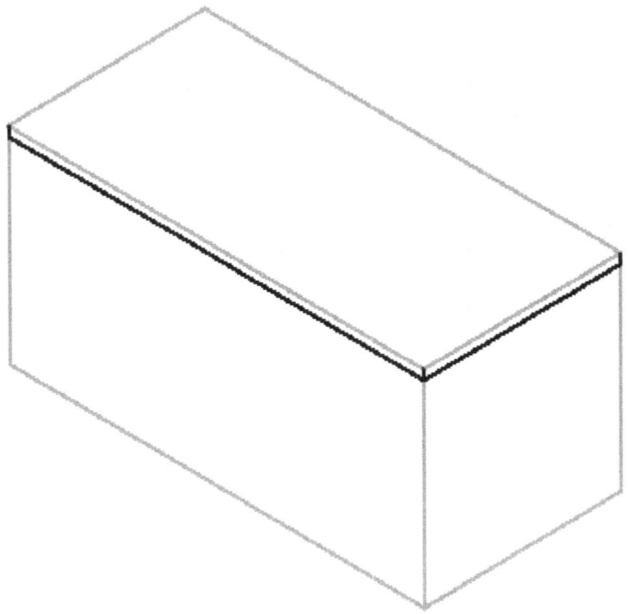

AUTRES SOLUTIONS

Tu peux faire un dessin isométrique sans utiliser de papier isométrique.

Commence par tracer une ligne verticale de la hauteur du coffre, ou d'une longueur de 4,35 cm. Trace une ligne perpendiculaire à la base; celle-ci te servira de guide. Ensuite, sers-toi d'un rapporteur d'angle pour former deux angles de 30° à partir de la ligne servant de guide et allant rejoindre la ligne verticale. Trace la ligne de gauche de la même largeur que le coffre, ou d'une longueur de 8,95 cm. Trace la ligne de droite de la même profondeur que le coffre, ou d'une longueur de 4,25 cm.

T Tu peux aussi te servir de programmes de dessin par ordinateur pour faire des dessins isométriques. Ces programmes comprennent les logiciels de conception assistée par ordinateur (CAO).

SUGGESTION

Pour créer un dessin isométrique d'un objet dans lequel on ne voit pas les points, place une feuille par-dessus le papier isométrique. Tu pourra alors tracer avec précision les angles de 30°, mais les points n'apparaîtront pas sur ton dessin.

Exemple 2

ligne d'horizon : ligne horizontale (pas toujours visible) située au niveau des yeux de l'observateur dans un dessin en perspective

point de fuite : point de convergence des lignes parallèles dans un dessin en perspective

Jillian est conceptrice et elle fait un dessin en perspective centrale d'un contenant de jus. L'illustration sera reproduite sur une affiche pour faire la promotion du recyclage. Dessine le contenant de jus qui figurera sur l'affiche.

SOLUTION

Dessine une droite horizontale, ou une **ligne d'horizon**. Dessine un **point de fuite** sur la ligne d'horizon.

Dessine un rectangle environ aux deux tiers du bas de la page et à la droite du point de fuite. Il s'agit de l'avant du contenant de jus.

Les dessins en perspective donnent une impression de réalisme.

Trace quatre lignes qui partent du point de fuite et qui passent par les quatre coins du contenant de jus.

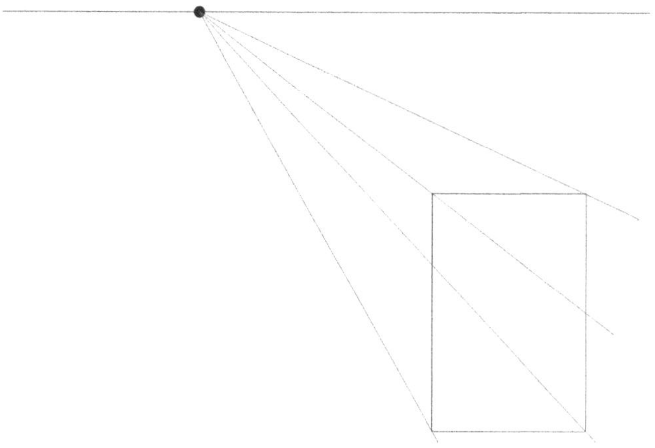

Trace une ligne horizontale entre les deux lignes supérieures qui se terminent au point de fuite. Cette ligne est parallèle à la ligne d'horizon. Il s'agit également de l'arrière du contenant de jus.

Trace une ligne verticale à partir du côté gauche de cette ligne. Cette ligne se termine à la ligne tracée à partir du coin gauche. Le contenant de jus est terminé.

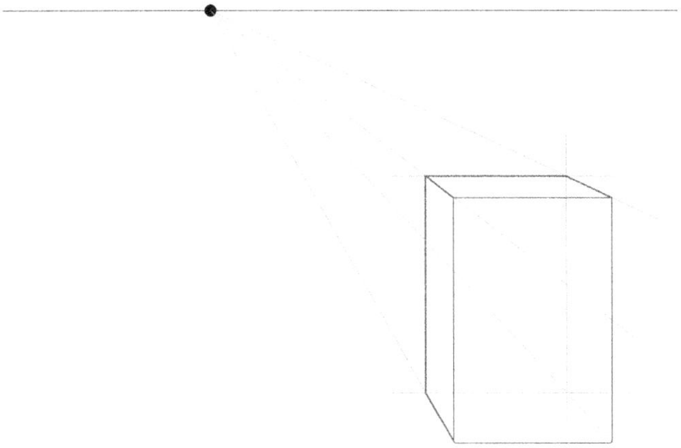

Efface les lignes derrière le contenant de jus ainsi que la ligne d'horizon et le point de fuite. Tu peux maintenant y ajouter les détails que tu veux.

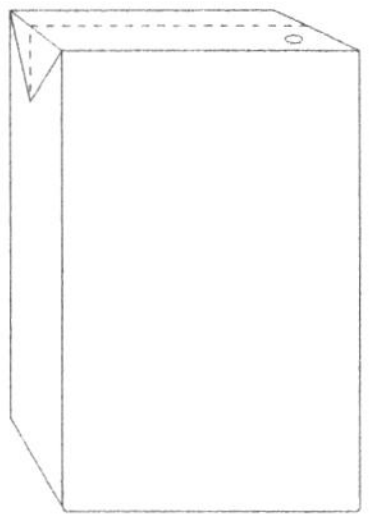

SUGGESTION

Tu peux aussi faire un dessin en perspective dans lequel l'objet est à la gauche du point de fuite.

AUTRE SOLUTION

Tu peux déplacer le point de fuite vers la droite et suivre les étapes ci-dessus. Ainsi, tu obtiendras un dessin en perspective centrale montrant une vue du côté gauche du contenant de jus.

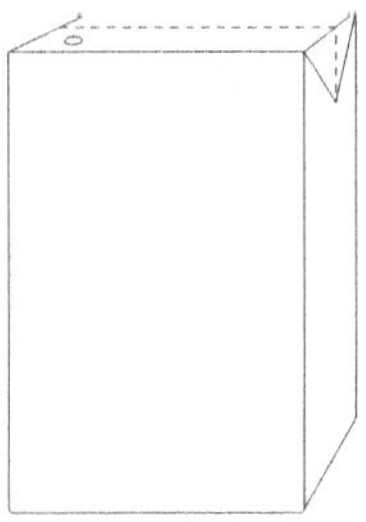

DISCUSSION DES IDÉES

DIAGRAMMES AU TRAVAIL

Des comédiens qui jouent dans la pièce de théâtre de la UBC The Rez Sisters, *de Tomson Highway.*

The Rez Sisters de Tomson Highway, *Toronto at Dreamer's Rock* de Drew Hayden Taylor, et *Moonlodge* de Margot Kane sont des pièces de théâtre canadiennes bien connues écrites par des dramaturges des Premières nations. Selon le metteur en scène, les décors de ces pièces peuvent être très différents.

Les scénographes font des dessins et des maquettes des toiles de fond et des bâtiments, et les accessoiristes se servent de ces dessins et maquettes pour faire les meubles ou les modèles qu'on voit sur la scène.

1. Dans quelle circonstance un accessoiriste peut-il se servir d'un dessin isométrique?
2. Si l'accessoiriste devait montrer à un apprenti la façon d'assembler une maquette d'un four, quelle sorte de diagramme remettrait-il à l'apprenti? Explique ta réponse.
3. Si le scénographe voulait une maquette d'une voiture dans la pièce, quels types de diagrammes utiliserait-il pour concevoir son modèle?

Calcul mental et estimation

L'une de ces choses est différente des autres! Le diagramme montre une table triangulaire dessinée de façon isométrique.

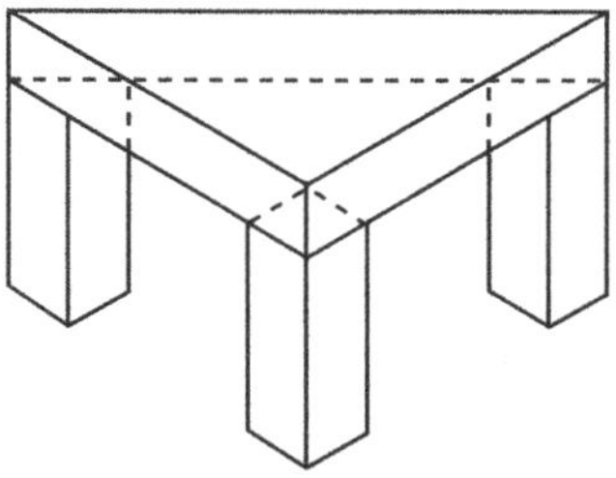

Observe les diagrammes suivants et choisis celui qui correspond au modèle ci-dessus.

a)

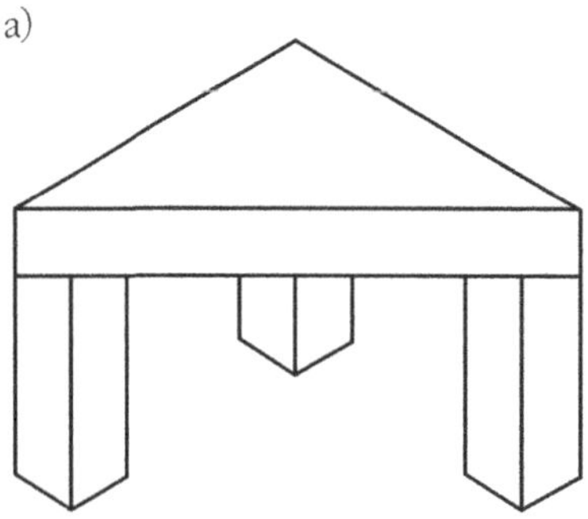

b)

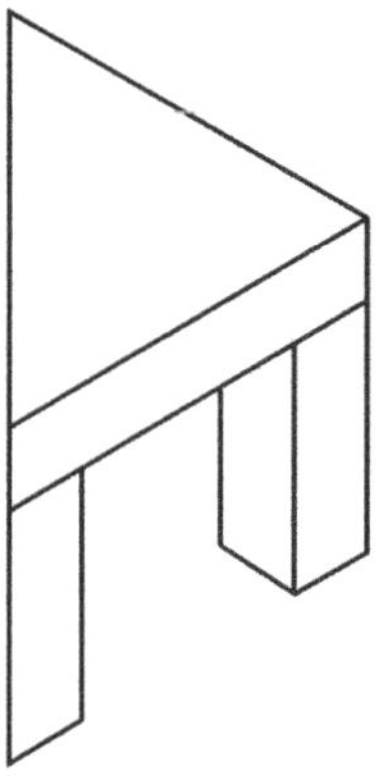

Exemple 3

Michael est enseignant à l'école secondaire Brooks de Powell River, en Colombie-Britannique. Comme projet de fin d'année, les élèves de sa classe doivent fabriquer des tables de salon. Ils peuvent ajouter une vitre ou une incrustation en bois sur le dessus de la table. Avant que les élèves commencent à assembler les pièces de leurs tables, Michael fait circuler des dessins qui montrent la façon d'assembler les pièces de la table pour achever l'objet. Fais un dessin que Michael pourrait utiliser.

SUGGESTION

Lorsque tu dessines un diagramme en vue éclatée, tu peux dessiner des vues de l'objet pour t'aider à déterminer les différents éléments. Il est aussi utile de dessiner les éléments de façon isométrique.

SOLUTION

Détermine les pièces qui composent la table. Il y a quatre pattes. Le dessus est fait d'une incrustation de verre encadrée de quatre pièces.

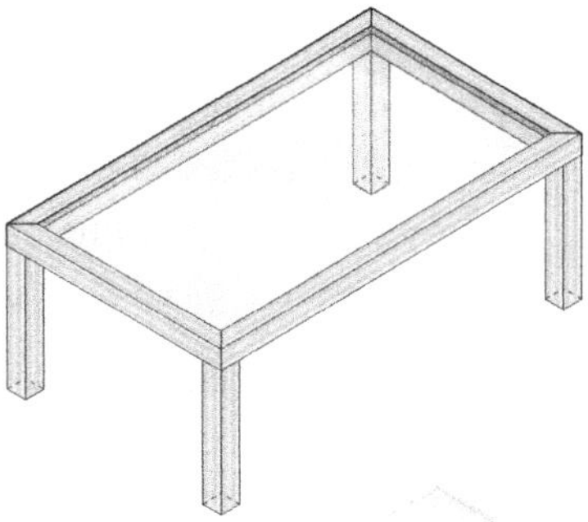

Dessine les neuf éléments individuellement, mais de façon à ce qu'on puisse voir la manière dont ils s'assemblent pour obtenir la table achevée. Pour ce faire, tu peux séparer les éléments à des angles de 30° ou de 60°.

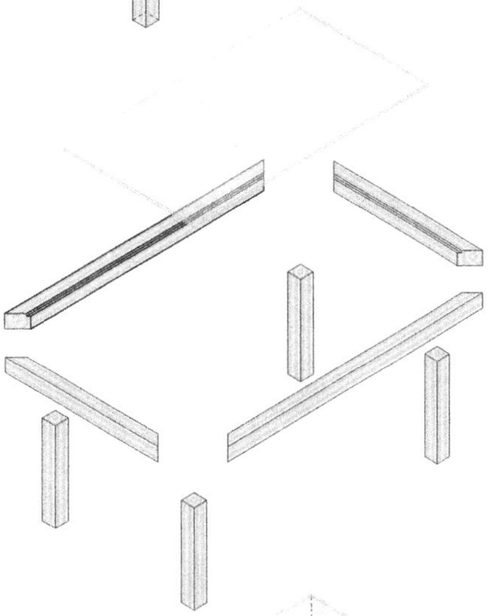

Trace des traits interrompus qui montrent la relation entre les pièces ou la façon dont elles s'assemblent pour former la table de salon. Le diagramme montre que les côtés de l'incrustation de verre s'insèrent dans des rainures situées sur les rebords de la table. On peut aussi y voir que les rebords du dessus de la table sont liés les uns aux autres et que chaque patte est reliée à un coin du dessus de la table.

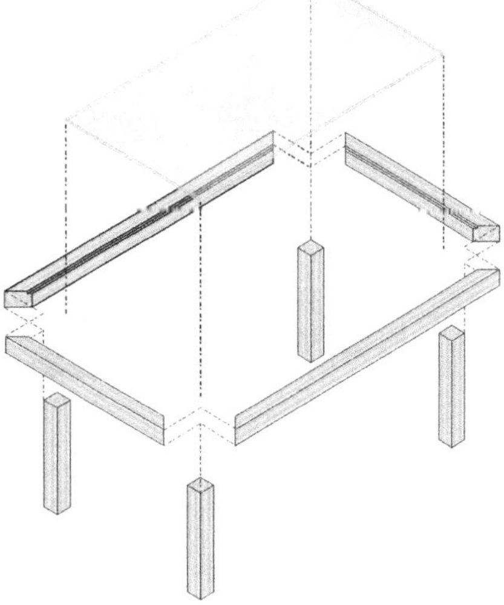

Les cométiques représentent un aspect important des déplacements hivernaux en Arctique.

ACTIVITÉ 5.4

DESSINE UN COMÉTIQUE

Un cométique est un traîneau servant à transporter de la marchandise durant l'hiver. Les Inuits ont construit les premiers cométiques avec des os de baleine et de la peau de phoque. Ils utilisaient parfois des poissons gelés emballés dans de la peau d'animaux pour faire les patins des traîneaux. Traditionnellement, les cométiques étaient tirés par des chiens, mais de nos jours, ils sont aussi tirés par des motoneiges.

T

1. Fais des recherches sur la façon de fabriquer les cométiques. De quels matériaux la plateforme et les patins sont-ils habituellement faits? De quelle façon les pièces transversales qui constituent le dessus du cométique sont-elles fixées aux patins? Où et comment place-t-on habituellement la marchandise?
2. À l'aide des renseignements issus de tes recherches et du diagramme ci-dessous, énumère les pièces qui composent le cométique. Habituellement, les cométiques mesurent environ 3 m de longueur sur 1 m de largeur. Fais un dessin à l'échelle d'un cométique sur du papier isométrique. Ne dessine pas la courbe des patins, car celle-ci est difficile à rendre de façon isométrique. Dessine des lignes droites au lieu des courbes.
3. À l'aide de la même échelle, dessine une vue éclatée du cométique. Inscris les dimensions réelles du cométique. Rédige de brèves instructions d'assemblage des pièces.

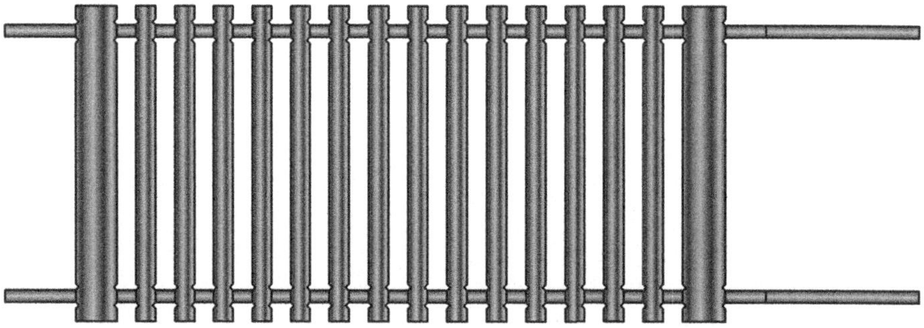

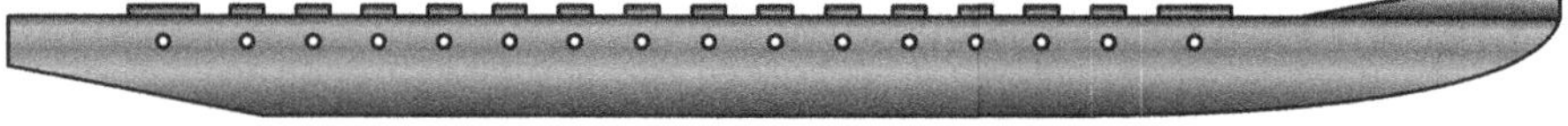

LES RACINES DES MATHÉMATIQUES

ILLUSTRATIONS TECHNIQUES

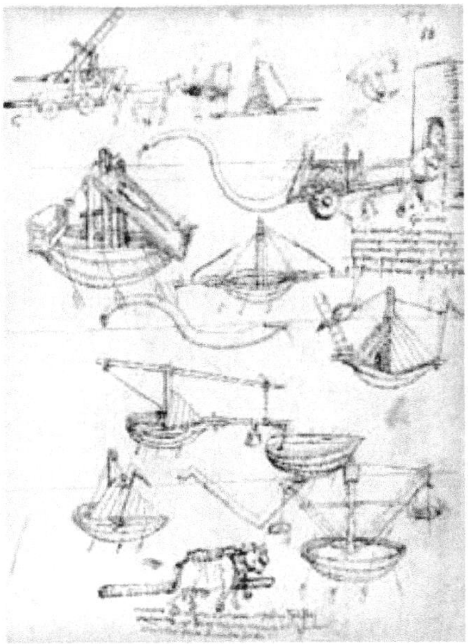

Voici des exemples des premiers dessins techniques dans lesquels on a utilisé des vues et des représentations pour montrer la façon dont des éléments distincts s'agencent pour former différents objets.

Imagine si tu devais assembler un meuble sans instructions. Une fois l'emballage défait, tu retrouves éparpillés des morceaux de bois pêle-mêle, des clous de finition longs et courts, de minuscules vis et une moulure de rebord de tablette. Comment fais-tu pour savoir à quoi servent et où vont les morceaux? La plupart des gens se tournent vers les illustrations techniques pour obtenir de l'aide.

Les illustrations techniques se trouvent dans les manuels, les instructions, les catalogues et comprennent souvent des diagrammes qui aident la personne à assembler ou à utiliser un équipement. Les illustrations techniques comprennent souvent des vues du dessus et du dessous, des représentations en deux et en trois dimensions de l'objet assemblé et des diagrammes en vue éclatée qui aident la personne à comprendre la façon dont les pièces séparées s'agencent pour faire fonctionner un objet. Les manuels d'instruction d'aujourd'hui, qui comprennent une multitude de diagrammes utiles, sont inspirés du travail des architectes et des artistes de la Renaissance.

En Italie, l'architecte et artiste de la Renaissance Mariano di Jacopo (1382-1453) illustrait des objets de tous les jours et des inventions. Ses dessins montrent la façon dont les diverses composantes d'un objet s'agencent pour former un tout. Un des dessins en trois dimensions de Mariano di Jacopo montre une vue supérieure droite d'un bateau. Cette vue te permet de voir les trois côtés du bateau en même temps et montre que le bateau occupe un volume et de l'espace. Une illustration montre la façon dont les aubes d'un navire se composent de différents avirons reliés par une tige. Francesco di Giorgio Martini (1439-1502) est un autre architecte de la Renaissance ayant produit des illustrations techniques. Martini a illustré des treuils, des chariots et des pompes à eau. Pour aider l'observateur à comprendre la façon dont les objets distincts étaient organisés pour former un tout, il a utilisé des représentations en trois dimensions, ainsi que des vues différentes des objets, comme des vues latérales et des plans-maquettes.

De nos jours, il y a de nombreuses possibilités d'emploi pour les rédacteurs et les illustrateurs techniques. Ces personnes peuvent travailler dans des entreprises spécialisées dans l'électronique, dans des organismes chargés de la sécurité ou pour des entreprises qui conçoivent des logiciels. La capacité d'expliquer clairement des instructions à l'aide de mots et d'image est un atout important aux yeux des employeurs et des consommateurs.

1. Pense à un objet de cinq pièces ou plus que tu as assemblé, comme un objet en bois ou un appareil électronique. Si tu devais faire un dessin en vue éclatée montrant la façon d'assembler cet objet, comment t'y prendrais-tu? Utiliserais-tu une représentation en trois ou en deux dimensions? Quelle vue ou quelles vues utiliserais-tu? Quel type de perspective utiliserais-tu? Explique ta réponse.
2. Sers-toi des techniques que tu as choisies d'après les questions précédentes pour faire une ébauche d'un dessin en vue éclatée montrant la façon d'assembler l'objet choisi.

CONSTRUIS TES HABILETÉS

1. À Whitehorse, de nombreuses murales colorées soulignent l'histoire, la culture et la nature du Yukon. Cette murale, peinte par l'artiste Lance Burton, a été initialement créée pour un plateau de tournage. Trouve le point de fuite dans la murale.

2. Faranak est une visualiste d'Edmonton, en Alberta. Un restaurant populaire où l'on sert des déjeuners a retenu les services de Faranak pour qu'elle illustre le nouveau menu. Elle décide d'inclure un grille-pain dans son concept. Elle commence par dessiner des vues centrales en perspective de son propre grille-pain. Fais une esquisse d'un de ses dessins comme tu l'imagines.

3. Rajinder est installateur de système de chauffage, ventilation et conditionnement d'air (CVCA). Il travaille à la conception d'un système de CVCA pour une maison. Il a tracé un diagramme du système de conduits comprenant les dimensions, mais le diagramme n'est pas à l'échelle. Il doit fournir au fabricant de tôles des diagrammes isométriques pour que celui-ci puisse fabriquer les conduits.

   Utilise un des dessins du système de conduit de Rajinder pour créer un dessin isométrique sur du papier isométrique. Trace le diagramme à partir de la vue indiquée.

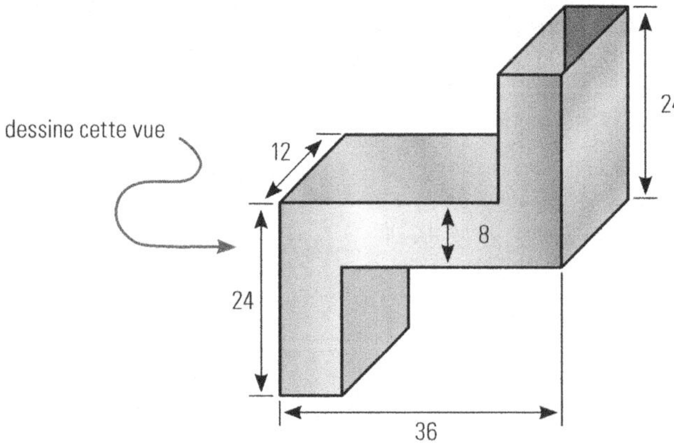

4. Françoise conçoit du matériel de quincaillerie. Elle a conçu une charnière de porte et doit fournir les caractéristiques au fabricant. Ce dernier veut obtenir un diagramme en vue éclatée, un diagramme des pièces et une vue de face de la charnière avant de commencer la production.

   Françoise a terminé le diagramme en vue éclatée. Sers-toi de ce diagramme pour dessiner la vue de face de la charnière ouverte ainsi que les pièces.

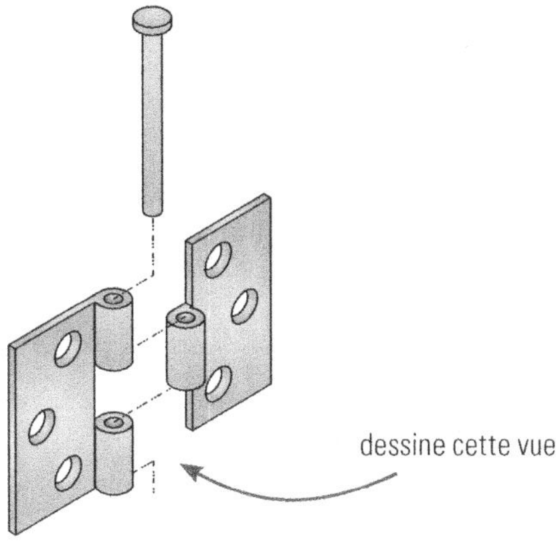

5. Walter fabrique des boîtes à thé en bois qu'il vend dans une boutique d'artisanat à Little River, au Manitoba. Voici un diagramme en vue éclatée dont il se sert pour assembler ses boîtes. Dessine un diagramme pour montrer la façon dont tu penses que les pièces s'agencent.

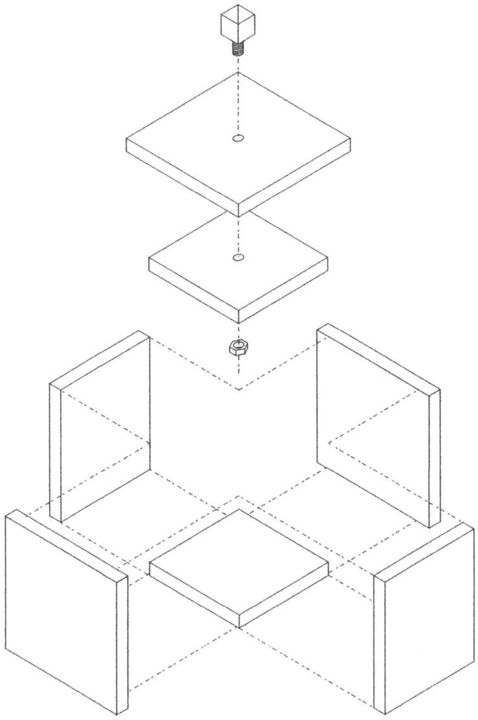

Approfondis ta réflexion

Le bois des arbres tués par le dendroctone du pin a une teinte particulière, car cet insecte est porteur d'un champignon qui laisse des taches bleues ou grises sur le bois.

6. Un fabricant de meubles à Quesnel, en Colombie-Britannique, se spécialise dans la fabrication de meubles à assembler faits de bois d'arbres tués par le dendroctone du pin. Tu as été embauché pour rédiger et illustrer les manuels d'instructions de ces meubles. Ta première tâche consiste à créer un manuel d'assemblage de cette étagère.

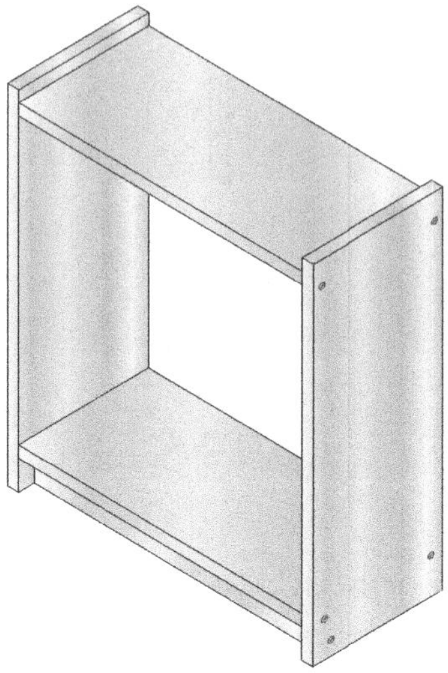

   a) Fais un dessin à l'échelle des composantes de cette étagère. Indique l'échelle sur tes dessins.

   b) Rédige des instructions pour expliquer la façon dont les pièces s'agencent.

   c) Dessine un diagramme en vue éclatée de l'étagère montrant la façon dont les pièces s'agencent.

CRÉATION DES DESSINS ET CONSTRUCTION DE LA MAQUETTE

PARTIE 1

Tu as produit un ensemble de diagrammes d'instructions pratiques, semblables à ceux utilisés par de nombreux professionnels.

Mets en pratique tes nouvelles connaissances sur les échelles pour terminer ton projet. Imagine que tu es au travail et que tu dois remettre tes diagrammes à des collègues pour que ceux-ci puissent fabriquer ton objet.

- Pour que tes collègues puissent visualiser ce dont a l'air l'objet en réalité, fais un dessin isométrique en perspective centrale ou en trois dimensions de ton objet.
- Ensuite, pour aider tes collègues à comprendre la façon dont toutes les parties de ton objet s'agencent, dessine un diagramme en vue éclatée.

Quels types de renseignements devras-tu transmettre à tes collègues pour qu'ils puissent assembler cet objet? Auront-ils besoin de diagrammes simples ou détaillés?

PARTIE 2

Il est maintenant temps de faire un modèle à l'échelle à l'aide des matériaux que tu as choisis précédemment. Sers-toi des diagrammes pour te guider. Par exemple, tu pourrais utiliser un diagramme des composantes pour découper les pièces de ton objet et un autre en vue éclatée pour assembler ton objet. Si tu dois modifier ton objet pour que les pièces puissent s'agencer, consigne ces changements dans tes diagrammes.

Prépares-toi à montrer ton esquisse et ton modèle à tes camarades de classe. Fais-leur part de tes découvertes au sujet de la construction de l'objet pendant que tu travaillais sur tes diagrammes et que tu construisais le modèle.

RÉFLEXIONS SUR L'APPRENTISSAGE

REPRÉSENTATIONS À L'ÉCHELLE

Maintenant que tu as terminé ce chapitre, tu devrais être en mesure :

- de décrire les situations dans lesquelles on utilise des représentations à l'échelle;
- d'utiliser un dessin à l'échelle pour déterminer les dimensions d'un objet en trois dimensions;
- de dessiner des vues à l'échelle des composantes d'un objet en trois dimensions;
- de construire un modèle à l'échelle d'un objet en trois dimensions;
- de dessiner un objet en trois dimensions sur du papier isométrique;
- de faire un dessin en perspective centrale d'un objet en trois dimensions;
- de dessiner un diagramme en vue éclatée d'un objet en trois dimensions et d'expliquer la façon dont les pièces s'agencent.

Tu as également terminé un projet de chapitre qui t'a permis d'appliquer ces connaissances de façon concrète à une tâche du monde réel.

MISE EN PRATIQUE DES NOUVELLES HABILETÉS

1. Cette murale, qui s'intitule « Waiting for the Whistle » est située sur le côté d'un édifice à Chemainus, en Colombie-Britannique. Trouve le point de fuite et la ligne d'horizon.

2. Les vues du dessus, du devant et du côté de cette clé USB sont présentées dans un catalogue de produits informatiques. On voit ici la clé USB dans sa dimension réelle. Dessine les trois vues dans leur dimension réelle.

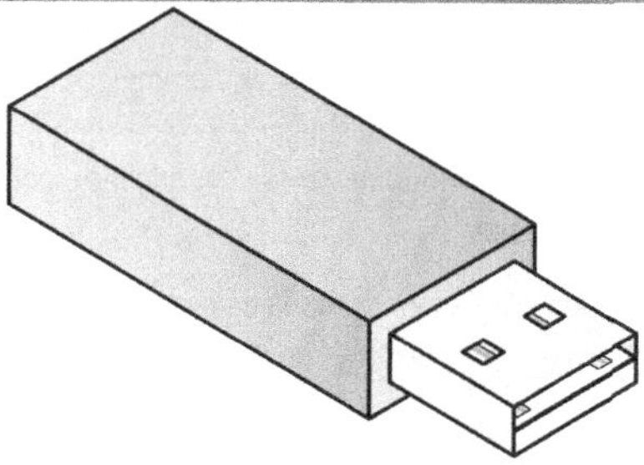

3. Lawrence est propriétaire d'une ferme à Roblin, au Manitoba. Il prévoit construire une nouvelle remise pour y ranger des outils et de l'équipement. Il dessine les vues suivantes de la remise.

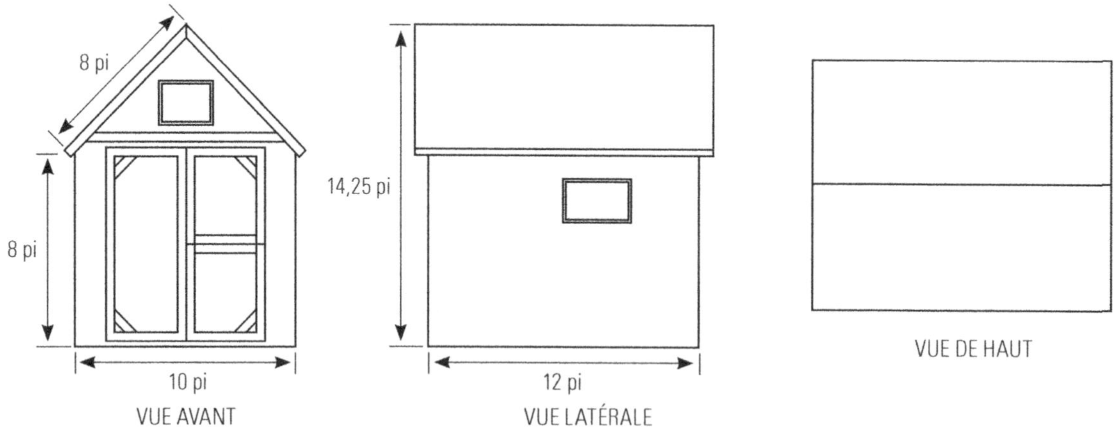

a) Fais un dessin en perspective centrale de la remise.
b) Fais un dessin isométrique de la remise sur du papier isométrique.
c) Lequel de tes deux dessins serait le plus utile pour Lawrence dans la construction de la remise? Explique ta réponse.

4. Candice travaille avec des bénévoles qui assemblent des planches à griffes destinées à plusieurs refuges pour animaux. Avant que les bénévoles commencent, Candice fait un grand dessin pour montrer les composantes de la planche à griffes, la façon dont ces composantes s'agencent et l'aspect de la planche une fois terminée.

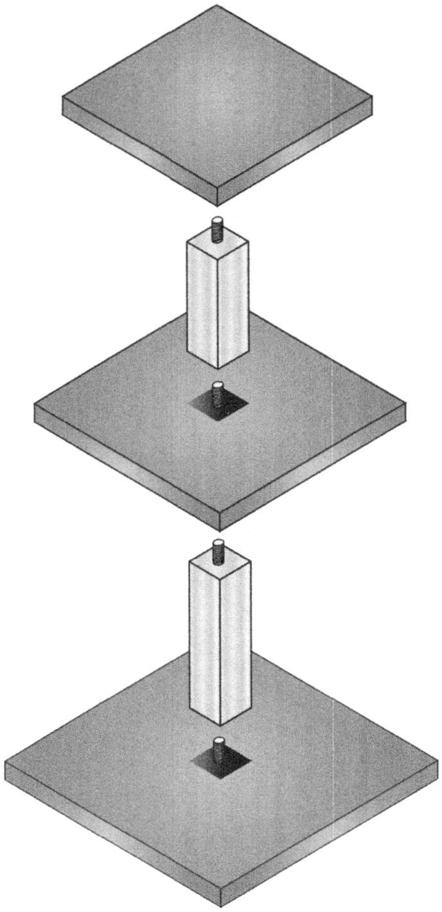

Les chats se servent des planches à griffes pour faire de l'exercice et pour s'amuser.

La plateforme du dessus mesure 50 cm^2, celle du centre mesure 60 cm^2 et celles du bas 70 cm^2. Les plateformes ont une épaisseur de 1,5 cm. Les supports mesurent 10 cm^2. Le support du dessus mesure 30 cm de hauteur et celui du bas 40 cm.

a) Fais un dessin à l'échelle des composantes du diagramme en vue éclatée. Explique la façon dont les composantes s'agencent à la planche à griffes. Quelle échelle as-tu utilisée?

b) Dessine une vue qui montre la planche assemblée.

De nombreuses personnes travaillent le bois pour le plaisir et pour relaxer.

5. Cong donne un cours de travail du bois dans le cadre d'un programme de formation continue. Ses élèves devront d'abord fabriquer un support à épices simple. Cong doit créer un diagramme des composantes et un diagramme en vue éclatée pour aider ses élèves à comprendre la façon de couper les pièces et de les assembler.

   La hauteur réelle du support à épices est de 35 cm et le bois a une épaisseur de 1 cm. Le produit fini ressemblera à ceci :

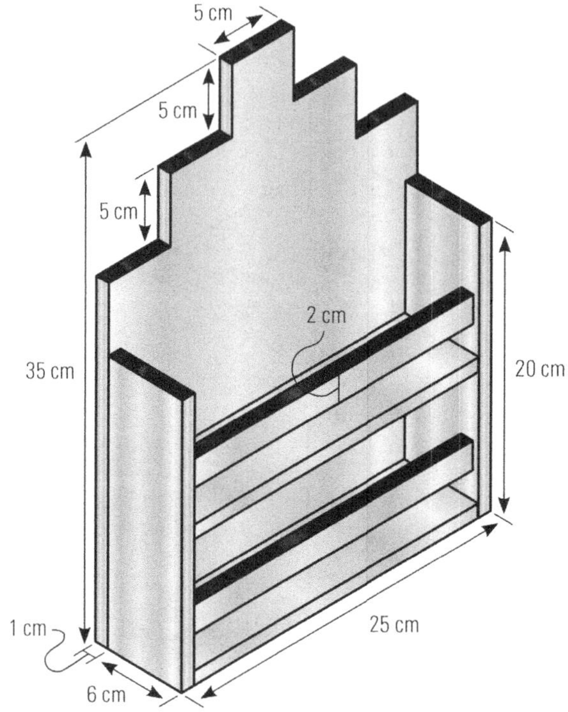

   a) Dessine les composantes de la tablette. Donne une hauteur de 7 cm au support dans ton diagramme et utilise la même échelle pour les autres pièces.

   b) Dessine un diagramme en vue éclatée montrant la façon dont les pièces du support à épices s'agencent.

6. Bahar est illustratrice technique. Elle a actuellement un contrat avec une entreprise qui vend des boîtes à pain à assembler. Le client assemble le produit à l'aide des diagrammes dessinés par Bahar. On a demandé à Bahar de dessiner différentes vues du produit fini. Voici un diagramme en vue éclatée qu'elle a déjà fait.

   a) Dessine les vues de la boîte à pain.

   b) Rédige de brèves instructions pour expliquer la façon dont les pièces de la boîte à pain s'agencent.

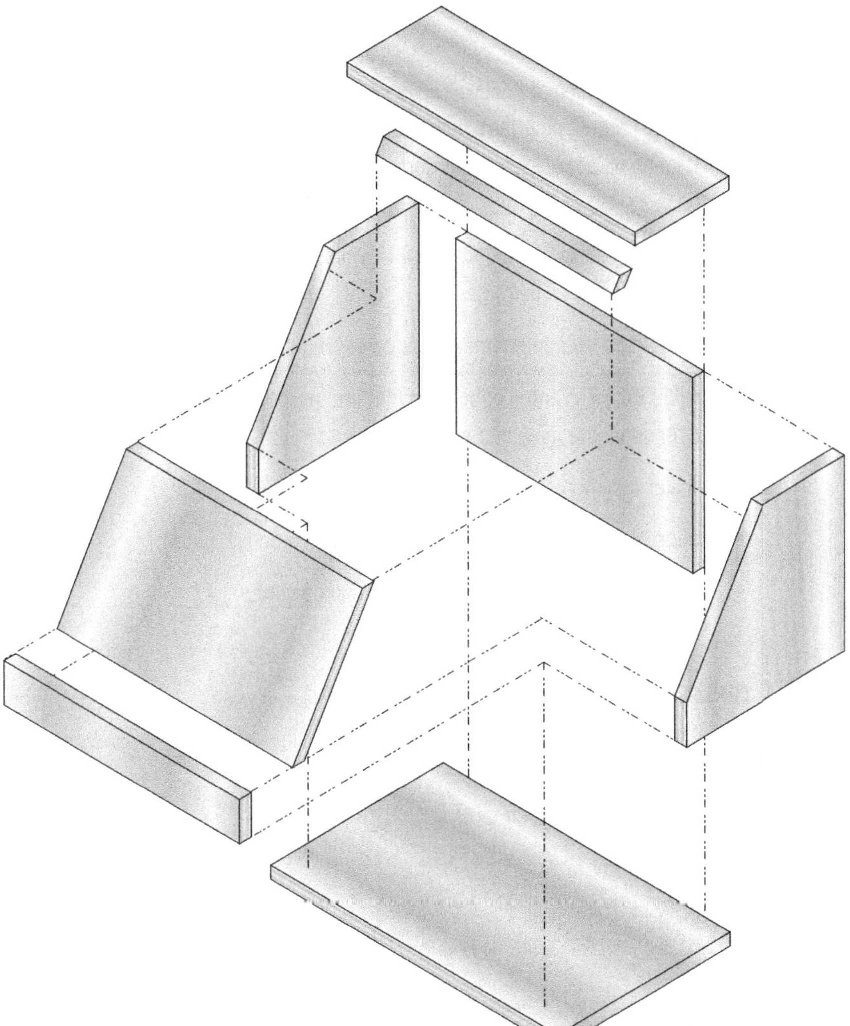

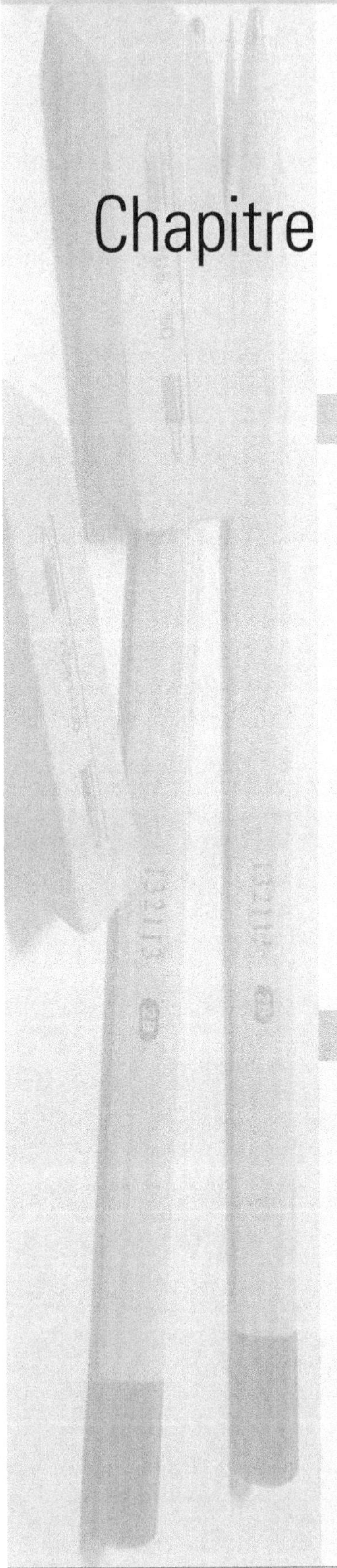

Chapitre 6

Services financiers

OBJECTIFS

Tu rêves probablement de pouvoir acheter certaines choses un jour. Peut-être veux-tu épargner de l'argent pour faire des études postsecondaires, pour acheter une voiture ou un camion ou pour te payer des sorties, des vêtements ou un nouvel ordinateur.

Quels que soient tes objectifs, qu'ils soient modestes ou ambitieux, il est important que tu comprennes la façon dont les différents services offerts par les institutions financières peuvent t'aider à gérer ton argent.

Dans ce chapitre, tu apprendras à faire ce qui suit :

- évaluer les différentes options en matière de services financiers et choisir celles qui répondent le mieux à tes besoins;
- calculer les intérêts simples et les intérêts composés;
- prendre des décisions éclairées quant à l'utilisation du crédit;
- trouver des façons d'utiliser le crédit efficacement.

TERMES IMPORTANTS

- intérêts composés
- période de calcul de l'intérêt
- frais de crédit
- intérêt
- capital
- intérêts simples

COMMENCER L'ORGANISATION

APERÇU DU PROJET

À quoi ressemblerait le système de divertissement maison de tes rêves? Quelles seraient ses caractéristiques? Quels sont les jeux ou les autres logiciels qui seraient installés? Ton projet consiste à faire une recherche sur les systèmes de divertissement maison et à calculer le coût du système de divertissement de tes rêves, taxes comprises. Imagine que tu as un emploi, que tu as 1 000,00 $ dans un compte d'épargne et que tu peux dépenser ou épargner jusqu'à 300,00 $ par mois.

Par la suite, tu étudieras les options de paiement pour trouver le mode de paiement le plus économique.

Une recherche et une compréhension approfondies des options qui s'offrent à toi en matière de services financiers peuvent t'aider à atteindre tes objectifs, comme l'achat du système de divertissement maison de tes rêves.

POUR COMMENCER

Pour commencer ton projet, effectue une recherche sur les composantes du système de divertissement maison que tu aimerais avoir. Rends-toi dans des commerces ou sur des sites Web qui vendent des centres de divertissement maison afin de trouver les composantes disponibles et de déterminer leur coût, taxes comprises. De combien d'argent auras-tu besoin pour acheter ton centre? Rédige un paragraphe dans lequel tu décriras ton système de divertissement et dresse la liste de chacune des composantes ainsi que de leur coût. Calcule le coût total de ton centre, taxes comprises. Si possible, procure-toi des photos ou des illustrations de chaque composante.

Pendant tes recherches, tiens compte des questions suivantes :

- Quel genre de télévision achèterais-tu?
- Quelle chaîne audio ferais-tu installer?
- Quel genre de lecteur multimédia achèterais-tu?
- Quelles autres composantes d'un système de divertissement maison voudrais-tu avoir?

LISTE DE CONTRÔLE POUR LA PRÉSENTATION FINALE

Présente un résumé de tes achats dans un dossier ou un classeur, ou crée un diaporama à l'aide d'un logiciel de présentation. Ton résumé devra comprendre ce qui suit :

- la liste des articles que tu souhaites acheter, y compris leur prix après les taxes;
- des photos ou des illustrations de chaque composante de ton centre (si possible);
- une analyse du coût total pour chacune des options de paiement suivantes :
  - ❒ argent
  - ❒ carte de crédit (si tu effectues seulement le paiement minimum chaque mois)
  - ❒ **promotion commerciale**
  - ❒ prêt personnel
- un énoncé décrivant le mode de paiement que tu as choisi et la raison de ce choix

promotion commerciale : promotion des produits d'un magasin par l'intermédiaire de rabais, de plans de remboursement par versements égaux ou de coupons

6.1 Choix d'un compte

LES MATHÉMATIQUES *AU TRAVAIL*

Paul Abwonji est représentant des services aux membres au sein de l'Assiniboine Credit Union à Winnipeg, au Manitoba. Il est né et a fait ses études au Kenya. Paul se sert de ses compétences en informatique pour ouvrir des comptes de chèques, des comptes d'épargne et des comptes de placement. Il utilise les mathématiques pour calculer la somme des dépôts des clients et les taux de change lorsqu'il convertit des dollars canadiens en devises.

Une cliente veut acheter 500,00 $ US en chèques de voyage et payer à partir de son compte de chèques. Au moment de l'achat, le taux de change est de 1,052 6 $ CA pour 1,00 $ US. Il y a une commission de 1 % sur la valeur en dollars canadiens des chèques de voyage. Paul doit également faire payer à la cliente des frais de 1,00 $ pour la transaction. Quelle somme Paul devrait-il retirer du compte de la cliente?

Paul Abwonji utilise ses compétences en mathématiques et en informatique pour servir ses clients à la Assiniboine Credit Union.

EXPLORE LES MATHÉMATIQUES

Les banques et les institutions financières, comme les caisses populaires et les sociétés de fiducie, offrent de nombreux types de comptes.

Lorsque tu déposes de l'argent dans une institution financière, celle-ci peut te verser des **intérêts**, c'est-à-dire un pourcentage du montant déposé. Le montant de l'intérêt dépend du type de compte que tu as et de la somme d'argent qui s'y trouve.

intérêts : somme gagnée sur un placement ou frais payés pour l'emprunt d'argent; généralement exprimés en pourcentage

libre-service bancaire : transactions bancaires effectuées par Internet, par téléphone ou à un GAB; ne nécessitent pas les services d'un caissier

De nombreuses personnes ont un compte d'épargne ou un compte de placement qui porte intérêt. La plupart des gens sont également titulaires d'un compte de chèques qui leur permet de faire des chèques. En général, les comptes de chèques ne rapportent pas d'intérêt.

Tu peux accéder à ton argent et le gérer de plusieurs façons :

- Les banques favorisent le **libre-service bancaire**, comme l'utilisation des guichets automatiques bancaires (GAB). Tu peux utiliser les GAB de ta banque pour effectuer des retraits et des dépôts (des chèques et de l'argent), pour payer des factures ou pour transférer de l'argent. Tu peux également y vérifier le solde de ton compte et obtenir des relevés bancaires imprimés.
- La plupart des institutions financières offrent des services bancaires en ligne ou par téléphone, lesquels constituent deux types de libre-service bancaire. De

nombreuses banques offrent également certains services bancaires par SMS (service de messages courts) sur ton téléphone cellulaire.

- Tu peux également te rendre à ta banque et bénéficier de **services complets (multiservices)** avec un caissier. Les caissiers offrent les mêmes services que les GAB de ta banque. Certaines transactions, comme ouvrir un compte ou acheter des chèques de voyage, peuvent uniquement être effectuées en personne.

multiservices bancaires : transactions bancaires effectuées avec l'aide d'un caissier

transaction : toute activité effectuée, comme un retrait en espèces, un dépôt, un transfert d'argent, un paiement par prélèvement automatique ou un paiement de factures

Les banques exigent des frais de service pour les **transactions** comme les dépôts, les retraits en espèces, les paiements de factures et les transferts d'argent. La plupart des banques offrent différents types de comptes qui te donnent droit à un certain nombre de transactions pour un tarif mensuel fixe. Pour chaque transaction supplémentaire, tu dois payer des frais de transaction. La majorité des banques offrent un tarif spécial ou un compte qui n'est assorti d'aucuns frais de service pour les étudiants.

DISCUSSION DES IDÉES

CHOISIR TON COMPTE BANCAIRE

Les banques exigent différents frais de transaction pour les différents types de comptes. Si tu paies tes factures en ligne et que tu utilises souvent les GAB, tu auras probablement besoin d'un type de compte différent de celui d'une personne qui fait régulièrement des dépôts et qui préfère effectuer ses transactions avec un caissier de banque.

En petits groupes, faites un remue-méninges pour trouver les réponses aux questions suivantes.

1. Quelles sont les transactions courantes que des étudiants sont susceptibles de faire?
2. Avez-vous déjà fait un chèque? Dans quelles circonstances pourriez-vous devoir faire un chèque?
3. Pour quelles raisons voudriez-vous avoir un compte multiservices? Pourquoi voudriez-vous avoir un compte d'épargne?
4. De nombreuses banques offrent un outil de sélection de comptes sur leur site Web. De quels renseignements devez-vous tenir compte quant à vos besoins financiers pour choisir un compte bancaire de façon éclairée?

Exemple 1

Laura étudie en création de mode à l'université Kwantlen de Vancouver, en Colombie-Britannique. Elle a 6 500,00 $ d'économies pour couvrir ses frais de subsistance au cours des trois premiers mois de ses études. Laura souhaite ouvrir un nouveau compte bancaire. Ses frais de subsistance s'élèvent à 2 000,00 $ par mois. Elle estime que, chaque mois, elle devra faire environ deux chèques, payer quatre factures en ligne et effectuer environ dix transactions avec sa carte bancaire.

La Banque Nord-Ouest du Canada offre quatre types de comptes. Quel compte constituerait le choix le moins coûteux pour Laura?

ENSEMBLE DE SERVICES DE LA BANQUE NORD-OUEST DU CANADA

	Compte valeur	Compte libre-service	Compte multiservices	Compte d'épargne à taux bonifié
Frais mensuels	3,90 $	10,90 $ Les jeunes et les étudiants (moins de 18 ans) épargnent 50 % sur les frais mensuels.	24,50 $	Aucuns frais
Solde mensuel minimum requis pour l'annulation des frais	1 000,00 $	1 500,00 $	2 000,00 $	
Transactions comprises dans les frais mensuels : • chèques • retraits • paiements de factures • achats par débit • transferts dans d'autres comptes de la Banque Nord-Ouest du Canada	10 transactions libre-service	25 transactions libre-service	40 transactions libre-service ou au comptoir Aucuns frais annuels pour une carte de crédit	2 transactions par débit
Frais de transactions supplémentaires non comprises dans les frais mensuels	Transactions libre-service 0,50 $ chacune Transactions au comptoir 1,00 $ chacune	Transactions libre-service 0,50 $ chacune Transactions au comptoir 1,00 $ chacune	Transactions libre-service 0,25 $ chacune	Transactions libre-service ou au comptoir 1,25 $ chacune
Retraits à des GAB autres que ceux de la Banque Nord-Ouest du Canada	1,50 $ chacun	1,50 $ chacun		
Intérêts				Intérêts quotidiens qui augmentent en fonction du solde

Types de transactions

Transaction libre-service : Toute transaction qui ne nécessite pas l'intervention d'un caissier de banque. Ces transactions comprennent les retraits, les dépôts, les transferts d'argent, les achats par paiement direct et les transactions faites à un GAB, par téléphone ou en ligne.

Transaction au comptoir : Toute transaction effectuée par un caissier, comme les retraits, les transferts et les paiements effectués dans une succursale ainsi que les achats de chèques de voyage et de devises.

SOLUTION

Laura crée un tableau qui l'aidera à déterminer le type de compte qui répond le mieux à ses besoins pour les frais les moins élevés. Étant donné que le Compte d'épargne à taux bonifié ne permet que deux transactions gratuites par mois, il ne constitue pas le meilleur choix pour Laura.

CHOIX DE COMPTE DE LAURA

	Compte valeur	*Compte libre-service*	*Compte multiservices*
Mois 1			
Solde mensuel minimum approximatif : 6 500,00 $ – 2 000,00 $ = 4 500,00 $			
Frais mensuels	0 $	0 $	0 $
Frais de transaction	6 × 0,50 $ = 3,00 $	0 $	0 $
Mois 2			
Solde mensuel minimum approximatif : 4 500,00 $ – 2 000,00 $ = 2 500,00 $			
Frais mensuels	0 $	0 $	0 $
Frais de transaction	6 × 0,50 $ = 3,00 $	0 $	0 $
Mois 3			
Solde mensuel minimum approximatif : 2 500,00 $ – 2 000,00 $ = 500,00 $			
Frais mensuels	3,90 $	10,90 $ × 0,5 = 5,45 $	24,50 $
Frais de transaction	6 × 0,50 $ = 3,00 $	0 $	0 $
Total pour les 3 mois	12,90 $	5,45 $	24,50 $

Laura s'attend à ne pas payer de frais mensuels pendant les deux premiers mois parce que le solde de son compte sera supérieur au solde minimum requis. Après cela, Laura obtiendrait une réduction de 50 % de ses frais mensuels avec le Compte libre service parce qu'elle est étudiante. Ainsi, elle ne devra payer que 5,45 $ le troisième mois. Pour Laura, le Compte libre-service constitue le choix le moins coûteux.

De nombreux collèges offrent des programmes d'arts de la mode et de création de mode dans l'Ouest canadien.

Calcul mental et estimation

Jenna est titulaire d'un Compte valeur de la Banque Nord-Ouest du Canada. Ce compte lui permet de faire dix transactions libre-service gratuites par mois. Chaque transaction supplémentaire lui coûte 0,50 $. Jenna fait 17 retraits en espèces et 4 dépôts aux GAB de sa banque. Elle conserve dans son compte le solde mensuel minimum. Quels seront les frais de service totaux pour ce mois?

ACTIVITÉ 6.1

COMPARER LES SERVICES BANCAIRES

T Dans le cadre de cette activité, tu travailleras avec un camarade pour faire une recherche sur les services bancaires et pour les comparer.

Les employés de ta banque locale peuvent t'aider à choisir le compte bancaire qui répond le mieux à tes besoins.

1. Servez-vous d'Internet pour trouver les services bancaires offerts par une banque ou une caisse populaire locale.
   a) Nommez cinq types de comptes et d'autres services offerts par l'institution financière.
   b) Dressez la liste des transactions qui peuvent être effectuées à l'aide du service bancaire en ligne ou par téléphone.
   c) Quelles transactions doivent être effectuées en personne?
2. Décrivez trois avantages et trois inconvénients des services bancaires en ligne.
3. Créez un schéma conceptuel qui illustre les transactions possibles pour chaque service : caissier de banque, GAB, services bancaires en ligne et services bancaires par téléphone.

ACTIVITÉ 6.2

UTILISER UNE CARTE BANCAIRE

La plupart des institutions financières remettent une carte bancaire aux titulaires de comptes.

- Une carte bancaire te permet de faire des achats dans les commerces qui l'acceptent comme mode de paiement. Quand tu fais un achat avec ta carte bancaire, le montant est directement déduit de ton compte bancaire.
- Certains marchands offrent le « retrait d'argent liquide », qui te permet de retirer de l'argent de ton compte lorsque tu payes ton achat.
- Pour utiliser ta carte bancaire, tu as besoin d'un **NIP (numéro d'identification personnel)**. Ton NIP doit rester secret afin que personne ne puisse accéder à ton compte.
- Tu peux également te servir de ta carte bancaire dans n'importe quel GAB pour retirer de l'argent directement de ton compte bancaire.
- Dans certains GAB, tu peux également utiliser ta carte bancaire pour faire des dépôts dans ton compte ou pour connaître le solde de celui-ci.
- Tu peux utiliser les GAB de ton institution financière ainsi que ceux d'autres banques.

NIP (numéro d'identification personnel) : mot de passe numérique confidentiel utilisé par un système informatique pour vérifier l'identité d'un utilisateur

Dans bien des cas, les frais pour l'utilisation d'un GAB peuvent être compris dans les frais de service du compte. Toutefois, ta banque pourrait exiger des frais si tu retires de l'argent dans un GAB d'une autre institution financière. L'autre institution financière pourrait également exiger que tu payes des frais de service. Cela signifie que tu devrais payer des frais à ta propre banque ainsi qu'à l'autre banque.

Il peut être pratique et efficace d'utiliser une carte bancaire.

En petits groupes, répondez aux questions suivantes.

1. Pourquoi est-il préférable d'utiliser votre carte bancaire dans une succursale de votre propre banque?
2. Cherchez et décrivez trois avantages et inconvénients des achats effectués par carte bancaire.
3. Examinez le relevé ci-dessous, imprimé par un GAB de la Banque Nord-Ouest du Canada après une transaction.
   a) Quels renseignements importants un relevé de GAB vous fournit-il?
   b) Selon vous, pourquoi le numéro de carte est-il inscrit de cette façon?
   c) Pourquoi est-ce important de conserver tes relevés de GAB?

BANQUE NORD-OUEST DU CANADA

DATE : 14/07/2011 HEURE : 20:35

GAB : 314159

NUMÉRO DE CARTE : 3421 ******58552

COMPTE D'ÉPARGNE

Retrait	60,00 $
Solde	854,45 $

Relevé de transaction PA2L-9014

Les Canadiens peuvent utiliser une carte bancaire pour payer l'épicerie.

Exemple 2

Delphine est titulaire d'un Compte valeur de la Banque Nord-Ouest du Canada dont le solde d'ouverture était de 768,23 $ au 1er avril. Au cours des deux premières semaines du mois, elle a effectué les transactions suivantes :

- Paiement de sa facture de services publics de 105,42 $ au comptoir
- Retraits en espèces de 60,00 $, 40,00 $, 60,00 $, 20,00 $ et 100,00 $ à des GAB de la Banque Nord-Ouest du Canada
- Achats par carte bancaire de 167,24 $ pour l'épicerie, de 45,00 $ pour l'essence, de 3,55 $ pour un café, de 125,45 $ pour une nouvelle paire de tennis et de 145,67 $ pour l'épicerie
- Dépôt de 650,45 $ à un GAB de la Banque Nord-Ouest du Canada
- Retrait en espèces de 60,00 $ à un GAB d'une autre institution Des frais de 1,50 $ ont été facturés en plus des frais de service de la Banque Nord-Ouest du Canada

Delphine inscrit toutes ses transactions dans un relevé de transactions. Voici un résumé de ses transactions.

Transaction	Date	Description	Paiement	Dépôt	Solde
	01/04/2010				768,23
Comptoir	02/04/2010	Services publics	105,42		
GAB	03/04/2010	Argent	60,00		
GAB	04/04/2010	Argent	40,00		
Carte	04/04/2010	Épicerie	167,24		
Carte	05/04/2010	Essence	45,00		
Carte	05/04/2010	Café	3,55		
GAB	06/04/2010	Argent	60,00		
GAB	08/04/2010	Dépôt		650,45	
Carte	09/04/2010	Paire de tennis	125,45		
Carte	09/04/2010	Épicerie	145,67		
GAB	09/04/2010	Argent	20,00		
GAB	12/04/2010	Argent	100,00		
GAB*	14/04/2010	Argent	60,00		

**Transaction effectuée à un GAB d'une autre institution.*

Examine les frais de la Banque Nord-Ouest du Canada qui figurent à la page 256 et réponds aux questions suivantes.

a) Établis la liste des types de frais de service et de leur montant pour chaque transaction effectuée pendant la période de deux semaines. Quel sera le montant des frais de service que Delphine devra payer?

b) Selon toi, pourquoi Delphine a-t-elle inscrit une étoile à côté du dernier retrait de 60,00 $ qu'elle a effectué à un GAB?

c) Quel est le solde de Delphine à la fin de la période de deux semaines si elle tient compte des frais de service dans ses calculs?

d) Si Delphine ne fait aucune autre transaction pendant le mois d'avril, devra-t-elle payer les frais mensuels? Explique ta réponse.

Tu peux consigner la valeur des chèques que tu as faits dans un livre de transactions semblable à celui-ci.

SOLUTION

a) Dresse la liste des frais de service de Delphine pour la période de deux semaines.

- Elle devra verser des frais de service de 1,00 $ pour la facture qu'elle a payée à la banque.
- Elle a fait 12 transactions libre-service à des GAB de la Banque Nord-Ouest du Canada. Elle a droit à 10 transactions gratuites. Elle doit donc payer des frais pour les 2 transactions supplémentaires, à raison de 0,50 $ pour chaque transaction. Les frais de service s'élèvent au total à 1,00 $.
- Elle s'est vu facturer 1,50 $ par la Banque Nord-Ouest du Canada pour son retrait en espèces à un GAB d'une institution autre que la Banque Nord-Ouest du Canada ainsi que 1,50 $ supplémentaire pour avoir utilisé le GAB.

  1,00 $ + 1,00 $ + 1,50 $ + 1,50 $ = 5,00 $

  Au total, Delphine devra payer 5,00 $ en frais de service.

b) Delphine a inscrit « GAB* » pour se souvenir que ce retrait n'a pas été effectué à un GAB de la Banque Nord-Ouest du Canada et qu'elle devra payer des frais supplémentaires.

c) D'abord, calcule le montant total des retraits faits par Delphine.

105,42 $ + 60,00 $ + 40,00 $ + 167,24 $ + 45,00 $ + 3,55 $ + 60,00 $ + 125,45 $ + 145,67 $ + 20,00 $ + 100,00 $ + 60,00 $ = 932,33 $

Additionne ce montant aux frais de service totaux de 5,00 $.

932,33 $ + 5,00 $ = 937,33 $

Delphine avait un solde d'ouverture de 768,23 $ et elle a fait un dépôt de 650,45 $.

768,23 $ + 650,45 $ – 937,33 $ = 481,35 $

À la fin de la période de deux semaines, le solde de Delphine est de 481,35 $.

d) Oui, Delphine devra payer les frais mensuels de 3,90 $ (plus des frais supplémentaires de 5,00 $) parce que le solde de son compte sera inférieur au solde minimum de 1 000,00 $.

ACTIVITÉ 6.3

PROTÉGER TES RENSEIGNEMENTS PERSONNELS ET FINANCIERS

T Dans cette activité, vous travaillerez en petits groupes et vous chercherez des méthodes pour assurer la sécurité de vos renseignements personnels et financiers.

1. Trouvez comment les institutions financières s'y prennent pour protéger vos renseignements personnels lorsque vous êtes titulaire d'un compte.
2. Décrivez comment vous pouvez assurer la sécurité de vos renseignements personnels et financiers lorsque vous utilisez votre carte bancaire.
3. Trouvez une façon de présenter des « Conseils pour la protection des renseignements personnels et financiers ». Vous pourriez créer une brochure, un site Web, un diaporama ou une courte vidéo.

CONSTRUIS TES HABILETÉS

Sers-toi des renseignements figurant dans le tableau de la Banque Nord-Ouest du Canada qui se trouve à la page 256 pour répondre aux questions 1 à 4.

1. Marc travaille pour La Société Pommes de Reinette, une garderie à but non lucratif située à Calgary, en Alberta. Il prévoit économiser 300,00 $ par mois afin de s'acheter une maison. Quel type de compte devrait-il choisir? Explique ta réponse.
2. Jannik effectue la plupart de ses transactions bancaires en ligne ou par GAB. Chaque mois, son solde minimum est de 1 200,00 $ et il effectue environ 15 transactions. Indique le compte qui répond le mieux à ses besoins et explique ta réponse.
3. Kyra est titulaire d'un Compte libre-service de la Banque Nord-Ouest du Canada. Pour le mois d'octobre, son solde d'ouverture s'élevait à 2 150,23 $. Au cours du mois, elle a fait les transactions suivantes :
   - paiement de sa facture de services publics de 250,42 $ au comptoir;
   - paiement de son loyer de 650,00 $ par chèque;
   - achat de chèques de voyage d'une valeur de 100,00 $;
   - retraits en espèces de 60,00 $ et de 20,00 $ au GAB local de la Banque Nord-Ouest du Canada;
   - retrait en espèces de 100,00 $ à un GAB d'une institution autre que la Banque Nord-Ouest du Canada; des frais de 1,50 $ ont été facturés en plus des frais de service de la Banque Nord-Ouest du Canada;
   - paiements avec sa carte bancaire de 102,24 $ et de 43,20 $ pour l'épicerie, de 50,00 $ pour l'essence et de 7,35 $ pour un repas;

- paiement pour une nouvelle veste de cycliste achetée en ligne pour la somme de 99,95 $;
- paiement en ligne de sa facture de téléphone de 36,35 $.

a) Quels sont les frais de service pour les transactions effectuées par Kyra?

b) Quel sera le solde de Kyra à la fin du mois?

c) Si Kyra effectue un seul dépôt de 800,00 $ au cours du mois, devra-t-elle payer des frais mensuels?

4. a) Explique pourquoi il est important de protéger le NIP de ta carte bancaire.

b) Énumère trois méthodes que tu pourrais utiliser pour protéger tes renseignements personnels et bancaires.

5. Décris deux situations dans lesquelles tu pourrais recourir à chacun des éléments suivants : une carte bancaire, des services bancaires en ligne, des services bancaires par téléphone, un caissier de banque, un GAB et un chèque.

6. Jim retire 20,00 $ chaque semaine à un GAB qui lui facture des frais de service de 1,50 $ en plus des frais de 1,50 $ exigés par sa banque.

a) Combien d'argent consacre-t-il chaque année à des frais de GAB?

b) Propose deux méthodes qui permettraient à Jim de réduire ses frais de GAB.

Les premiers GAB ont été conçus dans les années 1960. Aujourd'hui, la majorité des banques mettent des GAB à la disposition des clients.

Approfondis ta réflexion

7. Timothy est en voyage aux États-Unis. Il utilise sa carte bancaire pour obtenir 60,00 $ US en espèces. En plus de son retrait de 60,00 $ US, la somme de 1,00 $ US en frais de service est débitée de son compte par la banque américaine où il a fait le retrait, et la somme de 1,50 $ CAN est débitée par sa propre banque. Le jour du retrait, 1,00 $ US valait 1,05 $ CAN. Quelle somme sera déduite de son compte, en dollars canadiens?

De nombreuses personnes convertissent leur argent avant de voyager à l'étranger. Voici le poste frontalier qui sépare la Colombie-Britannique et Skagway, en Alaska.

6.2 Intérêts simples et composés

LES MATHÉMATIQUES *AU TRAVAIL*

Theresa Siochowicz est compagne soudeuse. Elle a reçu la certification Sceau rouge, ce qui signifie qu'elle possède les compétences pour travailler dans toutes les provinces. Elle dirige sa propre entreprise, The Welder Chic, à Victoria, en Colombie-Britannique. Pour devenir soudeuse, Theresa a étudié au Guelph Collegiate Vocational Institute, en Ontario.

Theresa fabrique des mains courantes d'escaliers, des barrières, des clôtures et des objets d'art. Elle utilise régulièrement les mathématiques dans le cadre de son travail, pour déterminer l'angle auquel la traverse d'une clôture en acier doit tourner, par exemple. Étant donné qu'elle est travailleuse indépendante, Theresa fait aussi appel aux mathématiques pour savoir si son entreprise jouit d'une bonne santé financière. « J'inscris tous les reçus et toutes les factures, les dépenses et les paie moi-même pour savoir si mon entreprise se porte bien », affirme-t-elle.

La plupart des propriétaires d'entreprise doivent consacrer de l'argent à l'achat de matériel et de fournitures ainsi qu'au versement du salaire des personnes qui travaillent pour eux. Si Theresa contractait un prêt pour l'aider à couvrir ses dépenses, elle devrait calculer le coût total de son prêt avec les intérêts. Ainsi, elle pourrait faire le suivi de ses dépenses. Si Theresa contractait un prêt de 20 000,00 $ et qu'elle le remboursait en 12 versements mensuels de 1 698,43 $, quel serait le coût total de son prêt?

Theresa affirme ce qui suit au sujet des cours de mathématiques qu'elle a suivis au secondaire : « Si un problème était difficile, je réfléchissais et je persévérais. » Aujourd'hui, Theresa se sert de la trigonométrie et de la géométrie pour vérifier la précision des mesures pour ses projets de soudage.

EXPLORE LES MATHÉMATIQUES

Lorsque tu déposes de l'argent dans un compte d'épargne ou de placement, l'institution financière te verse des intérêts parce que tu lui prêtes ton argent. Lorsque tu empruntes de l'argent, tu dois payer des intérêts à l'institution financière. Les intérêts que tu paies constituent un dédommagement pour le prêteur parce que tu utilises son argent.

Les intérêts simples sont calculés sur le montant initial, ou le **capital**, investi ou emprunté. Les intérêts font habituellement référence à un certain pourcentage versé par année. Les intérêts simples sont souvent utilisés pour les prêts personnels et les placements à court terme. Le **terme** d'un placement ou d'un prêt correspond à sa durée en années.

Si tu conserves les intérêts dans ton compte, les nouveaux intérêts peuvent être calculés sur le capital et sur ces intérêts. C'est ce qu'on appelle les **intérêts composés**. Les intérêts composés peuvent être versés plus d'une fois par année. Le taux d'intérêt est exprimé sous la forme d'une valeur annuelle et est divisé par le nombre de **périodes de calcul de l'intérêt** par année. Par exemple, si le taux d'intérêt est composé :

- semestriellement (deux fois par année), tu dois diviser le taux d'intérêt par 2;
- trimestriellement (quatre fois par année), tu dois diviser le taux d'intérêt par 4;
- mensuellement (douze fois par année), tu dois diviser le taux d'intérêt par 12;
- quotidiennement (365 fois par année), tu dois diviser le taux d'intérêt par 365.

Exemple 1

Gordon veut investir 2 000,00 $. Sa banque offre une option de placement qui rapporte des intérêts simples à un taux de 1,75 % par année.

a) S'il investit son argent pendant un an, combien d'intérêts touchera Gordon?

b) S'il investit son argent pendant deux ans, combien d'intérêts touchera Gordon?

c) En te fondant sur les réponses que tu as trouvées ci-dessus, écris une équation qui peut être utilisée pour calculer les intérêts simples.

SOLUTION

a) Le taux d'intérêt est de 1,75 % par année, et Gordon investit son argent pendant un an. Par conséquent, le montant des intérêts sera égal à 1,75 % du capital.

intérêts = (2 000,00 $)(1,75 %)(1)

Convertis le taux d'intérêt en nombre décimal.

1,75 ÷ 100 = 0,017 5

intérêts = (2 000,00 $)(0,017 5)(1)

intérêts = 35,00 $

Gordon touchera 35,00 $ en intérêts.

b) Les intérêts qui seront versés pour deux ans seront égaux au double des intérêts versés pour un an.

intérêts = (2 000,00 $)(0,017 5)(2)

intérêts = 70,00 $

c) Les intérêts ont été calculés comme suit :

intérêts = (placement initial)(taux d'intérêt)(durée du placement)

Cette formule peut être présentée sous la forme suivante :

$I = Ctd$

I correspond aux intérêts gagnés.

C est le capital.

t est le taux d'intérêt annuel exprimé sous forme d'un nombre décimal.

d est la durée du placement ou du prêt.

Exemple 2

Les gens peuvent utiliser les intérêts gagnés sur leurs économies et leurs placements pour s'adonner à leurs passe-temps.

Allison veut investir 2 000,00 $. Sa banque offre une option de placement qui rapporte des intérêts composés à un taux composé annuellement de 1,75 % par année.

a) Si elle investit son argent pendant un an, combien d'intérêts touchera Allison?

b) Si elle investit son argent pendant deux ans, combien d'intérêts touchera Allison à la fin de la durée du placement?

c) Utiliserais-tu la méthode de la partie b) pour calculer la valeur totale des intérêts que gagnerait Allison si elle décidait d'investir son argent pendant 10 ans? Explique ta réponse.

SOLUTION

a) Les intérêts sur le capital sont calculés annuellement; cela signifie qu'ils sont versés à la fin d'une année. Dans cet exemple, les intérêts seront calculés comme dans l'Exemple 1.

$I = Ctd$

$I = (2\ 000{,}00\ \$)(0{,}017\ 5)(1)$

$I = 35{,}00\ \$$

Allison touchera 35,00 $ en intérêts.

b) Si Allison investit son argent pendant 2 ans, elle gagnera 35,00 $ en intérêts au cours de la première année. Au cours de la deuxième année, les intérêts seront calculés sur le montant d'argent total qu'elle possède au début de cette deuxième année.

Au début de la deuxième année, le capital d'Allison est égal au montant initial de son placement auquel sont additionnés les intérêts qu'elle a gagnés au cours de la première année.

2 000,00 $ + 35,00 $ = 2 035,00 $

Le montant des intérêts que gagnera Allison au cours de la deuxième année seulement peut être calculé à l'aide de la formule de calcul des intérêts simples.

TABLEAU DES INTÉRÊTS

Période d'intérêt	*Valeur du placement au début de la période ($)*	*Intérêts gagnés ($) [I = Ctd]*	*Valeur du placement à la fin de la période ($)*
1	2 000,00 $	2 000,00 $ × 0,017 5 × 1 = 35,00 $	2 000,00 $ + 35,00 $ = 2 035,00 $
2	2 035,00 $	2 035,00 $ × 0,017 5 × 1 = 35,61 $	2 000,00 $ + 35,00 $ + 35,61 $ = 2 070,61 $

Le placement d'Allison vaudra 2 070,61 $ après 2 ans.

c) Il est peu probable que tu utilises la méthode de la partie b) pour calculer la valeur totale du placement après 10 ans. Cette méthode ne serait pas pratique pour calculer la valeur d'un placement à long terme parce qu'elle comporterait trop d'étapes.

La formule ci-dessous est utilisée pour calculer les intérêts composés.

$$A = C\left(1 + \frac{t}{n}\right)^{nd}$$

A est la valeur finale du placement (capital plus intérêts).

C est le capital.

t est le taux d'intérêt annuel exprimé sous forme d'un nombre décimal.

n est le nombre de périodes de calcul de l'intérêt dans une année.

d est la durée du placement ou du prêt (en années).

Utilise cette formule pour déterminer quel sera le solde d'Allison après 10 ans.

$$A = C\left(1 + \frac{t}{n}\right)^{nd}$$

$$A = (2\ 000,00\ \$)\left(1 + \frac{0,0175}{1}\right)^{(1\times10)}$$

$$A = 2\ 000 \times (1,017\ 5)^{10}$$

$$A = 2\ 378,89\ \$$$

L'investissement d'Allison vaudra 2 378,89 $ après 10 ans.

Épargner et investir de l'argent est une option intéressante pour un étudiant à temps partiel.

Exemple 3

Calcule la valeur finale d'un placement initial de 6 000,00 $. Les intérêts sont calculés selon un taux semestriellement composé de 4,00 % par année, pendant 3 ans. Inscris tes résultats dans un tableau dont les colonnes porteront les titres suivants : Période d'intérêt, Valeur du placement au début de la période ($), Intérêts versés ($) et Valeur du placement à la fin de la période ($).

SOLUTION

Sers-toi de la formule de calcul des intérêts simples ($I = Ctd$) pour calculer les intérêts versés à chaque période.

Le taux d'intérêt est de 4,00 %, ou 0,04 exprimé sous la forme d'un nombre décimal.

Les intérêts sont calculés selon un taux composé semestriellement; ainsi, chaque période d'intérêt est de 6 mois, ou 0,5 année.

TABLEAU DES INTÉRÊTS

Période d'intérêt	*Valeur du placement au début de la période ($)*	*Intérêts gagnés ($) [I = Ctd]*	*Valeur du placement à la fin de la période ($)*
1	6 000,00 $	6 000,00 $ × 0,04 × 0,5 = 120,00 $	6 000,00 $ + 120,00 $ = 6 120,00 $
2	6 120,00 $	6 120,00 $ × 0,04 × 0,5 = 122,40 $	6 120,00 $ + 122,40 $ = 6 242,40 $
3	6 242,40 $	6 242,40 $ × 0,04 × 0,5 = 124,85 $	6 242,40 $ + 124,85 = 6 367,25 $
4	6 367,25 $	6 367,25 $ × 0,04 × 0,5 = 127,35 $	6 367,25 $ + 127,35 $ = 6 494,60 $
5	6 494,60 $	6 494,60 $ × 0,04 × 0,5 = 129,89 $	6 494,60 $ + 129,89 $ = 6 624,49 $
6	6 624,49 $	6 624,49 $ × 0,04 × 0,5 = 132,49 $	6 624,49 $ + 132,49 $ = 6 756,98 $

La valeur du placement après 3 ans est de 6 756,98 $.

AUTRE SOLUTION

Tu peux utiliser la formule de calcul des intérêts composés pour calculer la valeur du placement. Dans cet exemple, C est égal à 6 000,00 $, n est égal à 2 et d est égal à 3. Le taux d'intérêt est de 4,00 %, ou 0,04 exprimé sous forme de nombre décimal.

Inscris les valeurs de C, t, n et d dans la formule de calcul des intérêts composés.

$$A = C\left(1 + \frac{t}{n}\right)^{nd}$$

$$A = 6\ 000,00\ \$\left(1 + \frac{0,04}{2}\right)^{2\times 3}$$

$$A = 6\ 000 \times (1,02)^6$$

$$A = 6756,98\ \$$$

Le valeur finale du placement est de 6 756,98 $.

ACTIVITÉ 6.4

COMPARER LES INTÉRÊTS SIMPLES ET LES INTÉRÊTS COMPOSÉS

Chaque année, le gouvernement du Canada émet des obligations d'épargne du Canada (OÉC), lesquelles permettent aux Canadiens d'épargner en vue d'atteindre leurs objectifs d'avenir tout en touchant des intérêts. Le taux d'intérêt sur les OÉC change chaque année.

Investir de l'argent pendant plusieurs mois ou plusieurs années est une bonne façon d'épargner pour s'acheter une voiture.

Dans cette activité, tu compareras deux types d'OÉC en tant que placements. Les OÉC à intérêt régulier (obligations R) rapportent des intérêts simples. Les OÉC à intérêt composé (obligations C) rapportent des intérêts composés.

PARTIE A

1. En équipe de deux, cherchez et décrivez la façon dont les intérêts sont calculés annuellement pour les deux types d'OÉC. Vous trouverez des renseignements pertinents sur la page de la Foire aux questions du site Web Obligations d'épargne du Canada.

2. a) Remplissez un tableau semblable à celui qui se trouve ci-dessous pour montrer le calcul des intérêts pour les 4 premières années d'une OÉC à intérêt régulier de 1 000,00 $.

OBLIGATION D'ÉPARGNE DU CANADA, OBLIGATION R À INTÉRÊT RÉGULIER

Période d'intérêt	*Taux d'intérêt annuel*	*Valeur du placement sur laquelle les intérêts sont calculés ($)*	*Intérêts gagnés durant la période ($)*	*Valeur du placement à la fin de la période ($)*
1	2,75 %	1 000,00 $	1 000,00 $ × 0,027 5 × 1 = 27,50 $	1 000,00 $ + 27,50 $ = 1 027,50 $
2	3,10 %	1 000,00 $	1 000,00 $ × 0,031 × 1 = 31,00 $	1 027,50 $ + 31,00 $ = 1 058,50 $
3	2,50 %			
4	1,00 %			

EXEMPLE

b) Quel sera le montant total des intérêts gagnés après les quatre premières années?

3. Si tu procèdes au rachat de ton OÉC dans les trois mois suivant la date à laquelle elle a été émise, quel sera le montant des intérêts que tu toucheras?

PARTIE B

Remplissez un tableau semblable à celui-ci pour montrer le calcul des intérêts pour les 4 premières années d'une OÉC à intérêt composé de 1 000,00 $ et répondez aux questions.

OBLIGATION D'ÉPARGNE DU CANADA, OBLIGATION C À INTÉRÊT COMPOSÉ

Période d'intérêt	*Taux d'intérêt annuel*	*Valeur du placement sur laquelle les intérêts sont calculés ($)*	*Intérêts gagnés durant la période ($)*	*Valeur du placement à la fin de la période ($)*
1	2,75 %	1 000,00 $	1 000,00 $ × 0,027 5 × 1 = 27,50 $	1 000,00 $ + 27,50 $ = 1 027,50 $
2	3,10 %	1 027,50 $	1 027,50 $ × 0,031 × 1 = 31,85 $	1 027,50 $ + 31,85 $ = 1 059,35 $
3	2,50 %			
4	1,00 %			

EXEMPLE

L'apprentissage des options de placement à un jeune âge est une bonne façon de t'aider à planifier l'avenir.

1. Quelle formule est utilisée pour calculer les intérêts gagnés chaque année?
2. Comment calculez-vous la valeur du placement à la fin de chaque année?
3. Quelle est la valeur finale du placement? Quel est le montant des intérêts gagnés après 4 ans?
4. Laquelle d'une obligation à intérêt régulier ou d'une obligation à intérêt composé représente le meilleur placement? Et de combien?
5. Quel est le lien entre les intérêts simples et les intérêts composés?
6. Quel type de placement choisirais-tu? Explique ta réponse.

ACTIVITÉ 6.5
RÈGLE DE 72

Il existe une méthode qui te permet d'estimer rapidement le temps nécessaire pour doubler la valeur d'un placement à intérêts composés annuellement. Cette méthode est appelée la **règle de 72**.

règle de 72 : méthode rapide d'estimation du temps nécessaire pour doubler la valeur d'un placement

Pour calculer le nombre d'années approximatif nécessaire pour doubler la valeur d'un placement, divise 72 par le taux d'intérêt annuel, exprimé en pourcentage. Si tu voulais savoir combien de temps il faudrait environ à un placement dont le taux d'intérêt est de 3,00 % par année pour doubler en valeur, tu diviserais 72 par 3.

$$72 \div 3 = 24 \text{ ans}$$

À l'aide de la règle de 72, tu peux estimer qu'il faudrait environ 24 ans pour que la valeur du placement double.

1. À l'aide des renseignements présentés ci-dessus, écris une formule qui décrit la règle de 72. Sers-toi de cette formule pour répondre à la question 2.
2. Si tu voulais doubler la valeur de ton placement en 10 ans, à quel taux d'intérêt devrais-tu investir ton argent?

Calcul mental et estimation

Sers-toi de la règle de 72 pour estimer le temps qu'il faudra pour qu'un placement double en valeur à un taux d'intérêt composé annuellement de 1,95 % par année.

DISCUSSION DES IDÉES

CERTIFICATS DE PLACEMENT GARANTI

Vyanjana a reçu un cadeau spécial de 5 000,00 $ de la part de ses grands-parents. Elle prévoit investir ce montant pour l'avenir. Elle a examiné les options de placement offertes par sa banque et a décidé d'acquérir un certificat de placement garanti (CPG). Les CPG garantissent que l'investisseur touchera son capital en plus d'un montant d'intérêts fixe.

Vyanjana a restreint son choix à trois options :

Option 1 : Un CPG à un taux composé mensuellement de 1,125 % par année, ayant une échéance à un an. Ce CPG ne peut être racheté avant l'échéance. Ainsi, Vyanjana ne pourra avoir accès à son argent avant la fin de la période d'un an.

Option 2 : Un CPG à un taux composé mensuellement de 0,875 % par année, ayant une échéance à un an. Ce CPG peut être racheté avant l'échéance. Toutefois, si Vyanjana veut avoir accès à son argent avant la fin de l'année, son placement rapportera des intérêts de seulement 0,050 % par année.

Option 3 : Un CPG à un taux composé annuellement de 1,250 % par année, ayant une échéance à un an. Ce CPG ne peut être racheté avant l'échéance.

En petits groupes, discutez des options de placement de Vyanjana.

1. Calculez combien chacune des options rapporterait en intérêts à Vyanjana. Pour l'option 2, calculez combien Vyanjana toucherait en intérêts après six mois et à l'échéance du placement.
2. Proposez des raisons pour lesquelles Vyanjana pourrait choisir chacune des trois options.

Si tu connais ton taux d'intérêt, tu peux calculer les intérêts qui s'accumuleront sur tes économies et tes placements.

ACTIVITÉ 6.6
RÉPERCUSSIONS DES DIFFÉRENTES PÉRIODES DE CALCUL DE L'INTÉRÊT

1. Calcule les intérêts et la valeur finale d'un placement de 4 000,00 $ au taux de 3,00 % par année pendant 2 ans pour les périodes de calcul de l'intérêt suivantes : Inscris tes réponses dans un tableau semblable à celui présenté ci-dessous. Utilise la méthode de ton choix pour trouver tes réponses.
2. Quelle période de calcul de l'intérêt rapporte le plus d'intérêts sur le placement? Quelle période rapporte le moins d'intérêts? En quoi le fait de connaître ces renseignements aurait pu influencer ton choix de placement?
3. T Comment pourrais-tu créer un tableau des intérêts composés à l'aide d'outils technologiques?

TABLEAU DES INTÉRÊTS

Période d'intérêt	*Valeur finale du placement (A) [$]*	*Intérêts (I)*
Annuelle		
Semestrielle		
Trimestrielle	EXEMPLE	
Mensuelle		
Quotidienne		

CONSTRUIS TES HABILETÉS

1. Gerard est titulaire d'un compte d'épargne de la Me-Dian Credit Union de Winnipeg (Manitoba), une institution financière pour la collectivité autochtone du Manitoba. Gerard dépose 2 000,00 $ dans un compte d'épargne qui rapporte des intérêts simples de 3,00 % par année.
   a) Calcule les intérêts que touchera Gerard sur ses économies après 2 ans.
   b) Quelle somme Gerard aura-t-il dans son compte après 2 ans s'il ne fait aucun retrait?
2. Résous les problèmes suivants à l'aide de la formule de calcul des intérêts simples.
   a) Si les intérêts gagnés sur un dépôt s'élèvent à 50,00 $ et que le taux d'intérêt est de 3,00 % par année pendant 2 ans, quel est le montant du capital?
   b) Combien de mois faut-il pour toucher des intérêts de 180,00 $ sur un placement dont le capital s'élève à 5 000,00 $ et le taux d'intérêt à 2,00 % par année?

c) Calcule le taux d'intérêt annuel d'un placement dont le capital est de 4 000,00 $ et les intérêts de 120 00 $ pour 3 ans. Donne une réponse sous forme de pourcentage et de nombre décimal.

3. Mei Lin a emprunté 1 500,00 $ à ses parents pour faire réparer sa voiture. Elle a accepté de rembourser le prêt et de payer 6,50 % en intérêts simples sur les 1 500,00 $. Les intérêts seront ajoutés aux versements égaux mensuels pour les 6 prochains mois.

   a) Quel sera le montant des intérêts que Mei Lin devra payer?

   b) Quel sera le montant total qu'elle devra payer?

   c) Quel sera le montant de ses versements mensuels pour ce prêt?

Tu éviteras d'avoir à payer des réparations coûteuses si tu effectues l'entretien de ta voiture.

4. Utilise la règle de 72 pour estimer quel devrait être le taux d'intérêt pour que la valeur d'un placement double en 18 ans.

5. Un dépôt de 1 200,00 $ est investi à un taux composé semestriellement de 2,60 % par année pendant 2 ans.

   a) Explique la raison pour laquelle il y a 4 périodes d'intérêt.

   b) Calcule les intérêts gagnés et la valeur du placement à la fin de chaque période d'intérêt.

   c) Quelle est la valeur du placement à la fin de la période de 2 ans?

   d) Calcule les intérêts gagnés après 2 ans.

6. Calcule la valeur finale du placement ainsi que les intérêts versés pour chacun des placements suivants :

   a) 2 000,00 $ à un taux composé semestriellement de 3,80 % par année pendant 4 ans;

   b) 1 500,00 $ à un taux composé trimestriellement de 2,60 % par année pendant 3 ans;

   c) 6 000,00 $ à un taux composé mensuellement de 2,20 % par année pendant 2 ans;

   d) 3 560,00 $ à un taux composé mensuellement de 1,20 % par année pendant 3 mois.

7. Quel est le meilleur placement? Un placement de 2 500,00 $ à un taux composé annuellement de 2,00 % par année pendant 2 ans ou un placement de 2 500,00 $ à un taux composé semestriellement de 2,00 % par année pendant 2 ans? Explique ton raisonnement.

Approfondis ta réflexion

T 8. Imagine que tu reçois un héritage de 5 000 000,00 $ d'un riche parent. Tu décides de dépenser 1 000 000,00 $ et d'investir le reste.

a) Fais une recherche sur Internet pour trouver certains taux d'intérêt actuels courants. Calcule la valeur du placement et les intérêts versés pour chacune des périodes suivantes :

i) 1 an

ii) 1 mois

iii) 1 jour

b) Dans quelle mesure tes réponses changeraient-elles si le taux d'intérêt augmentait de 1,00 % par année?

c) Dans quelle mesure tes réponses changeraient-elles si la période de calcul de l'intérêt était modifiée? Donne un exemple.

d) Quel changement a le plus de répercussions sur les intérêts? L'augmentation du pourcentage ou l'augmentation du nombre de périodes de calcul de l'intérêt?

PROJET – ACHAT D'UN SYSTÈME DE DIVERTISSEMENT MAISON

ÉTABLIR UN PLAN D'ÉPARGNE

Un peu plus tôt, tu as effectué une recherche sur les composantes du système de divertissement maison de tes rêves.

Maintenant, tu peux commencer à analyser les modes de paiement qui s'offrent à toi. Pour commencer, calcule combien il te faudra de temps pour économiser suffisamment d'argent pour payer ton système en argent avec les 300,00 $ que tu peux économiser chaque mois. N'oublie pas de tenir compte des 1 000,00 $ que tu as déjà épargnés.

Ensuite, imagine que tu as investi les 1 000,00 $ que tu avais économisés au départ.

- Calcule combien vaudrait ton placement si tu l'avais investi à un taux d'intérêt simple de 0,75 % par année pendant le même laps de temps que celui que tu as établi ci-dessus.
- Calcule combien vaudrait ton placement si tu l'avais investi à un taux d'intérêt composé de 0,75 % par année pendant le même laps de temps que celui que tu as établi ci-dessus.

Si tu investis tes 1 000,00 $ dans l'un de ces comptes, combien de temps te faudra-t-il pour économiser suffisamment par rapport au temps qu'il te faudra pour amasser le montant en argent?

Inscris les réponses dans ton dossier de projet.

LES RACINES DES MATHÉMATIQUES

LE DOLLAR CANADIEN

Le huard. Le « buck ». Le dollar. Il s'agit des termes couramment utilisés pour parler de notre devise. Mais d'où viennent-ils? Et comment le dollar canadien que nous utilisons aujourd'hui en est-il arrivé là?

Le dollar était une pièce de monnaie émise à la fin des années 1600 par la Compagnie de la Baie d'Hudson. Sa valeur était égale à une peau de castor, que les commerçants de fourrures appelaient également « buck ». C'est pourquoi certaines personnes appellent aujourd'hui le dollar un « buck ».

Avant 1763, le Canada était l'une des cinq colonies nord-américaines qui formaient la Nouvelle-France. Le premier papier-monnaie est apparu en Nouvelle-France sous la forme de cartes à jouer. Le système de cartes a fini par s'effondrer, et les gens ont cessé d'avoir confiance au papier-monnaie pendant longtemps.

En 1812, les États-Unis d'Amérique et la Grande-Bretagne se sont engagés dans une guerre en Amérique du Nord. Des billets de l'armée d'une valeur de 1,00 $ à 400,00 $ ont été émis pour permettre de financer la guerre. Après la guerre, les billets ont facilement pu être échangés contre des pièces de monnaie. Ainsi, les gens ne doutaient plus de la valeur du papier-monnaie.

Pendant un certain temps, le système monétaire britannique (livre sterling, shilling et penny) et le système américain (dollar et cent) étaient tous deux utilisés dans les provinces canadiennes actuelles. En 1858, on a choisi le dollar par rapport à la livre, et un dollar canadien unique a enfin été établi.

À cette époque, la Banque du Canada et la Monnaie royale canadienne n'existaient pas encore, et les banques pouvaient émettre leur propre monnaie. Les premiers billets de banque fondés sur le dollar ont été émis par la Banque de Montréal. L'Acte de l'Amérique du Nord britannique de 1867 donnait au gouvernement le contrôle de la monnaie. Le gouvernement a ainsi commencé à produire des pièces de monnaie et des billets.

En 1987, les billets d'un dollar ont été remplacés par une pièce de monnaie d'un dollar, qu'on appelle le « huard » parce que la pièce est frappée d'un huard. Le billet de deux dollars a été remplacé en 1996 par une pièce de monnaie de deux dollars.

Depuis 1976, la Monnaie royale canadienne de Winnipeg frappe toutes les pièces de monnaie canadiennes.

1. Un billet de deux dollars coûtait six cents à fabriquer, mais sa durée de vie était de seulement un an environ. La pièce de deux dollars coûte quant à elle 16 cents à fabriquer, mais sa durée de vie est de 20 ans. Explique pourquoi il était logique que la Monnaie royale canadienne remplace les billets de deux dollars par des pièces de deux dollars.

2. Les billets canadiens ont beaucoup changé depuis les années 1800. Ils comprennent maintenant de nombreux éléments de sécurité visant à lutter contre la contrefaçon, ainsi que des caractéristiques d'accessibilité qui permettent aux aveugles de reconnaître les coupures.

   Trouve certains des éléments de sécurité que la Banque du Canada a intégré à ses billets pour lutter contre la contrefaçon et pour aider les aveugles.

6.3 Cartes de crédit et promotions en magasin

Doug Swallow sert de guide aux clients pour des randonnées en canot et en kayak qui vont de Hay River à Tuktoyaktuk, et parfois plus loin.

LES MATHÉMATIQUES *AU TRAVAIL*

Doug Swallow est un guide de plein air autonome. Son entreprise, Canoe North, est située à Hay River, dans les Territoires du Nord-Ouest. Doug est né en Saskatchewan. Il a par la suite déménagé à Kamloops, en Colombie-Britannique, où il a fréquenté l'école secondaire NorKam.

Doug doit acheter un téléphone satellite. Une annonce propose un téléphone satellitaire à 995,00 $. En guise de promotion, le téléphone peut être acheté à crédit dans le cadre d'un plan de paiement différé. Le client ne paie rien pendant 6 mois. Par la suite, des intérêts de 8 % sont ajoutés au coût du téléphone satellite, et le montant total doit être payé en 5 versements mensuels égaux.

1. Combien Doug devrait-il payer s'il achetait le téléphone dans le cadre du plan de paiement différé?
2. Qu'est-ce qui pourrait pousser un client à choisir un plan de paiement différé?

EXPLORE LES MATHÉMATIQUES

« Achetez maintenant, payez plus tard! » « Demandez notre carte de crédit et obtenez un cadeau gratuit! » De telles promotions sont utilisées pour attirer les clients et leur vendre des articles qu'ils n'auraient pas pu s'offrir autrement. Elles sont également utilisées pour pousser les clients à présenter des demandes pour des cartes de crédit en particulier. Lorsque tu profites de ces promotions, tu dépends du crédit.

crédit : entente selon laquelle l'emprunteur reçoit un bien de valeur et accepte de rembourser le prêteur ultérieurement

frais de crédit : montant total des intérêts payés pour emprunter une somme d'argent

Le **crédit** est un type de prêt pour lequel l'emprunteur reçoit un bien de valeur et accepte de rembourser le prêteur ultérieurement.

Les cartes de crédit sont émises par les banques et les autres institutions financières ainsi que par bon nombre de grands magasins et de sociétés gazières. Une carte de crédit peut être pratique, mais si tu ne rembourses pas le solde de ta carte à la date d'échéance, l'émetteur de la carte de crédit te demandera de payer des intérêts sur l'argent que tu dois et sur le prix des nouveaux achats que tu feras avant la date de ton prochain relevé de carte de crédit. Ces intérêts sont appelés **frais de crédit**. Les sociétés émettrices de cartes de crédit ne calculent pas toutes les intérêts de la même façon; assure-toi donc de bien comprendre les modalités associées à toute carte que tu pourrais obtenir.

Les magasins offrent souvent des promotions qui te permettent d'acheter à crédit et de reporter le paiement pendant des mois ou des années. Ces offres te permettent d'acheter un bien sans devoir payer le coût total immédiatement. En contrepartie, les magasins exigent souvent des taux d'intérêt élevés sur les montants des achats lorsque les paiements sont effectués.

Assure-toi de comprendre les modalités associées à une promotion ou à une carte de crédit offerte par un magasin avant de signer une entente. Informe-toi sur les solutions de crédit qui s'offrent à toi de façon à utiliser le crédit de façon efficace.

DISCUSSION DES IDÉES

UTILISATION D'UNE CARTE DE CRÉDIT

T En petits groupes, faites un remue-méninges pour trouver les réponses aux questions suivantes. Vous pouvez faire une recherche sur Internet pour répondre aux questions.

1. Nommez trois cartes de crédit disponibles.
2. Qu'est-ce qu'un versement minimum? Trouvez un exemple montrant la façon dont il est calculé.
3. Qu'est-ce qu'une limite de crédit? D'après vous, pourquoi les gens n'ont-ils pas tous la même limite de crédit?
4. Faites une recherche sur les différences entre une carte de crédit émise par un magasin et une carte de crédit émise par une banque. Comparez les taux d'intérêt et les frais annuels exigés par un magasin et ceux exigés par une banque pour une carte de crédit.
5. Nommez un avantage et un inconvénient liés à l'utilisation d'une carte de crédit.

Exemple 1

Le 12 janvier, John retire une **avance de fonds** de 500,00 $ sur sa carte de crédit. Ce retrait figure sur son relevé mensuel daté du 27 janvier. John ne rembourse pas ce montant avant la date d'échéance indiquée sur son relevé. Le relevé mensuel suivant de John est daté du 27 février. Sa banque exige des intérêts annuels de 18,00 % pour les avances de fonds à compter de la date du retrait.

avance de fonds : retrait d'argent à un GAB ou au comptoir à l'aide d'une carte de crédit; les intérêts sont habituellement calculés à partir de la journée du retrait

Calcule les intérêts que John doit payer pour l'avance de fonds qu'il a obtenue le 12 janvier.

SOLUTION

Compte le nombre de jours qui se sont écoulés entre le 12 janvier et le 27 février inclusivement.

Vingt jours se sont écoulés en janvier, et 27 en février.

$$20 + 27 = 47 \text{ jours}$$

Le taux d'intérêt annuel pour les avances de fonds est de 18,00 %. Convertis le pourcentage en nombre décimal.

$$18{,}00 \div 100 = 0{,}18$$

Calcule les intérêts exigés pour 47 jours.

$$I = Ctd$$

$$I = 500{,}00\ \$ \times 0{,}18 \times (47 \div 365)$$

$$I = 11{,}59\ \$$$

John devra payer 11,59 $ en intérêts sur l'avance de fonds.

AUTRE SOLUTION

T Sers-toi d'Internet pour trouver la solution. Effectue une recherche par mots clés à l'aide des mots « calculatrice d'intérêt simple » pour trouver une calculatrice des intérêts simples en ligne. Compte le nombre de jours qui se sont écoulés entre le 12 janvier et le 27 février inclusivement.

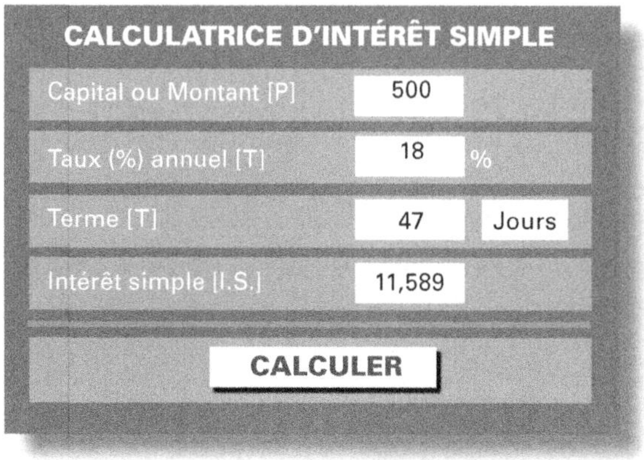

- Dans le champ « Capital ou Montant [C] », inscris 500.
- Dans le champ « Taux (%) annuel [T] », inscris 18.
- Dans le champ « Terme [T] », inscris 47.
- Appuie sur « CALCULER ».

Les intérêts simples s'élèvent à environ 11,59 $.

Exemple 2

Jane doit payer un taux annuel de 19,50 % sur le solde de sa carte de crédit. Elle utilise sa carte de crédit, sur laquelle il n'y a aucun solde, pour acheter un nouveau poêle à bois au coût de 2 100,36 $. Son relevé de carte de crédit suivant est daté du 30 septembre, et elle effectue seulement le versement minimum (5 % de son solde).

Le 5 octobre, Jane effectue un nouvel achat de 450,00 $ avec sa carte de crédit.

Quelle somme Jane devra-t-elle le 7 octobre? Elle ne fait aucun autre achat avec sa carte de crédit.

SOLUTION

D'abord, calcule le versement minimum de Jane.

$0,05 \times 2\ 100,36\ \$ = 105,02\ \$$

Le solde impayé de Jane au 30 septembre correspond au total de ses achats moins le montant du versement qu'elle a effectué.

$2\ 100,36\ \$ - 105,02\ \$ = 1\ 995,34\ \$$

Étant donné qu'il y a un solde impayé sur la carte de crédit de Jane, des intérêts quotidiens sont calculés sur le solde de la carte à compter du 1er octobre. Calcule les intérêts que Jane accumulera sur le solde impayé pendant 7 jours (du 1er au 7 octobre).

$I = Ctd$

$I = 1\ 995,34\ \$ \times 0,195\ 0 \times (7 \div 365)$

$I = 7,46\ \$$

Jane devra payer des intérêts quotidiens sur tous les nouveaux achats qu'elle fera à compter d'aujourd'hui parce qu'elle n'a pas payé le solde complet de sa carte de crédit. Calcule les intérêts qu'elle accumulera sur son nouvel achat de 450,00 $ pendant 3 jours (du 5 au 7 octobre).

$I = Ctd$

$I = 450{,}00\ \$ \times 0{,}195\ 0 \times (3 \div 365)$

$I = 0{,}72\ \$$

Additionne les deux montants d'intérêts au solde impayé.

7,46 + 0,72 $ + 1 995,34 $ = 2 003,52 $

Au 7 octobre, Jane devra 2 003,52 $.

ACTIVITÉ 6.7

INTERPRÉTER LES RELEVÉS DE CARTES DE CRÉDIT

La société émettrice de la carte de crédit de Laurie lui envoie chaque mois un relevé au verso duquel figurent les explications suivantes :

- Le solde précédent est le solde du mois précédent.
- Le paiement est le montant versé sur le solde du mois précédent.
- Le solde impayé est le montant qui doit encore être remboursé sur le solde du mois précédent.
- Les intérêts sont calculés sur le solde impayé pendant le nombre de jours écoulé entre le dernier relevé et celui-ci.
- Le nouveau solde est le montant qui doit être remboursé pour le mois visé.
- Le nouveau solde correspond au solde impayé auquel sont ajoutés les intérêts et les nouveaux achats.
- Le solde impayé correspond au solde précédent, duquel sont soustraits les versements effectués.
- Le versement minimum correspond à 5 % du nouveau solde ou à 10,00 $, selon la plus élevée des deux sommes.
- Le crédit disponible correspond à la limite de crédit de laquelle est soustrait le nouveau solde.

Sers-toi du relevé de carte de crédit de Laurie pour répondre aux questions ci-dessous.

1. Quel était le solde précédent de la carte de crédit de Laurie?
2. Le versement indiqué est de –1 428,00 $. Pourquoi la valeur est-elle négative?
3. Comment le montant de 2 211,52 $ a-t-il été calculé pour les achats?
4. Laura a-t-elle payé des intérêts en mars? Explique ta réponse.
5. Comment le versement minimum a-t-il été calculé?
6. Quelle est la somme du versement que Laurie devra effectuer au plus tard le 28 avril si elle ne veut pas payer des intérêts? Explique ta réponse.
7. Comment le crédit disponible a-t-il été calculé?

NW
Banque N.-O. du Canada

Nom du client :	Laurie Smith
Numéro de carte :	999 8888 7777 1234
Date du relevé :	2 avril 2011
Relevé précédent :	2 mars 2011

Date de transaction	Date de report	Description de l'activité	Montant ($)
SOLDE DU RELEVÉ PRÉCÉDENT			1 428,00 $
4 mars	5 mars	PAIEMENT – MERCI	–1 428,00 $
4 mars	5 mars	Flights Canada	1 676,19 $
4 mars	5 mars	Sleep Well Hotel Calgary	223,59 $
4 mars	5 mars	Sushi Calgary	63,79 $
5 mars	6 mars	Gas Vancouver	55,00 $
1er avr.	2 avr.	Best Save Foods Vancouver	135,45 $
1er avr.	2 avr.	Quality Books	57,50 $

Renseignements – versements		Calcul du solde	
Versement minimum	110,58 $	Solde précédent	1 428,00 $
Date d'échéance du versement	28 avr.	Versements et crédits	–1 428,00 $
Limite de crédit	5 500,00 $	Achats	2 211,52 $
Crédit disponible	3 288,48 $	Avances de fonds	0,00 $
Taux d'intérêt annuel	18,50 %	Intérêts	0,00 $
		Autres frais	0,00 $
		NOUVEAU SOLDE	2 211,52 $

ACTIVITÉ 6.8

COMPRENDRE LE REMBOURSEMENT D'UNE DETTE

1. Le tableau ci-dessous montre un solde de carte de crédit de 1 000,00 $, calculé selon deux taux d'intérêt différents. Fais une recherche sur Internet pour trouver une calculatrice de versements minimums sur une carte de crédit. Remplis les deux dernières colonnes dans un tableau semblable à celui-ci. Dans chaque cas, calcule combien de temps il te faudra pour rembourser ta dette si tu effectues seulement le versement minimum chaque mois.
2. Combien de temps te faudra-t-il de plus pour rembourser une dette de 1 000,00 $ si le taux d'intérêt est de 20,00 % plutôt que de 18,00 %? Pour chacun des taux, combien paieras-tu d'intérêts?

VERSEMENTS MINIMUMS DE CARTES DE CRÉDIT

Solde	*Taux d'intérêt annuel*	*Pourcentage du versement minimum*	*Facteur de versement minimum*	*Montant total des intérêts*	*Temps nécessaire pour rembourser la dette (en mois)*
1 000,00 $	18,00 %	5 %	10,00 $		
1 000,00 $	20,00 %	5 %	10,00 $		

Calcul mental et estimation

Le versement minimum sur la carte de crédit de Chezhian correspond à 5 % du solde dû ou à 10,00 $, selon la plus élevée des deux sommes. Le solde de sa carte s'élève à 1 002,93 $. Estime le montant de son versement minimum.

DISCUSSION DES IDÉES

GESTION DU CRÉDIT ET DE LA DETTE

Les cartes de crédit peuvent s'avérer pratiques. Plutôt que transporter de gros montants d'argent, tu n'as qu'à transporter un petit morceau de plastique. Avec ce petit morceau de plastique, tu peux tout payer : de l'épicerie, de l'essence, des cadeaux, des produits électroniques et des vacances.

Toutefois, si tu n'as pas l'argent pour rembourser ta dette immédiatement, les taux d'intérêt élevés assortis à ces prêts peuvent entraîner de graves problèmes financiers. Il peut être difficile de rembourser d'importantes dettes de cartes de crédit. Cela est particulièrement vrai si tu es soudainement incapable de travailler ou que tu dois assumer une importante dépense imprévue.

1. Quelles sont les conséquences à long terme associées à un endettement important?
2. Si tu as accumulé une dette, quelles sont les options de remboursement qui s'offrent à toi?
3. Il existe des agences de conseil en crédit à but non lucratif au Canada qui aident les personnes à dresser des budgets, à rembourser leurs dettes et à utiliser le crédit judicieusement. Effectue une recherche sur certains de ces services. Nomme quelques-unes des solutions que ces agences utilisent pour aider les gens à acquitter leurs dettes?

Exemple 3

Avant d'acheter de nouveaux meubles, il est sage d'évaluer les différents prix et de comparer les options de paiement.

Mi Jung veut acheter un canapé. Si elle paie son canapé en argent, il lui coûtera 899,99 $ et elle n'aura pas à payer les frais de livraison. Elle peut également choisir l'une des options de paiement suivantes :

Option 1 : Le magasin offre un plan de paiement différé de 899,99 $, auquel s'ajoutent des frais de livraison de 30,00 $ ainsi que des frais d'administration de 75,00 $ qui doivent être payés au moment de l'achat. Elle aurait 2 ans pour rembourser son prêt sans devoir payer d'intérêts.

Option 2 : Elle peut payer le canapé, au coût de 899,99 $, avec sa carte de crédit. Elle n'aurait pas à payer les frais de livraison ni les frais d'administration. Elle devrait payer des intérêts à un taux de 21,0 % par année. Elle s'attend à pouvoir rembourser le solde de sa carte de crédit en 31 jours. (Mi Jung a déjà une dette sur sa carte de crédit.)

a) Calcule le montant que Mi Jung devra payer au moment de l'achat si elle choisit l'option 1, le plan de paiement différé.

b) Calcule le coût total du canapé si Mi Jung l'achète dans le cadre du plan de paiement différé.

c) Calcule le coût total du canapé si Mi Jung l'achète avec sa carte de crédit.

d) Combien Mi Jung pourrait-elle épargner si elle pouvait payer le canapé en argent plutôt que d'utiliser le plan de paiement différé?

SOLUTION

a) Mi Jung doit payer les frais de livraison de 30,00 $ ainsi que les frais d'administration de 75,00 $.

30,00 $ + 75,00 $ = 105,00 $.

b) Le coût total du plan de paiement différé comprend le coût du canapé, les frais de livraison et les frais d'adminstration.

899,99 $ + 30,00 $ + 75,00 $ = 1 004,99 $

c) Utilise la formule de calcul des intérêts simples pour déterminer combien Mi Jung devra payer en intérêts.

$I = Ctd$

$I = (899{,}99\ \$)(0{,}21)(31 \div 365)$

$I = 16{,}05\ \$$

Coût total = 899,99 $ + 16,05 $

Coût total = 916,04 $

d) Si Mi Jung payait en argent, elle pourrait épargner la différence entre le coût total du plan de paiement différé et le prix au comptant du canapé.

1 004,99 $ – 899,99 $ = 105,00 $

Mi Jung économiserait 105,00 $ si elle payait en argent.

ACTIVITÉ 6.9
ACHETEZ MAINTENANT! AUCUN ACOMPTE REQUIS!

Les magasins annoncent souvent des promotions pour inciter les consommateurs à acheter. Souviens-toi de toujours comparer les prix avec les autres magasins et de toujours lire les petits caractères de façon à connaître les frais ajoutés, comme les frais de livraison et les frais d'administration. Évalue le coût final de l'article ainsi que ta situation financière afin de prendre la décision qui répond le mieux à tes besoins.

acompte : paiement partiel parfois exigé au moment d'un achat

Les promotions ci-dessous concernent toutes le même téléviseur à écran plat offert par trois magasins différents.

1. Quel est le prix global du téléviseur pour chaque option?
2. Laquelle de ces options offre le meilleur prix global?
3. Quels sont les avantages et les inconvénients de chacune de ces options?

Livraison gratuite!

Avec un achat au comptant de 1 245,65 $.

OPTION 1

Profitez de notre promotion Achetez maintenant, payez plus tard!

Avec tout achat de 1 500,00 $. Aucun intérêt avant 1 an.

Des frais de livraison de 35,00 $ et des frais d'administration de 75,00 $ doivent être payés au moment de l'achat. À défaut de payer après 365 jours, des frais d'intérêt de 12,00 % par année seront appliqués.

OPTION 2

Profitez de notre prêt offert en magasin

Aucun acompte

et 24 versements mensuels de 70,00 $

Des frais de livraison de 35,00 $ et des frais d'administration de 75,00 $ sont ajoutés au prix d'achat et sont compris dans le montant des versements mensuels.

OPTION 3

CONSTRUIS TES HABILETÉS

1. Calcule les intérêts devant être payés sur les soldes de cartes de crédit suivants ainsi que les versements minimums (5 % ou 10,00 $, selon la plus élevée des deux sommes).
   a) Solde impayé : 345,67 $

      Taux d'intérêt annuel : 20,00 %

      Échéance : 30 jours
   b) Solde impayé : 55,75 $

      Taux d'intérêt annuel : 18,00 %

      Échéance : 31 jours
2. Claudine s'est inscrite au programme Travail d'équipe et Leadership offert par le *Centre de leadership et d'aventure dans la nature*, qui est situé à Powell River, en Colombie-Britannique. Le centre enseigne à des jeunes adultes francophones à acquérir des aptitudes en leadership en plein air. Claudine paie les coûts liés au cours avec sa carte de crédit. Elle a payé 16,22 $ en intérêts sur un solde de carte de crédit de 1 032,05 $, qu'elle a remboursé en 31 jours. Quel est le taux d'intérêt annuel de sa carte de crédit?
3. La carte de crédit de Sanaa présente un solde impayé. Le taux d'intérêt annuel s'élève à 21,50 %. Elle a remboursé son solde en 19 jours et a dû payer des intérêts de 7,75 $. Quel était le solde impayé sur sa carte de crédit?
4. Phil a reçu un relevé de carte de crédit daté du 1er août sur lequel il est indiqué qu'il doit 505,50 $. Il a effectué un versement de 100,00 $ avant la date d'échéance du paiement.
   a) Il doit payer des intérêts à un taux de 18,90 % sur son solde impayé. Combien d'intérêts paiera-t-il s'il attend jusqu'au 21 août pour payer le solde et qu'il n'effectue aucun autre achat avec sa carte?
   b) Si Phil fait un achat de 160,40 $ le 16 août et qu'il ne fait aucun autre achat au cours du mois, quelle somme devra-t-il au 21 août?
5. Le 10 août, Sharon retire une avance de fonds de 300,00 $ sur sa carte de crédit. Ce retrait figure sur son relevé mensuel daté du 28 août. Sharon ne rembourse pas ce montant avant la date d'échéance indiquée sur son relevé. Son relevé mensuel suivant est émis le 28 septembre.
   a) Sur combien de jours les intérêts sont-ils calculés?
   b) Si la banque de Sharon exige des intérêts annuels de 25,50 % pour les avances de fonds à compter de la date du retrait, combien d'intérêts Sharon devra-t-elle payer pour l'avance qu'elle a obtenue le 10 août?
   c) Quel est le coût réel de l'avance de fonds, y compris les intérêts, si Sharon la rembourse avant la date d'échéance indiquée sur son relevé de septembre?

6. Brian veut acheter un nouveau réfrigérateur. Un magasin offre un plan de paiement différé de 1 099,99 $, auquel s'ajoutent des frais de livraison de 40,00 $ ainsi que des frais d'administration de 60,00 $ qui doivent être payés au moment de l'achat. Il dispose de 2 ans pour payer son achat sans que des intérêts s'accumulent. Si le prix au comptant du réfrigrateur est de 729,99 $ plus les frais de livraison, combien d'intérêts paie-t-il en réalité s'il profite du plan de paiement différé?

7. Arlene achète un nouveau vélo hybride pour se rendre au travail. Trois options s'offrent à elle :

   Option 1 : Payer en argent. Le vélo coûte 895,99 $ plus des taxes de 12 %.

   Option 2 : Profiter du plan de paiement en 6 versements mensuels de 190,00 $ (taxes comprises) offert par le magasin.

   Option 3 : Payer à l'aide d'une avance de fonds obtenue sur sa carte de crédit. Elle devrait payer des intérêts à un taux de 19,5 % par année. Elle s'attend à pouvoir payer le solde de la carte de crédit en 15 jours.

   Calcule le coût du vélo pour chaque option de paiement. Laquelle de ces options recommanderais-tu à Arlene?

Un vélo hybride offre à la fois les caractéristiques d'un vélo de montagne et celles d'un vélo de route.

T 8. Guy achète un nouvel équipement de hockey qui lui coûte 1 533,26 $, taxes comprises. Il paie par carte de crédit. La société émettrice de sa carte de crédit exige des intérêts de 18,00 % par année. Guy peut effectuer des versements de 120,00 $ chaque mois. Sers-toi d'une calculatrice d'intérêts en ligne pour répondre aux questions suivantes.

   a) Combien de temps faudra-t-il à Guy pour rembourser sa dette?

   b) Combien d'intérêts paiera-t-il?

Banque N.-O. du Canada

Nom du client :	Pasha
Numéro de carte :	999 8888 7777 1234
Date du relevé :	5 sept. 2011
Relevé précédent :	5 août 2011

Date de transaction	Date de report	Description de l'activité	Montant ($)
SOLDE DU RELEVÉ PRÉCÉDENT			245,86 $
6 août	7 août	PAIEMENT – MERCI	-100,00 $
9 août	10 août	Econo Foods	78,85 $
13 août	15 août	Tu Electric	62,34 $
18 août	19 août	Home Comfort	345,55 $
22 août	24 août	The Pancake House	42,50 $
31 août	2 sept.	Sportinc	68,76 $
3 sept.	4 sept.	Plaza Gas Bar	25,00 $
3 sept.	4 sept.	Black and White Party Rentals	25,00 $

Renseignements – versements		Calcul du solde	
Versement minimum	$	Solde précédent	$
Date d'échéance du versement	23 sept.	Versements et crédits	$
Limite de crédit	3 500,00 $	Achats	$
Crédit disponible	3 500,00 $	Avances de fonds	$
Taux d'intérêt annuel	19,50 %	Intérêts	$
		Autres frais	$
		NOUVEAU SOLDE	$

9. Sers-toi du relevé de carte de crédit de Pasha pour calculer les éléments suivants :
   a) le montant total des achats effectués au cours du mois;
   b) le nombre de jours sur lesquels les intérêts sont calculés;
   c) le solde impayé;
   d) les intérêts sur le solde impayé;
   e) le nouveau solde;
   f) le versement minimum (5 % ou 10,00 $, selon la plus élevée des deux sommes);
   g) le crédit disponible.

Approfondis ta réflexion

10. Un grand magasin offre un solde sur les lits. Tu n'as pas d'acompte à donner et tu ne paies pas d'intérêts si tu rembourses la totalité du prix dans les 6 premiers mois suivants l'achat. Dans le cas contraire, des intérêts de 19,00 % par année seront exigés sur le prix de solde à compter de la date d'achat. Des frais de livraison de 35,00 $ et des frais d'administration de 50,00 $ doivent être payés au moment de l'achat.
    a) Si tu achètes un nouveau lit de 675,00 $ et que tu rembourses la totalité du montant en 5 mois, combien auras-tu payé?
    b) Si tu achètes le même lit et que tu rembourses le montant total après un an, combien auras-tu payé?
       i) si des intérêts simples sont exigés?
       ii) si des intérêts composés mensuellement sont exigés?

RÉSOUS LE PROBLÈME

QUI POSSÈDE QUOI?

Pat, Quinn et Rachel sont titulaires de différents types de comptes bancaires et de différentes cartes de crédit.

Les trois comptes bancaires sont les suivants : un compte libre-service, un compte multiservices et un compte d'épargne.

Les trois cartes de crédit sont les suivantes : une carte de crédit bancaire, une carte de crédit émise par un magasin et une carte de crédit émise par une société gazière.

Les indices ci-dessous te permettront de découvrir le type de compte et de carte de crédit que détient chaque personne.

Indice 1 : Pat et Rachel n'ont pas de compte libre-service. La personne qui a le compte d'épargne n'est pas titulaire de la carte de crédit émise par une société gazière.

Indice 2 : La personne qui détient le compte multiservices n'est pas titulaire de la carte de crédit bancaire ou de celle émise par une société gazière.

Indice 3 : Pat n'est pas détenteur d'un compte d'épargne, et la personne titulaire de la carte de crédit émise par un magasin ne détient pas de compte d'épargne.

Sers-toi de ces indices pour trouver le type de compte et de carte de crédit que possède chaque personne.

PROJET – ACHAT D'UN SYSTÈME DE DIVERTISSEMENT MAISON

ÉVALUER L'OPTION D'ACHAT À CRÉDIT

T Tu as calculé combien te coûtera le système de divertissement maison de tes rêves si tu le paies en argent. Maintenant, tu analyseras deux autres options de paiement : le paiement par carte de crédit et le paiement dans le cadre d'une promotion commerciale.

Option de paiement 1 : Choisis une carte de crédit que tu utiliseras pour effectuer ton achat. Rends-toi dans une institution financière ou visite le site Web d'une institution pour trouver les renseignements suivants à propos de ta carte de crédit :

- le taux d'intérêt;
- les modalités de versements minimums;
- la limite de crédit courante pour les nouveaux détenteurs de cartes de crédit.

Fais une recherche sur Internet pour trouver une calculatrice de versements minimums sur une carte de crédit. Calcule les intérêts totaux qui seraient appliqués et le temps qu'il te faudrait pour rembourser ta dette si tu effectuais seulement le versement minimum chaque mois.

Option de paiement 2 : Rends-toi dans des magasins, examine des circulaires ou cherche des renseignements sur une promotion commerciale en ligne.

Calcule quel serait le coût total de ton système si tu le payais dans le cadre d'une promotion commerciale.

En tenant compte de tes 1 000,00 $ d'économies et des 300,00 $ que tu peux épargner chaque mois, décris le plan de paiement dont tu aurais besoin pour rembourser le coût de ton système de divertissement.

Ajoute des renseignements sur les deux options de paiement à ton dossier de projet.

6.4 Prêts personnels, marges de crédit et découvert bancaire

Irene Schurek est en formation pour devenir responsable des prêts commerciaux.

LES MATHÉMATIQUES *AU TRAVAIL*

Irene Schurek est préposée aux prêts à la consommation. Elle travaille pour la Lakeland Credit Union à Bonnyville, en Alberta. Irene est Métisse. Elle a fréquenté l'école secondaire régionale St. Paul, située à St. Paul, en Alberta. Irene approuve et rejette des demande de prêts, prête des fonds, interroge les membres de la caisse populaire et saisit des renseignements dans les programmes informatiques. Ses connaissances en mathématiques lui permettent de satisfaire aux besoins des clients de la caisse populaire.

Irene approuve un prêt de 12 000,00 $ pour un client. Le terme du prêt est de 4 ans. Les versements mensuels du client s'élèvent à 277,71 $. Combien le client paiera-t-il de frais d'intérêts pendant les 4 années?

EXPLORE LES MATHÉMATIQUES

En règle générale, il vaut mieux attendre que tu aies économisé suffisamment d'argent avant d'effectuer un achat. Toutefois, il arrive parfois qu'on doive emprunter de l'argent pour payer quelque chose et qu'on rembourse le prêt au fil du temps. Par exemple, tu pourrais devoir payer tes études collégiales, lesquelles te permettront d'entamer une carrière. Tu pourrais aussi vouloir acheter un véhicule qui te permettra de transporter tes outils au travail. Dans les deux cas, tu pourrais devoir contracter un prêt. Il existe diverses méthodes pour emprunter de l'argent.

- Un **prêt** est un montant d'argent que tu empruntes. Tu reçois le montant intégral du prêt lorsque tu signes l'entente, et les intérêts sont calculés à compter de cette date et jusqu'à l'échéance du prêt. La période nécessaire pour rembourser le prêt est appelée **période d'amortissement**.
- Une **marge de crédit** bancaire est un montant fixe qui t'est accordé afin que tu puisses avoir accès facilement à de l'argent au cas où tu en aurais besoin dans l'avenir. La marge de crédit est assortie d'une limite de crédit, comme celle d'une carte de crédit, et des intérêts sont calculés sur le montant utilisé.
- Les banques offrent des **autorisations de découvert** qui te permettent de retirer une somme supérieure au solde de ton compte, jusqu'à un montant convenu. La banque couvre la différence pour toi, mais tu dois effectuer un versement minimum mensuel pour rembourser le montant du découvert. Les intérêts sont calculés à un taux semblable à celui des cartes de crédit, et il arrive parfois que des frais de découvert soient exigés.

prêt : somme d'argent empruntée pour une durée déterminée devant être remboursée et moyennant des versements avec des intérêts

période d'amortissement : temps nécessaire pour rembourser un prêt

marge de crédit : montant de crédit accordé à partir duquel il est possible d'effectuer des retraits, au besoin; des intérêts sont imposés sur les sommes utilisées

autorisation de découvert : entente selon laquelle la banque te permet de retirer une somme supérieure au solde de ton compte, jusqu'à un montant déterminé

- Tu as peut-être déjà vu des magasins ou des sites Web où tu pouvais emprunter de l'argent sans devoir te rendre dans une banque ou une institution financière. Ce type de prêt à court terme est parfois appelé **prêt sur salaire** parce que sa durée se termine habituellement au prochain jour de paie de l'emprunteur. Les prêts sur salaire sont généralement assortis de taux d'intérêt élevés, et les intérêts sont composés quotidiennement.

prêt sur salaire : prêt peu élevé à court terme et à intérêts élevés visant à couvrir les dépenses de l'emprunteur jusqu'à sa prochaine paie

Peu importe la méthode d'emprunt que tu choisis, tu devras payer des frais de crédit. La somme totale que tu paies varie en fonction du montant du prêt, du taux d'intérêt, de la période d'amortissement du prêt, du nombre de versements effectués à intervalles réguliers et du montant auquel s'élèvent ces versements.

DISCUSSION DES IDÉES

PRÊTS PERSONNELS

Un prêt peut être garanti ou non garanti. Un prêt garanti signifie que l'emprunteur a promis de remettre au prêteur un bien de valeur en particulier, comme une voiture ou une propriété, s'il **manque à son obligation de rembourser** le capital et les intérêts du prêt. Le bien de valeur est la **garantie**. Un prêt non garanti est un prêt pour lequel le prêteur considère que tu es une personne à faible risque; il n'a donc pas besoin d'une garantie.

manquement : le fait de manquer à son obligation de rembourser un prêt

garantie : objet de valeur mis en gage par un emprunteur afin de garantir un prêt

actif : élément qui a une valeur économique, qui appartient à une personne et qui peut être converti en argent

Le taux d'intérêt sur les prêts garantis est généralement moins élevé que sur les prêts non garantis.

1. Explique pourquoi le taux d'intérêt est moins élevé sur un prêt garanti.
2. Penses-tu que le montant d'argent qu'une institution financière prête à une personne varie en fonction du bien mis en garantie? Explique ta réponse.
3. Quels **actifs** les gens utilisent-il en général pour garantir un prêt?

Exemple 1

Une société de prêt sur salaire exige de Matt qu'il paie des intérêts de 40,00 $ sur un prêt de 350,00 $. Matt rembourse la somme totale de 390,00 $ après 10 jours.

a) Quel était le taux d'intérêt quotidien sur ce prêt?

b) Quel était le taux d'intérêt annuel sur ce prêt?

SOLUTION

a) Pour calculer le taux d'intérêt quotidien, sers-toi de la formule de calcul des intérêts simples, dans laquelle d est indiquée en jours.

$$I = Ctd$$

$$40{,}00\ \$ = 350{,}00\ \$ \times t \times 10$$

$$40{,}00\ \$ = 3\ 500{,}00\ \$t$$

$$40{,}00\ \$ \div 3\ 500{,}00\ \$ = t$$

$$t \approx 0{,}011\ 4$$

Convertis le nombre décimal en pourcentage.

$t = 0{,}011\ 4 \times 100$

$t = 1{,}14$

Le taux d'intérêt quotidien est de 1,14 %.

b) Calcule le taux d'intérêt annuel.

1,14 × 365 jours = 416,1 %

Le taux d'intérêt annuel est de 416,1 %.

AUTRE SOLUTION

Calcule la partie b) en premier, puis calcule la partie a).

b) Calcule le taux d'intérêt annuel à l'aide de la formule de calcul des intérêts simples, dans laquelle d est indiquée en années.

$I = Ctd$

$$40{,}00\ \$ = 350{,}00\ \$ \times t \times (10 \div 365)$$

$$40{,}00\ \$ = 9{,}589\ 04t$$

$$40{,}00\ \$ \div 9{,}589\ 04 = t$$

$$4{,}171\ 01 = t$$

Convertis le nombre décimal en pourcentage.

$t = 4{,}171\ 01 \times 100$

$t = 417{,}1$

Le taux d'intérêt annuel est de 417,1 %.

a) Calcule le taux d'intérêt quotidien en divisant le taux d'intérêt annuel par 365.

$t = 417{,}1 \div 365$

$t = 1{,}14$

Le taux d'intérêt quotidien est de 1,14 %.

Exemple 2

Jean-Paul emprunte 2 500,00 $ pour acheter un ordinateur portatif et un logiciel. Il contracte auprès de sa caisse populaire un prêt personnel à un taux annuel de 6,25 % assorti d'une période d'amortissement de 2 ans. Sers-toi de la table de calcul des versements à effectuer sur un prêt personnel présentée à la page suivante pour répondre aux questions ci-dessous.

a) Quel est le montant du versement mensuel de Jean-Paul?

b) Calcule le montant total qu'il aura payé après la période de 2 ans.

c) Calcule les frais de crédit pour le prêt.

Un prêt personnel constitue l'une des façons de financer l'achat d'un ordinateur.

SOLUTION

a) Dans la table de calcul des versements à effectuer sur un prêt personnel, cherche d'abord le taux d'intérêt de 6,25 % dans la colonne de gauche. Puis, déplace-toi sur cette rangée jusqu'à la colonne qui indique les versements mensuels pour un prêt d'une durée de 2 ans. Le versement est de 44,43 $ par mois pour un prêt de 1 000,00 $.

Pour calculer le versement mensuel pour un prêt de 2 500,00 $, divise le montant du prêt par 1 000,00 $, puis multiplie le résultat par 44,43 $.

2 500,00 $ ÷ 1 000,00 $ × 44,43 $ = 111,08 $

Le montant du versement mensuel de Jean-Paul est d'environ 111,08 $.

b) Il paiera 111,08 $ par mois pendant 2 ans, ou 24 mois.

111,08 $ × 24 mois = 2 665,92 $

Après 2 ans, Jean-paul aura payé 2 665,92 $ au total.

c) Les frais de crédit correspondent à la différence entre le montant emprunté et le montant total devant être remboursé.

2 665,92 $ – 2 500,00 $ = 165,92 $

Les frais de crédit s'élèveront à 165,92 $ pour le prêt.

TABLE DE CALCUL DES VERSEMENTS À EFFECTUER SUR UN PRÊT PERSONNEL : VERSEMENT MENSUEL PAR 1 000,00 $ EMPRUNTÉS (INTÉRÊTS COMPOSÉS MENSUELLEMENT)					
Taux d'intérêt (%)	*Durée en années*				
	1	*2*	*3*	*4*	*5*
3,00	84,69	42,98	29,08	22,13	17,97
3,25	84,81	43,09	29,19	22,24	18,08
3,50	84,92	43,20	29,30	22,36	18,19
3,75	85,04	43,31	29,41	22,47	18,30
4,00	85,15	43,42	29,52	22,58	18,42
4,25	85,26	43,54	29,64	22,69	18,53
4,50	85,38	43,65	29,75	22,80	18,64
4,75	85,49	43,76	29,86	22,92	18,76
5,00	85,61	43,87	29,97	23,03	18,87
5,25	85,72	43,98	30,08	23,14	18,99
5,50	85,84	44,10	30,20	23,26	19,10
5,75	85,95	44,21	30,31	23,37	19,22
6,00	86,07	44,32	30,42	23,49	19,33
6,25	86,18	44,43	30,54	23,60	19,45
6,50	86,30	44,55	30,65	23,71	19,57
6,75	86,41	44,66	30,76	23,83	19,68
7,00	86,53	44,77	30,88	23,95	19,80
7,25	86,64	44,89	30,99	24,06	19,92
7,50	86,76	45,00	31,11	24,18	20,04
7,75	86,87	45,11	31,22	24,29	20,16
8,00	86,99	45,23	31,34	24,41	20,28
8,25	87,10	45,34	31,45	24,53	20,40
8,50	87,22	45,46	31,57	24,65	20,52
8,75	87,34	45,57	31,68	24,77	20,64
9,00	87,45	45,68	31,80	24,89	20,76
9,25	87,57	45,80	31,92	25,00	20,88
9,50	87,68	45,91	32,03	25,12	21,00
9,75	87,80	46,03	32,15	25,24	21,12
10,00	87,92	46,14	32,27	25,36	21,25

ACTIVITÉ 6.10

COMPARER LES TYPES DE PRÊTS

Les banques offrent parfois des autorisations de découvert, lesquelles te permettent de retirer une somme supérieure à celle qui se trouve dans ton compte bancaire. Les banques ne facturent pas toutes les frais de la même façon pour ce service. Si tu fais un chèque ou que tu utilises ta carte bancaire, la banque paiera le montant, mais tu devras payer des frais pour chaque transaction à découvert.

Bon nombre d'institutions financières n'autorisent pas les découverts, surtout pour les comptes assortis de frais mensuels peu élevés. Si tu fais un chèque, il te sera retourné sans provision. Lorsque cela se produit, ta banque exige que tu paies des frais (habituellement entre 20,00 $ et 50,00 $) pour le chèque sans provision.

Si tu as besoin d'argent, tu peux emprunter des fonds de diverses façons. Il vaut mieux que tu fasses une recherche sur les différentes options qui s'offrent à toi parce que les prêts ne sont pas tous assortis des mêmes taux d'intérêt.

1. Craig paie ses factures par chèques. Un jour, il utilise sa carte bancaire pour acheter une nouvelle guitare sur un coup de tête, oubliant qu'un chèque de 100,00 $ et un autre de 125,00 $ n'ont pas encore été encaissés. Craig oublie également que la Banque Nord-Ouest du Canada exige des frais de 35,00 $ pour chaque chèque retourné sans provision. Au total, combien Craig devra-t-il payer en frais d'insuffisance de fonds?
2. Imagine que Craig se trouve à court d'argent avant son prochain jour de paie et qu'il doive emprunter 225,00 $ pour payer ses factures de câble et d'Internet. Il contracte un prêt sur salaire. Après 10 jours, il rembourse le capital et les intérêts, soit un total de 261,00 $. Quel est le taux d'intérêt quotidien sur le prêt?
3. Imagine que Craig a une autorisation de découvert de 500,00 $ sur son compte de chèques. Sa banque exige des intérêts simples de 0,08 % par jour sur le montant du découvert ainsi que des frais de découvert de 5,00 $. S'il a fait un chèque de 125,00 $ et un chèque de 100,00 $, quel sera le montant des frais de découvert qu'il devra payer pour ces chèques s'il lui faut 10 jours pour rembourser le découvert?
4. Imagine que Craig a une marge de crédit de 1 000,00 $ à un taux d'intérêt annuel de 4,00 %. Il a un solde négatif de 225,00 $ pendant 10 jours. Combien d'intérêts devra-t-il payer?
5. À la lumière des expériences de Craig, quel est, selon toi, le meilleur moyen pour une personne de couvrir un découvert? Pour quelles raisons?
6. Quel est l'avantage de négocier un taux d'intérêt moins élevé lorsque tu présentes une demande de marge de crédit?

Calcul mental et estimation

Le montant du remboursement mensuel pour un prêt de 1 000,00 $ est de 25,00 $. Calcule quel serait le montant des versements mensuels pour des prêts de 2 000,00 $, de 4 000,00 $ et de 500,00 $.

ACTIVITÉ 6.11

FAIRE BON USAGE DU CRÉDIT

OFFRE SPÉCIALE : NE PAYEZ QUE 250,00 $ PAR MOIS PENDANT 12 MOIS

Il est important de faire une recherche sur les solutions de crédit, particulièrement pour l'achat d'articles coûteux comme ce VTT.

PARTIE A

Tu veux acheter un véhicule tout-terrain (VTT) qui coûte 2 800,00 $. Tu as 1 100,00 $ en économies et tu peux épargner 200,00 $ de plus par mois. Ta caisse populaire locale offre des prêts à un taux annuel de 6,50 % pendant 12 mois. Tu es détenteur d'une carte de crédit bancaire dont le taux d'intérêt annuel est de 20,00 %. Tu as un solde de 100,00 $ sur ta carte de crédit.

1. Fais un remue-méninges pour trouver le plus d'options différentes possibles pour acheter ton VTT et rembourser ta dette de carte de crédit.
2. Dresse la liste des avantages et des inconvénients de chaque option.
3. Quelle option choisirais-tu? Indique les calculs justifiant ton choix.

T Tu auras besoin d'une table de calcul des versements à effectuer sur un prêt personnel ou d'une calculatrice en ligne pour cette activité.

PARTIE B

Dresse la liste des stratégies permettant de faire bon usage du crédit. Sers-toi de ce que tu as appris dans le cadre de ce chapitre pour enrichir la discussion.

PROJET – ACHAT D'UN SYSTÈME DE DIVERTISSEMENT MAISON

ANALYSER L'OPTION DE CONTRACTER UN PRÊT

Tu as analysé plusieurs méthodes pour payer ton système de divertissement maison idéal. Maintenant, tu analyseras l'option de payer au moyen d'un prêt personnel.

Rends-toi à ta banque ou à ta caisse populaire ou visite le site Web de ton institution financière pour trouver les taux de prêt pour différentes périodes d'amortissement. Choisis un prêt en tenant compte des éléments suivants :

- la durée de ton prêt;
- le versement mensuel pour ton option de prêt;
- le montant total exigé pour ton option de prêt.

Calcule les versements mensuels pour des prêts d'une durée de 1, 2, 3 ou 4 ans.

Ajoute ces renseignements à ton dossier de projet.

Le fait de calculer le coût des différentes options de prêt peut te permettre d'économiser de l'argent à long terme.

CONSTRUIS TES HABILETÉS

Pour les questions 1 à 3, tu peux utiliser la table de calcul des versements à effectuer sur un prêt personnel qui se trouve à la page 292 ou une calculatrice de versements mensuels en ligne.

1. Calcule le versement mensuel, le montant total payé et les frais de crédit pour chacun des prêts suivants :
   a) 1 000,00 $ à 7,50 % par année pendant 3 ans;
   b) 2 500,00 $ à 7,50 % par année pendant 4 ans;
   c) 3 000,00 $ à 9,00 % par année pendant 5 ans.
2. Amy aimerait acheter un ordinateur. Celui qu'elle veut coûte 1 565,45 $, taxes incluses. Amy a économisé 500,00 $ pour donner un acompte.
   a) Combien Amy devra-t-elle emprunter pour acheter son ordinateur?
   b) Elle peut obtenir un prêt à un taux annuel de 8,25 % assorti d'une période d'amortissement de 1 an. Quel sera son versement mensuel?
   c) Quel sera le montant total qu'elle paiera pour son prêt?
   d) Combien coûtera l'ordinateur d'Amy?
3. Cindy possède une entreprise qui offre des randonnées de motoneiges à Churchill, au Manitoba. Elle veut acheter une nouvelle motoneige. Elle n'a pas d'argent pour donner un acompte. Elle a estimé qu'elle n'avait pas les moyens de payer plus que 400,00 $ par mois pendant les 2 prochaines années. Le marchand de motoneiges demande 8 500,00 $ en argent pour le modèle qu'elle souhaite acheter. Trois options s'offrent à elle :
   - Elle peut contracter auprès de sa banque un prêt à 5,00 % par année pendant 2 ans et payer.
   - Elle peut payer avec sa carte de crédit, dont le taux d'intérêt annuel est de 22,50 %. Calcule le versement minimum pour le premier mois (5 % du solde).
   - Elle peut obtenir une marge de crédit à un taux de 4,50 % par année et la rembourser en 2 ans.

   Calcule le coût total de chacune des options de Cindy. Décris un avantage et un inconvénient de chacune de ces trois options.

La motoneige est un moyen de transport amusant qui te permet de te rendre dans des régions éloignées en hiver.

4. Toby a fait deux chèques qui ont été retournés parce qu'il n'avait pas suffisamment d'argent dans son compte. Les montants des chèques étaient de 50,00 $ et de 150,00 $. Sa banque exige des frais de 25,00 $ pour chaque chèque retourné. Combien de frais Toby devra-t-il payer?

5. Ramon a besoin de 500,00 $ le plus vite possible pour payer les versements de son prêt étudiant. Il se rend dans un établissement de crédit pour obtenir un prêt sur salaire. L'établissement de crédit lui explique qu'il devra faire un chèque de 560,00 $ daté de 10 jours plus tard.

   a) Combien Ramon devra-t-il payer en intérêts s'il prend le prêt sur salaire?

   b) Calcule les taux d'intérêt quotidien et annuel pour ce prêt.

6. Explique la différence entre un découvert et une marge de crédit. Lequel de ces deux types de prêt constitue la meilleure option?

Approfondis ta réflexion

Le kayak de mer est l'une des activités que tu peux pratiquer pendant les longs jours d'été à Paulatuk, dans les Territoires du Nord-Ouest.

7. Josh veut acheter un nouveau kayak. Il en trouve un qu'il aime et qui est offert au prix réduit de 3 842,00 $, en argent. Il n'a pas l'argent nécessaire pour acheter le kayak immédiatement; par conséquent, il doit examiner les options qui s'offrent à lui.

   Option 1 : Le magasin de kayaks offre un plan dans le cadre duquel Josh devra donner un acompte de 500,00 $, puis verser 300,00 $ par mois pendant 1 an. Josh devra également payer des frais d'administration de 25,00 $.

   Option 2 : Josh pourrait également contracter auprès de sa banque un prêt de 1 an à 8,50 % par année, et ainsi payer le kayak.

   Option 3 : Josh pourrait économiser 300,00 $ par mois jusqu'à ce qu'il ait suffisamment d'argent pour acheter son kayak.

   a) Quel serait le montant des versements mensuels pour chacune des options? Utilise la table de calcul des versements à effectuer sur un prêt personnel qui se trouve à la page 292 pour calculer le montant des versements.

   b) Calcule le coût total de chaque option.

   c) Qu'est-ce qui pourrait pousser Josh à choisir chacune de ces trois options?

PROJET – ACHAT D'UN SYSTÈME DE DIVERTISSEMENT MAISON

FAIRE UNE PRÉSENTATION

Il est maintenant temps de prendre ta décision finale; comment paieras-tu le système de divertissement maison de tes rêves?

Évalue attentivement toutes les options de paiement qui s'offrent à toi et que tu as analysées. Choisis celle qui te semble la plus sensée, compte tenu de ton revenu disponible, du moment de l'achat et de tout autre facteur qui pourrait influencer ta décision.

Réunis les renseignements que tu as recueillis dans un dossier ou un classeur, ou crée un diaporama à l'aide d'un logiciel de présentation. Assure-toi d'y inclure les éléments suivants :

- la liste des articles que tu souhaites acheter, y compris leur prix après les taxes;
- des photos ou des illustrations de chaque composante de ton système (si possible);
- une analyse du coût pour chacune des options de paiement suivantes :
  - argent,
  - carte de crédit (si tu effectues seulement le paiement minimum chaque mois),
  - promotion commerciale,
  - prêt personnel;
- un énoncé décrivant le mode de paiement que tu as choisi et la raison de ce choix.

Ces élèves utilisent un support dans le cadre d'un projet de présentation.

RÉFLEXIONS SUR L'APPRENTISSAGE

SERVICES FINANCIERS

Maintenant que tu as terminé ce chapitre, tu devrais être en mesure :

- ❒ de décrire les solutions bancaires et de discuter de leurs avantages et de leurs inconvénients;
- ❒ de résoudre des problèmes relatifs aux intérêts simples;
- ❒ de résoudre des problèmes relatifs aux intérêts composés;
- ❒ d'utiliser la règle de 72 pour estimer le temps nécessaire pour doubler la valeur d'un placement;
- ❒ de décrire les différentes solutions de crédit, y compris les cartes de crédit émises par les banques et par les magasins, les prêts personnels, les marges de crédit et les découverts;
- ❒ de résoudre des problèmes concernant des cartes de crédit;
- ❒ de résoudre des problèmes concernant des prêts;
- ❒ de résoudre des problèmes concernant des promotions commerciales;
- ❒ de prendre des décisions éclairées relativement à l'utilisation du crédit.

En outre, tu as réalisé un projet dans le cadre duquel tu as analysé les différentes options qui s'offraient à toi pour l'achat d'un système de divertissement maison, et tu as expliqué la raison de ton choix de mode de paiement.

MISE EN PRATIQUE DES NOUVELLES HABILETÉS

1. Pierre veut ouvrir un compte bancaire à la Banque Nord-Ouest du Canada. Il a 900,00 $ en économies. Son salaire mensuel s'élève à 1 800,00 $ après retenues. Ses dépenses mensuelles s'élèvent à 1 500,00 $. Il économise 300,00 $ par mois pour s'acheter une voiture. Il estime qu'il doit faire environ 4 chèques tous les mois et qu'il effectue environ 14 transactions avec sa carte bancaire. À l'aide des renseignements sur les comptes de la Banque Nord-Ouest du Canada qui figurent à la page 256, calcule les frais de service que Pierre serait tenu de payer pendant 2 mois pour chacun des quatre types de comptes.
2. Indique les services bancaires qui peuvent être utilisés pour effectuer les transactions énumérées ci-dessous. Les services bancaires sont les suivants : carte bancaire, services bancaires en ligne, caissier de banque, GAB et chèque. Remarque qu'une transaction peut être effectuée de plus d'une façon.
   - paiement de factures
   - achat de chèques de voyage
   - retrait d'argent
   - dépôt d'argent ou de chèques
   - virement de fonds entre des comptes
   - achat d'articles dans un magasin
   - dépôt de chèques de paie
   - achat de devises
   - vérification du solde d'un compte
3. Wendy a 3 000,00 $ à investir à un taux d'intérêt simple de 3,00 % par année. Combien de mois lui faudra-t-il pour gagner 60,00 $ d'intérêts?

Si tu te passionnes pour un passe-temps comme la planche à neige, il peut être avantageux d'investir dans un équipement de grande qualité.

4. Raul achète une planche à neige en contractant un prêt à intérêts simples dans un magasin. La planche à neige coûte 800,00 $ et le taux d'intérêt sur le prêt est de 10,00 %. Le prêt devra être remboursé en 12 versements mensuels égaux pendant 1 an.
   a) Calcule le montant des intérêts que Raul paiera en 1 an.
   b) Calcule le montant total que Raul paiera pour sa planche à neige.
   c) Détermine le montant des versements mensuels.
5. 1 000,00 $ sont investis à un taux composé annuellement de 4,25 % par année pendant 3 ans.
   a) Calcule les intérêts gagnés et la valeur du placement à la fin de chaque période de calcul de l'intérêt.
   b) Calcule les intérêts gagnés après 3 ans.
6. Combien de temps faudra-t-il pour que la valeur d'un placement de 5 000,00 $ double si le taux d'intérêt annuel est de 2,00 %?
7. Lorsque Elena est née, sa grand-mère a investi 4 000,00 $ pour ses études collégiales. Combien le placement vaudra-t-il lorsque Elena aura 17 ans si le taux d'intérêt s'élève à 4,50 % et que les intérêts sont composés tous les semestres?

8. Sers-toi du relevé de carte de crédit de Henry qui figure ci-contre pour répondre aux questions ci-dessous.
   a) Quel est le montant total de ses achats?
   b) Quel est le solde impayé sur ce relevé?
   c) Quels sont les intérêts exigés sur ce solde impayé?
   d) Quel sera le nouveau solde?
   e) Quel sera le montant du versement minimum sur ce relevé?
   f) Quel est le crédit disponible de Henry?

nw
Banque N.-O. du Canada

Nom du client :	Henry
Numéro de carte :	999 8888 7777 5678
Date du relevé :	4 oct. 2011
Relevé précédent :	3 sept. 2011

Date de transaction	Date de report	Description de l'activité	Montant ($)
SOLDE DU RELEVÉ PRÉCÉDENT			527,55 $
4 sept.	5 sept.	PAIEMENT – MERCI	–200,00 $
4 sept.	5 sept.	BC Ferries	65,00 $
6 sept.	7 sept.	J and N Electronics	245,89 $
10 sept.	11 sept.	Gas Saver	52,00 $
15 sept.	17 sept.	The Seafood Factory Restaurant	105,65 $
18 sept.	19 sept.	BC Ferries	65,00 $
28 sept.	30 sept.	Park n Save	12,50 $

Renseignements – versements		Calcul du solde	
Versement minimum	$	Solde précédent	$
Date d'échéance du versement	25 oct.	Versements et crédits	$
Limite de crédit	4 500,00 $	Achats	$
Crédit disponible	$	Avances de fonds	$
Taux d'intérêt annuel	19,50 %	Intérêts	$
		Autres frais	$
		NOUVEAU SOLDE	$

9. Nadine veut acheter une voiture d'occasion de 10 500,00 $. Sa banque lui offre un prêt à un taux composé annuellement de 5,00 % par année. Elle peut choisir de rembourser le prêt en 2 ans ou en 4 ans.
   a) Quelle option est la plus coûteuse mensuellement? De combien? Sers-toi de la table de calcul des versements à effectuer sur un prêt personnel.
   b) Quelle option est la plus coûteuse dans l'ensemble? De combien?
   c) Explique la raison pour laquelle Nadine pourrait devoir choisir l'option la plus coûteuse.

10. Joseph amène son chien à la clinique vétérinaire pour un traitement médical d'urgence. La facture du vétérinaire s'élève à 575,00 $. Joseph n'a pas suffisamment d'argent pour payer la facture. Trois options de paiement s'offrent donc à lui. Il s'attend à pouvoir rembourser un prêt en 30 jours.

    Option 1 : Il peut payer en versements échelonnés. Le vétérinaire lui permettra de faire des versements mensuels de 115,00 $ pendant 5 mois, et Joseph devra payer des frais d'administration de 25,00 $.

    Option 2 : Il peut emprunter l'argent sur sa marge de crédit personnelle à un taux d'intérêt annuel de 5,00 %.

    Option 3 : Il peut contracter un prêt sur salaire à un taux d'intérêt de 1,20 % par jour.

    Calcule le coût total de chacune des options de paiement. Laquelle de ces options recommanderais-tu à Joseph?

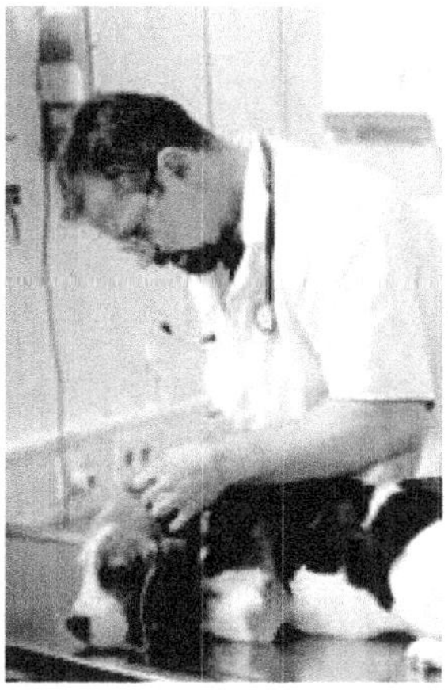
Une visite imprévue chez le vétérinaire peut s'avérer coûteuse.

Chapitre 7

Budgets personnels

OBJECTIFS

Dans ce chapitre, tu apprendras les principes de base de l'établissement d'un budget et tu constateras que les budgets constituent un moyen d'atteindre tes objectifs personnels.

T'est-il déjà arrivé de vouloir acheter quelque chose, mais de trouver que l'article était trop cher? Tu voulais peut-être acheter un nouveau vélo de montagne ou un nouveau baladeur MP3, mais il coûtait plus cher que le montant que tu pouvais payer. Tu veux peut-être suivre un cours en infographie, mais tu n'as pas économisé l'argent nécessaire.

Un budget est un plan de dépenses. Le fait d'établir et de respecter un budget te permettra de vivre selon tes moyens et d'éviter le stress lié à l'endettement en plus de te donner la liberté de faire des choix en fonction de l'argent que tu possèdes. Plus important encore, un budget te permettra de préparer un plan pour atteindre tes objectifs.

Dans ce chapitre, tu apprendras à :

- tenir les dossiers financiers qui constituent le fondement d'un budget;
- dresser un budget personnel;
- classer les dépenses par ordre de priorité de façon à équilibrer le budget;
- analyser un budget.

TERMES IMPORTANTS

- budget
- budget modeste
- déficit
- dépenses ordinaires
- revenu régulier
- surplus
- dépenses imprévues
- dépenses variables
- revenu variable

PROJET – ÉTABLISSEMENT D'UN BUDGET POUR PARTIR EN APPARTEMENT

COMMENCER L'ORGANISATION

APERÇU DU PROJET

As-tu déjà pensé partir en appartement? Pour estimer les coûts liés à une telle décision et déterminer le moment où tu pourrais avoir les moyens de quitter la maison, il est utile d'établir un budget qui prévoira ton revenu et tes dépenses potentiels.

Dans le cadre de ce projet, tu effectueras une recherche sur les dépenses associées à la vie en appartement, en commençant par les coûts du loyer, de la nourriture et du transport, ainsi que sur le revenu que tu pourrais toucher si tu occupais un emploi de premier échelon de ton choix. Tu rassembleras ces renseignements dans un budget personnel et tu détermineras si tu as les moyens de vivre seul dans ton quartier préféré.

Il peut être coûteux d'engager des déménageurs professionnels. Lorsque tu déménages, tu peux économiser de l'argent en emballant et en transportant tes effets personnels toi-même ou avec un ami.

POUR COMMENCER

Pour commencer le projet, dresse la liste des dépenses mensuelles que tu devras assumer lorsque tu vivras seul. Lorsque tu quittes la maison, de nombreuses dépenses imprévues peuvent surgir. Le fait de répondre aux questions suivantes t'aidera à commencer à prévoir tes dépenses mensuelles.

- À combien pourrait s'élever ton loyer mensuel?
- Combien cela pourrait-il coûter de déménager et de meubler un appartement?
- Combien d'argent consacreras-tu au paiement des factures de téléphone, d'Internet et de services publics?
- Combien te coûtera le transport?
- Combien d'argent consacreras-tu à l'épicerie?
- Combien d'argent consacreras-tu aux repas au restaurant et aux loisirs?
- Devras-tu payer des frais liés à un régime d'assurance maladie?
- Quelles autres dépenses ordinaires pourrais-tu devoir assumer?
- Combien devrais-tu épargner en vue de dépenses imprévues ou d'achats futurs?

LISTE DE CONTRÔLE POUR LA PRÉSENTATION FINALE

Lorsque tu auras terminé ce projet, tu devras faire une présentation finale devant tes camarades. Ta présentation devra comprendre ce qui suit :

T

- un tableur ou un tableau détaillant un budget personnel mensuel équilibré;
- un diagramme circulaire illustrant tes dépenses mensuelles;
- des coupures de journaux ou des annonces en ligne pour des appartements à louer potentiels dans le quartier de ton choix, y compris les coûts;
- des annonces publicitaires ou des descriptions de travail pour des emplois de premier échelon dans le domaine de ton choix, y compris le salaire. N'oublie pas d'indiquer s'il s'agit d'un emploi à temps partiel ou d'un emploi à temps plein;
- un résumé de ton budget détaillant ton revenu et tes dépenses, y compris les raisons pour lesquelles certaines dépenses dépassent les limites recommandées.

7.1 Préparation en vue de l'établissement d'un budget

LES MATHÉMATIQUES *AU TRAVAIL*

Katie Benjamin est installatrice de rayonnages et d'étagères.

Katie Benjamin a grandi à Whitehorse, au Yukon, où elle a fréquenté l'école secondaire F.H. Collins. Parmi ses ancêtres, on compte des Russes, des Britanniques et des membres de la Première nation Wikwemikong, en Ontario.

Katie travaille actuellement pour Waymarc Industries, une entreprise qui fabrique des composantes d'entreposage industrielles comme des établis, des supports et des boîtes à outils. Ses tâches consistent à préparer, à fabriquer et à installer des rayonnages d'entrepôt à usage industriel et à résistance moyenne. Elle se sert souvent de plans pour calculer la quantité de matériel dont elle aura besoin pour achever un projet. « J'utilise les mathématiques tous les jours », affirme-t-elle.

Katie met de l'argent de côté parce qu'elle veut s'inscrire au collège afin d'obtenir un certificat de compétence pour devenir compagne soudeuse. Le programme lui permettra d'obtenir la certification du Programme des normes interprovinciales Sceau rouge; ainsi, elle pourra exercer son métier partout au Canada. Elle a ouvert un compte d'épargne afin d'économiser l'argent nécessaire pour suivre son cours.

1. Katie estime qu'elle aura besoin de 9 000,00 $ pour suivre sa formation en soudage. L'an dernier, elle a touché un salaire net de 32 000,00 $. Si elle dispose de 12 mois pour économiser suffisamment d'argent pour suivre son cours de soudage, combien Katie doit-elle épargner chaque mois?
2. Quel pourcentage de son revenu mensuel doit-elle placer dans son compte d'épargne?
3. Si l'horaire de travail de Katie était variable et que son revenu était différent d'un mois à l'autre, comment pourrait-elle s'y prendre pour économiser pour ses études?

EXPLORE LES MATHÉMATIQUES

budget : relevé équilibré du revenu et des dépenses prévus

Un **budget** est un outil de planification utilisé pour prévoir ton revenu et tes dépenses. Une fois établi, le budget est utilisé pour évaluer ta situation financière tout au long de la période et pour veiller à ce que tu sois sur la bonne voie pour atteindre tes objectifs financiers. Lorsque tu prépares un budget personnel, tu estimes ton revenu et tes dépenses et tu apportes des modifications à l'une ou l'autre des catégories, ou aux deux, de façon à ce qu'elles soient équilibrées.

L'établissement d'un budget se fait habituellement en trois étapes :

- il faut déterminer le revenu que tu gagnes et la façon dont tu dépenses ton argent à l'heure actuelle;
- il faut évaluer tes dépenses actuelles et fixer tes objectifs financiers;
- il faut rajuster les éléments du budget de façon à ce que le revenu total soit égal aux dépenses totales.

Avant d'établir un budget, il peut être utile de conserver un registre détaillé de ton revenu total et de tes dépenses totales sur plusieurs mois. Il existe deux catégories principales de revenu.

- Le **revenu régulier**, comme le salaire et les intérêts sur les placements à échéance déterminée, est versé à des moments déterminés.
- Le **revenu variable**, comme les commissions, les pourboires, le salaire à la pièce et le revenu provenant de contrats, est un revenu dont le montant change au fil du temps ou dont la fréquence des versements varie.

revenu régulier : revenu prévisible reçu à intervalles réguliers

revenu variable : revenu qui varie au fil du temps ou qui n'est pas reçu de façon régulière

Il existe trois catégories principales de dépenses.

- Les **dépenses ordinaires**, comme les versements sur prêts ou les paiements automobiles, sont prévisibles et ne varient pas d'un mois à l'autre.
- Les **dépenses variables**, comme la nourriture, les vêtements et les frais de chauffage, peuvent varier d'un mois à l'autre.
- Les **dépenses imprévues** sont moins prévisibles que les dépenses variables. Il s'agit souvent de dépenses que tu dois assumer même si tu ne l'avais pas prévu.
  - À quel type de dépenses correspond un voyage de ski à Whistler, en Colombie-Britannique?
  - À quel type de dépenses correspond le remplacement de tes lunettes brisées?

dépenses ordinaires : dépenses effectuées de façon régulière

dépenses variables : dépenses pouvant varier d'une période à l'autre

dépenses imprévues : dépenses imprévisibles engagées de temps à autres

Si ton revenu et tes dépenses ne s'équilibrent pas lorsque tu établis ton budget, tu dois y apporter des modifications. Tu peux réduire tes dépenses ou augmenter ton revenu.

- Si tes dossiers indiquent que tu dépenses plus d'argent que tu n'en gagnes, comment peux-tu déterminer ce que tu peux faire pour établir un budget équilibré?
- Pourquoi est-ce important que tu établisses un budget équilibré?

DISCUSSION DES IDÉES

REVENU VARIABLE

Wayne travaille comme monteur d'installations au gaz indépendant à North Battleford, en Saskatchewan, et son revenu dépend des travaux qu'il effectue. Certains travaux durent des jours, d'autres des mois. Par conséquent, le revenu de Wayne varie d'un mois à l'autre.

1. Selon toi, ses dépenses varieront-elles autant que son revenu? Explique ta réponse.
2. Comment les documents dans lesquels figurent le revenu et les dépenses passés de Wayne l'aident-ils à planifier l'avenir?
3. Comment Wayne peut-il faire pour établir son budget pour les mois au cours desquels son revenu est plus bas qu'à l'habitude?

Parmi les clubs et les organisations qu'on trouve à North Battleford, en Saskatchewan, on compte le Battleford Orchestral Training Program, les Zorya Dancers et la Filipino Association.

Exemple 1

L'Assiniboine Community College, situé à Brandon, au Manitoba, offre des cours sur divers sujets, du développement des collectivités autochtones à la conception Web.

Loree étudie au collège et habite avec ses parents à Brandon, au Manitoba. Certains éléments de ses dossiers financiers figurent ci-dessous. Détermine son revenu et ses dépenses. Classe les éléments du revenu dans les catégories revenu régulier ou revenu variable, et ceux des dépenses dans les catégories dépenses ordinaires ou dépenses variables.

Prix d'entrée pour la course cycliste : 75,00 $
Assurance automobile : 180,00 $
Vente de la planche à roulettes : 65,00 $
Épicerie : 75,00 $
Essence : 45,00 $
Don aux victimes d'inondations : 30,00 $
Cadeau d'anniversaire offert par ses grands-parents : 100,00 $
Vêtements : 125,00 $
Repas au restaurant : 35,00 $
Facture de téléphone cellulaire : 65,00 $
Chèque de paie : 800,00 $
Versement pour l'ordinateur : 65,00 $
Travaux de jardinage pour ses parents : 45,00 $

SOLUTION

D'abord, sépare les éléments en deux colonnes, soit le revenu et les dépenses.

REVENU ET DÉPENSES MENSUELS DE LOREE

Revenu	*Dépenses*
Vente de la planche à roulettes : 65,00 $	Prix d'entrée pour la course cycliste : 75,00 $
Travaux de jardinage pour ses parents : 45,00 $	Repas au restaurant : 35,00 $
Cadeau d'anniversaire offert par ses grands-parents : 100,00 $	Versement pour l'ordinateur : 65,00 $
Chèque de paie : 800,00 $	Essence : 45,00 $
	Vêtements : 125,00 $
	Épicerie : 75,00 $
	Assurance automobile : 180,00 $
	Don aux victimes d'inondations : 30,00 $
	Facture de téléphone cellulaire : 65,00 $

Ensuite, examine les éléments qui se trouvent dans la catégorie revenu. Seul le chèque de paye pourrait constituer un revenu régulier. Tous les autres éléments qui ont contribué à son revenu pendant le mois feraient partie de la catégorie revenu variable parce qu'ils ne sont pas prévisibles.

Le versement pour l'ordinateur et l'assurance automobile constitueraient les dépenses ordinaires.

Toutes les autres dépenses seraient probablement des dépenses variables, même si la facture de téléphone cellulaire peut être fixe si Loree bénéficie d'un plan mensuel.

Exemple 2

Yuri étudie au secondaire. Il travaille à temps partiel dans un restaurant-rapide et gagne un peu d'argent supplémentaire en livrant les journaux dans son quartier. Tu trouveras ci-dessous un relevé de son revenu et de ses dépenses mensuels. Il prévoit déposer plus d'argent dans un compte d'épargne parce qu'il veut économiser en vue de suivre un cours en animation informatique.

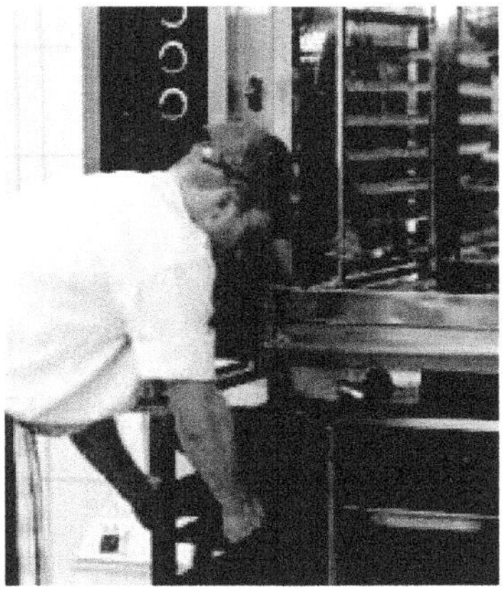

De nombreux restaurants embauchent des étudiants à temps partiel pendant l'année scolaire et à temps plein pendant les vacances d'été.

REVENU ET DÉPENSES MENSUELS DE YURI

Revenu	*Dépenses*
Paies bimensuelles : 300,00 $	Vêtements et articles personnels divers : 100,00 $
Distribution de journaux : 75,00 $	Loisirs : 150,00 $
	Facture de téléphone cellulaire : 45,00 $
	Abonnement à un centre de conditionnement physique : 90,00 $
	Repas au restaurant : 50,00 $

a) Combien Yuri peut-il épargner au cours d'une année?

b) L'an prochain, Yuri recevra une augmentation nette de 5 % de son salaire pour son emploi à temps partiel. Suppose que toutes ses dépenses demeurent les mêmes. Calcule combien il économisera en 2 ans. Ne calcule pas les intérêts qu'il gagnera sur ses économies.

SOLUTION

a) D'abord, calcule le montant total du revenu et des dépenses mensuels de Yuri.

revenu total = (300,00 $ × 2) + 75,00 $

revenu total = 675,00 $

dépenses totales = 100,00 $ + 150,00 $ + 45,00 $ + 90,00 $ + 50,00 $

dépenses totales = 435,00 $

Soustrais les dépenses du revenu pour calculer le montant qu'il pourra économiser.

revenu – dépenses = économies

675,00 $ – 435,00 $ = 240,00 $

Calcule le montant total qu'il économisera en 1 an.

240,00 $ × 12 = 2 880,00 $

Multiplie ses économies mensuelles par 12 pour trouver le montant de ses économies annuelles.

Yuri peut économiser 2 880,00 $ en 1 an.

b) Pour calculer le revenu net que touchera Yuri lorsqu'il aura reçu son augmentation, ajoute 5 % au revenu qu'il gagne actuellement pour son travail à temps partiel.

600,00 $ × 1,05 = 630,00 $

Pour augmenter le revenu de 5 %, multiplie le revenu mensuel par 1,05.

Puis, calcule le montant qu'il économise par mois.

revenu total = 630,00 $ + 75,00 $

revenu total = 705,00 $

dépenses totales = 435,00 $

revenu – dépenses = économies

705,00 $ – 435,00 $ = 270,00 $ en économies

Calcule le montant total qu'il économisera au cours de la deuxième année.

270,00 $ × 12 = 3 240,00 $

Multiplie ses économies mensuelles par 12 pour trouver le montant de ses économies annuelles.

Calcule le montant total qu'il économisera en 2 ans en additionnant les montants économisés au cours de la première et de la deuxième année.

montant économisé au cours de la première année :	2 880,00 $
montant économisé au cours de la deuxième année : +	3 240,00 $
total :	6 120,00 $

Yuri économisera 6 120,00 $ en 2 ans.

Calcul mental et estimation

Si, dans l'Exemple 2 ci-dessus, Yuri gagnait 180,00 $ d'intérêts sur ses économies, combien aurait-il épargné au total après 2 ans? S'il décidait de consacrer 20 % de ses économies à un voyage, combien aurait-il épargné pour son voyage après 2 ans?

Exemple 3

Nathan planifie un voyage de vélo en Nouvelle-Zélande avec ses amis pour fêter l'obtention de leur diplôme. Il s'attend à ce que les vacances de 2 semaines coûtent environ 3 700,00 $ CA. Il a 9 mois pour économiser suffisamment d'argent. Nathan est maître nageur à temps partiel, et il fait divers petits travaux dans son quartier. L'an dernier, son revenu net s'est élevé à 12 500,00 $, et il s'attend à toucher environ le même montant cette année. Étant donné que son horaire de travail est irrégulier, son revenu varie d'un mois à l'autre.

a) Quel montant, en dollars et arrondi au dollar près, Nathan devrait-il mettre de côté chaque mois s'il veut avoir suffisamment d'argent pour son voyage après 9 mois?

b) Quel pourcentage de son salaire Nathan devrait-il épargner?

Les dépenses pour une expédition à vélo peuvent comprendre l'équipement spécialisé, comme des sacoches.

SOLUTION

a) Calcule le montant que Nathan doit épargner chaque mois.

$$\frac{3\,700{,}00\ \$}{9\ \text{mois}} \approx 411{,}11\ \$$$

Nathan doit épargner environ 411,00 $ par mois.

b) D'abord, calcule combien Nathan gagnera d'argent au cours des 9 prochains mois. Suppose que son taux horaire pour 12 mois est le même que son taux horaire pour 9 mois. Établis une proportion. La variable x représente le revenu de Nathan pour 9 mois.

$$\frac{12\,500{,}00}{12} = \frac{x}{9}$$

$$36 \times \frac{12\,500{,}00}{12} = \frac{x}{9} \times 36$$ Multiplier les deux côtés par un dénominateur commun.

$$\frac{450\,000{,}00}{12} = \frac{36x}{9}$$ Simplifier les deux côtés de l'équation en divisant le numérateur par le dénominateur.

$$37\,500{,}00 = 4x$$

$$9\,375{,}00 = x$$

Nathan touchera 9 375,00 $ au cours des 9 prochains mois.

Calcule le pourcentage de son revenu total dont il a besoin pour son voyage.

Divise le coût du voyage par son revenu des 9 prochains mois, puis multiplie le résultat par 100.

$$\frac{3\,700{,}00}{9\,375{,}00} \times 100 \approx 39{,}47\ \%$$

Étant donné que le coût du voyage correspond à environ 40 % de son revenu total pour les 9 prochains mois, Nathan devra économiser environ 40 % de son salaire.

ACTIVITÉ 7.1
ÉTABLISSEMENT D'UN BUDGET ÉQUILIBRÉ

En groupes, répondez aux questions suivantes.

1. Examinez les dossiers financiers de Jackson qui figurent ci-dessous. Classez chaque élément de revenu dans les catégories revenu régulier ou revenu variable.
2. Classez chaque dépense dans les catégories dépenses ordinaires ou dépenses variables.

REVENU ET DÉPENSES MENSUELS DE JACKSON

Revenu		*Régulier ou variable*	*Dépenses*		*Ordinaires ou variables*	*Priorité*
Pourboires	220,00 $		Loyer	500,00 $		
Chèque de paie	800,00 $		Nourriture	400,00 $		
Peinture de maison	950,00 $		Loisirs	75,00 $		
Pourboires	175,00 $		Remboursement de prêt	300,00 $		
Chèque de paie	800,00 $		Coût d'une nouvelle bicyclette	1 250,00 $		
			Vêtements	50,00 $		
			Assurance automobile	180,00 $		
			Essence	150,00 $		
			Téléphone cellulaire	74,00 $		
			Prêt-automobile	300,00 $		
			Dons de bienfaisance	38,00 $		
Total			*Total*			

EXEMPLE

3. Comment feriez-vous pour déterminer si le revenu et les dépenses de Jackson s'équilibrent? Effectuez les calculs nécessaires.
4. Classez les dépenses par ordre de priorité et inscrivez les chiffres 1 à 11 à côté de chaque élément, 1 étant la dépense la plus importante. Est-ce que tout votre groupe s'entend sur la façon de classer les dépenses?
5. Comment Jackson pourrait-il s'y prendre pour équilibrer son revenu et ses dépenses?

CONSTRUIS TES HABILETÉS

1. Classe chaque dépense dans les catégories dépenses ordinaires, dépenses variables ou dépenses imprévues. Classe chaque élément par ordre de priorité de 1 à 8 (1 étant le plus important) et explique ton classement.

   Essence : 68,00 $
   Silencieux : 135,00 $
   Loyer : 760,00 $
   Nouveau téléviseur : 799,00 $
   Facture de téléphone : 55,00 $
   Économies : 50,00 $
   Cadeau d'anniversaire : 42,00 $
   Assurances : 71,00 $

2. Doug est travailleur autonome et travaille comme contrôleur de la gestion de l'énergie à domicile. Il fait des recommandations pour améliorer l'efficacité énergétique des maisons. Il gère bien son argent et économise habituellement 3 500,00 $ par année. Il voudrait acheter un nouvel appareil à imagerie thermique afin de pouvoir repérer les pièces d'une maison qui sont mal isolées. L'appareil coûte environ 2 200,00 $. Suppose qu'il économise environ le même montant tous les mois. Pendant combien de mois Doug devra-t-il mettre de l'argent de côté afin de pouvoir acheter cet appareil?

Le fait d'acheter un véhicule à haut rendement énergétique peut réduire le temps et l'argent que tu gaspilles à la pompe à essence.

3. Kim dirige une entreprise d'impression de t-shirts à Prince George, en Colombie-Britannique, et elle est payée après chaque contrat. Tu trouveras ci-dessous un registre de son revenu et de ses dépenses pour un mois.

REVENU ET DÉPENSES MENSUELS DE KIM

Revenu		*Régulier ou variable*	*Dépenses*		*Ordinaires ou variables*
Contrat 1	700,00 $		Transport	600,00 $	
Contrat 2	350,00 $		Loisirs	450,00 $	
Contrat 3	855,00 $		Nourriture	500,00 $	
Contrat 4	820,00 $		Loyer	1 500,00 $	
Contrat 5	1 063,00 $		Garderie	600,00 $	
			Assurances	200,00 $	
			Divers	300,00 $	
Total			*Total*		

a) Reproduis et remplis le tableau dans ton cahier de notes ou entre les données dans un tableur.

b) Pour chaque catégorie de revenu, indique s'il s'agit d'un élément de revenu régulier ou variable.

c) De combien le revenu de Kim est-il inférieur ou supérieur à ses dépenses?

d) Classe les dépenses de Kim par ordre de priorité et propose des façons de les réduire. Pour chaque dépense, indique s'il s'agit d'une dépense ordinaire ou d'une dépense variable.

4. André est serveur et il touche un salaire net d'environ 340,00 $ par semaine ainsi que 125,00 $ en pourboires.

a) Calcule le revenu mensuel approximatif d'André.

b) André veut louer un appartement. Il a fait des recherches en ligne pour trouver le pourcentage maximal de son revenu qui devrait être consacré aux différentes catégories de dépenses. Le tableau des Limites de dépenses indique les pourcentages recommandés. Sers-toi du tableau pour déterminer la fourchette de prix dans laquelle devrait se situer le loyer de l'appartement d'André.

La plupart des gens donnent un pourboire qui correspond à 15 % ou 20 % du prix du repas.

LIMITES DE DÉPENSES

Revenu	*Pourcentage du revenu*
Logement	25 à 35 %
Transport	10 à 15 %
Nourriture	5 à 15 %
Services publics	5 à 10 %
Assurance médicale et assurance maladie	5 à 10 %
Soins personnels	5 à 10 %
Vêtements	2 à 7 %
Dons de bienfaisance	10 à 15 %
Économies	5 à 10 %

c) Si André est incapable de trouver un appartement dont le loyer se situe dans cette fourchette de prix, quelles sont les autres options qui s'offrent à lui?

d) André donne 30,00 $ chaque mois à une organisation caritative. Ce mois-ci, il a également reçu une demande spéciale pour verser un don à la Croix-Rouge afin de venir en aide à des sinistrés. Combien de plus peut-il verser à une organisation caritative tout en respectant les limites recommandées?

L'épreuve du saut sur couverture, qui est illustrée ci-dessus, et l'épreuve d'extension sont deux des épreuves auxquelles s'affrontent les athlètes lors des Jeux du Nord.

5. Vanessa est une athlète qui participe aux Jeux du Nord, qui célèbrent les traditions et le sport inuvialuits. Elle excelle à l'épreuve d'extension, un jeu traditionnel conçu pour développer la force. Vanessa doit économiser 1 500,00 $ en 6 mois afin de pouvoir payer les dépenses associées au voyage.

   a) Le salaire mensuel net de Vanessa est de 1 200,00 $. Quel pourcentage de son revenu net doit-elle économiser chaque mois si elle souhaite atteindre son but?

   b) Si Vanessa économise ce pourcentage de son revenu chaque mois, combien lui restera-t-il d'argent pour couvrir toutes ses dépenses normales? S'agit-il d'un montant raisonnable?

6. Sandra croit qu'elle peut économiser 35 % de son salaire net de caissière pour s'inscrire à un cours de formation de chefs cuisiniers à l'Université de l'île de Vancouver. Le programme coûtera 4 200,00 $ et commencera dans tout juste 10 mois.

   a) Quel est le revenu mensuel net que Sandra doit gagner afin d'économiser suffisamment d'argent pendant 10 mois seulement pour payer ses frais de scolarité?

   b) Sandra touche un salaire net de 10,75 $ l'heure. Combien d'heures par semaine devra-t-elle travailler pour gagner le revenu calculé au point a)?

   c) Si Sandra est incapable de gagner le revenu nécessaire lui permettant d'économiser 4 200,00 $ en 10 mois, quelles sont les autres options qui s'offrent à elle?

7. Marie-Hélène travaille comme électricienne à Yellowknife, dans les Territoires du Nord-Ouest. Elle touche un revenu annuel net d'environ 55 000,00 $, dont une partie provient de son salaire, et l'autre de la réalisation de contrats.

   a) Si 20 % du revenu mensuel de Marie-Hélène est un revenu variable provenant de la réalisation de contrats, calcule la valeur en dollars de son revenu mensuel régulier et de son revenu mensuel variable.

   b) Le revenu régulier de Marie-Hélène provient de son salaire. Calcule son salaire annuel.

   c) Marie-Hélène consacre 30 % de son temps à la réalisation de contrats. Si elle souhaite accroître son revenu annuel, est-il plus avantageux qu'elle augmente le temps consacré à la réalisation de contrats ou celui consacré à son travail rémunéré? Explique ton raisonnement.

8. Brad économise afin d'acheter sa première voiture. La voiture d'occasion coûtera environ 7 000,00 $, et Brad voudrait l'acheter dans 1 an. Il travaille comme serveur dans un restaurant populaire de Banff, en Alberta. Il touche un salaire horaire ainsi que des pourboires. Pour la période de mars à mai, Brad a touché un salaire net de 4 720,00 $.

a) Compte tenu de ce niveau de revenu, quel pourcentage de son salaire Brad doit-il économiser chaque mois s'il veut avoir les moyens d'acheter sa voiture dans 1 an?

b) S'il gagne en moyenne 10 % de plus en juin, en juillet et en août que pendant les autres mois et qu'il économise le même pourcentage de son revenu pendant cette période, combien économisera-t-il au cours de cette période?

c) Si Brad gagne 10 % de plus pendant les mois de juin, juillet et août, combien de temps lui faudra-t-il pour mettre suffisamment d'argent de côté pour acheter la voiture d'occasion?

Approfondis ta réflexion

Cette préposée à l'entretien d'hélicoptères travaille pour Hélicoptères Canadiens Limitée à Norman Wells, dans les Territoires du Nord-Ouest.

9. Leanne a emprunté 15 000,00 $ à ses parents pour s'inscrire à une formation en entretien d'hélicoptères. Ses parents n'ont pas exigé qu'elle paie des intérêts pendant ses études, mais ils ont commencé à lui demander des intérêts à un taux composé mensuellement de 4,50 % par année le jour où elle a obtenu son diplôme. Leanne n'avait aucun versement à effectuer sur le prêt pendant qu'elle était aux études. Elle a commencé à travailler dans son nouveau domaine immédiatement après l'obtention de son diplôme. Elle touche un salaire brut de 55 000,00 $ par année.

a) Les parents de Leanne lui ont offert la possibilité d'attendre 2 ans après la fin de ses études pour commencer à rembourser son prêt. Toutefois, les intérêts s'accumuleraient pendant cette période. Si elle n'effectue aucun versement, quelle somme devra-t-elle après 2 ans?

T b) Après la période de 2 ans, Leanne et ses parents décident que Leanne devra rembourser le prêt en 3 ans. À l'aide du montant calculé au point a) et d'une calculatrice de versements mensuels en ligne, trouve le versement mensuel que Leanne devra faire sur le prêt. Quel pourcentage de son salaire mensuel brut cela représente-t-il?

c) Leanne pourrait également commencer à rembourser son prêt immédiatement après l'obtention de son diplôme et terminer de le rembourser en 5 ans. À l'aide d'une calculatrice de versements mensuels en ligne, trouve le montant des versements mensuels de Leanne sur le prêt de 15 000,00 $. Quel pourcentage de son salaire mensuel brut cela représente-t-il?

d) Analyse chaque méthode de remboursement. Avec laquelle Leanne payera-t-elle le plus d'intérêts? Indique un avantage et un inconvénient de chaque méthode.

Processus d'établissement d'un budget

7.2

Carrie Hamilton fabrique des perles de verre dans son atelier. Les gens fabriquent des perles de verre depuis plus de 2 000 ans.

LES MATHÉMATIQUES *AU TRAVAIL*

Carrie Hamilton, qui fabrique des perles de verre à Edmonton, en Alberta, enroule des spirales de couleur verte et or autour d'ovales bleus lumineux. Elle conçoit également des perles en forme de sphères et de cylindres. Elle les utilise pour faire différents bijoux, comme des breloques, des bracelets et des boucles d'oreilles.

Le verre que Carrie utilise pour chaque perle vient en barres cylindriques. Avant de créer un bijou, Carrie détermine la quantité de verre dont elle aura besoin pour fabriquer chacune des perles qui se retrouveront dans le bijou. Par la suite, elle achète suffisamment de barres pour fabriquer les perles.

Imagine que Carrie envisage de s'acheter un nouveau véhicule qui lui permettra de transporter ses produits ainsi qu'une tente et une table portatives dans les différents marchés fermiers et les différentes foires artisanales. Le prêt pour le véhicule qu'elle souhaite acheter nécessitera qu'elle effectue des versements d'environ 450,00 $ par mois.

1. Comment Carrie peut-elle s'y prendre pour établir son budget de façon à pouvoir rembourser son prêt chaque mois?
2. Si Carrie ne voulait pas contracter un prêt, comment pourrait-elle faire pour acheter le véhicule?
3. Si le revenu mensuel net de Carrie s'élève à 2 800,00 $, quel pourcentage de son revenu net consacrerait-elle au remboursement de son prêt?

EXPLORE LES MATHÉMATIQUES

Les budgets fondés sur les montants qu'on estime dépenser chaque mois sont souvent inexacts. Pour cette raison, tu dois analyser toutes les transactions financières que tu as effectuées pendant plusieurs mois et prévoir ce qui se passera selon toi au cours de la prochaine période, qu'elle dure un mois, six mois ou plus longtemps. Si tu ne sais pas comment tu as dépensé ton argent, il te sera difficile d'établir un budget qui prévoit avec précision tes futures dépenses.

Étant donné qu'un budget est un plan d'avenir, il est fondé sur des estimations et non sur les sommes exactes que tu as gagnées et dépensées au cours des mois précédents. Un **budget modeste** sous-estime le revenu et surestime les dépenses.

Si ton revenu est supérieur à tes dépenses, tu as un **surplus**. Lorsque tu prépares un budget, tu peux calculer un surplus en intégrant le montant dans les catégories « Économies » ou « Dépenses imprévues ». Ainsi, ton revenu et tes dépenses seront équilibrés.

- Nomme certains des avantages que comporte un budget modeste?
- Comment rajusterais-tu un budget qui présente un **déficit**?

budget modeste : budget dans lequel on sous-estime le revenu et on surestime les dépenses

surplus : montant du revenu qui dépasse le montant des dépenses

déficit : montant des dépenses qui dépasse le montant du revenu

Le fait de conserver tes reçus et tes factures peut t'aider à assurer un suivi de tes dépenses et à les évaluer.

Pour établir un budget, tu divises tes dépenses en grandes catégories, comme la nourriture et le transport. Ainsi, chaque catégorie dans un budget peut comprendre de nombreuses transactions financières individuelles. Par exemple, si tu possèdes une voiture, les dépenses liées au « transport » dans ton budget pourraient comprendre les paiements de ton prêt-auto et le coût de l'essence, de ton permis, des assurances, de l'entretien périodique et des réparations occasionnelles.

T Il est possible de créer des budgets de base à l'aide d'un crayon, de papier et d'une calculatrice. Toutefois, les tableurs facilitent le travail puisque certains calculs sont effectués automatiquement.

- Si tu as établi un budget de six mois plus tôt dans l'année, quelles étapes pourrais-tu suivre pour t'assurer que ton prochain budget sera exact?

DISCUSSION DES IDÉES

ÉTABLISSEMENT D'UN BUDGET

En groupes, discutez de la mise en situation suivante.

Renée, qui habite à Neepawa, au Manitoba, a décidé de conserver tous ses reçus et de tenir un registre de toutes les transactions financières qu'elle a effectuées pendant un mois. Son registre indique les transactions ci-dessous.

TRANSACTIONS FINANCIÈRES DE RENÉE		
Épicerie : 300,00 $	Transport : 45,00 $	Loyer : 800,00 $
Chèque de paie : 1 150,00 $	Vêtements : 25,00 $	Loisirs : 320,00 $
Repas au restaurant : 80,00 $	Chèque de paie : 1 050,00 $	Services publics : 65,00 $
Téléphone cellulaire : 75,00 $	Internet et télévision numérique : 115,00 $	Économies : 150,00 $

1. Comment pourriez-vous utiliser ce registre financier pour établir un budget mensuel?
2. Comment pouvez-vous déterminer si le revenu et les dépenses de Renée sont équilibrés?
3. Si le revenu et les dépenses de Renée ne sont pas équilibrés, que pourrait-elle faire pour rajuster son budget?
4. Selon vous, un budget fondé uniquement sur ces données serait-il exact? Comment faire pour que le budget soit plus fiable?

Exemple 1

David joue de la guitare basse dans un groupe de rock alternatif à Saskatoon, en Saskatchewan. Le groupe donne des concerts presque toutes les fins de semaine et a déjà effectué une tournée pancanadienne. David a pris grand soin de consigner ses transactions financières pendant une période de 6 mois afin de pouvoir créer un budget exact qui l'aidera à planifier l'avenir. Il voudrait commencer à épargner de l'argent chaque mois. Voici la liste des revenus et des dépenses de David pour les 6 derniers mois.

REVENU ET DÉPENSES DE DAVID POUR LES 6 DERNIERS MOIS

Revenu	*Dépenses*	*Revenu*	*Dépenses*
SEPTEMBRE		**DÉCEMBRE**	
600,00 $	Nourriture : 200,00 $	600,00 $	Nourriture : 140,00 $
215,00 $	Loyer : 650,00 $	600,00 $	Loyer : 650,00 $
600,00 $	Voiture : 150,00 $	175,00 $	Voiture : 140,00 $
175,00 $	Loisirs : 140,00 $		Loisirs : 50,00 $
50,00 $	Autres : 50,00 $		Autres : 300,00 $
75,00 $			
OCTOBRE		**JANVIER**	
600,00 $	Nourriture : 175,00 $	600,00 $	Nourriture : 215,00 $
115,00 $	Loyer : 650,00 $	124,00 $	Loyer : 650,00 $
600,00 $	Voiture : 140,00 $	600,00 $	Voiture : 180,00 $
175,00 $	Loisirs : 200,00 $	175,00 $	Loisirs : 50,00 $
150,00 $	Autres : 210,00 $	315,00 $	Autres : 215,00 $
75,00 $			
NOVEMBRE		**FÉVRIER***	
600,00 $	Nourriture : 215,00 $	600,00 $	Nourriture : 50,00 $
50,00 $	Loyer : 650,00 $	50,00 $	Loyer : 650,00 $
65,00 $	Voiture : 400,00 $	215,00 $	Voiture : 0,00 $
600,00 $	Loisirs : 165,00 $	600,00 $	Loisirs : 250,00 $
50,00 $	Autres : 75,00 $	175,00 $	Autres : 300,00 $
75,00 $		45,00 $	

**Parti en tournée pendant ce mois*

a) Trouve le revenu régulier et le revenu variable de David et calcule le total mensuel pour chaque catégorie de revenu.

b) Trouve les dépenses fixes et les dépenses variables de David et calcule le total mensuel pour chaque catégorie de dépenses.

c) Crée un budget modeste mensuel pour David. Place tout revenu qui surpasse les dépenses dans la catégorie « Économies ».

d) Prévois le montant que David aura économisé après 1 an s'il respecte ce budget.

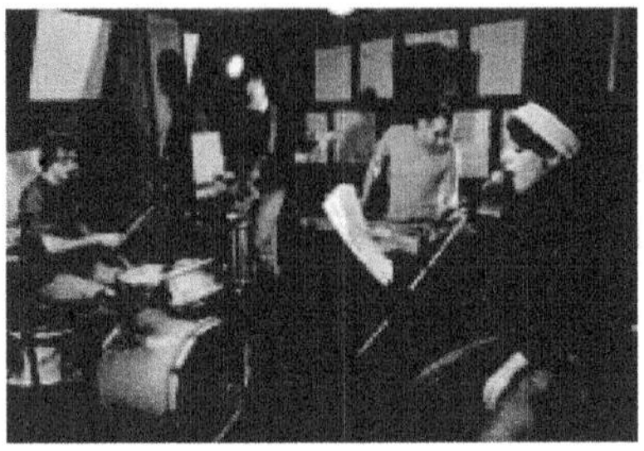

Si tu n'as pas les moyens d'acheter de l'équipement ou des instruments de musique, tu peux en louer dans de nombreux magasins de musique.

SOLUTION

a) David semble toucher un revenu régulier de 1 200,00 $ par mois.

Pour calculer son revenu variable, établis la moyenne de son revenu variable sur la période de 6 mois.

D'abord, trouve le total de son revenu variable pour chaque mois.

Septembre :	215,00 $ + 175,00 $ + 50,00 $ + 75,00 $ = 515,00 $
Octobre :	115,00 $ + 175,00 $ + 150,00 $ + 75,00 $ = 515,00 $
Novembre :	50,00 $ + 65,00 $ + 50,00 $ + 75,00 $ = 240,00 $
Décembre :	175,00 $
Janvier :	124,00 $ + 175,00 $ + 315,00 $ = 614,00 $
Février :	50,00 $ + 215,00 $ + 175,00 $ + 45,00 $ = 485,00 $

Ensuite, additionne les totaux mensuels.

515,00 $ + 515,00 $ + 240,00 $ + 175,00 $ + 614,00 $ + 485,00 $ = 2 544,00 $

Puis, divise le résultat par 6 mois pour trouver la moyenne mensuelle.

$$\frac{2\,544{,}00\ \$}{6\ \text{mois}} = 424{,}00\ \$$$

Le revenu variable de David est de 424,00 $ par mois en moyenne.

b) La seule dépense fixe de David est son loyer, qui s'élève à 650,00 $ par mois. Établis la moyenne de toutes ses dépenses variables, puis surestime ses dépenses.

En ce qui concerne le mois pendant lequel il était en tournée, ne tiens pas compte des dépenses liées à la nourriture ou au transport dans ton calcul des dépenses mensuelles moyennes parce qu'elles les réduiraient trop.

Calcule le total des coûts associés à la nourriture pour 5 mois, puis divise le résultat par 5 pour trouver la moyenne mensuelle.

Nourriture :

$$\frac{(200{,}00\ \$ + 175{,}00\ \$ + 215{,}00\ \$ + 140{,}00\ \$ + 215{,}00\ \$)}{5} = 189{,}00\ \$$$

Calcule le total des coûts associés au transport pour 5 mois, puis divise le résultat par 5 pour trouver la moyenne mensuelle.

Transport :

$$\frac{(150{,}00\ \$ + 140{,}00\ \$ + 400{,}00\ \$ + 140{,}00\ \$ + 180{,}00\ \$)}{5} = 202{,}00\ \$$$

En ce qui concerne les autres dépenses variables, additionne-les et divise le résultat par 6 pour trouver la moyenne mensuelle.

Loisirs :

$$\frac{(140,00\ \$ + 200,00\ \$ + 165,00\ \$ + 50,00\ \$ + 50,00\ \$ + 250,00\ \$)}{6} = 142,50\ \$$$

Autres :

$$\frac{(50,00\ \$ + 210,00\ \$ + 75,00\ \$ + 300,00\ \$ + 215,00\ \$ + 300,00\ \$)}{6} \approx 191,67\ \$$$

c) Pour élaborer un budget modeste, sous-estime le revenu variable de David à 400,00 $ par mois. Surestime ses dépenses en arrondissant chaque catégorie de dépenses au nombre supérieur. Le loyer ne doit pas être arrondi parce qu'il s'agit d'une dépense fixe.

Loyer :	650,00 $ par mois
Nourriture :	189,00 $ ⇒ 200,00 $ par mois
Transport :	202,00 $ ⇒ 210,00 $ par mois
Loisirs :	142,50 $ ⇒ 150,00 $ par mois
Autres :	191,67 $ ⇒ 200,00 $ par mois
Économies :	surplus du revenu par rapport aux dépenses

BUDGET MENSUEL DE DAVID			
Revenu		*Dépenses*	
Régulier	1 200,00 $	Loyer	650,00 $
Variable	400,00 $	Nourriture	200,00 $
		Voiture	210,00 $
		Loisirs	150,00 $
		Autres	200,00 $
		Économies	190,00 $
Revenu total	1 600,00 $	***Dépenses totales***	1 600,00 $

Ce budget serait considéré comme modeste parce que le revenu a été sous-estimé et que les dépenses ont été surestimées. David pourra économiser 190,00 $ par mois.

d) Multiplie le montant qu'il économise chaque mois par 12.

190,00 $ × 12 = 2 280,00 $

Si David respecte ce budget, il aura épargné 2 280,00 $ après 1 an.

Calcul mental et estimation

Rose-Marie est étudiante à l'École technique et professionnelle du Collège universitaire de Saint-Boniface. Elle étudie pour obtenir un diplôme en gestion du tourisme. Elle habite chez ses parents et travaille à temps partiel comme serveuse. Elle gagne en moyenne 750,00 $ par mois, pourboires compris. Voici ses dépenses mensuelles.

DÉPENSES MENSUELLES DE ROSE-MARIE	
Frais de scolarité : 300,00 $	Transport : 85,00 $
Vêtements et articles personnels : 100,00 $	Loisirs : 50,00 $
Autres : 150,00 $	

1. Selon ces dépenses, le budget de Rose-Marie sera-t-il équilibré? Explique ta réponse.
2. Si elle met de côté la différence entre son revenu et ses dépenses pendant 6 mois, combien aura-t-elle économisé?

Au Canada, la nourriture compte en moyenne pour 11 % des dépenses des ménages.

Exemple 2

Kailea veut établir son budget à l'aide d'un tableur. Elle a besoin d'aide pour le formatage, mais elle aime le fait que les tableurs permettent d'effectuer les calculs plus rapidement lorsqu'elle doit apporter de petites modifications à son budget.

Kailea travaille dans un magasin d'appareils électroniques où elle touche un salaire annuel net de 15 000 $ et une commission qui représente 3 % de ses ventes mensuelles. Elle s'attend à ce que ses ventes atteignent en moyenne 20 000,00 $ par mois. Elle a déjà élaboré une liste de ses dépenses prévues.

DÉPENSES MENSUELLES PRÉVUES DE KAILEA	
Nourriture : 250,00 $	Essence et entretien de la voiture : 250,00 $
Loyer : 720,00 $	Vêtements : 100,00 $
Assurance automobile : 180,00 $	Dépenses diverses : 200,00 $
Économies : 150,00 $	

T

a) Explique à Kailea comment formater les cellules dont elle a besoin dans son tableur.

b) Kailea équilibre son budget en plaçant tout revenu supérieur à ses dépenses dans la catégorie « Économies ». Si elle prévoit investir ses économies à la fin de l'année dans un certificat de placement garanti (CPG) à un taux composé annuellement de 3 % par année, combien aura-t-elle économisé après 5 ans?

SOLUTION

a) D'abord, détermine les titres et les colonnes du budget dans un tableur. Pour déterminer le revenu mensuel de Kailea, divise son salaire annuel par 12. Puis, classe ses dépenses et place-les dans le tableur, mais n'inscris pas les chiffres qui figurent dans les cellules encadrées d'un trait noir. Tu formateras ces cellules lors de la prochaine étape.

	A	B	C	D
1	***Budget mensuel de Kailea***			
2	***Ventes mensuelles***	*20 000,00 $*		
3	***Revenu***		***Dépenses ordinaires***	
4	*Régulier*	*1 250,00 $*	*Loyer*	*720,00 $*
5	*Variable*	*600,00 $*	*Assurance automobile*	*180,00 $*
6			*Économies*	*150,00 $*
7			***Dépenses variables***	
8			*Nourriture*	*250,00 $*
9			*Essence et entretien de la voiture*	*250,00 $*
10			*Vêtements*	*100,00 $*
11			*Divers*	*200,00 $*
12	***Revenu total***	*1 850,00 $*	***Dépenses totales***	*1 850,00 $*

Pour calculer le revenu variable, qui représente 3 % des ventes mensuelles (20 000,00 $), formate la cellule B5 en inscrivant « =0.03*B2 ».

Pour calculer le revenu total de Kailea, additionne les cellules B4 et B5; inscris « =somme(B4:B5) » dans la cellule B12.

Pour calculer les dépenses totales de Kailea, inscris « =somme(D4:D11) » dans la cellule D12.

b) Pour calculer les économies que Kailea aura réalisées après 1 an, multiplie ses économies mensuelles par 12.

150,00 $ × 12 = 1 800,00 $

Pour calculer les économies totales qu'elle aura réalisées après 5 ans, sers-toi de la formule de calcul des intérêts composés.

$$A = C\left(1 + \frac{t}{n}\right)^{nt}$$

$$A = (1\ 800{,}00\ \$)\left(1 + \frac{0{,}03}{1}\right)^{1 \times 5}$$

$$A = 1\ 800{,}00\ \$\ (1 + 0{,}03)^5$$

$$A \approx 2\ 086{,}69\ \$$$

Kailea devrait avoir épargné environ 2 086,69 $ après 5 ans.

AUTRE SOLUTION

Les économies de Kailea auraient aussi pu être calculées à l'aide du tableur.

Ajoute trois rangées au bas du tableur.

	A	B	C	D
13	**Économies de Kailea**			
14			**Économies annuelles**	=12*D6
15			**Économies après 5 ans**	=D14*(1.03)^5

D14 : Cette cellule représente le montant que Kailea économise en 12 mois. Il est égal à 12 fois le montant économisé en 1 mois (cellule D6).

D15 : Cette cellule représente la valeur du placement après 5 ans pendant lesquels il a accumulé des intérêts composés. Elle a été formatée avec la formule de calcul des intérêts composés. Le capital est la somme qui figure dans la cellule D14.

Calcul mental et estimation

Audrey voudrait mettre son forfait de téléphone cellulaire à niveau afin d'y inclure des données. Le nouveau forfait coûtera 40,00 $ de plus par mois que les 25,00 $ par mois qu'elle paie actuellement.

1. Si ses dépenses totales sont actuellement de 20,00 $ de moins que son revenu, de combien dépassera-t-elle son budget si elle achète le nouveau forfait?
2. Audrey achète le nouveau forfait de téléphone cellulaire et travaille davantage d'heures pour accroître son salaire net de 80,00 $ par mois. Lorsqu'elle établira son prochain budget, comment révisera-t-elle son revenu et ses dépenses prévus?

ACTIVITÉ 7.2
PLANIFICATION FINANCIÈRE POUR UN SPORT OU UN PASSE-TEMPS

T

Travaille avec un partenaire pour cette activité. Supposez que vous êtes apprenti machiniste depuis deux ans. Vous touchez 35 % de plus que le salaire minimum dans votre province ou votre territoire et vous travaillez 120 heures par mois. Votre salaire net compte pour environ 70 % de votre salaire brut. Vous habitez avec votre famille et vous effectuez chaque mois les dépenses ci-dessous. Choisissez un sport ou un passe-temps auquel vous voudriez vous adonner.

DÉPENSES MENSUELLES		
Nourriture et logement : 350,00 $	Transport : 75,00 $	Téléphone cellulaire : 55,00 $
Vêtements : 60,00 $	Économies : 200,00 $	Loisirs : 125,00 $

1. Choisissez un passe-temps ou un sport auquel vous voudriez vous adonner.
2. Analysez et consignez tous les coûts que vous devrez assumer lorsque vous commencerez à exercer cette nouvelle activité, comme le coût de l'équipement et des cours, les frais d'utilisation, etc.
3. Calculez votre revenu mensuel en fonction des renseignements présentés ci-dessus.
4. Élaborez un budget mensuel équilibré à l'aide de ce revenu et des dépenses indiquées ci-dessus. Modifiez le montant alloué aux économies de façon à que ce que le budget soit équilibré.
5. Avez-vous alloué suffisamment d'argent aux économies pour que vous puissiez commencer à vous adonner à votre nouveau sport ou passe-temps. Si non, combien de temps vous faudra-t-il pour que vous économisiez suffisamment d'argent pour vous adonner à votre nouveau sport ou passe-temps?

Présentez votre budget, sous forme de tableau ou dans un tableur, à un autre groupe dans la classe.

Ces danseurs folkloriques philippins présentent un spectacle au Vancouver Chinatown Night Market. Les coûts associés à cette activité comprennent les costumes, les instruments et les accessoires.

CONSTRUIS TES HABILETÉS

1. Chaque mois, Stuart s'endette de plus en plus. Il ne comprend pas où passe tout son argent. Il gagne un salaire décent en tant que technicien en minéralurgie, mais il a l'impression que toutes ses paies ne servent qu'à effectuer les versements minimums sur sa carte de crédit et à rembourser son camion. Puis, il doit s'endetter davantage pour payer les choses essentielles, comme la nourriture, le loyer et l'essence.
   a) Rédige quelques phrases dans lesquelles tu décriras ce que Stuart pourrait faire pour savoir où s'en va son argent.
   b) Quelles sont les étapes que Stuart devrait suivre pour reprendre le contrôle de ses finances?

Parmi les centres de ski et de planche à neige canadiens, on compte le Nitehawk Ski Hill en Alberta et le Mission Ridge Winter Park en Saskatchewan.

2. Francey a assuré le suivi de ses finances au cours des 6 derniers mois. Les moyennes de son revenu et de ses dépenses sont indiquées ci-dessous. Francey habite près de Mount Washington, en Colombie-Britannique. Elle voudrait consacrer environ 1 000,00 $ à l'achat d'un nouvel équipement de planche à neige l'an prochain.
   a) Élabore un budget modeste pour Francey. Quel montant peut-elle épargner mensuellement?
   b) Francey a-t-elle les moyens d'acheter un nouvel équipement de planche à neige? Explique ta réponse.

REVENU ET DÉPENSES DE FRANCEY

Moyennes mensuelles

Revenu	*Dépenses*
1 856,00 $	Loyer : 625,00 $
	Transport : 250,00 $
	Nourriture : 320,00 $
	Autres : 370,00 $

3. Tu trouveras ci-dessous la liste des transactions que Janine a effectué pendant 1 mois et qui sont tirées de son relevé bancaire.

1er sept.	–650,00 $	Chèque no 021 Loyer	17 sept.	–48,00 $	Essence
1er sept.	1 400,00 $	Chèque de paie	17 sept.	–55,00 $	Pizza Palace
3 sept.	–212,40 $	SuperGroceries	21 sept.	–120,00 $	Chèque no 022 Assurance automobile
5 sept.	–45,00 $	Essence	22 sept.	–42,00 $	Bigger Burgers
5 sept.	–40,00 $	Retrait	22 sept.	–15,00 $	Cinema Magic
5 sept.	–1,50 $	Frais de transaction	24 sept.	–47,45 $	Wow Clothing Co.
10 sept.	–54,25 $	SuperGroceries	24 sept.	–35,00 $	Chèque no 023 Organisation caritative ABC
11 sept.	–60,00 $	Retrait	28 sept.	–3,50 $	Wake-up Coffee
11 sept.	–1,50 $	Frais de transaction	30 sept.	–60,00 $	Retrait
15 sept.	1 400,00 $	Chèque de paie	30 sept.	–1,50 $	Frais de transaction

a) Classe les transactions dans les catégories « revenu » ou « dépenses » ainsi que dans les catégories « fixe » ou « variable ».

b) Établis un budget mensuel modeste. Répartis tout surplus dans les économies.

c) Après 1 an, Janine investit la moitié de ses économies dans un CPG à un taux composé annuellement de 3 % par année. Calcule les économies qu'elle aura accumulées après 10 ans.

Cette femme communique au moyen de l'American Sign Language (ASL). L'ASL est utilisé surtout aux États-Unis et au Canada.

4. Alana travaille comme secrétaire et gagne 16,00 $ l'heure. Elle travaille 5 jours par semaine, à raison de 8 heures par jour. Alana utilise des appareils de correction auditive, mais elle maîtrise également l'American Sign Language. Elle souhaite acheter de nouveaux appareils de correction auditive qui sont plus petits et qui bénéficient d'une technologie de pointe. Pour ce faire, elle doit épargner 2 000,00 $.

Alana prépare une liste de ses dépenses hebdomadaires qui l'aidera à mettre de l'argent de côté. En voici des exemples :

Transport : 25,00 $	Loyer : 150,00 $
Loisirs : 80,00 $	Autres : 25,00 $
Nourriture : 90,00 $	Vêtements et articles personnels : 40,00 $

a) Si les retenues salariales d'Alana (impôts, assurance-emploi, etc.) s'élèvent à environ 30 % de son revenu brut, quel est son salaire hebdomadaire?

b) Établis un budget hebdomadaire pour Alana. Répartis tout surplus dans les économies.

c) Combien faudra-t-il de semaines environ à Alana pour épargner 2 000,00 $?

d) Si Alana estime qu'elle a besoin des nouveaux appareils de correction auditive plus tôt que ce que lui permet son budget, quelles sont les autres options qui s'offrent à elle?

5. Les conseillers financiers recommandent que tu mettes de l'argent de côté chaque mois en prévision des dépenses imprévues. Marc est propriétaire d'une entreprise de peinture. Il gagne un revenu variable net d'environ 3 500,00 $ par mois.

   a) Marc attribue 250,00 $ par mois aux dépenses imprévues; quel pourcentage de son revenu cela représente-t-il?

   b) Nomme quelques-unes des dépenses imprévues que Marc pourrait devoir assumer.

6. Devin est étudiant, et il travaille à temps partiel au centre aquatique de High Prairie, en Alberta. Il travaille 16 heures par semaine et touche 10,40 $ l'heure. Les impôts et les autres retenues qu'il paie représentent environ 30 % de son salaire brut. Il a peu de dépenses parce qu'il habite chez ses parents. Tout surplus est placé dans les économies.

SUGGESTION

Souviens-toi de formater les cellules appropriées si tu utilises un tableur.

DÉPENSES DE DEVIN	
Téléphone cellulaire : 40,00 $ par mois	Loisirs : 40,00 $ par semaine
Transport : 25,00 $ par semaine	Vêtements et articles personnels : 50,00 $ par mois

T a) Élabore un budget annuel pour Devin. Sers-toi d'une calculatrice ou d'un tableur.

   b) Combien Devin économise-t-il chaque semaine, chaque mois et chaque année?

   c) Si la facture mensuelle de téléphone cellulaire de Devin augmente de 20,00 $, de quel pourcentage ses économies annuelles diminueront-elles?

7. Elaine commence sa formation d'apprentie électricienne. Elle prévoit rembourser ses frais de scolarité en occupant un emploi rémunéré d'apprentie. Elle consacre 20 heures par semaine à son cours, et elle peut travailler à titre d'apprentie électricienne de 20 à 30 heures par semaine. Ses frais de scolarité s'élèvent à 150,00 $ par semaine, et ses frais de subsistance à 400,00 $ par semaine.

   a) Elaine s'est vu offrir un poste d'apprentie pour un salaire de 15,00 $ l'heure. Recommanderais-tu à Elaine d'accepter ce poste? Explique ton raisonnement.

   b) Si les retenues que paie Elaine représentent environ 30 % de son salaire horaire, quel est son salaire hebdomadaire net si elle effectue 25 heures de travail à 15,00 $ l'heure?

   c) Compte tenu des calculs effectués au point b), combien d'heures de travail Elaine devait-elle effectuer pour équilibrer son budget? Compte tenu de ce renseignement, que conseillerais-tu à Elaine de faire à propos de l'offre d'emploi?

Approfondis ta réflexion

8. Josif travaille dans un établissement de traitement des viandes à High River, en Alberta. Il a la possibilité d'accroître son revenu en effectuant des heures supplémentaires pour lesquelles il est payé à taux et demi. Il travaille 40 heures normales par semaine, pour lesquelles il touche 17,50 $ l'heure. Son salaire net représente 70 % de son salaire brut.

   Josif est un père célibataire qui a deux préadolescents. Il estime que les dépenses mensuelles de sa famille s'élèvent au bas mot à 650,00 $ pour la nourriture, à 1 200,00 $ pour le logement (prêt hypothécaire, taxes, assurances et services publics), à 200,00 $ pour l'essence, à 300,00 $ pour les économies en prévision des études et à 200,00 $ pour les dépenses diverses.

   T a) Utilise une calculatrice ou un tableur pour élaborer une ébauche de budget mensuel pour Josif. L'ébauche du budget indique-t-elle un surplus ou un déficit?

   b) Ajuste le nombre d'heures de travail de Josif de façon à ce que son budget soit équilibré. Indique les changements apportés à son budget mensuel dans un tableau ou un tableur. Combien d'heures supplémentaires Josif fait-il chaque semaine?

   c) Si Josif choisit de ne pas effectuer d'heures supplémentaires parce qu'il veut passer plus de temps avec ses enfants, comment peut-il faire pour équilibrer son budget?

Un budget peut te permettre d'épargner de l'argent pour une sortie en famille.

PROJET DU CHAPITRE – ÉTABLISSEMENT D'UN BUDGET POUR PARTIR EN APPARTEMENT

COLLECTE DE DONNÉES

Il peut être difficile et stressant de quitter la maison et de vivre seul pour la première fois. Toutefois, s'il est bien planifié, ton déménagement peut également s'avérer une expérience excitante et enrichissante puisque tu acquerras de l'indépendance.

Pour commencer ton projet, définis quelques paramètres (l'endroit où tu pourrais vivre, le type d'emploi que tu pourrais occuper, etc.) et recueille des données réelles afin de pouvoir établir un budget précis plus loin dans le chapitre. Peut-être ne sais-tu pas encore ce que tu veux faire après tes études; n'hésite donc pas à faire preuve de créativité, mais donne des réponses réalistes aux questions ci-dessous. Une partie de ta note finale sera accordée en tenant compte de l'exactitude et du caractère raisonnable de ton budget. N'oublie pas de conserver les coupures de journaux et les références à des sites Web que tu as utilisées dans le cadre de ta recherche afin de pouvoir les intégrer à ta présentation finale.

Lorsque tu emménages dans ton propre appartement, tu peux créer ton espace de vie idéal.

1. Revenu : Choisis un métier que tu aimerais occuper après tes études. Trouve le salaire de départ pour ce métier ainsi que le niveau actuel d'impôt sur le revenu que tu devrais payer dans la province ou le territoire où tu prévois habiter. Si tu prévois occuper deux emplois à temps partiel, trouve le salaire pour chacun de ces emplois.

2. Dépenses :

   a) Impôt sur le revenu : Estime le montant de l'impôt fédéral ainsi que celui de l'impôt provincial ou territorial pour la tranche de revenu que tu prévois gagner.

   b) Logement : Choisis une région au Canada où tu aimerais habiter. Trouve le coût des logements dans cette région. Sois précis quant à l'emplacement choisi et au type de logement, et indique les autres coûts qui pourraient être associés aux frais de logement.

   c) Services publics : Trouve les coûts pour le chauffage, l'électricité, le téléphone, le câble, etc.

   d) Transport : Choisis un moyen de transport raisonnable et pratique compte tenu de ton choix d'emplacement et de carrière. Détermine les dépenses associées à ce type de moyen de transport. Si tu prévois utiliser une voiture, indique les coûts moyens pour l'essence et l'entretien ainsi que les frais de stationnement.

   e) Nourriture : Trouve les coûts normaux associés à la nourriture et aux restaurants dans la région que tu as choisie.

   f) Économies : L'un des principes établis pour l'établissement d'un budget est que tu dois « te payer en premier ». Cela signifie que tu dois épargner un peu d'argent chaque mois en prévision des dépenses importantes imprévues ou des achats importants prévus (une voiture, un voyage, une planche à neige, etc.). Choisis un projet pour lequel tu épargneras ton argent et trouve combien il te coûtera.

   g) Dons de bienfaisance : Envisage de verser régulièrement des dons à une organisation caritative ou à un organisme communautaire à but non lucratif dont tu souhaites soutenir le travail.

   h) Vêtements et articles personnels : En moyenne, combien prévois-tu consacrer à l'achat de vêtements chaque mois? Combien coûteront les articles d'hygiène et les autres articles personnels?

   i) Autres : Quelles sont les autres dépenses qui te sont propres? T'adonnes-tu à des sports ou à des activités récréatives qui entraînent des dépenses? Dresse la liste de tes autres dépenses et trouve le coût qui leur est associé.

7.3 Analyse d'un budget

Byron gagne sa vie en tant qu'illustrateur.

LES MATHÉMATIQUES *AU TRAVAIL*

Byron Lebœ est bédéiste et habite à North Vancouver, en Colombie-Britannique. Il s'est toujours passionné pour le dessin et l'art, et il estime qu'il est très chanceux de pouvoir vivre de sa passion. Il crée des illustrations pour des films et des émissions de télévision de différents studios, et il travaille à contrat.

Byron voudrait acheter un nouvel ordinateur ainsi qu'une tablette graphique afin de pouvoir faire une partie de son travail à la maison. Il a établi un budget mensuel fondé sur son revenu et ses dépenses réels des 4 derniers mois. Il touche un salaire net d'environ 3 800,00 $ par mois. Le diagramme circulaire montre une répartition de ses dépenses.

Un autoportrait de Byron au travail.

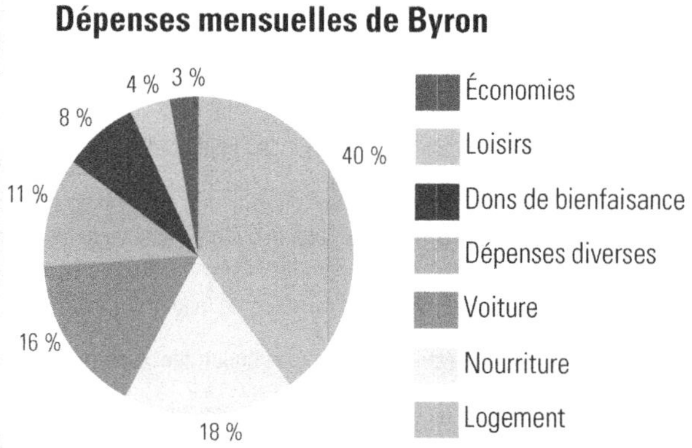

1. Combien Byron consacre-t-il à chaque catégorie budgétaire chaque mois? S'il réduit ses dépenses diverses et qu'elles passent à 5 %, combien Byron pourrait-il économiser chaque mois?
2. Byron estime que le nouvel ordinateur coûtera environ 1 500,00 $. Il veut également mettre de l'argent de côté, soit environ 10 000,00 $, pour acheter une voiture dans 2 ans. Après 2 ans, aura-t-il les moyens d'acheter à la fois le nouvel ordinateur et la voiture?
3. Byron envisage d'accepter plus de contrats de façon à augmenter son salaire annuel net de 4 800,00 $, montant qu'il économiserait. S'il intégrait ce changement dans son budget en plus de celui apporté à la question 1, à combien s'élèveraient ses économies mensuelles? Crée un diagramme circulaire qui illustrera les changements apportés à son budget.

EXPLORE LES MATHÉMATIQUES

Les budgets sont des plans qui doivent être revus et rajustés de façon à ce qu'ils reflètent les modifications du revenu, des dépenses et des objectifs. Jusqu'à maintenant, tu as cherché à comptabiliser des transactions financières et à établir des budgets à l'aide de données antérieures.

- Si tu utilises des données financières des six derniers mois pour établir un budget pour les six prochains mois, comment sauras-tu si ton revenu et tes dépenses réels au cours des six prochains mois correspondront à ce qui figure dans le budget?

Tu peux le déterminer en comparant ton revenu et tes dépenses réels aux éléments prévus au budget. Tu peux donc évaluer si tu dois apporter des modifications à ton budget pour la prochaine période comptable.

- Dans l'exemple ci-dessus, si Byron dépense 25 % de son revenu pour de la nourriture plutôt que les 18 % prévus, quelles pourraient être les répercussions sur le budget qu'il prépare pour le prochain semestre?

Les outils technologiques sont très utiles pour comparer les montants réels aux montants prévus au budget. Les tableurs permettent aux utilisateurs d'apporter des modifications à une catégorie de dépenses et de constater immédiatement les répercussions de cette modification sur les autres parties du budget. Les tableurs sont également assortis d'applications graphiques conviviales qui te permettent de visualiser tes dépenses.

DISCUSSION DES IDÉES

ANALYSE DU REVENU ET DES DÉPENSES

Sylvester et Aisha habitent tous deux en appartement dans la ville de Carcross, au Yukon. Le salaire bimensuel de Sylvester s'élève à 950,00 $, tandis que celui d'Aisha s'élève à 750,00 $.

a) Qui, de Sylvester ou d'Aisha, est susceptible de consacrer un pourcentage plus important de son revenu mensuel aux besoins essentiels (logement, nourriture, transport, vêtements)? Explique ton raisonnement.

b) Si Aisha achève sa formation de technicienne en pharmacie et qu'elle touche un salaire annuel net de 22 900,00 $, de quel pourcentage son revenu mensuel augmente-t-il? Nomme quelques-unes des modifications qu'elle pourrait apporter à son budget.

c) Sylvester doit rembourser son prêt étudiant, qui est assorti d'un taux d'intérêt annuel de 4,5 %. Remboursera-t-il son prêt plus rapidement s'il effectue des versements bimensuels de 75,00 $ ou un versement mensuel de 150,00 $? En quoi les budgets des deux modes de paiement différeraient-ils l'un de l'autre?

Les gens du coin et les touristes se rencontrent au Caribou Café, situé à Carcross, au Yukon.

Exemple 1

Jessica économise chaque année 2 750,00 $, ce qui représente 5 % de son salaire net. Elle voudrait augmenter ses économies et épargner 12 % de son salaire.

Si tu occupais un emploi à temps plein, quel pourcentage de ton revenu mensuel essaierais-tu d'économiser?

a) Combien Jessica économisera-t-elle chaque année si elle apporte cette modification?

b) Combien économisera-t-elle chaque semaine?

c) Quel est le revenu annuel net de Jessica?

d) Est-il raisonnable que Jessica mette 12 % de son revenu annuel net de côté?

SOLUTION

a) Établis une proportion pour comparer les deux taux d'épargne. La variable x représente le nouveau montant épargné.

$$\frac{2\ 750{,}00}{0{,}05} = \frac{x}{0{,}12}$$

$$0{,}12 \times \frac{2\ 750{,}00}{0{,}05} = \frac{x}{0{,}12} \times 0{,}12$$ Multiplie les deux côtés de l'équation par 0,12 pour isoler x.

$$\frac{330{,}00}{0{,}05} = x$$

$$6\ 600{,}00 = x$$

Jessica doit épargner 6 600,00 $ par année si elle souhaite économiser 12 % de son salaire.

b) Calcule le montant des économies hebdomadaires de Jessica en divisant le montant de ses économies annuelles par 52 semaines

$6\ 600{,}00\ \$ \div 52 \approx 126{,}92\ \$$

Jessica économisera 126,92 $ par semaine.

c) 5 % du revenu total net de Jessica correspond à 2 750,00 $. La variable y représente le revenu total net de Jessica.

5 % de y est égal à 2 750,00 $.

$$0{,}05y = 2\ 750{,}00\ \$$$

$$\frac{0{,}05y}{0{,}05} = \frac{2\ 750{,}00\ \$}{0{,}05}$$

$$y = 55\ 000{,}00\ \$$$

Le revenu annuel net de Jessica est de 55 000,00 $.

d) Oui, il devrait être possible pour Jessica d'économiser 12 % de 55 000,00 $ annuellement, sauf si elle a beaucoup de dettes.

DISCUSSION DES IDÉES

SE PAYER EN PREMIER

Souvent, les gens paient toutes leurs factures en premier, puis ils mettent l'argent qu'il leur reste de côté. Toutefois, il n'y a souvent pas beaucoup d'argent à mettre de côté à la fin du mois. Pour cette raison, bon nombre de conseillers financiers proposent d'adopter une stratégie appelée « Se payer en premier ».

Pour mettre cette stratégie en œuvre, ouvre un compte d'épargne et transfère-y automatiquement un pourcentage de ta paie dès que tu la reçois. En d'autres mots, traite tes économies comme une facture que tu dois payer, et paie-la avant toutes tes autres factures.

1. Si tu commences à utiliser la stratégie « se payer en premier » et que tu constates à la fin du mois que tu as dépassé ton budget, quelles mesures pourrais-tu prendre?
2. Si un des tes amis devait rembourser une importante dette de carte de crédit, lui conseillerais-tu d'adopter la stratégie « se payer en premier »? Explique ta réponse.

Exemple 2

Michel travaille pour une entreprise d'aménagement de paysage. Son salaire net est de 420,00 $ par semaine. Il loue un appartement dans un quartier populaire et utilise son vélo et le transport en commun pour ses déplacements. Michel a comptabilisé ses dépenses et il estime que ses dépenses hebdomadaires sont les suviantes :

Loyer : 230,00 $	Nourriture : 50,00 $	Économies : 20,00 $	Téléphone cellulaire : 10,00 $
Transport : 10,00 $	Dettes : 30,00 $	Loisirs et autres : 70,00 $	

Michel a fait une recherche sur les limites de dépenses, lesquelles figurent ci-dessous.

LIMITES DE DÉPENSES			
Dons de bienfaisance	10 à 15 %	Vêtements	2 à 7 %
Économies	5 à 10 %	Assurance médicale et assurance maladie	5 à 10 %
Logement	25 à 35 %	Soins personnels	5 à 10 %
Services publics	5 à 10 %	Divertissement	5 à 10 %
Nourriture	5 à 15 %	Remboursement de dettes	5 à 10 %
Transport	10 à 15 %		

a) Quelles modifications Michel devrait-il apporter à ses dépenses s'il veut respecter les limites fixées?

En 2007, Statistique Canada a indiqué que les ménages consacraient en moyenne 2 900,00 $ par année à l'achat de vêtements.

b) Quel est le montant maximal que Michel devrait consacrer à son loyer chaque semaine et chaque mois?

c) Sous forme de diagramme, illustre la répartition des dépenses de Michel par catégories.

d) Pourquoi les limites de dépenses ne figurent-elles pas dans un diagramme circulaire?

SOLUTION

a) Calcule le montant total des dépenses de Michel pour la semaine.

230,00 $ + 50,00 $ + 20,00 $ + 10,00 $ + 10,00 $ + 30,00 $ + 70,00 $ = 420,00 $

Calcule le pourcentage du revenu total que représente chaque catégorie de dépenses.

Loyer : 230,00 $ ÷ 420,00 $ ≈ 0,55

0,55 × 100 = 55 %

Nourriture : 50,00 $ ÷ 420,00 $ ≈ 0,12

0,12 × 100 = 12 %

Transport : 10,00 $ ÷ 420,00 $ ≈ 0,02

0,02 × 100 = 2 %

Téléphone cellulaire : 10,00 $ ÷ 420,00 $ ≈ 0,02

0,02 × 100 = 2 %

Économies : 20,00 $ ÷ 420,00 $ ≈ 0,05

0,05 × 100 = 5 %

Loisirs et autres : 70,00 $ ÷ 420,00 $ ≈ 0,17

0,17 × 100 = 17 %

Dettes : 30,00 $ ÷ 420,00 $ ≈ 0,07

0,07 × 100 = 7 %

Compare les pourcentages aux limites de dépenses. Michel consacre un montant trop élevé à son loyer. Il doit réduire son loyer d'au moins 20 % pour respecter les limites fixées.

b) Pour déterminer le montant maximal que Michel devrait consacrer à son loyer, calcule 35 % de son revenu mensuel.

420,00 $ × 0,35 = 147,00 $

Michel devrait consacrer un maximum de 147,00 $ par semaine à son loyer.

Pour calculer le loyer mensuel maximal que Michel peut payer, multiplie le loyer hebdomadaire par 52 semaines, puis divise le résultat par 12.

La variable z représente le loyer mensuel.

$$\frac{147{,}00\ \$ \times 52}{12} = z$$

$$\frac{7\ 644{,}00\ \$}{12} = z$$

$$637{,}00\ \$ = z$$

Michel devrait consacrer un maximum de 637,00 $ par mois à son loyer.

c) Pour dessiner manuellement un diagramme circulaire, calcule d'abord le nombre de degrés que représente chaque pourcentage des dépenses.

Divise les pourcentages par 100 pour les convertir en nombre décimaux, puis multiplie le résultat par 360°.

Loyer :	$0{,}55 \times 360° = 198°$
Nourriture :	$0{,}12 \times 360° \approx 43°$
Transport :	$0{,}02 \times 360° \approx 7°$
Téléphone cellulaire :	$0{,}02 \times 360° \approx 7°$
Économies :	$0{,}05 \times 360° = 18°$
Loisirs et autres :	$0{,}17 \times 360° \approx 61°$
Dettes :	$0{,}07 \times 360° \approx 25°$

Dessine un cercle et utilise un rapporteur d'angle pour mesurer les degrés de chaque catégorie de dépenses.

SUGGESTION

Les degrés ne totalisent pas tout à fait 360° parce que les pourcentages ont été arrondis.

Dépenses hebdomadaires de Michel

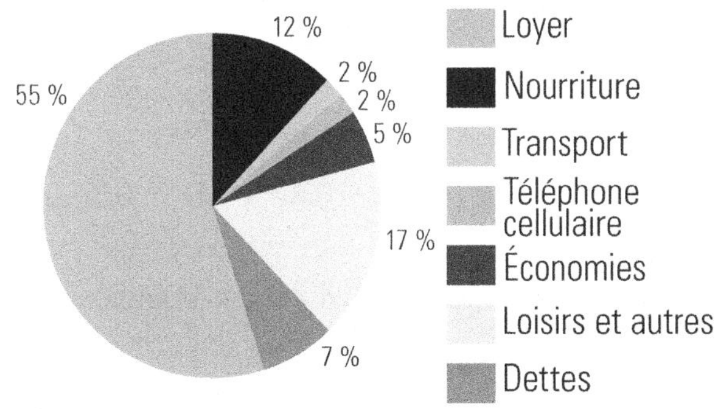

d) Les limites de dépenses ne sont pas illustrées dans un diagramme circulaire parce que les diagrammes circulaires ne peuvent montrer que des pourcentages fixes, et non des plages de pourcentages. Par exemple, il est impossible d'illustrer la catégorie logement, 25 à 35 %, dans un diagramme circulaire.

AUTRE SOLUTION

T Ce problème pourrait être résolu à l'aide d'un tableur.

Pour résoudre la question a), commence par entrer le revenu et les dépenses hebdomadaires de Michel dans un tableur. Formate la cellule D10 à l'aide d'une formule pour calculer la somme des dépenses de Michel.

	A	B	C	D
1	***Revenu et dépenses hebdomadaires de Michel***			
2	***Revenu***	*420,00*	***Dépenses***	
3			*Loyer*	*230,00*
4			*Transport*	*10,00*
5			*Nourriture*	*50,00*
6			*Dettes*	*30,00*
7			*Économies*	*20,00*
8			*Téléphone cellulaire*	*10,00*
9			*Loisirs et autres*	*70,00*
10			***Dépenses totales***	*=somme(D3:D9)*

Utilise la fonction du tableur servant à créer un diagramme pour créer un diagramme circulaire qui illustre les dépenses de Michel. Ton diagramme devrait être semblable à celui qui figure au point c) de la solution.

Compare les pourcentages dans le diagramme avec le tableau des limites de dépenses. Michel consacre un montant trop élevé à son loyer. Il doit réduire son loyer d'au moins 20 % pour respecter les limites fixées.

Le diagramme circulaire que tu as créé dans le tableur est également la solution à la question c).

Utilise les méthodes qui figurent dans la solution originale pour résoudre les questions b) et d).

Calcul mental et estimation

1. Si tu prévois économiser pendant 1 an pour t'acheter un nouvel ordinateur portatif qui coûte 900,00 $, quelle somme devrais-tu mettre de côté chaque jour?
2. Quelle dépense quotidienne pourrais-tu éliminer pour arriver à économiser ce montant?

ACTIVITÉ 7.3
ÉTABLISSEMENT D'UN BUDGET À L'AIDE D'UN TABLEUR

Duma est une mère célibataire qui a un enfant. Elle vient tout juste de terminer sa formation d'apprentie charpentière. Elle sait qu'elle devra changer de voiture dans environ 3 ans, et elle s'attend à devoir dépenser environ 12 000,00 $ pour l'achat d'une nouvelle voiture. À la fin de chaque année, elle achète un CPG avec ses économies. Même si, dans la réalité, les taux d'intérêt des CPG varient, suppose pour cette activité que chaque CPG acheté par Duma est assorti d'un taux d'intérêt composé annuellement de 3,00 % par année.

Tu trouveras ci-contre le début du budget mensuel de Duma. Elle rajustera son budget à la main, puis vérifiera les rajustements à l'aide d'un tableur. Elle tentera de veiller à ce que ses dépenses respectent les limites illustrées dans le diagramme.

	A	*B*	*C*
1		***Budget mensuel de Duma***	
2			
3	***Revenu***		
4	*Salaire*	*3 500,00 $*	
5			
6	***Dépenses***		
7	*Logement*	*1 800,00 $*	
8	*Nourriture*	*800,00 $*	
9	*Transport*	*500,00 $*	
10	*Garderie*	*300,00 $*	
11	*Autres*	*100,00 $*	
12	*Économies*		
13			
14			
15	*Économies annuelles*		
16			
17	***Économies après 3 ans***		

EXEMPLE

PARTIE A

1. Analyse le budget de Duma et calcule le pourcentage de son revenu qui est alloué à chaque catégorie de dépenses. Compare ses dépenses avec les limites de dépenses. Propose des catégories dans lesquelles elle pourrait réduire ses dépenses afin de pouvoir mettre de l'argent de côté pour acheter une voiture.

2. Combien Duma peut-elle épargner par mois si elle réduit le montant qu'elle a prévu pour ses frais de logement et qu'elle le fixe à 35 %.

3. Si Duma parvient à réduire ses frais de logement et à les fixer à 35 %, combien pourra-t-elle économiser en 3 ans? Aura-t-elle les moyens de s'acheter une nouvelle voiture à ce moment-là? Explique ta réponse.

Limites de dépenses recommandées

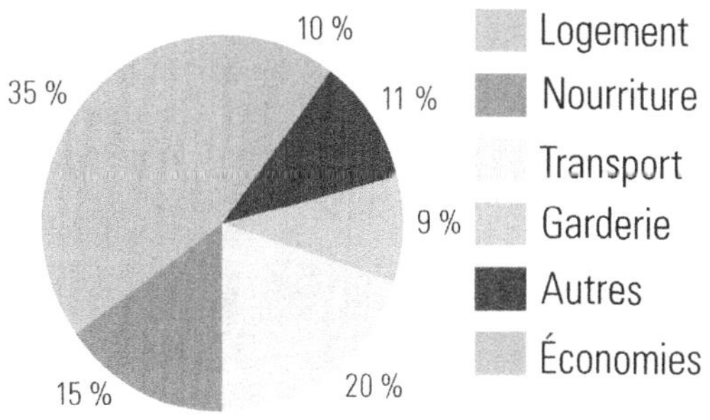

PARTIE B

1. Recopie les chiffres du budget mensuel de Duma dans un tableur. Crée un diagramme circulaire représentant les dépenses de Duma. Le diagramme illustre-t-il les mêmes pourcentages qu'à la question 1 de la Partie A?
2. Formate les cellules entourées d'un trait noir dans le tableur à l'aide des formules appropriées.
3. Réduis les frais de logement de Duma et fixe-les à 35 %. Utilise le tableur pour calculer le montant qu'elle aura économisé après 3 ans.

Calcul mental et estimation

La ville de St. Paul, en Alberta, est située au nord-est de la province. On y trouve la première plate-forme d'atterrissage pour les soucoupes volantes au monde, plate-forme qui a été construite en 1967.

Francine occupe un poste de commis d'unité au St. Therese Healthcare Centre à St. Paul, en Alberta. Elle gagne un salaire annuel net de 35 832,00 $.

1. Estime son revenu mensuel.
2. Si elle économise 5 % de son revenu mensuel net, combien épargne-t-elle approximativement par mois? par année?

CONSTRUIS TES HABILETÉS

1. Les frais de transport mensuels de Lucas s'élèvent à 540,00 $ et représentent 28 % de son revenu total. Il voudrait réduire ses frais de façon à ce qu'ils représentent 20 % de son revenu.

   a) Calcule les nouveaux frais de transport de Lucas.

   b) Lucas se rend à la mine où il travaille en voiture et il ne peut pas utiliser le transport en commun. Comment peut-il faire pour réduire ses frais de transport?

   c) Calcule le revenu total de Lucas.

2. Examine la répartition des dépenses mensuelles de Gurjinder dans le diagramme circulaire.

   a) Les frais de location de Gurjinder s'élèvent à 650,00 $ par mois. Si ses économies représentent 3 % de son budget, combien Gurjinder épargne-t-elle par mois?

   b) Les frais de logement de Gurjinder comprennent son loyer et les services publics. À combien s'élèvent ses frais de logement mensuels au total?

c) S'il est recommandé que les frais de logement maximaux ne dépassent pas 35 % du revenu, de combien les frais de logement de Gurjinder dépassent-ils les limites?

Dépenses mensuelles de Gurjinder

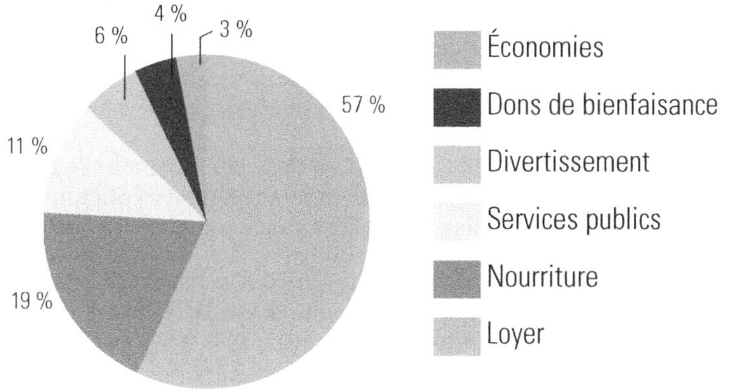

3. Yun doit 4 000,00 $ sur une marge de crédit dont le taux d'intérêt est de 7 % par année. Il économise 150,00 $ par mois qu'il place dans un compte d'épargne à intérêt élevé qui lui rapporte des intérêts à un taux composé mensuellement de 4,5 %.

   a) S'agit-il d'une bonne stratégie financière? Explique ta réponse.

   b) Que recommanderais-tu à Yun de faire pour rembourser sa marge de crédit le plus rapidement possible?

4. Gérard est titulaire d'un compte à la Caisse populaire St. Vital de Beaumont à Beaumont, en Alberta. À la fin de chaque année, il achète un CPG de 600,00 $ qui lui rapporte des intérêts composés annuellement de 3,5 % par année.

   a) Si le taux d'intérêt du CPG demeure de 3,5 % pendant 4 ans, calcule les économies que Gérard aura réalisées après 4 ans.

   b) Si Gérard a rajusté son budget de façon à augmenter de 5 % le montant qu'il économise annuellement, combien aura-t-il économisé après 4 ans, en supposant que le taux d'intérêt du CPG demeure le même?

5. Marlene travaille comme vendeuse de bijoux à Selkirk, au Manitoba. Elle aime la photographie et voudrait mettre de l'argent de côté pour s'acheter un appareil photo reflex mono-objectif numérique. Son salaire bimensuel net s'élève à 750,00 $. Ses dépenses mensuelles sont indiquées ci-dessous.

Logement : 600,00 $	Nourriture : 200,00 $	Vêtements : 100,00 $	Économies : 50,00 $
Transport : 300,00 $	Autres : 250,00 $	Photographie : 50,00 $	

Pour un photographe passionné, un appareil photo reflex mono-objectif numérique est un bien précieux.

a) D'après ce budget, combien Marlene consacrerait-elle chaque jour à la nourriture en moyenne? Ce montant est-il exceptionnellement élevé ou exceptionnellement bas? Explique ton raisonnement.

b) Lorsque Marlene fait le suivi de ses dépenses réelles pendant plusieurs mois, elle se rend compte qu'elles sont considérablement plus élevées et qu'elle n'économise pas 50,00 $ par mois. En fait, elle a eu un solde impayé sur sa carte de crédit pendant de nombreux mois. Quelles modifications Marlene peut-elle apporter à ses dépenses si elle veut économiser de l'argent pour s'acheter un appareil photo et respecter son budget?

c) Quelles étapes devrait suivre Marlene lorsqu'elle établit un nouveau budget?

Approfondis ta réflexion

6. Vern vient tout juste de terminer le Programme de formation des cadets de la GRC, et il est maintenant un membre régulier au niveau de gendarme. Il est le seul salarié de sa famille et il touche un salaire annuel de 47 393,00 $. Après impôt et autres retenues, son salaire net est de 38 940,00 $. Il doit 6 400,00 $ pour un prêt-auto sur lequel il paie des intérêts de 8 % par année. Il voudrait acheter une maison dans 4 ans, mais il a besoin d'économiser 8 500,00 $ supplémentaires pour effectuer le versement initial nécessaire.

Le fait d'économiser pour un versement initial sur une maison constitue un objectif financier à long terme qui aura des répercussions sur ton budget.

a) Selon toi, Vern peut-il rembourser sa dette et économiser 8 500,00 $ au cours des 4 prochaines années? Explique ton raisonnement.

b) Si Vern réduit ses dépenses de 15 % par mois et qu'il consacre 9 % au remboursement de sa dette, combien aura-t-il remboursé après 1 an?

c) Nomme quelques-unes des dépenses que Vern pourrait réduire pour diminuer ses dépenses totales de 15 %.

d) Explique la raison pour laquelle Vern pourrait économiser un peu d'argent chaque mois plutôt que de consacrer tous les surplus au remboursement de sa dette.

Tu trouveras ci-dessous le début du budget mensuel de Vern.

	A	B	C	D
1	***Budget mensuel de Vern***			
2	***Revenu***		***Dettes actuelles***	6 400,00 $
3	*Salaire net (mensuel)*			
4				
5	***Dépenses***			
6	*Logement*	*1 500,00 $*		
7	*Nourriture*	*900,00 $*		
8	*Transport*	*600,00 $*		
9	*Téléphone cellulaire, Internet et câble*	*245,00 $*		
10	*Remboursement de dettes*			
11	*Économies*			
12				
13				
14	***Économies annuelles***			
15				

RÉSOUS LE PROBLÈME

LE DOLLAR MANQUANT

Alana, Hisae et Liam sont allés au restaurant pour dîner. La facture totale s'élevait à 60,00 $; chacun d'entre eux a donc payé 20,00 $. Plus tard, le serveur s'est rendu compte qu'il avait facturé 5,00 $ de trop. Il a donc demandé à l'aide-serveur de rendre l'argent aux clients. Après avoir calculé mentalement qu'il ne pouvait pas diviser 5,00 $ de façon égale entre les clients, l'aide-serveur a décidé de garder 2,00 $ et de remettre seulement 1,00 $ à chaque client. Ainsi, les clients ont payé 19,00 $ chacun pour le repas, soit un total de 57,00 $. Si tu ajoutes à ce montant les 2,00 $ que l'aide-serveur a gardés, tu obtiens 59,00 $. Où est passé le dollar manquant?

LES RACINES DES MATHÉMATIQUES

L'ORIGINE DU TABLEUR ÉLECTRONIQUE

Rene Pardo a inventé, conjointement avec une autre personne, le logiciel appelé LANPAR. Il s'agit du premier logiciel à avoir intégré les algorithmes dans les tableurs.

Les tableurs électroniques permettent aux utilisateurs d'ordinateurs de programmer des modifications et d'en assurer le suivi, d'organiser d'importantes quantités de données, de trier ces données et de les illustrer sous forme de diagramme. Les propriétaires de petites entreprises utilisent des tableurs pour surveiller leurs dépenses et leurs stocks, et les médecins les utilisent pour consigner des données sur leurs patients. À la maison, les gens utilisent les tableurs pour organiser leurs budgets personnels, leurs listes d'envoi et même leurs recettes.

Devons-nous à un Canadien l'invention du tableur électronique? À la fin des années 1960, les grandes entreprises ont commencé à utiliser les ordinateurs. À ce moment-là, le citoyen canadien Rene Pardo travaillait pour Bell Canada. Il s'est rendu compte que lorsque les directeurs de l'entreprise apportaient des modifications aux formulaires de budget, ils devaient attendre au moins six mois avant que les programmeurs réécrivent le logiciel informatique (qui stockait les renseignements sur les budgets) afin que les changements soient reflétés.

Pour éliminer cette attente, Rene a inventé, conjointement avec une autre personne, une première forme de tableur électronique qui permettait aux directeurs d'apporter des modifications au budget tandis que l'ordinateur calculait automatiquement les résultats de ces changements dans l'ensemble du budget. Cette fonction de recalcul était unique au logiciel de M. Pardo, et elle permettait aux utilisateurs de faire de petites modifications qui se reflétaient aussitôt dans l'ensemble du tableur. Ce nouveau logiciel était appelé Language for Programming Arrays at Random (LANPAR).

Même si le LANPAR était utilisé par les grandes entreprises au Canada et aux États-Unis, il a fallu environ 13 ans à M. Pardo avant d'obtenir un brevet pour son invention. Et lorsque M. Pardo a enfin obtenu son brevet, le système judiciaire a jugé qu'il était trop tard pour que celui-ci soit exécuté.

1. Lorsque tu établis un budget ou que tu apportes des modifications aux éléments d'un budget, tu peux le faire à la main ou à l'aide d'un tableur. Quels sont les avantages de chacune des méthodes? Quelle méthode convient le plus aux budgets compliqués qui comptent de nombreuses variables?
2. Quels types d'erreurs sont les plus susceptibles de survenir lorsque tu utilises une calculatrice pour ton budget? Et lorsque tu utilises un tableur?

PRÉPARATION D'UN BUDGET ET RÉALISATION D'UNE PRÉSENTATION

Maintenant que tu as terminé ta recherche sur ton revenu et tes dépenses potentiels, tu établiras un budget mensuel exact pour partir en appartement. Crée ton budget à la main ou à l'aide d'un tableur. Si, au départ, tes dépenses sont supérieures à ton revenu, apporte des modifications réalistes à tes dépenses ou à ton revenu de façon à ce que ton budget soit équilibré.

Utilise les limites présentées dans ce chapitre ou effectue une recherche sur Internet pour trouver la répartition proposée du pourcentage de ton revenu que tu peux allouer aux différentes catégories de dépenses.

Compare les pourcentages associés aux catégories de dépenses avec les limites recommandées. Dans ta présentation finale, tu indiqueras si ton budget respecte les limites ou pourquoi certains chiffres ne les respectent pas.

Avant d'achever ton projet, tu peux demander à un ami de vérifier l'exactitude de tes calculs.

Tu es maintenant prêt à présenter ton budget. Commence par planifier ta présentation.

- De quelle façon présenteras-tu ton budget et les documents pertinents?
- Utiliseras-tu un logiciel de présentation ou une affiche?
- Que diras-tu à tes camarades à propos de la carrière et du lieu de résidence que tu as choisis?
- Comment démontreras-tu que tes dépenses sont exactes et raisonnables?
- Comment expliqueras-tu les modifications que tu as apportées pour que ton budget soit équilibré?

N'oublie pas de présenter les éléments suivants dans ta présentation :

- un budget mensuel équilibré;
- un diagramme circulaire représentant les catégories de dépenses;
- des renseignements sur le salaire pour l'emploi que tu as choisi;
- un résumé écrit de ton budget détaillant ton revenu et tes dépenses, y compris les raisons pour lesquelles certaines catégories de dépenses dépassent les limites recommandées.

Prépare-toi à répondre à des questions de tes camarades et de ton enseignant à propos des détails de ton budget.

RÉFLEXIONS SUR L'APPRENTISSAGE

BUDGETS PERSONNELS

Maintenant que tu as terminé ce chapitre, tu devrais être en mesure :

- de comprendre le concept de budget équilibré;
- d'organiser des données sur le revenu et les dépenses dans un budget personnel;
- d'apporter des modifications à un budget existant de façon à ce qu'il soit équilibré;
- d'analyser les dépenses dans un budget à l'aide de diagrammes circulaires;
- de modifier un budget de façon à effectuer une dépense future;
- de comparer des montants réels et des montants budgétés pour déterminer si ton prochain budget doit être rajusté.

En outre, tu as réalisé un projet de chapitre qui t'a permis d'appliquer tes nouvelles habiletés dans un contexte pratique.

MISE EN PRATIQUE DES NOUVELLES HABILETÉS

1. Johan est ébéniste et il voudrait acheter une nouvelle dégauchisseuse pour son entreprise à domicile. La dégauchisseuse coûte 1 850,00 $. Johan voudrait mettre de l'argent de côté pour cet achat plutôt que d'utiliser sa carte de crédit. Au cours des quelques dernières années, Johan a pu économiser environ 3 000,00 $ chaque année. Suppose qu'il économise le même montant chaque mois. Pendant combien de mois Johan doit-il mettre de l'argent de côté pour acheter la dégauchisseuse?

Ces personnes participent à la Mobility Cup de Vancouver.

2. Shaira habite à Tofino, en Colombie-Britannique, et elle est membre de la Disabled Sailing Association of British Columbia. Grâce à la technologie d'assistance, elle est maintenant un marin expérimenté qui participe à la Mobility Cup, une course annuelle qui a lieu à Vancouver, en Colombie-Britannique.

   a) Shaira ne peut économiser que 1,5 % par mois des 906,00 $ qu'elle reçoit chaque mois en prestations d'invalidité. Combien aura-t-elle économisé dans 1 an?

   b) Si les frais pour la course s'élèvent à 395,00 $ et qu'un commanditaire en paie 40 %, combien de temps faudra-t-il à Shaira pour économiser le reste du montant?

3. Tu trouveras ci-dessous le budget mensuel de Roberto, qui habite à Qu'Appelle, en Saskatchewan. Roberto doit faire la navette entre Qu'Appelle et Regina, en Saskatchewan.

BUDGET MENSUEL

Revenu net		*Régulier ou variable*	*Dépenses*		*Ordinaires ou variables*	*Priorité*
Salaire	2 550,00 $		Nourriture	425,00 $		
Commission	825,00 $		Logement	850,00 $		
Travail à contrat	350,00 $		Transport	500,00 $		
			Loisirs	500,00 $		
			Assurance-vie	75,00 $		
			Téléphone cellulaire et Internet	175,00 $		
			Divertissement	300,00 $		
			Économies	500,00 $		
			Autres	400,00 $		
Total			*Total*			

EXEMPLE

a) Classe les éléments du revenu dans les catégories revenu régulier ou revenu variable, et ceux des dépenses dans les catégories dépenses ordinaires ou dépenses variables.

b) Classe les dépenses par ordre de priorité de 1 à 9, 1 étant la plus importante.

c) Nomme deux façons qui pourraient permettre à Roberto d'équilibrer son budget s'il cessait de travailler à contrat.

4. Martina commence sa carrière en tant que technicienne de site cellulaire pour une entreprise de technologie de l'information. Elle gagne 44 600,00 $ par année. Après retenues, son salaire mensuel net s'élève à 2 415,00 $.

a) Quel pourcentage du revenu brut de Martina les retenues (impôt, cotisations syndicales, assurance médicale, etc.) representent-elles?

b) Quel pourcentage de son revenu mensuel net Martina doit-elle mettre de côté si elle veut s'acheter un ordinateur de bureau d'une valeur de 1 800,00 $ dans 6 mois?

c) Après 6 mois, Martina reçoit une augmentation mensuelle nette de 96,60 $, et elle continue d'économiser le même pourcentage de son salaire mensuel. Combien Martina aura-t-elle économisé après 6 mois?

5. Zabo a fait le suivi de ses dépenses au cours de la dernière année. Il a consigné les moyennes de son revenu et de ses dépenses dans le tableau ci-dessous.

Un propriétaire de vélo consacre souvent plus d'argent à l'entretien qu'à l'achat de son vélo.

DÉPENSES MENSUELLES DE ZABO	
Dépenses	
Loyer	640,00 $
Nourriture	335,00 $
Transport	315,00 $
Sports	185,00 $
Loisirs	140,00 $
Économies	125,00 $
Vêtements	185,00 $
Dons de bienfaisance	143,00 $
Autres	245,00 $

a) Élabore un budget modeste pour Zabo. Son salaire mensuel net s'élève en moyenne à 2 410,00 $.

b) Zabo voudrait utiliser ses économies pour acheter un nouveau vélo Si le vélo coûte 1 250,00 $, pendant combien de mois Zabo devra-t-il mettre de l'argent de côté avant de pouvoir l'acheter s'il respecte son budget?

6. Zabo décide de ne pas acheter le vélo, mais d'acheter plutôt un CPG à la fin de l'année. Le CPG rapporte des intérêts composés annuellement de 2,75 % par année.

a) Quelle somme Zabo peut-il économiser en une année pour investir dans un CPG?

b) Détermine la valeur du CPG à la fin d'une période de 10 ans.

7. Trevor gagne un salaire de 15,85 $ l'heure, et il est payé à taux et demi lorsqu'il travaille plus de 40 heures dans une semaine. Les retenues sur le revenu de Trevor (impôt, assurance-emploi, etc.) correspondent à environ 30 % de son revenu brut. Ses dépenses hebdomadaires sont les suivantes :

DÉPENSES HEBDOMADAIRES DE TREVOR		
Nourriture : 95,00 $	Transport : 25,00 $	Loyer : 200,00 $
Téléphone cellulaire et Internet : 50,00 $	Parrainage d'un enfant : 8,00 $	Dépenses diverses : 40,00 $

T a) À l'aide d'un tableur ou d'une calculatrice, établis un budget mensuel modeste pour Trevor, en supposant qu'il travaille 40 heures par semaine.

b) D'après le budget modeste, combien d'heures Trevor doit-il travailler chaque semaine pour avoir un budget équilibré?

c) Combien d'heures de travail Trevor doit-il effectuer chaque semaine pour économiser 75,00 $ de plus par semaine?

8. a) Crée un diagramme circulaire des dépenses de Trevor qui sont indiquées à la question 7.

b) Si le loyer de Trevor augmente et passe à 225,00 $ par semaine, comment Trevor pourrait-il modifier son budget de façon à pouvoir payer l'augmentation de son loyer?

c) Si les frais de transport hebdomadaires de Trevor sont toujours de 60,00 $ en moyenne plutôt que de 30,00 $, comme il était prévu dans son budget, quel montant devrait-il prévoir pour le transport dans son prochain budget? Explique ton raisonnement.

9. Megan met de l'argent de côté en prévision des World Irish Dancing Championships qui auront lieu à Belfast, en Irlande du Nord, dans 3 ans. Le voyage coûtera 5 500,00 $. Actuellement, elle économise 100,00 $ par mois. Elle prévoit déposer ses économies dans un compte d'épargne à intérêt élevé à la fin de l'année. Le compte d'épargne rapporte des intérêts composés annuellement de 3,5 % par année.

a) Quelle sera le solde du compte d'épargne de Megan après 3 ans?

b) Megan doit-elle économiser plus ou moins que 152,00 $ chaque mois afin de pouvoir payer son voyage dans 3 ans? Explique ta réponse.

Jade Alexander participe aux Western Canadian Regional Oireachtas, une compétition de danse traditionnelle irlandaise.

Glossaire

acompte : paiement partiel parfois exigé au moment d'un achat

actif : élément qui a une valeur économique, qui appartient à une personne et qui peut être converti en argent

aire totale : aire nécessaire pour couvrir une forme à trois dimensions

angle d'élévation : angle formé entre le plan horizontal et la ligne de vision lorsqu'on regarde vers le haut; on l'appelle parfois angle d'inclinaison

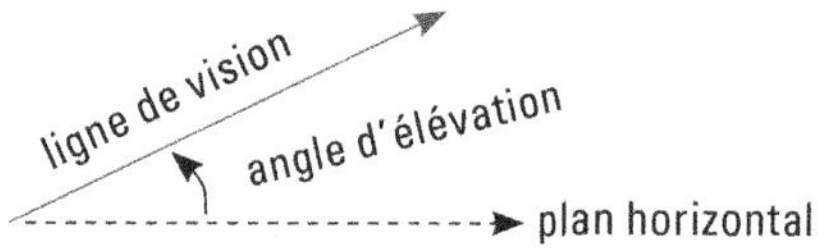

angle de dépression : angle formé entre le plan horizontal et la ligne de vision lorsqu'on regarde vers le bas

autorisation de découvert : entente selon laquelle la banque te permet de retirer une somme supérieure au solde de ton compte, jusqu'à un montant déterminé

avance de fonds : retrait d'argent à un GAB ou au comptoir à l'aide d'une carte de crédit; les intérêts sont habituellement calculés à partir de la journée du retrait

base : une des faces parallèles d'un prisme

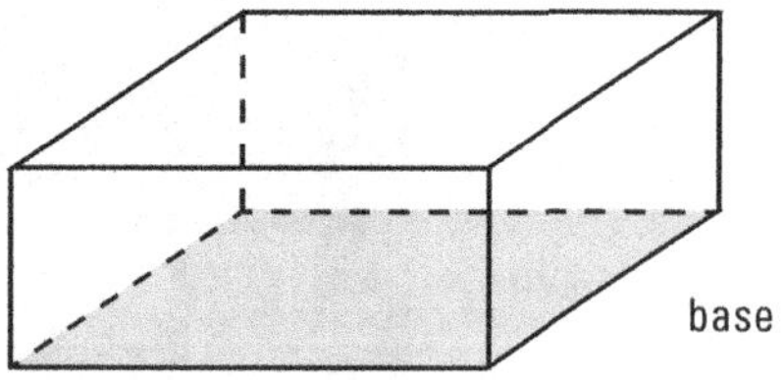

bénéfice net : bénéfice enregistré après l'acquittement de toutes les dépenses

budget : relevé équilibré du revenu et des dépenses prévus

budget modeste : budget dans lequel on sous-estime le revenu et on surestime les dépenses

capacité : quantité que peut contenir un objet à trois dimensions

capital : montant investi ou emprunté au départ

clinomètre : instrument permettant de mesurer les angles d'élévation et de dépression

cône : forme à trois dimensions dotée d'une base circulaire et d'un sommet qui est opposé à cette base

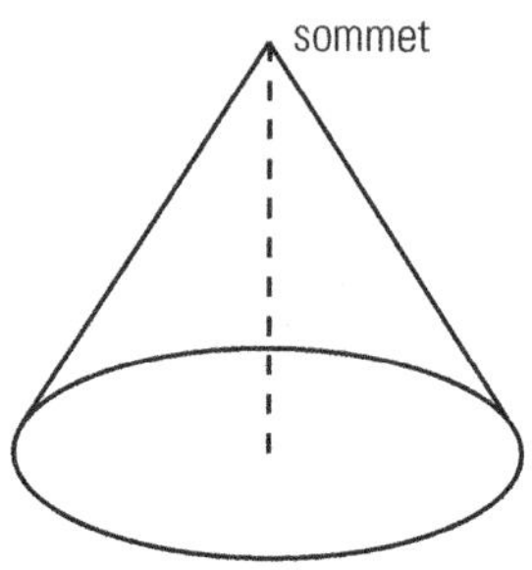

corde : segment qui joint deux points de la circonférence d'un cercle

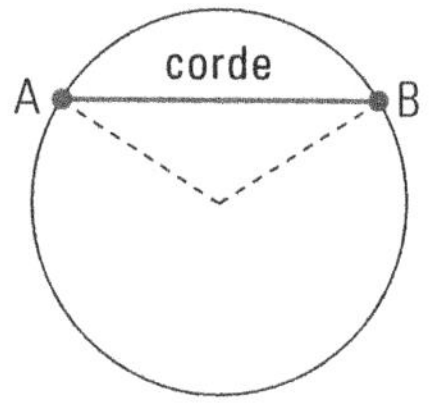

cosinus : rapport entre la longueur du côté adjacent à un angle donné et la longueur de l'hypoténuse, dans un triangle rectangle (abréviation : cos)

crédit : entente selon laquelle l'emprunteur reçoit un bien de valeur et accepte de rembourser le prêteur ultérieurement

cylindre : forme à trois dimensions dotée de deux bases circulaires qui sont parallèles et congruentes; le côté est un rectangle qui est « enroulé autour » des faces circulaires aux extrémités

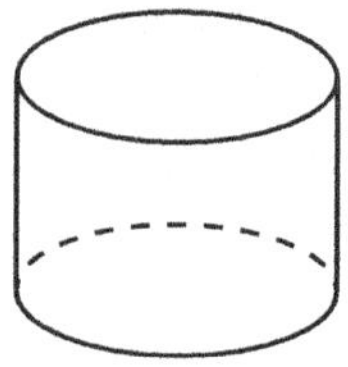

déficit : montant des dépenses qui dépasse le montant du revenu

dénivelé : différence de hauteur entre les deux extrémités d'un objet donné; correspond au déplacement vertical

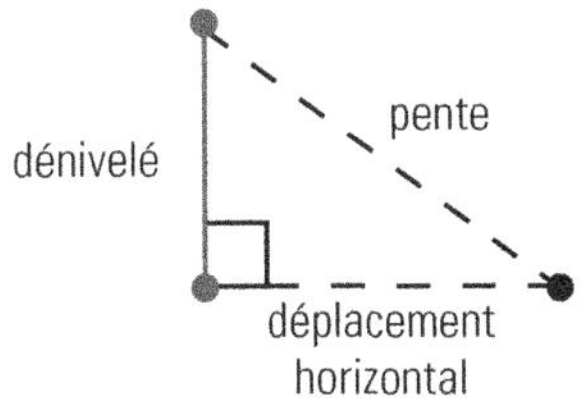

dépenses imprévues : dépenses imprévisibles engagées de temps à autres

dépenses ordinaires : dépenses effectuées de façon régulière

dépenses variables : dépenses pouvant varier d'une période à l'autre

déplacement horizontal : distance horizontale entre deux points

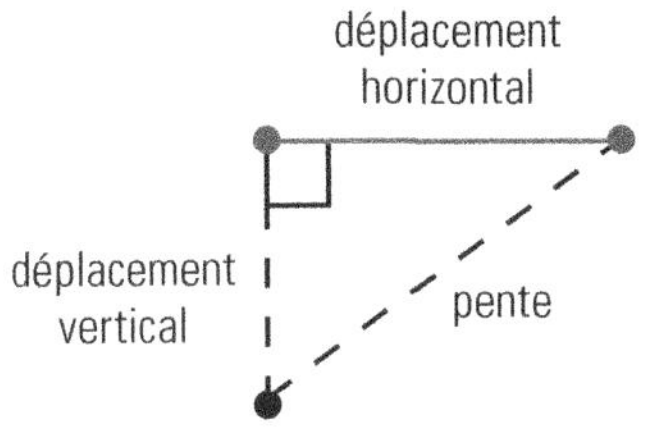

déplacement vertical : distance verticale entre deux points

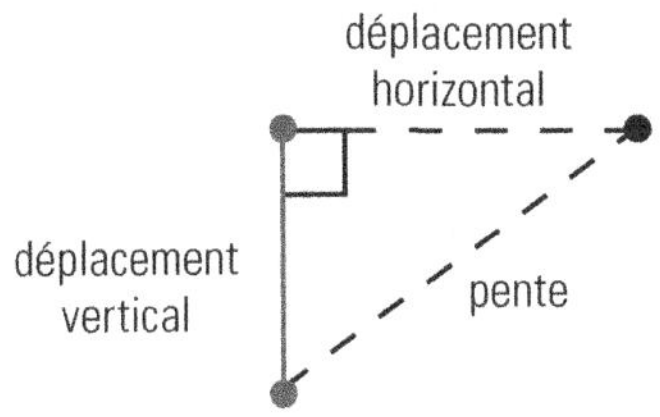

dessin en perspective : représentation en deux dimensions d'un objet en trois dimensions; l'objet semble proportionnellement plus petit avec l'éloignement et comprend des caractéristiques comme un avant-plan et un point de fuite qui servent à créer une impression de profondeur et d'espace

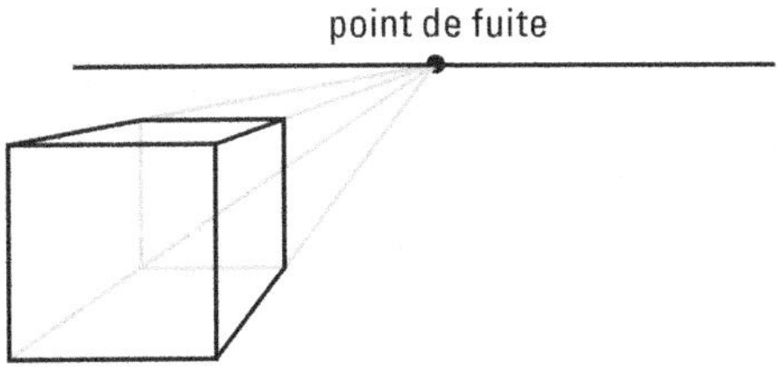

dessin isométrique : représentation d'un objet en trois dimensions pour laquelle on utilise la même échelle pour tracer la hauteur, la largeur et la profondeur du même objet; les lignes qui sont parallèles dans la réalité sont parallèles dans le dessin

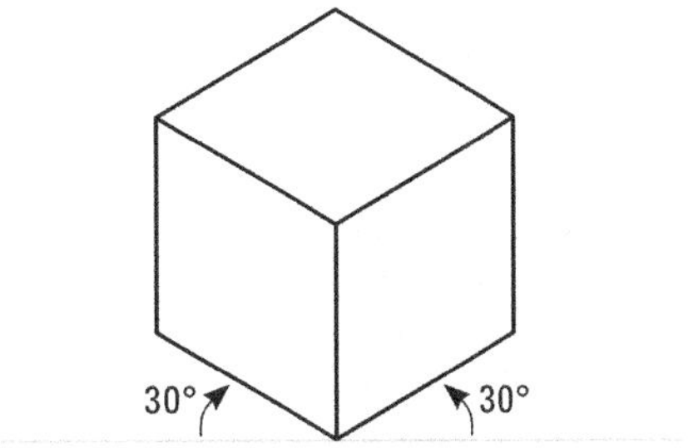

développement : modèle à deux dimensions qui peut être plié de façon à former une forme à trois dimensions

diagramme à bandes : diagramme dont les données sont présentées au moyen de bandes verticales ou horizontales

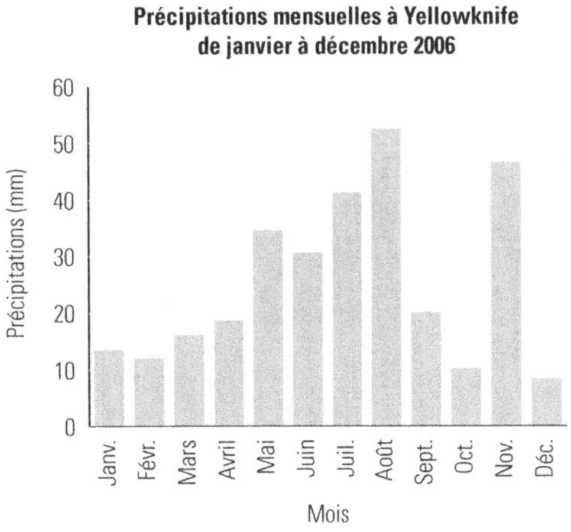

diagramme à ligne brisée : diagramme dont les données sont représentées par des points reliés entre eux par des segments de droite

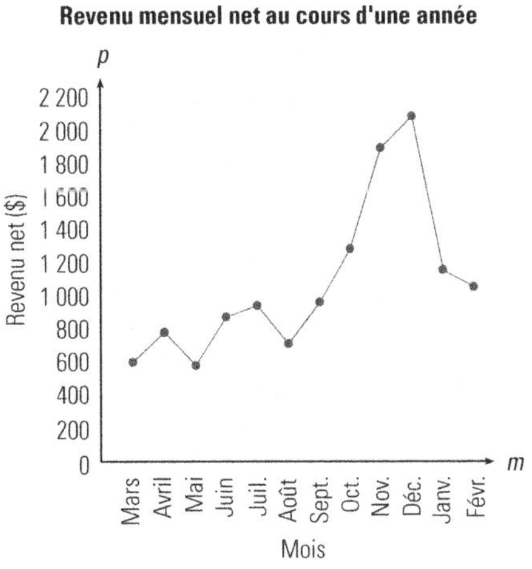

diagramme circulaire : représentation graphique de données au moyen d'un cercle divisé en secteurs dont chacun représente une partie d'un tout

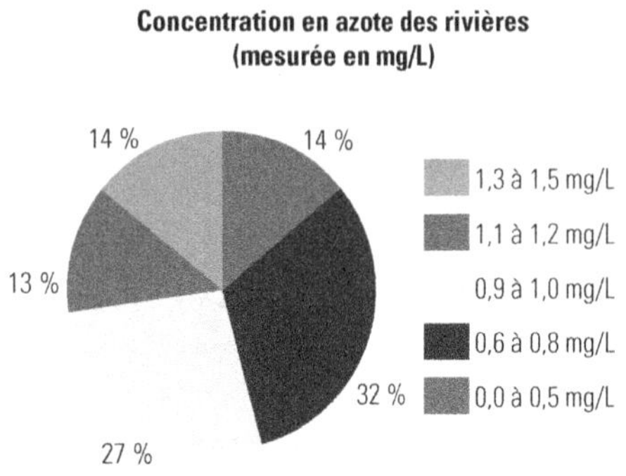

diagramme des composantes : représentation à l'échelle en deux dimensions qui montre chaque partie d'un objet

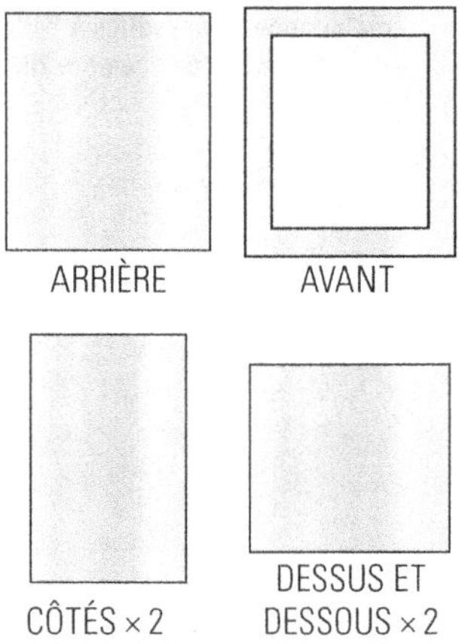

diagramme en vue éclatée : représentation en trois dimensions d'un objet qui montre la façon dont s'agencent les éléments; les éléments sont montrés de façon individuelle, mais dans leurs positions relatives

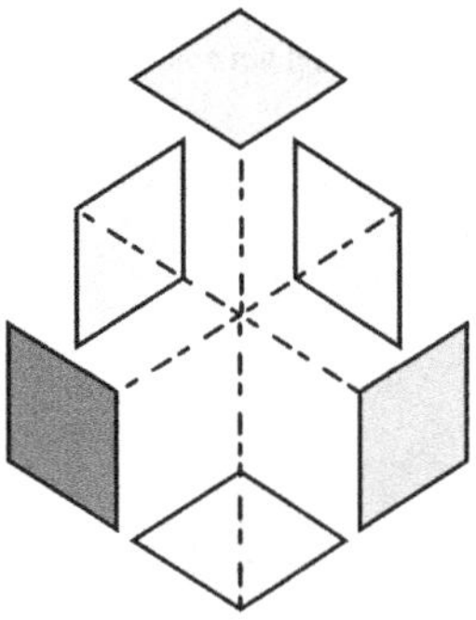

échelle : rapport qui exprime la relation de dimension entre deux objets

élévation : autre terme pour vue; fait habituellement référence à une face verticale

extrapoler : estimer une valeur au-delà d'une plage de valeurs connues

face latérale : face qui relie les bases d'un prisme

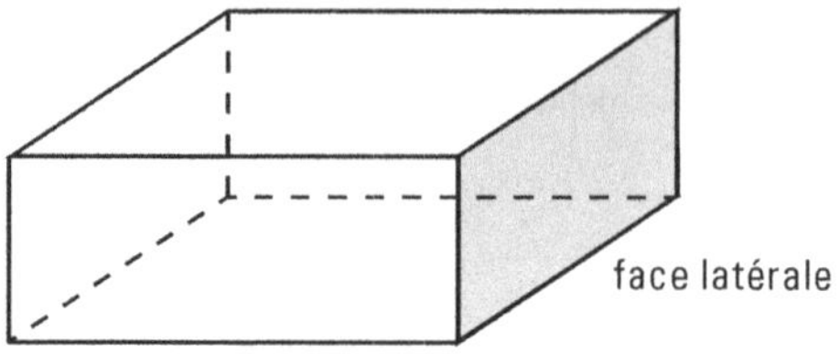

facteur d'échelle : nombre par lequel toutes les dimensions d'une figure d'origine sont multipliées pour produire un agrandissement ou une réduction

frais de crédit : montant total des intérêts payés pour emprunter une somme d'argent

garantie : objet de valeur mis en gage par un emprunteur afin de garantir un prêt

histogramme : diagramme illustrant la distribution d'un ensemble de données

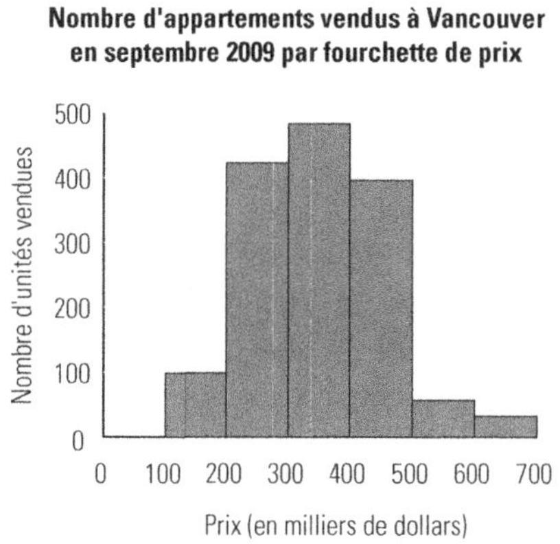

inclinaison : pente d'une entité physique, comme une route ou une montagne (on l'appelle aussi déclivité)

intérêts : somme gagnée sur un placement ou frais payés pour l'emprunt d'argent; généralement exprimés en pourcentage

intérêts composés : intérêts versés sur le capital plus les intérêts

intérêts simples : intérêts calculés en pourcentage du capital

interpoler : estimer une valeur située entre deux valeurs connues

libre-service bancaire : transactions bancaires effectuées par Internet, par téléphone ou à un GAB; ne nécessitent pas les services d'un caissier

ligne d'horizon : ligne horizontale (pas toujours visible) située au niveau des yeux de l'observateur dans un dessin en perspective

limite inférieure : dans un histogramme, plus petite valeur d'un intervalle

limite supérieure : dans un histogramme, plus grande valeur d'un intervalle

manquement : le fait de manquer à son obligation de rembourser un prêt

marge de crédit : montant de crédit accordé à partir duquel il est possible d'effectuer des retraits, au besoin; des intérêts sont imposés sur les sommes utilisées

multiservices bancaires : transactions bancaires effectuées avec l'aide d'un caissier

NIP (numéro d'identification personnel) : mot de passe numérique confidentiel utilisé par un système informatique pour vérifier l'identité d'un utilisateur

pente non définie : une droite dont on ne peut calculer la pente est une droite verticale

pente nulle : une droite à pente nulle est une droite horizontale

période d'amortissement : temps nécessaire pour rembourser un prêt

période de calcul de l'intérêt : période entre deux calculs des intérêts, aussi appelée période d'intérêt

point de fuite : point de convergence des lignes parallèles dans un dessin en perspective

prêt : somme d'argent empruntée pour une durée déterminée devant être remboursée et moyennant le versement d'intérêts

prêt sur salaire : prêt à court terme à intérêts élevés visant à couvrir les dépenses de l'emprunteur jusqu'à sa prochaine paie

prisme : forme à trois dimensions dont les extrémités sont des polygones congruents et dont les côtés sont des parallélogrammes

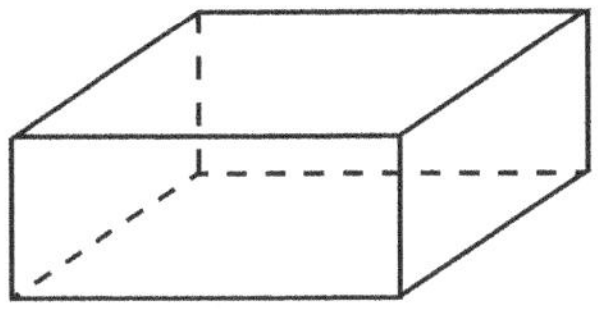

prisme rectagulaire : forme à trois dimensions dont les extrémités sont des rectangles congruents et dont les côtés sont des parallélogrammes

promotion commerciale : promotion des produits d'un magasin par l'intermédiaire de rabais, de plans de remboursement par versements égaux ou de coupons

pyramide : forme à trois dimensions dont la base est un polygone et dont les côtés latéraux sont tous des triangles qui se rencontrent à un sommet qui est opposé à la base

règle de 72 : méthode rapide d'estimation du temps nécessaire pour doubler la valeur d'un placement

revenu régulier : revenu prévisible reçu à intervalles réguliers

revenu variable : revenu qui varie au fil du temps ou qui n'est pas reçu de façon régulière

sinus : rapport entre la longueur du côté opposé à un angle donné et la longueur de l'hypoténuse (abréviation : sin) dans un triangle rectangle

sphère : forme à trois dimensions dont la surface est constituée de points qui se trouvent tous à la même distance du centre de la forme

statistiques : collecte, présentation et analyse de données numériques

surplus : montant du revenu qui dépasse le montant des dépenses

tangente : rapport de la longueur des côtés adjacent et opposé à un angle donné (abréviation : tan) dans un triangle rectangle

taux de variation : taux de variation d'une variable par rapport à une autre variable

terme : durée, en années, d'un placement ou d'un prêt

théodolite : instrument d'arpentage servant à mesurer des angles horizontaux et verticaux

théorème de Pythagore : théorème selon lequel la somme des carrés des longueurs des cathètes d'un triangle rectangle est égale au carré de la longueur de l'hypoténuse; on écrit, sous forme d'équation, $a^2 + b^2 = c^2$

transaction : toute activité effectuée, comme un retrait en espèces, un dépôt, un transfert d'argent, un paiement par prélèvement automatique ou un paiement de factures

variable dépendante : variable dont la valeur repose sur les valeurs données à une autre variable

variable indépendante : variable dont les valeurs peuvent être choisies librement

volume : mesure de l'espace qu'occupe un objet à trois dimensions

vue : dessin géométrique qui montre une face d'un objet

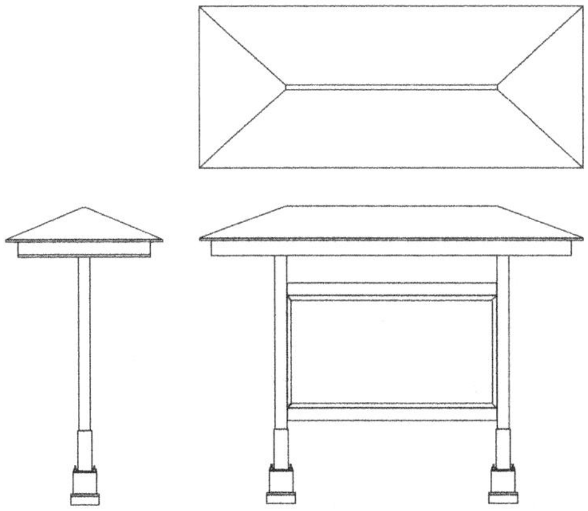

Corrigé

CHAPITRE 1
PENTE ET TAUX DE VARIATION
1.1 RAPPORT ENTRE LE DÉPLACEMENT VERTICAL ET LE DÉPLACEMENT HORIZONTAL

CONSTRUIS TES HABILETÉS, P. 19

1. Pente du col Kootenay : 0,05

   Pente du col Coquihalla : 0,04

   La pente du tronçon du col Kootenay est plus prononcée.

2. a) Toit A :

   Pente : 0,25

   Pente de toit : 3 : 12

   b) Toit B :

   Pente : 0,83

   Pente de toit : 10 : 12

   c) Toit C :

   Pente : 1,3

   Pente de toit : 16 : 12

3. La ferme a une pente de 0,5. Cette ferme est conçue pour la maison.

4. La rampe C a une pente de 0,20; c'est donc ce modèle qui conviendrait.

5. Amy a raison. La pente de 4 : 1, ou 4, est plus inclinée que la pente de 1 : 4, ou 0,25.

6. a) La pente de l'escalier est de 0,31.

   b) Le déplacement vertical de chaque marche est de 7,25 pouces; le déplacement horizontal de chaque marche est de 23,125 pouces.

   c) La pente de chaque marche est de 0,31.

   d) La pente de l'escalier est égale à la pente de chaque marche. La pente est constante.

7. a) La pente moyenne des rampes d'une machine comptant six rampes est 0,29.

   b) La pente moyenne des rampes d'une machine comptant cinq rampes est 0,34.

8. a) La pente de chaque escalier est 0,96.

   b) Les marches des escaliers de Karen ne sont pas conformes au code du bâtiment, car elles sont plus abruptes que ce que permet ce dernier.

   c) Les réponses varieront.

9. a) La pente d'une échelle disposée de façon sécuritaire est de 4.

   b) La pente de l'échelle de Daisuko est de 4; son échelle est donc placée de façon sécuritaire.

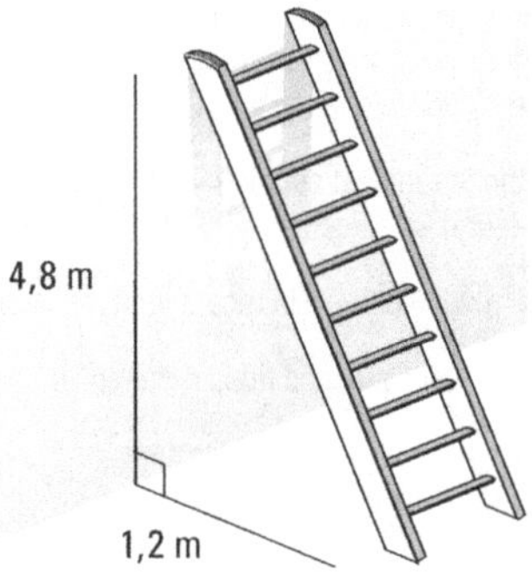

c) L'échelle doit être placée à une distance de 2,67 m de la maison pour être sécuritaire.

10. 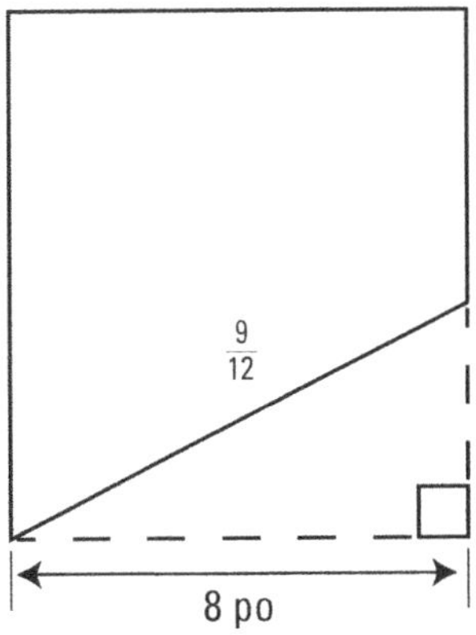

La distance qui sépare la base du tube et le point où Sharon commencera à couper est égale au déplacement vertical. D'après les mesures ci-dessus, Sharon peut déterminer que le déplacement vertical est de 6.

Sharon doit mesurer 6 po à partir de la base du tuyau pour le couper selon le bon angle.

Approfondis ta réflexion

11. a) Le déplacement vertical est de 3, et le déplacement horizontal, de 14. La pente du segment de droite AB est donc de 0,21.

b) Le déplacement vertical est de 4, et le déplacement horizontal, de 22. La pente du segment de droite BC est donc de 0,18.

c) Le déplacement vertical est de 0, et le déplacement horizontal, de 14. La pente du segment de droite CD est donc de 0.

d) Le déplacement vertical est de 1, et le déplacement horizontal, de 22. La pente du segment de droite DA est donc de 0,05.

1.2 INCLINAISON, ANGLE D'ÉLÉVATION ET DISTANCE

CONSTRUIS TES HABILETÉS, P. 30

1. Compter les carrés sur la grille pour trouver la longueur des sections verticales.

   3 unités + 1 unité + 2 unités = 6 unités

   Utiliser la formule pour déterminer la longueur des sections diagonales.

   $\text{longueur} = \sqrt{\text{déplacement horizontal}^2 + \text{déplacement vertical}^2}$

   La section diagonale du haut mesure 6,324 555 32 unités de long. La section diagonale du bas mesure 5,099 019 514 unités de long.

   Additionner maintenant les unités verticales et diagonales.

   6 + 6,324 555 32 + 5,099 019 514 = 17,423 574 83

   17,423 574 83 × 15 = 261,353 622 5

   Shelley aura besoin de 262 cm (261,353 cm arrondis) de tuyau.

2. Trois et trois quarts égalent 3,75.

   Neuf pieds égalent 108 pouces.

   Le pourcentage d'inclinaison à partir du sommet de l'axe est d'environ 3,47.

3. a) Rapport de la tangente de l'angle de pliage :

   5,3 ÷ 2,8 = 1,89

   Valeur de la fonction réciproque de la tangente de 1,89 : 62°

   Sal doit plier le cadre à un angle de 62°.

   b) Longueur du cadre :

   $\sqrt{5{,}3^2 + 2{,}8^2} = 5{,}99$

Additionner la hauteur du cadre avec la profondeur de son support.

5,99 + 1,9 = 7,89

Sal aura besoin de 7,89 cm de feuille de cuivre, ou 8 cm, une fois arrondi à l'entier supérieur.

4. a) Le tuyau d'évacuation doit être abaissé de 2,75 po sur une distance de 11 pi.

   b) Le tuyau d'évacuation a une inclinaison de 2 %.

5. a) L'angle d'élévation de la toiture de la maison des Cardinal est de 9,5°. Ils devraient utiliser du goudron et du gravier.

   b) L'angle d'élévation de la toiture de la maison des Sebastian est de 20,6°. Ils devraient utiliser des bardeaux d'asphalte.

6. Le tuyau doit entrer dans le réservoir à une distance de 12 m au-dessus du sol.

7. Le niveau laser devrait être réglé à 0,62 %.

8. Le déplacement vertical du chemin de fer est de 281 mètres.

Approfondis ta réflexion

9. Le sentier Hickory mesure 8,07 km de long.

   Le sentier du mont Sheep mesure 6,5 km de long.

   8,07 – 6,5 = 1,57

   Le sentier Hickory mesure 1,57 km de plus que le sentier du mont Sheep.

1.3 TAUX DE VARIATION

CONSTRUIS TES HABILETÉS, P. 46

1. a) La variable indépendante correspondrait au temps sur l'axe des *x* et la variable dépendante correspondrait au nombre de bardeaux sur l'axe des *y*.

   b) Le travail de Nick serait représenté par les coordonnées $N_1(11, 8)$ et $N_2(66, 31)$.

   Le travail de Sergio serait représenté par les coordonnées $S_1(7, 4)$ et $S_2(57, 29)$.

   c)

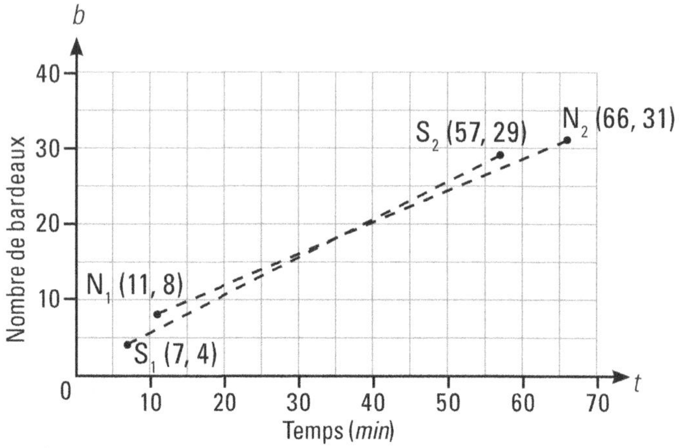

   d) Nick pose 0,42 bardeau/minute et Sergio pose 0,5 bardeau/minute.

   e) Il faut 2,38 minutes à Nick et 2 minutes à Sergio pour poser un bardeau.

   f) En 5 heures, Nick pose 126 bardeaux et Sergio en pose 150.

2. a)

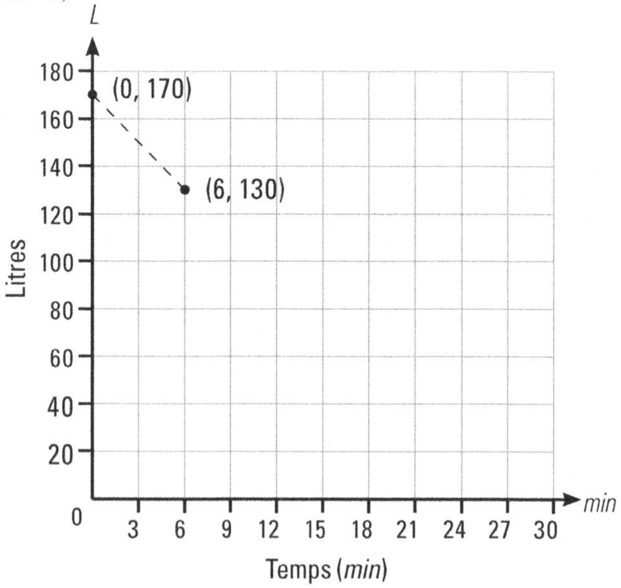

b) La pente est de –6,7. Cela signifie que le niveau de l'eau baisse à un taux de 6,7 litres par minute.

c)

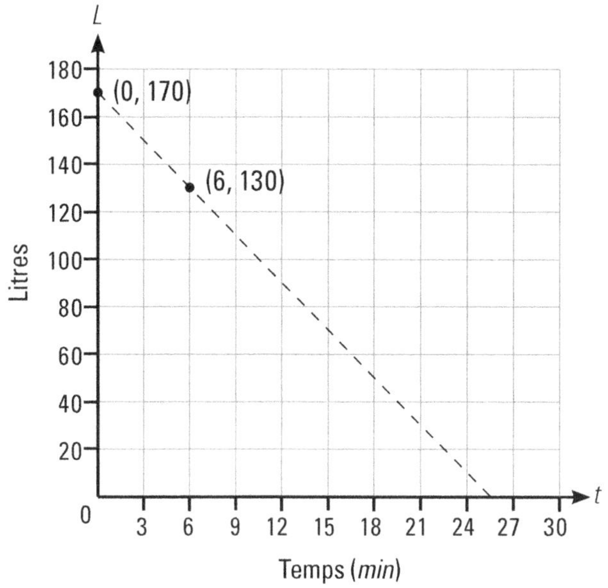

d) Après 12 minutes, il restera 90 L dans le réservoir à eau chaude.

e) Après 18 minutes, 120 L d'eau auront été vidés.

f) Il faudra environ 25 minutes pour que le réservoir à eau chaude se vide.

g) $L = -6{,}7(t) + 170$

3. a) En utilisant la formule de calcul de la pente suivante :

$$m = \frac{(-3) - (-13)}{(-4) - (-12)}$$

La pente de la section oblique est de 1,25.

b) Utiliser les coordonnées pour déterminer la longueur de la section oblique.

longueur $= \sqrt{[(-4) - (-12)]^2 + [(-3) - (-13)]^2}$

La section oblique mesure environ 12,8 mm.

4. a) Le segment de droite AC mesure 20,1 m.

Le segment de droite BD mesure 20,1 m. Les distances obliques sont équivalentes, donc les coins ont un angle de 90°.

b) Utiliser les coordonnées pour trouver la largeur.

largeur $= \sqrt{(13 - 4)^2 + (10 - 1)^2}$

La section oblique mesure environ 12,7 m.

Utiliser les coordonnées pour trouver la longueur.

longueur $= \sqrt{(24 - 13)^2 + (-1 - 10)^2}$

La longueur est de 15,6 m.

Le garage a une largeur de 12,7 m et une longueur de 15,6 m.

c) La mesure diagonale correspond à l'hypoténuse du triangle rectangle.

5. a) $m_{\overline{AB}}$: -4

$m_{\overline{BC}}$: -1,3

$m_{\overline{CD}}$: 0

$m_{\overline{DE}}$: 2

$m_{\overline{EF}}$: 4

b) $\overline{AB}$: La bille descend une pente prononcée.

$\overline{BC}$: La bille descend une pente moins prononcée.

$\overline{CD}$: La bille roule sur une surface horizontale.

$\overline{DE}$: La bille monte une pente.

$\overline{EF}$: La bille monte une pente plus prononcée.

c)

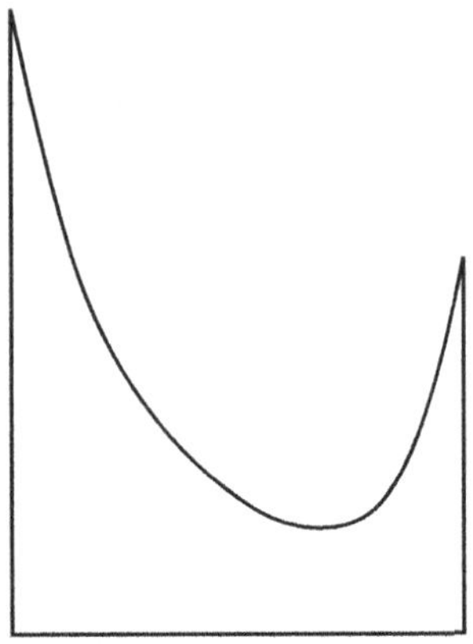

6. m_1 égale 16,7.

   m_2 égale 1.

   La pente du graphique 1 est la plus prononcée. Les échelles sur les graphiques sont différentes.

7. a) Ils ont tous deux raison. Le segment de droite AB est négatif pour Frank, car de son point de vue, la pente du toit est descendante de gauche à droite. Le segment de droite DE est positif pour Maxine, car de son point de vue, la pente du toit est ascendante de gauche à droite. « Positif » et « négatif » font référence à la direction du segment de droite représentant une pente, direction qui dépend de votre point de référence.

8. a)

Pouces	*Millimètres*
1	25
2	51
3	76
4	102
5	127
6	153

b)

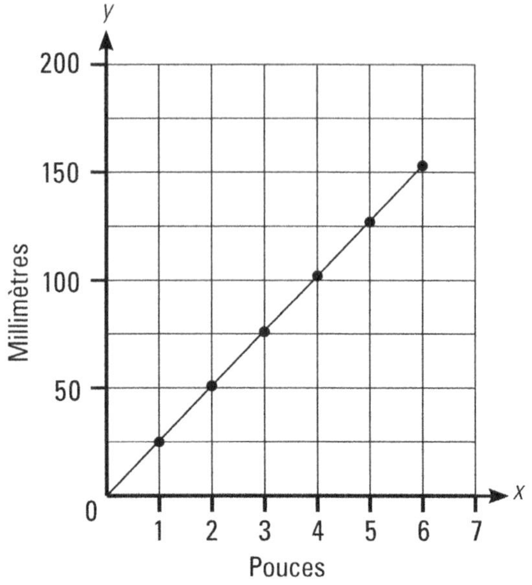

c) La pente est de 25,5. La pente représente le facteur de conversion entre les pouces et les millimètres.

d) La valeur de la pente est près du facteur de conversion (25,4). La valeur de la pente n'est pas précise, car il est difficile de lire les millimètres à une décimale près.

e) $y = 25{,}5p$

9. a) Les graphiques A et B semblent avoir la même pente.

   b) Graphique A : $m = 0{,}6$

   Graphique B : $m = -0{,}6$

   Les graphiques A et B ont la même pente. Le symbole négatif ne désigne pas une quantité; il indique plutôt la direction de la droite représentant la pente.

Approfondis ta réflexion

10. a)

Heures	*Salaire*
1	75,00 $
2	150,00 $
3	225,00 $
4	300,00 $
5	375,00 $
6	450,00 $

b) La paie est la variable dépendante; le nombre d'heures est la variable indépendante.

c)

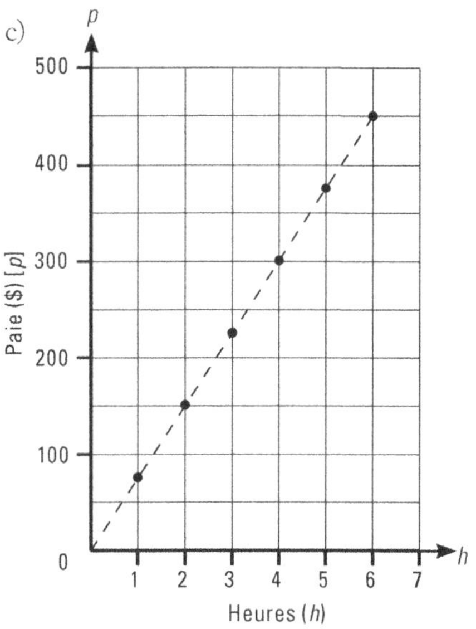

Il est possible d'utiliser n'importe quelle combinaison de deux points pour calculer la pente. Par exemple,

$$m = \frac{375 - 150}{5 - 2}$$

$$m = \frac{225}{3}$$

$$m = 75$$

La valeur de la pente est de 75.

d) La pente représente le taux horaire de la paie, qui est de 75,00 $ l'heure.

MISE EN PRATIQUE DES NOUVELLES HABILETÉS, P. 52

1. a) négative

b) nulle

c) positive

d) non définie

2. a) Comme le déplacement horizontal est le même pour les segments de droite AF, BF et CF, c'est la variation du déplacement vertical qui détermine l'inclinaison des pentes.

b) Comme le déplacement vertical est le même pour les segments de droite CF, DF et EF, c'est la variation du déplacement horizontal qui détermine l'inclinaison des pentes.

c) Il n'y a pas un seul facteur en particulier. L'inclinaison de la pente se calcule à la fois au moyen du déplacement vertical et du déplacement horizontal. Sa valeur dépend de la variation d'un déplacement par rapport à l'autre.

3. La pente est de $\frac{10}{6} = \frac{5}{3}$.

fraction : $\frac{10}{6} = \frac{5}{3}$

nombre décimal : $\frac{5}{3} = 1{,}67$

pourcentage : $1{,}67 \times 100 = 167\ \%$

angle : $\text{tangente}^{-1}\left(\frac{5}{3}\right) \approx 59°$

4. Utiliser les coordonnées pour déterminer la distance séparant les deux poteaux :

$$\text{longueur} = \sqrt{(127 - 371)^2 + (444 - 85)^2}$$

Une distance de 434 m sépare les poteaux.

5. La pente de la rue Fir est plus prononcée. Elle est de 0,326 9, alors que du côté de la rue Balsam, elle est d'environ 0,326.

6. a)

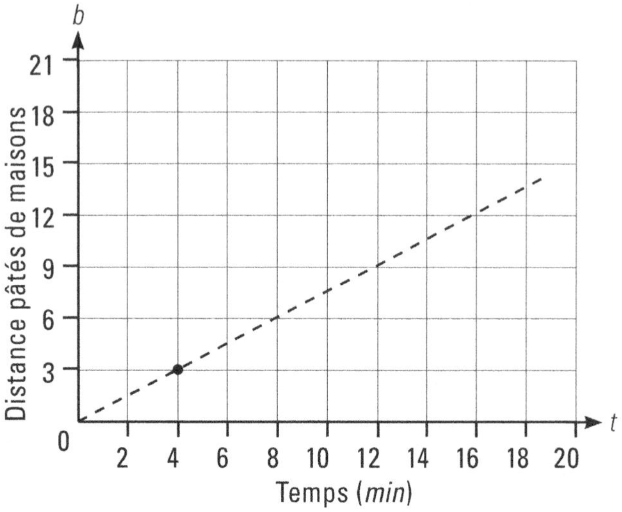

b) La pente est de 0,75.

c) La pente représente la distance entre Shizuko et la maison; elle augmente à un taux de 0,75 pâté de maisons par minute.

d) Shizuko se trouvait à environ 10 pâtés de maisons de chez elle.

e) $d = 0{,}75t$

f) $d = 0{,}75(13)$

$d = 9{,}75$

Shizuko se trouvait à 9,75 pâtés de maisons de chez elle après 13 minutes de marche.

7. Non, l'échelle n'est pas placée de façon sécuritaire. Elle a un déplacement vertical de 3,5, un déplacement horizontal de 1,2 et une pente de 2,9.

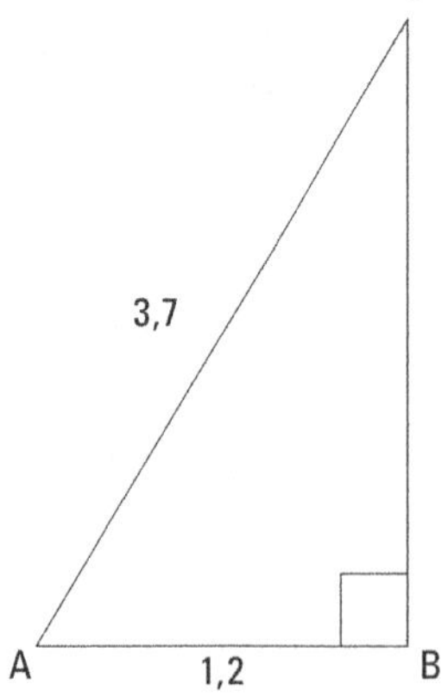

8. a) Leur gain d'élévation est de 2 175,7 m.

b) Ils seront 544 m plus haut après avoir fait 1 kilomètre de plus.

CHAPITRE 2
REPRÉSENTATIONS GRAPHIQUES
2.1 DIAGRAMMES À LIGNE BRISÉE

CONSTRUIS TES HABILETÉS, P. 66

1. a)

Températures de l'eau chaude

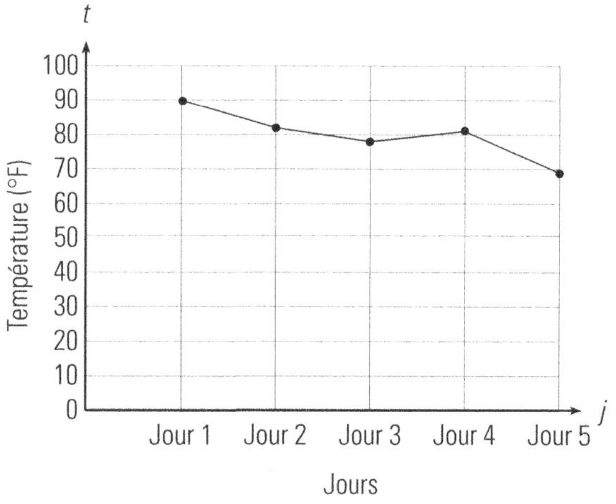

2. a) C'est au mois de mars que le plus grand nombre de personnes, soit 14, ont été logées dans des logements communautaires.

b) C'est au mois d'avril que le plus petit nombre de personnes, soit deux, ont été logées dans des logements communautaires.

c) Il n'y a aucune tendance générale. Lorsque Julie a commencé à travailler, le nombre de personnes qui avaient été logées dans des logements communautaires n'était pas très élevé. Le nombre de personnes logées dans ce type de logements a augmenté durant l'été et l'automne, mais il a diminué durant l'hiver. Après les fêtes de fin d'année, le nombre de personnes logées dans des logements communautaires a augmenté considérablement.

d) Les réponses varieront. L'année précédente, le nombre moyen de personnes logées chaque mois était de 10. Cette année, la moyenne mensuelle est d'environ 7,7. Par conséquent, le nombre de personnes logées cette année est inférieur à la moyenne.

3. a) Le diagramme illustre le salaire hebdomadaire moyen des Canadiens entre 1997 et 2008.

b) Le salaire hebdomadaire moyen était d'environ 730,00 $ en 2003.

c) En général, le salaire a augmenté, mais il a diminué légèrement en 2003, ce qui s'explique par le fait que le coût de la vie continue d'augmenter et que les personnes ont obtenu des augmentations salariales.

d) Le diagramme commence à 600,00 $ et comprend des augmentations de 40,00 $, ce qui peut donner l'impression qu'il y a un plus grand écart entre le salaire de 1997 et celui de 2008.

4. a) Le salaire des gens de métier est plus élevé que celui des personnes exerçant les autres professions figurant sur le diagramme. Donc, si Chi est préoccupé par le salaire, il devrait envisager d'étudier un métier.

b) En règle générale, les salaires sont déterminés en fonction de la formation et du niveau de scolarité d'un employé. La plupart des emplois dans l'industrie de la restauration n'exigent pas le même niveau de formation ou de scolarité que celui des électriciens. Par conséquent, le salaire horaire des personnes occupant ces emplois est moins élevé.

Il y a moins d'électriciens certifiés que d'employés de l'industrie de la restauration. Par conséquent, les employeurs offriront un salaire horaire plus élevé pour attirer ces travailleurs qualifiés.

c) Les salaires indiqués dans ce diagramme sont des moyennes qui ont été relevées partout au Canada. Par conséquent, il se peut qu'ils ne représentent pas les salaires dans certaines provinces.

d) Les réponses varieront. Exemple de réponse :

Chi devra déterminer le type d'études postsecondaires, la durée et le coût de celles-ci ainsi que le type d'attestation requis pour faire le travail.

5. a) **Nombre de pays qui comptent des athlètes olympiques féminines aux Jeux Olympiques d'été**

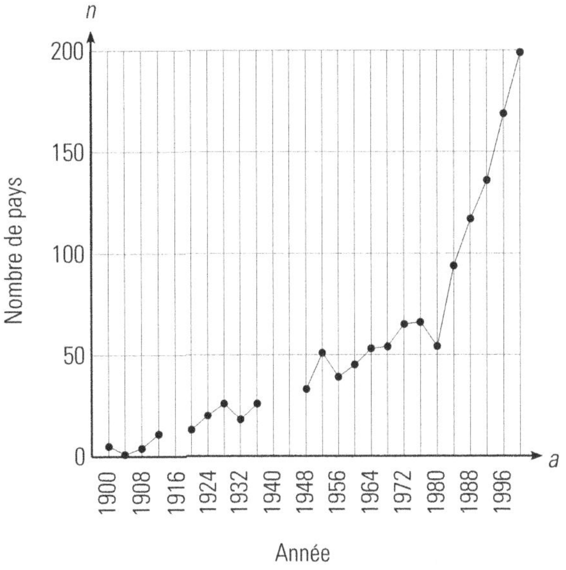

b) Il y a une augmentation générale du nombre de pays qui comptaient des athlètes féminines.

c) Il n'y a pas eu de Jeux olympiques durant les guerres mondiales.

d) Le nombre de pays augmente de façon spectaculaire. Les extrapolations varieront. Il se peut que le nombre de pays soit de 215 et de 240, mais il y aura une limite maximale. Une recherche sur Internet devrait permettre de découvrir que les athlètes féminines représentaient 196 pays en 2004 et 203 pays en 2008.

6. a)

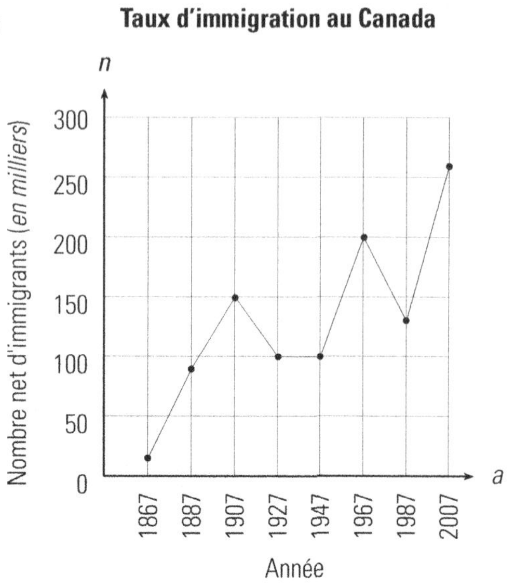

À l'époque de la Confédération, l'immigration nette était faible. Elle a augmenté pendant les 40 années qui ont suivi la Confédération et elle a diminué de nouveau pendant une période de 40 ans. Vingt ans plus tard, il y a eu une augmentation de l'immigration nette, suivie d'une diminution, et en 2007, il y a eu une augmentation marquée.

b) À l'époque de la Confédération, le Canada était un petit pays et avait besoin d'immigrants pour accroître sa population. L'immigration a chuté durant la Première Guerre mondiale, mais est est demeurée plutôt stable durant la Crise de 1929. Après la Deuxième Guerre mondiale, il y a eu une autre augmentation de l'immigration. Depuis ce temps, la diminution du taux de croissance a poussé le Canada à encourager l'immigration.

c) Les réponses varieront. Le diagramme ne présente pas des données très précises parce qu'il présente l'immigration nette pour chaque période de 20 ans et non pas la moyenne de l'immigration nette sur 20 ans.

Approfondis ta réflexion

7.

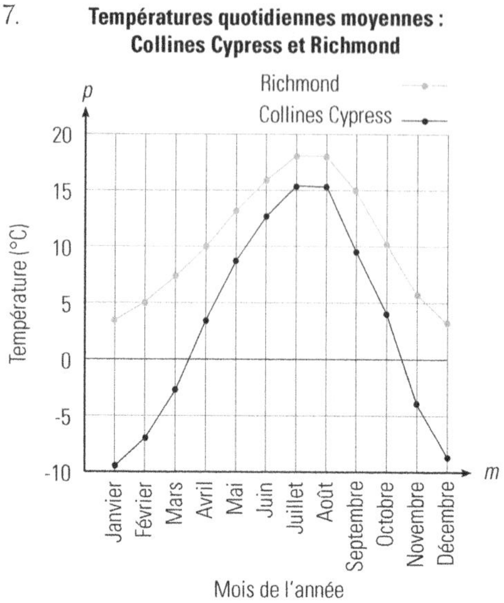

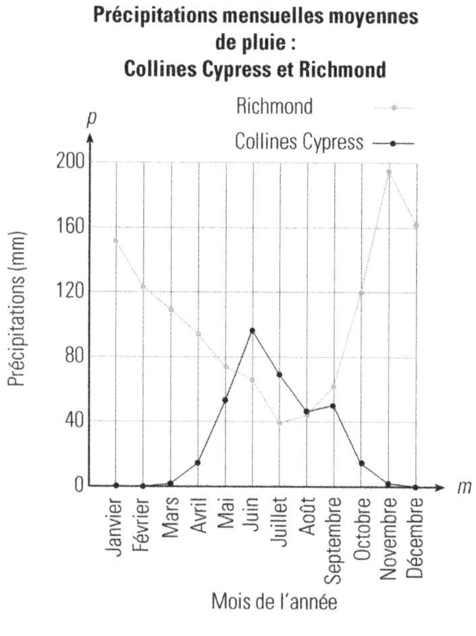

Précipitations mensuelles moyennes de neige : Collines Cypress et Richmond

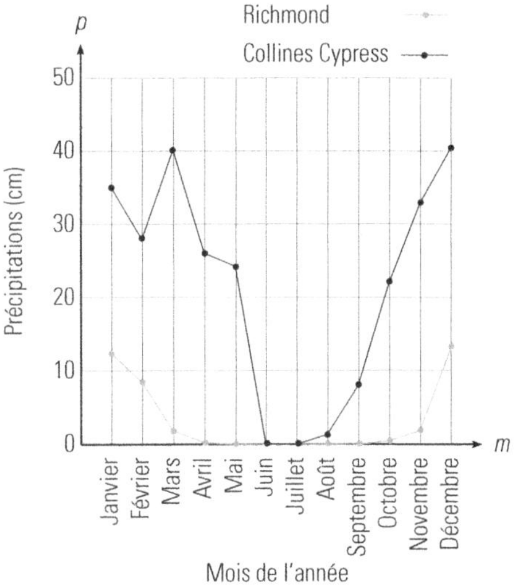

Les discussions au sujet des différences entre les climats varieront.

8\. a) Le diagramme de Statistique Canada est beaucoup plus détaillé, car il comprend plus de hausses et de baisses. Il est aussi plus précis parce qu'il présente l'immigration nette pour chaque période de 10 ans plutôt que pour chaque période de 20 ans.

b) En 1905, l'Alberta et la Saskatchewan ont adhéré à la Confédération canadienne. À cette époque, les immigrants qui arrivaient au Canada s'en allaient dans l'Ouest pour y cultiver la terre. En 1949, soit après la Deuxième Guerre mondiale, Terre-Neuve-et-Labrador a adhéré à la Confédération. Le nombre d'immigrants était d'ailleurs plus élevé à cette époque.

c) L'immigration était faible parce que cette période coïncidait avec la Crise de 1929 et la Deuxième Guerre mondiale.

2.2 DIAGRAMMES À BANDES

CONSTRUIS TES HABILETÉS, P. 80

1\. a) Le diagramme vous indique le nombre d'élèves évalués et la note obtenue sur un total de 10 dans un test.

b) 1

c) 7

d) Aucun élève n'a obtenu une note de 0.

e) 30

2\.

Prix du béton

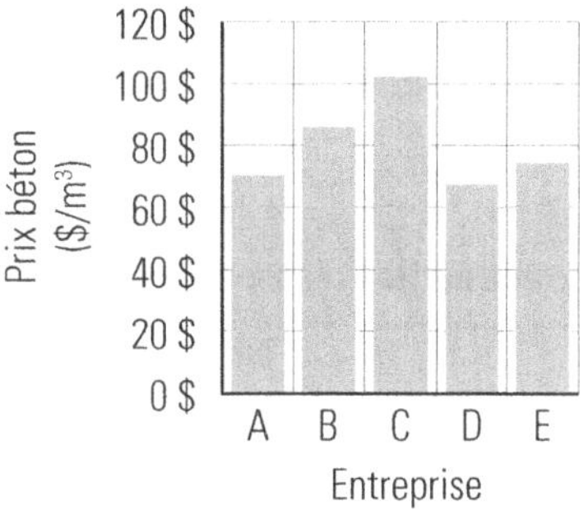

Jessica devra tenir compte des frais de livraison et de la quantité minimale ou maximale de béton que les entreprises peuvent livrer, et elle devra déterminer si la composition du béton est appropriée pour effectuer la construction.

3.

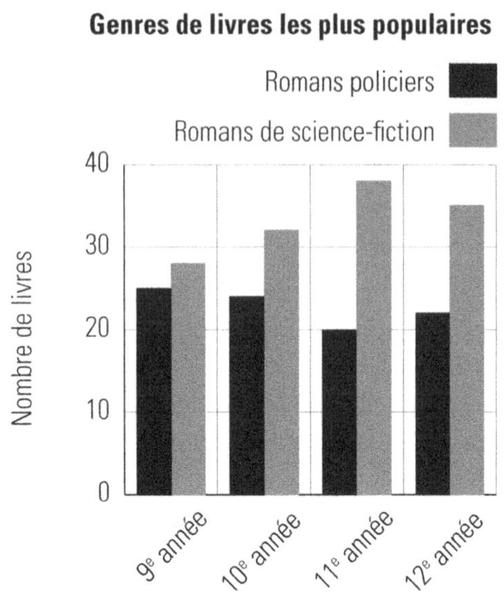

Le nombre de romans de science-fiction semble augmenter d'année en année et le nombre de romans policiers est constant.

4.

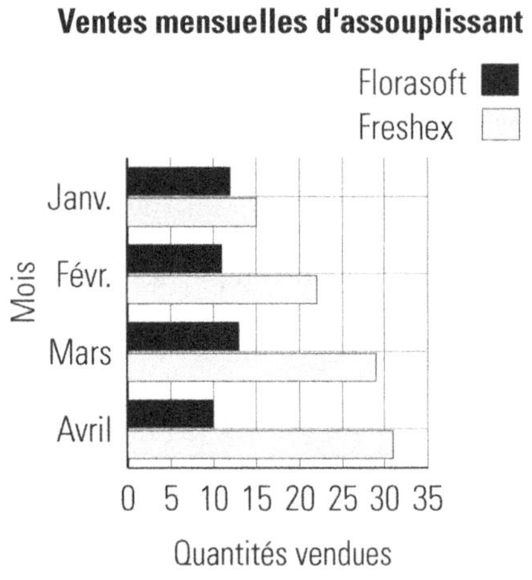

Il semble que le nombre de seaux de Freshex vendus augmente au fur et à mesure que les mois passent, tandis que les nombres de seaux de Florasoft sont constants.

5. a) À première vue, le diagramme semble indiquer que Kay a raison. Cependant, on constate qu'il manque le bas du diagramme et que les différences sont donc exagérées. La différence entre les taux d'obtention de diplôme des garçons et des filles est d'environ 1 % dans chaque école. Le taux d'obtention de diplôme dans l'école B est meilleur parce qu'il est environ 6 % plus élevé que celui des autres écoles, mais la différence semble plus importante si l'on ne consulte pas les chiffres.

b) École A : Environ 68 % chez les filles et 67 % chez les garçons.

École B : Environ 75 % chez les filles et 74 % chez les garçons.

École C : Environ 72 % chez les filles et 71 % chez les garçons.

6. a)

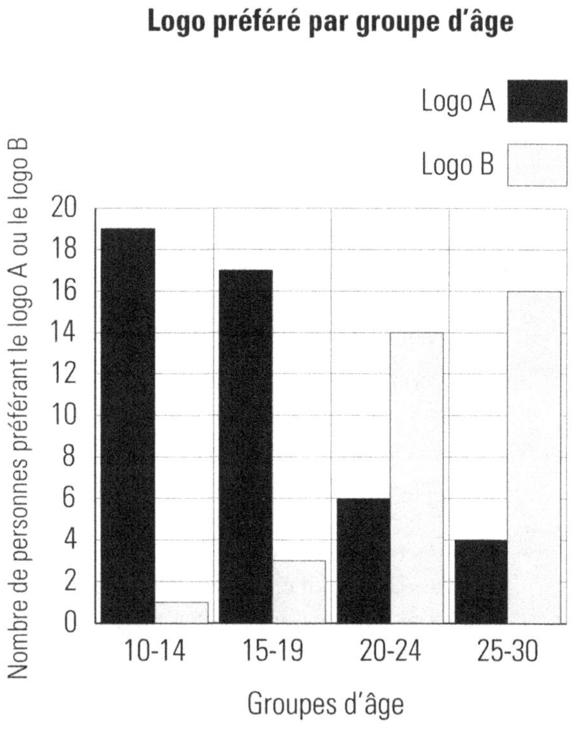

b) Les réponses varieront. Voici des réponses possibles : les groupes plus âgés ont un plus grand pouvoir d'achat; elle préfère ce logo.

7. a)

Types de familles participant à l'heure du conte

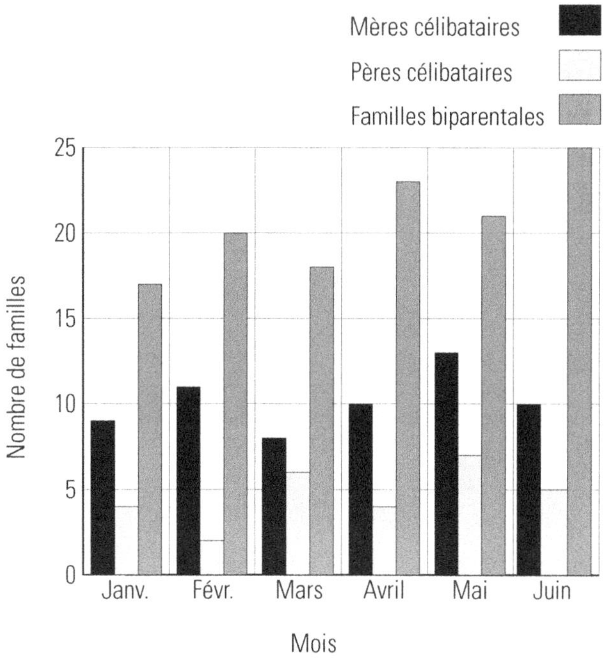

b) Selon le diagramme, le centre communautaire devrait créer davantage de programmes pour les familles biparentales puisqu'il s'agit du groupe le plus important qui participe à l'heure du conte.

c) Les réponses varieront. Un diagramme à triple bande peut être une meilleure façon de représenter les données puisqu'il peut être difficile de lire les valeurs d'un diagramme à triple ligne brisée si elles sont rapprochées.

Approfondis ta réflexion

8. a) Environ 114.

b) Environ 595.

c) Oui, cette affirmation est juste. La différence entre les réponses des élèves de 10e année est beaucoup plus élevée que la différence entre les réponses des élèves de 11e année.

9. a) Le concurrent a huit ordinateurs et l'entreprise de Ginger en a cinq.

b) Le concurrent a sept zones de travail et l'entreprise de Ginger en a huit.

c) Les données portent à croire que l'entreprise de Ginger dispose de zones de travail qui ne sont pas munies d'ordinateurs et que les employés ne peuvent pas faire leur travail de façon efficace.

d) Les réponses varieront. Il est possible que le concurrent ait quatre employés à temps partiel, alors que l'entreprise de Ginger a deux employés à temps plein.

2.3 HISTOGRAMMES

CONSTRUIS TES HABILETÉS, P. 90

1. a) Quatre employés ont travaillé moins de 16 heures.

b) Ils ont travaillé le plus couramment entre 24 et 28 heures.

c) 22 employés travaillaient à temps partiel.

2. a) Non, ce n'est pas ce qui se dégage. Bien que les groupes entre 10 et 60 ans soient relativement égaux, les autres groupes sont assez différents, même si on s'attend à ce qu'ils diminuent avec l'âge. De plus, il y a beaucoup moins d'enfants âgés de moins de 10 ans que d'enfants se trouvant dans les groupes du milieu.

b) La population compte le plus de personnes dans le groupe d'âge 40-50, soit environ 5 200 000 personnes.

c) Environ 200 000 Canadiens étaient nonagénaires.

d) Environ 4 200 000 adolescents vivaient au Canada.

e) Il y avait environ 2 000 000 d'enfants âgés de moins de 10 ans, ce qui sous-entend que moins de bébés naissent que par le passé.

f) Souvent, les personnes de moins de 15 ans et les personnes de 65 ans et plus ne font pas partie de la population active. Cependant, de nombreux Canadiens travaillent bien au-delà de l'âge de 65 ans de nos jours.

g) Ces nombres ont en fait été arrondis. Il se peut que vous n'obteniez pas des nombres précis à partir de l'histogramme, mais ils devraient être à un ou à deux milliers près.

Distribution de la population canadienne par tranche d'âge	
0–9	2000000
10–19	4200000
20–29	4100000
30–39	4200000
40–49	5200000
50–59	4500000
60–69	2800000
70–79	2900000
80–89	900000
90–99	200000

h) Selon Statistique Canada, presque 5 000 Canadiens sont âgés de plus de 100 ans.

i) Au mois de mai 2010, Elizabeth Buhler de Winkler, au Manitoba, était la plus vieille Canadienne en vie. Mme Buhler est née en 1899. En 2010, elle était âgée de 111 ans.

3. Voici quelques-unes des réponses possibles : j'aime le diagramme à bandes parce qu'on peut voir le total des ventes; j'aime l'histogramme parce que l'on peut voir que le changement entre les groupes d'âge des hommes est assez régulier, tandis qu'il est plus irrégulier pour les femmes; chaque diagramme donne un différent type d'image et cela dépend de l'utilisation que vous voulez faire du diagramme.

Nombre de jouets pour chat vendus aux hommes durant un mois

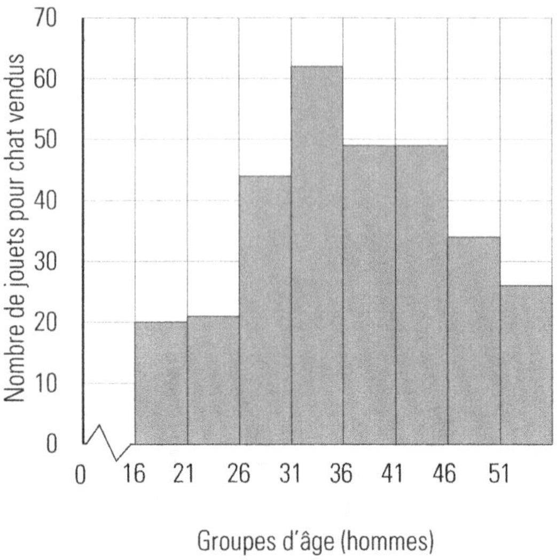

Nombre de jouets pour chat vendus aux femmes durant un mois

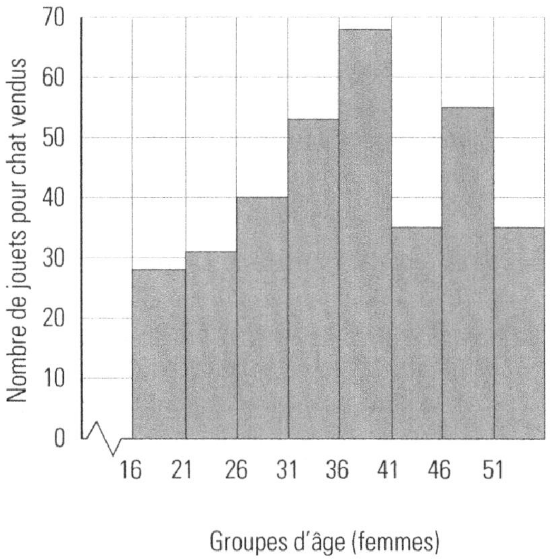

4. a) **Nombre de personnes ayant suivi des cours de surf pour débutant en 2009**

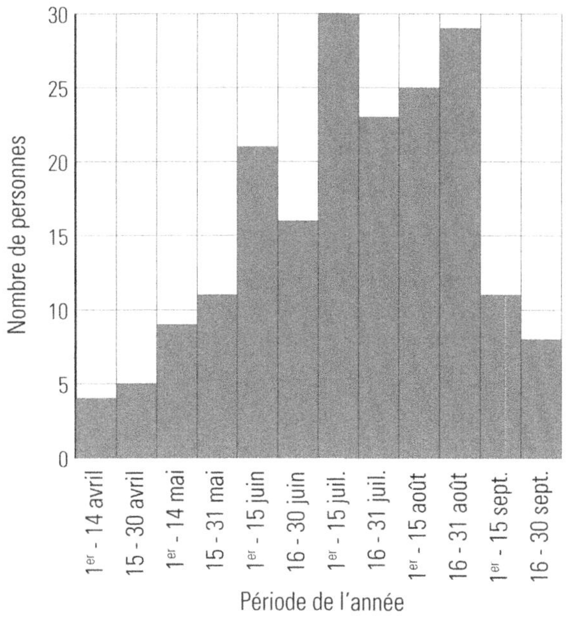

b) Les réponses varieront, mais le nombre de personnes ayant suivi des cours de surf pour débutant a tendance à augmenter au printemps et à l'été, et à commencer à diminuer à l'automne. Cela peut s'expliquer par le fait que ces mois sont plus chauds et qu'il y a plus de visiteurs.

c) C'est au mois d'août qu'un plus grand nombre de personnes ont suivi des cours de surf pour débutant.

d) Les réponses varieront, mais le nombre de personnes qui prennent des cours de surf pour débutant en octobre diminuera probablement. Une diminution du nombre de personnes; de 5 à 10 personnes durant la première semaine d'octobre, et encore moins de personnes durant la deuxième semaine.

e) Un histogramme ne représente pas le choix idéal, car il n'y a pas de coupures distinctes dans les données. Il est plus approprié de recourir au diagramme à bandes.

5. a) 17 %

b) 19 %

c) Généralement, le pourcentage de femmes ayant un handicap est un peu plus élevé.

d) Carrie a additionné les deux pourcentages; il ne faut pas procéder ainsi pour déterminer le pourcentage de personnes ayant un handicap dans la population. Puisque 32 % des hommes et 33 % des femmes de ce groupe d'âge ont un handicap, environ le même pourcentage de personnes dans l'ensemble de la population ont un handicap.

e) Les groupes d'âge ne sont pas équivalents. La dernière catégorie n'a pas de limite supérieure.

6. a) L'histogramme montre la répartition des salaires des employés d'une entreprise.

b) Dix employés gagnent moins de 33000 $.

c) Le salaire le plus élevé semble être légèrement inférieur à 77 000 $.

7.

Maintien en poste des employés

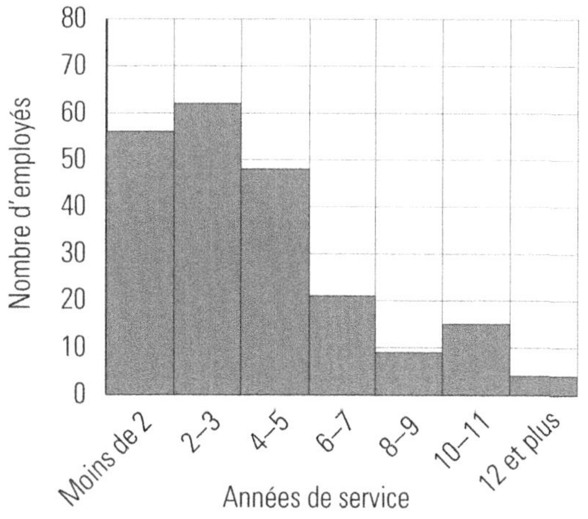

8. a) Les réponses varieront, mais l'âge ou le poids des animaux confiés au refuge pourraient être les données qui conviennent le mieux à un histogramme, puisque celles-ci peuvent être affichées sous forme de fourchette.

b) Les réponses varieront selon les renseignements que l'on décidera d'utiliser pour constituer l'histogramme.

c) Les réponses varieront. Puisque Lise compile les données mensuellement, on pourrait indiquer un mois ou ajouter le mot « mensuel » dans le titre de l'histogramme. Lise compile ces données par espèce; le titre de l'histogramme devrait donc faire référence à l'espèce en question (chat, chien, oiseau, etc.). Les étiquettes de l'axe vertical pourraient être notamment « Nombre d'animaux », « Nombre de chiens » ou « Nombre d'oiseaux ». Les étiquettes de l'axe horizontal pourraient être notamment « Âge en années » ou « Masse en kilogrammes ».

d) Les réponses varieront. Un exemple d'histogramme est présenté ci-après.

Âge des chiens accueillis, en février

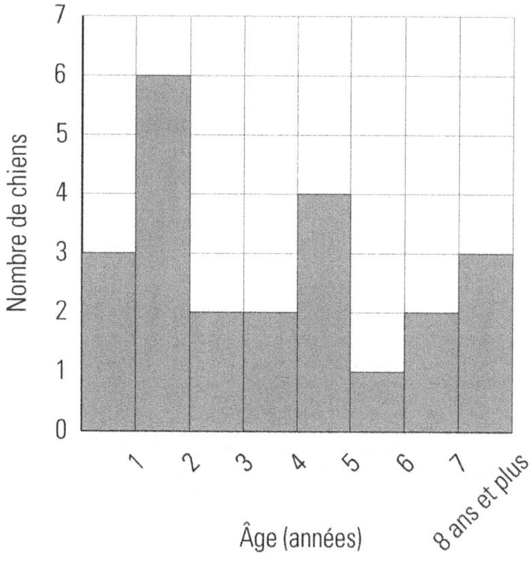

Approfondis ta réflexion

9. a) Les réponses varieront, mais elles pourraient comprendre des questions comme : Combien de personnes a-t-on interrogées? Quelle est la plus longue séance Internet? Quelle est la durée la plus courante d'une séance Internet? Quelles sont les deux durées qui comportent le même nombre de personnes?

b) On doit savoir ce que représente l'histogramme, s'il s'agit d'une journée en particulier ou plutôt d'une moyenne au fil du temps et si toutes les personnes ont eu accès à Internet de façon équivalente.

10. a)

Prix des maisons

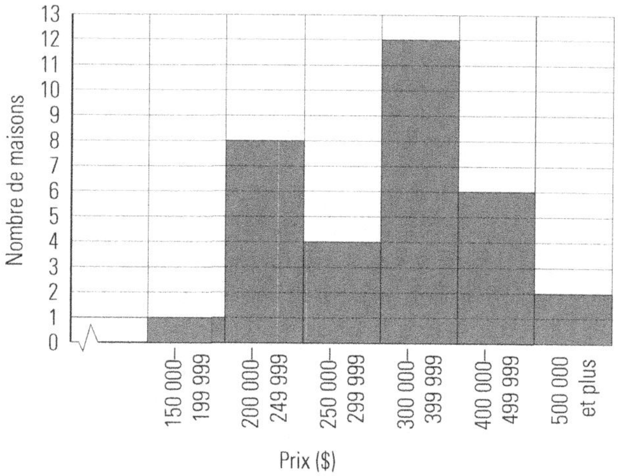

b) Les colonnes n'ont pas toutes le même écart.

c) Les réponses varieront, mais elles devraient indiquer que le coût des habitations est divisé en différentes catégories de prix.

d) Les réponses varieront. On pensera que la présentation ne porte pas à confusion car on remarquera les différences. Il ne faut pas s'attarder seulement au nombre d'habitations vendues sans se rendre compte des différences dans les fourchettes de prix.

e) Les réponses varieront; toutefois, le deuxième histogramme semble afficher un écart moins important dans les fourchettes de prix que le premier.

Maisons à Prince George

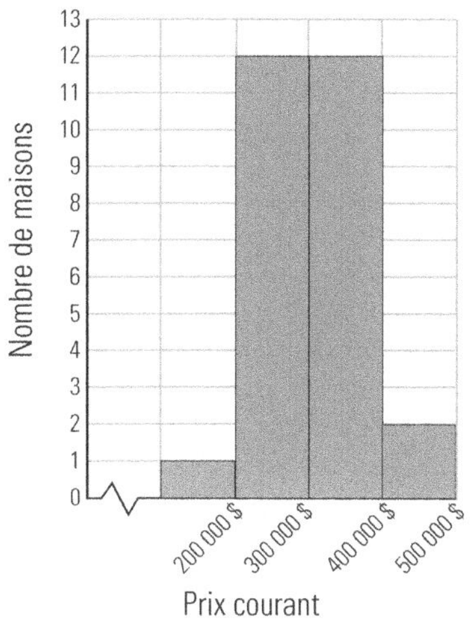

2.4 DIAGRAMME CIRCULAIRE

CONSTRUIS TES HABILETÉS, P. 104

1. a) Le Mexique est le pays le plus populaire auprès des touristes.

   b) Environ 20 % des personnes ont visité Cuba.

   c) Les réponses varieront, mais devraient ressembler à ce qui suit : Il est impossible de dire le nombre réel de personnes ayant visité chaque pays, le temps passé dans chaque pays, les sommes dépensées, si les personnes voyagent seules, en famille ou dans le cadre de voyages organisés, etc.

2. Nombre de degrés dans le cercle que représentera chaque groupe sanguin :

   $0{,}37 \times 360 \approx 133°$
   $0{,}34 \times 360 \approx 122°$
   $0{,}10 \times 360 = 36°$
   $0{,}04 \times 360 \approx 14°$
   $0{,}06 \times 360 \approx 22°$
   $0{,}02 \times 360 \approx 7°$
   $0{,}01 \times 360 \approx 4°$

Répartition des groupes sanguins

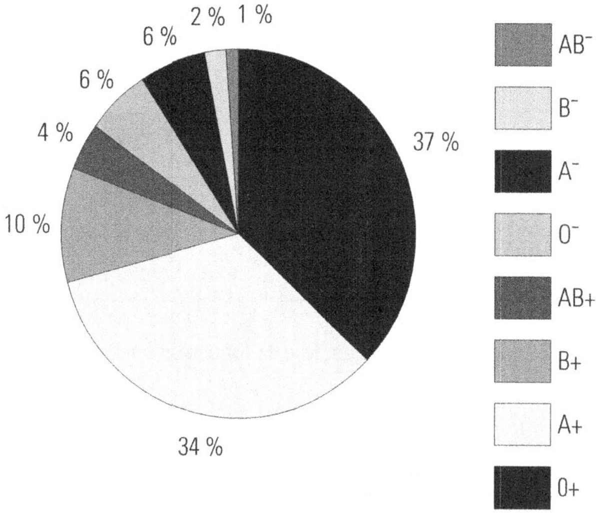

3. Certains secteurs du diagramme circulaire devraient être plus petits. Par conséquent, les personnes devraient envisager des façons d'économiser dans d'autres catégories de dépenses, comme le divertissement et les loisirs ou les vêtements.

4. a) Deux des ouvriers étaient des électriciens.

   b) 3 % des ouvriers blessés étaient des peintres.

   c) Comme 27 % des ouvriers blessés étaient des plombiers, il semble s'agir du métier le plus dangereux. Cependant, nous ne pouvons en être certains, car nous ne savons pas combien d'ouvriers de chaque métier se trouvaient aux différents endroits.

5. 14 % du travail de Garth n'est pas compris dans ces données.

Pourcentage de clients ayant reçu chaque service d'entretien automobile

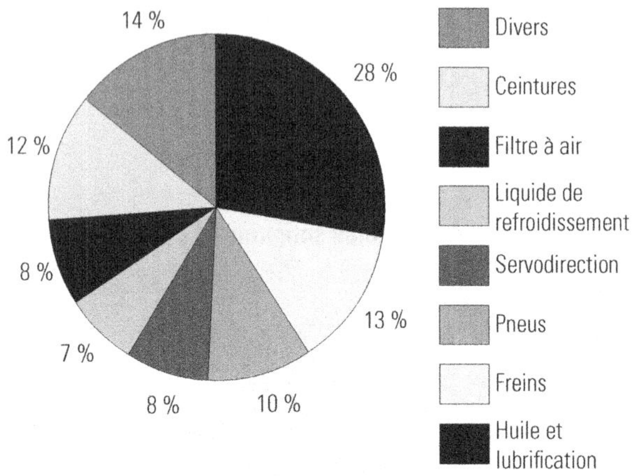

Approfondis ta réflexion

6. a)

Nombre de clients par type de traitement capillaire

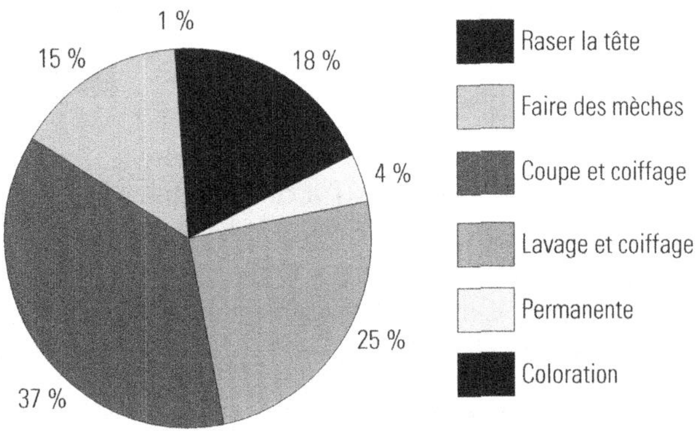

b) Les réponses varieront. Exemple :

Le diagramme circulaire représente le meilleur choix, car les proportions sont plus évidentes.

Le diagramme à bandes, car on peut voir que « Coupe et coiffage » est la catégorie la plus populaire et que « Raser la tête » est la catégorie la moins populaire.

MISE EN PRATIQUE DES NOUVELLES HABILETÉS, P. 109

1. Le diagramme à ligne brisée représente la meilleure option.

Déchets de cuisine

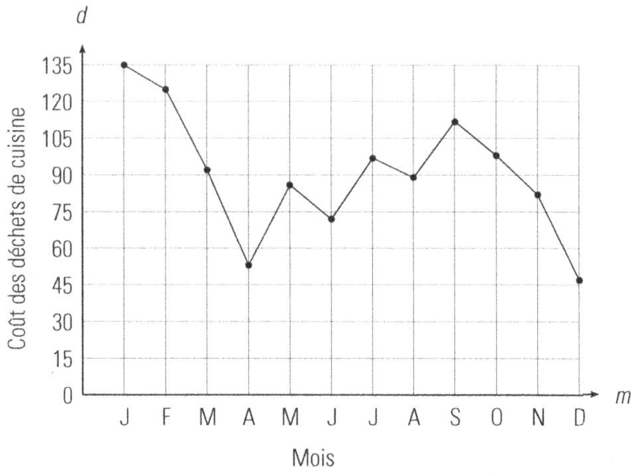

2. a) Le diagramme semble indiquer la tendance des salaires des électriciens par trimestre, d'octobre 2007 à octobre 2009.

   b) Le diagramme est trompeur, car l'axe vertical ne commence pas à zéro et on dirait ainsi que le salaire a chuté à presque zéro en juillet 2009 comparativement aux mois précédents. Également, le diagramme n'indique pas que les salaires sont plus particulièrement comparés aux salaires d'octobre 2007.

3. a) Il ne s'agit pas de la meilleure façon d'afficher les données, car on dirait qu'il s'agit d'un continuum.

   b) Il aurait été plus approprié d'utiliser un diagramme à bandes ou un diagramme circulaire. Un diagramme à bandes montre les chiffres de façon distincte, et un diagramme circulaire montre les proportions.

4. a) Il est possible d'utiliser un diagramme à bandes ou un diagramme circulaire.

b) Les réponses varieront, mais peuvent comprendre les éléments suivants : Il est plus facile de constater les différences entre les petits nombres dans un diagramme. Les nombres sont plus étendus dans un diagramme à bandes.

Langues maternelles des Canadiens

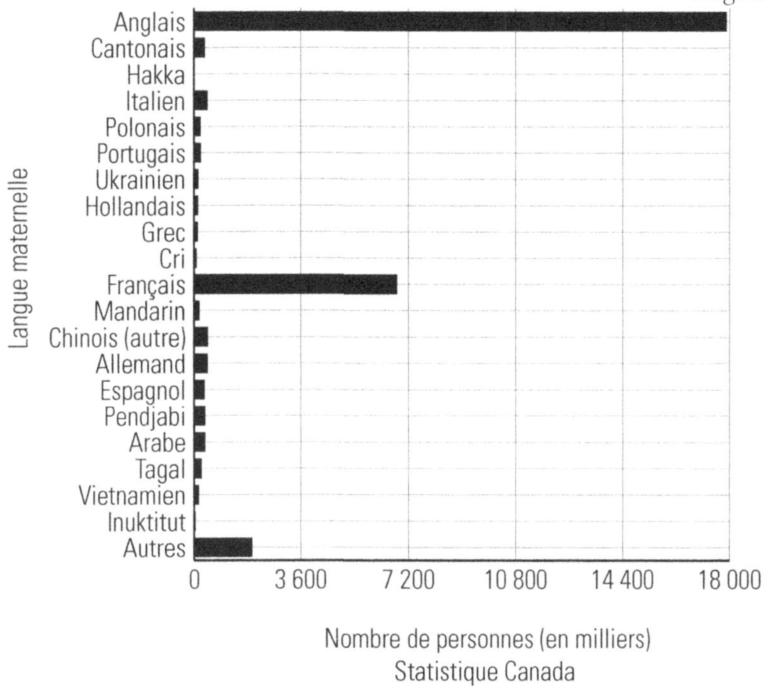

Langues maternelles des Canadiens

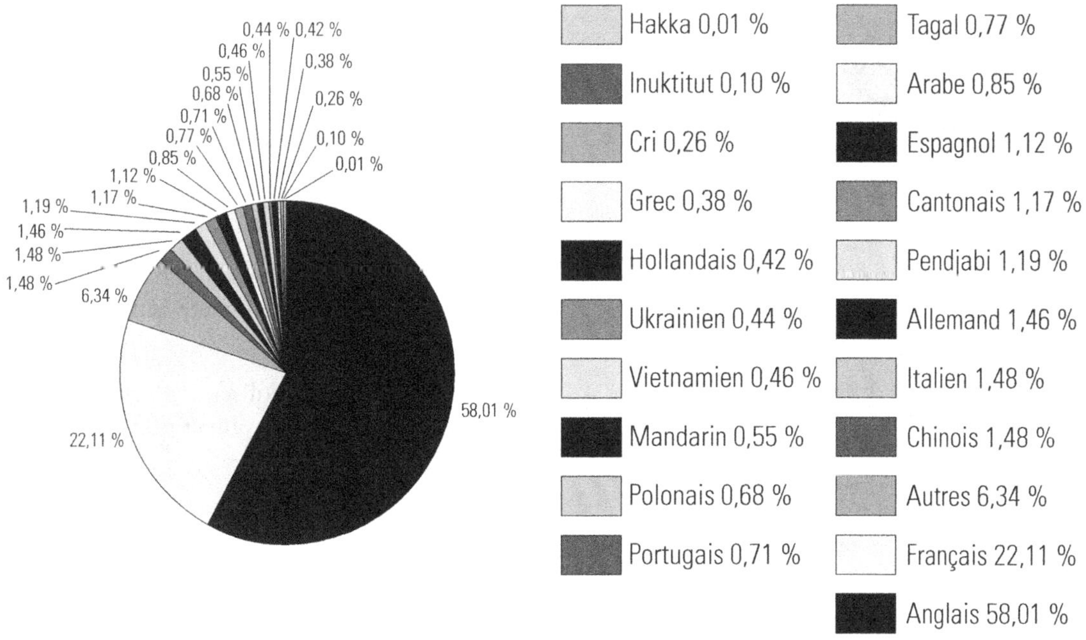

5. a)

Population canadienne par province et par territoire

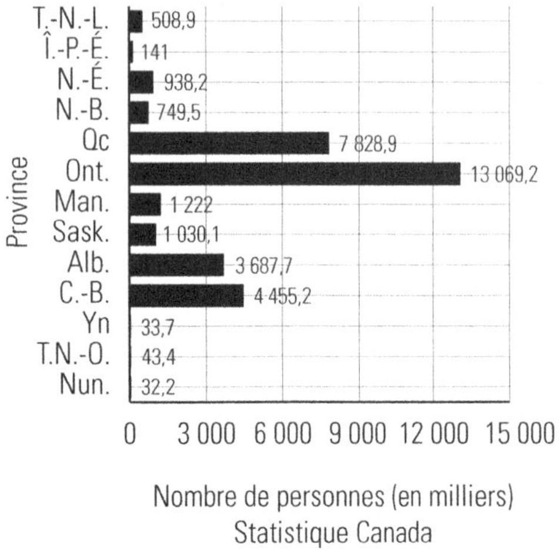

b)

Population canadienne par province et par territoire

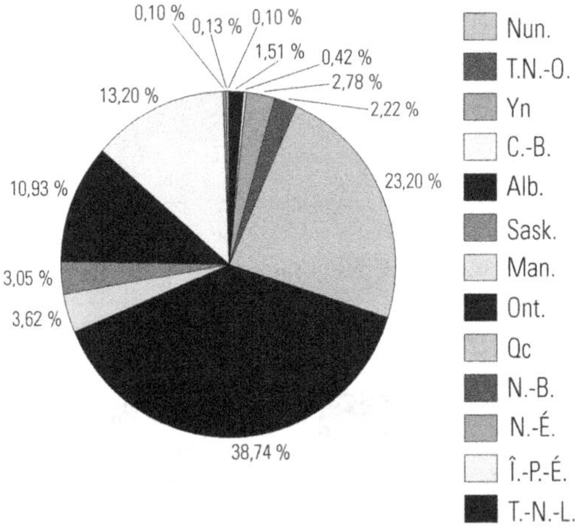

c) Le diagramme circulaire semble offrir un meilleur portrait de la répartition d'ensemble. Sur le diagramme à bandes, les chiffres montrent les différences, mais les longueurs des barres des territoires du Nord sont difficiles à distinguer.

6. a) Le choix idéal dans le cas présent est le diagramme à bandes, soit verticales ou horizontales.

Travaux de plomberie de Harpinder

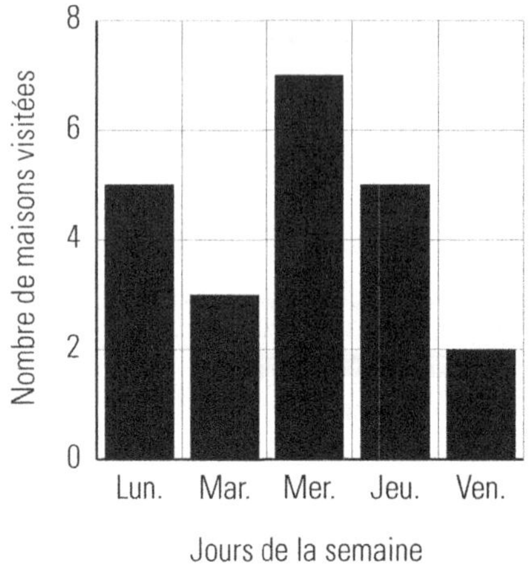

b) Les données sont uniques et se rapportent à chaque journée.

c) Il aurait été possible d'utiliser un diagramme à ligne brisée, mais comme les données sont uniques, il ne s'agit pas du meilleur choix. Il aurait aussi été possible d'utiliser un diagramme circulaire, mais cela ne comporte pas d'avantage, car Harpinder n'est pas susceptible d'être intéressé par la proportion de travail effectué quotidiennement.

7. a) L'électricien d'une centrale électrique est le plus rémunéré; il touche environ 66 000 $.

b) Ils gagnent tous environ 49 000 $ par année.

c) On ne devrait pas utiliser un diagramme à ligne brisée, car il n'y a pas de continuité.

On ne devrait pas utiliser un histogramme, car les données sont uniques et non continues.

On ne devrait pas utiliser un diagramme circulaire, car on ne connaît pas le montant total.

8. a) Il s'agit d'une bonne façon d'afficher les renseignements, car les arbres sont de hauteurs différentes et Ray ne serait pas en mesure de déterminer leurs hauteurs exactes, il ne pourrait déterminer qu'une étendue.

b) L'arbre le plus haut mesurerait entre 90 et 100 pieds.

c) Il y a 32 arbres mesurant plus de 50 pieds.

d) On ne peut savoir avec certitude combien d'arbres mesurent moins de 50 pieds, car il n'a pas indiqué le nombre d'arbres mesurant moins de 10 pieds. Toutefois, il y a 45 arbres mesurant entre 10 et 50 pieds.

e) Les renseignements auraient pu être présentés à l'aide d'un diagramme circulaire.

9. Un diagramme circulaire est une bonne façon de présenter les données, car on peut y voir clairement les pourcentages et la répartition. Il aurait aussi été possible d'utiliser un diagramme à bandes.

Répartition des céréales

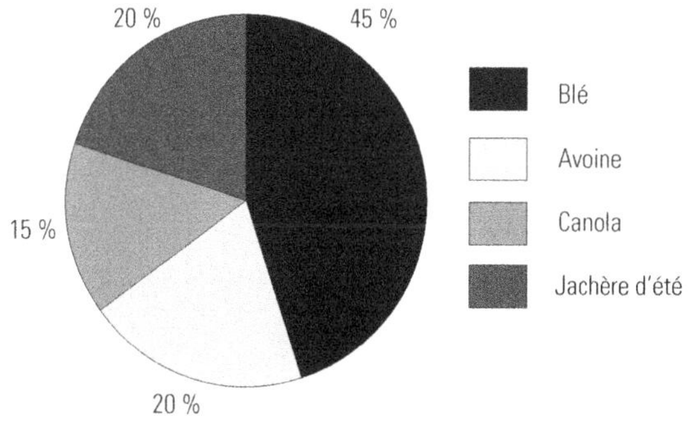

10. a) **Comparaison des salaires à Calgary**

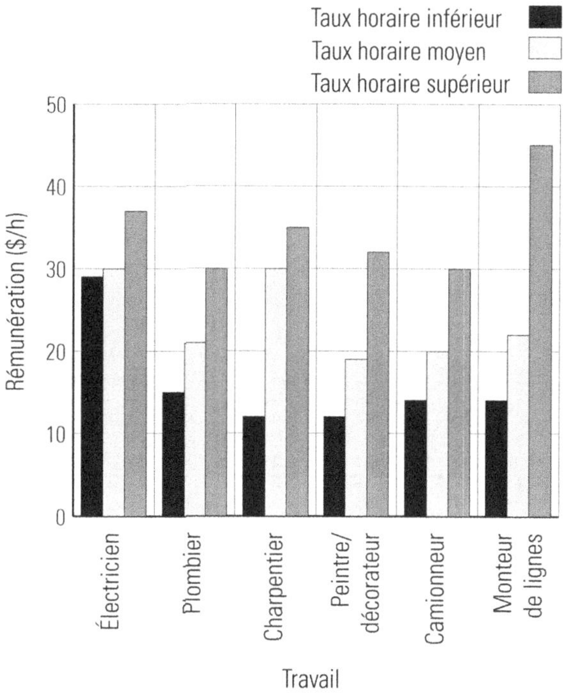

b) Les monteurs de lignes affichent l'écart le plus important.

c) Les électriciens affichent l'écart le plus faible.

d) Les réponses varieront, mais devraient comprendre des commentaires comme : Si le salaire moyen est près du salaire le plus élevé, plus de personnes ont tendance à se trouver dans la catégorie supérieure, et vice versa. Par conséquent, dans le cas des charpentiers, il semble y avoir plus de personnes dans la catégorie supérieure, alors que dans le cas des monteurs de lignes, il y en a plus dans la catégorie inférieure.

11. a) **Comparaison des salaires à Winnipeg**

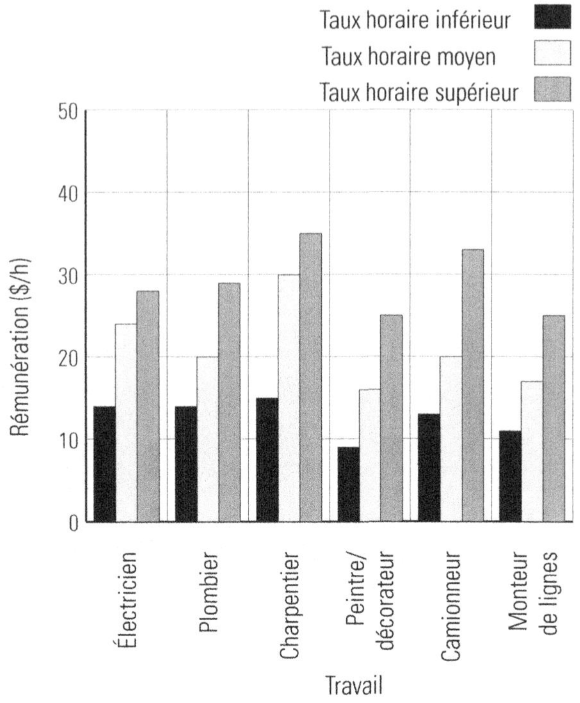

b) Non. À Calgary, le métier le mieux rémunéré est celui de monteur de lignes, alors qu'à Winnipeg, c'est celui de charpentier. Le métier le moins bien rémunéré dans les deux villes est celui de peintre/décorateur.

c) Les réponses varieront, mais elles devraient comprendre des commentaires comme :

- Les salaires ont tendance à être inférieurs à Winnipeg.
- Il n'y a pas beaucoup d'écart entre le salaire le plus élevé et le salaire le plus faible à Winnipeg.
- Bien que les salaires des électriciens à Calgary ne varient pas beaucoup, ils varient considérablement à Winnipeg.
- Les monteurs de lignes de Calgary gagnent des salaires considérablement plus élevés que ceux de Winnipeg.

d) La différence est importante; cependant, il faut aussi tenir compte du coût de l'hébergement et des autres frais de subsistance, comme le temps et les distances de déplacement, la nourriture, etc.

12. Le diagramme le plus représentatif serait celui à double bande pour illustrer les salaires moyens.

Comparaison des salaires à Calgary et Winnipeg

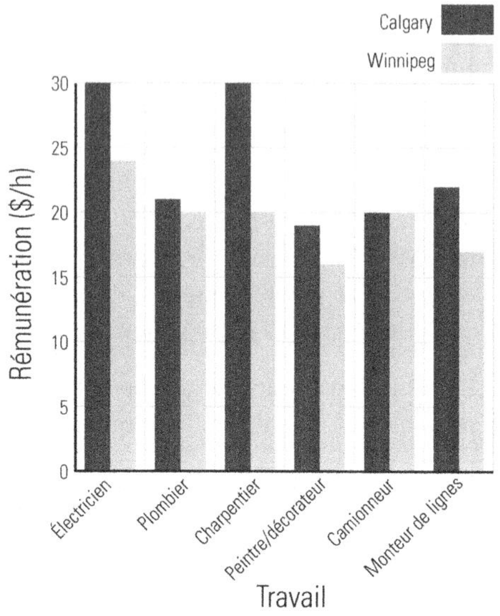

CHAPITRE 3
AIRE TOTALE, VOLUME ET CAPACITÉ
3.1 AIRE TOTALE DES PRISMES

CONSTRUIS TES HABILETÉS, P. 124

1. a) Darcy doit peindre 756 pi^2.
   b) Darcy doit acheter 7 contenants de teinture.
2. a)

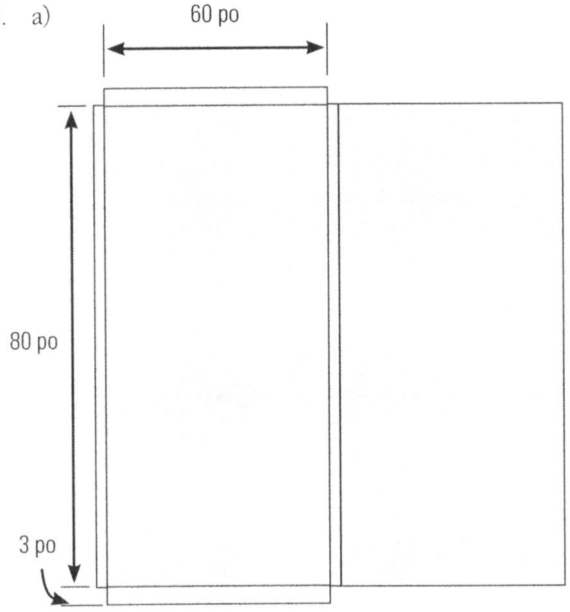

   b) On a besoin de 10 440 po^2 de toile pour couvrir la cloison.
3. a) L'aire de l'une des faces de la vitrine d'exposition est de 12 000 cm^2.
   b) Arapoosh a besoin de 7,2 m^2 de verre.
4. a) L'aire totale de la caisse est de 54 pi^2.
   b) Mingmei a besoin de 3 feuilles de contreplaqué.
   c) Elle a besoin de 5 feuilles parce qu'elle peut fabriquer un côté à l'aide d'une feuille et les deux extrémités à l'aide d'une feuille.
5. L'aire totale de la tôle dont Dirk a besoin est de 2 080 po^2.
6. Non, il ne s'agit pas d'une estimation raisonnable. La taille de la salle de bain serait d'environ 8 m sur 8 m, soit la taille d'un petit appartement. Il se peut que Zyanya n'ait pas vérifié les unités du plan d'étage et qu'il ait présumé que les dimensions étaient indiquées en mètres.

Approfondis ta réflexion

7. Comme le toit est en tôle ondulée, l'aire totale réelle est plus grande que l'aire que couvre le toit. Wolfgang aurait dû déterminer l'aire, qui est de 833 pi^2, soit 66 % plus grande que l'aire que couvre le toit.

3.2 AIRE TOTALE DES PYRAMIDES, DES CYLINDRES, DES SPHÈRES ET DES CÔNES

CONSTRUIS TES HABILETÉS, P. 134

1. a)

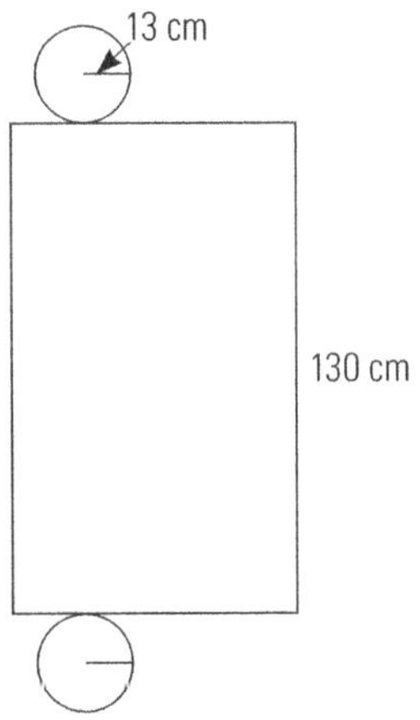

   b) Il faut recouvrir une aire d'environ 11 680 cm^2.
2. a) On a besoin d'environ 145 tôles d'acier.
   b) Non, ce ne serait pas une bonne idée parce que l'aire totale réelle des tôles d'acier ondulées est beaucoup plus grande en raison de sa surface ondulée.

3. On aura besoin d'environ 2 734 cm^2 de cuir et d'environ 706,9 cm^2 de bois pour fabriquer le tambour.

4. On a besoin de 7 992 m^2 de matériaux.

Approfondis ta réflexion

5. a) L'apothème de la pyramide est de 133,1 pi.
   b) L'aire totale latérale est de 47 916 pi^2.
   c) Environ 15 972 blocs couvrent l'extérieur de la pyramide.

6. a) La longueur c du côté du cube est de 15 cm.
   b) Le diamètre d est de 20,7 cm.

3.3 VOLUME ET CAPACITÉ DES PRISMES ET DES CYLINDRES

CONSTRUIS TES HABILETÉS, P. 144

1. a)

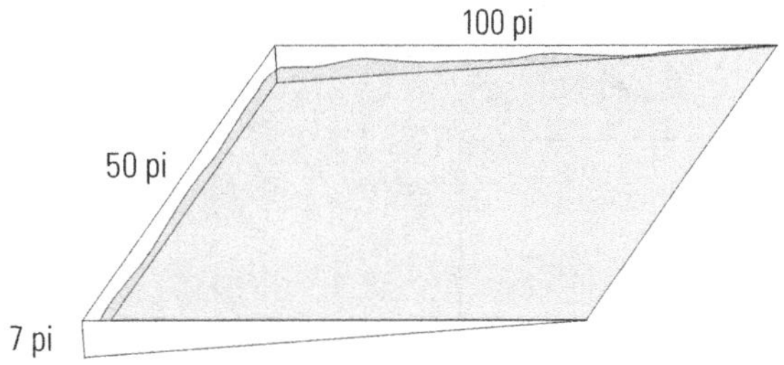

   b) 17 500 pi^3 ou 130 900 gallons américains.
   c) Aire totale : 6 062 pi^2.

2. a) Il faut 3,11 pi^3 de béton pour un pied de mur.
   b) Il faut 2,88 ou environ 3 verges cubes de béton.

3. a) Le récipient contient 137 445 cm^3 de farine.
   b) Le récipient peut contenir 2,5 sacs de farine.
   c) Le récipient contient 49,8 kg ou environ 50 kg de farine.
   d) Le récipient peut contenir 17 181 cm^3 de sel.

4. a) Le volume total est de 455 litres.
   b) La capacité prévue du réservoir à eau chaude est de 59,3 % ou tout juste un peu plus de la moitié de son volume total.

5. a) 597 cm^2
   b) 457 cm^3

6. Il faut 271 748 mm^3 de plastique par mètre d'extrusion.

Approfondis ta réflexion

7.

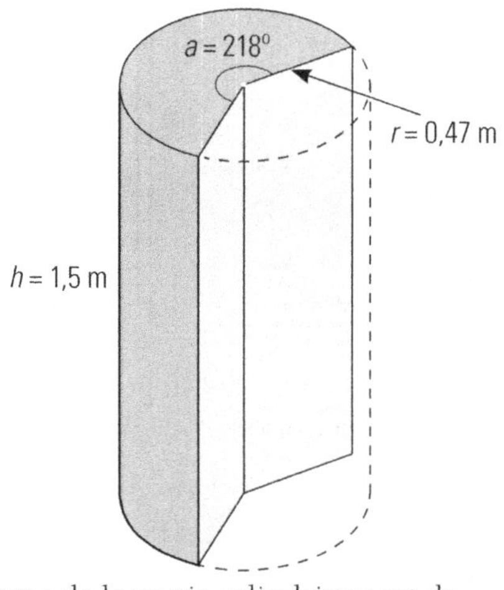

Le volume de la partie cylindrique est de 0,63 m^3.

3.4 VOLUME ET CAPACITÉ DES SPHÈRES, DES CÔNES ET DES PYRAMIDES

CONSTRUIS TES HABILETÉS, P. 156

1. Volume du prisme rectangulaire : 39 750 cm^3

   Volume de la pyramide rectangulaire : 6 625 cm^3

   Volume total du modèle : 46 375 cm^3

2. a) Le volume est de 113 mm^3.

   b) En doublant le rayon, on augmente le volume de 2^3 ou 8.

   c) Le volume augmentera selon un facteur de 4^3 ou 64.

3. a) 14,70 mm

   b) 7,64 mm

   c) 12,48 mm

4. a) 2,325 cm

   b) 4,22 cm

   c) 1,14 cm

5. a) Volume du cube : 157 464 mm^3

   Volume de la sphère : 82 448 mm^3

   Le volume de marbre éliminé du bloc cubique par frottement est de 75 016 mm^3, ce qui correspond au volume du cube moins le volume de la sphère.

   b) 47,6 % ou presque la moitié du marbre est perdu.

Approfondis ta réflexion

6. $h_p = 0{,}785h_c$

   La hauteur de la pyramide correspond à un peu plus du trois quarts de la hauteur du cône.

7. a) Le tas contient 35 580 m^3 de minerai.

   b) L'angle de repos est de 35°.

   c) La hauteur serait de 25,6 m et le diamètre de 73 m.

MISE EN PRATIQUE DES NOUVELLES HABILETÉS, P. 160

1. a) Le rapport entre le volume et l'aire totale est de $\frac{c}{6}$.

   b) Le rapport entre le volume et l'aire totale est de $\frac{r}{3}$.

   c) La relation entre la longueur du cube et le rayon de la sphère est la suivante :

   $c \approx 1{,}447r$

   d) La relation entre la longueur du cube et le rayon de la sphère est la suivante :

   $c \approx 1{,}612r$

2. a) Un mile de pipeline peut contenir 66 350 pi^3 de pétrole.

   b) Un mile de pipeline contient environ 496 331 gallons américains.

   c) Un mile de pipeline contient 11 817 barils de pétrole.

   d) Tout le pipeline peut contenir 9 453 600 barils de pétrole brut.

3. a) Le volume du récipient est de 30 067,71 cm^3.

   b) Le récipient peut contenir 13,4 kg de café.

4. a) 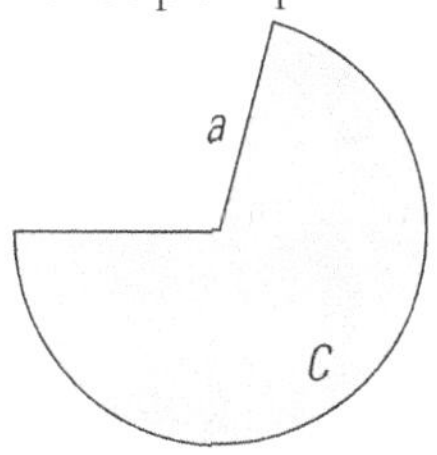

   b) La longueur C correspond à la circonférence de la base du cône, soit $2\pi r$.

5. a) Il faut additionner les aires totales des trois formes qui composent l'objet pour déterminer la quantité de tôle.

   $A_{couvercle}$: 2 544 690 mm²

   $A_{cylindre}$: 8 878 141 mm²

   $A_{cône}$: 6 022 433 mm²

   On a besoin de 17 445 264 mm² de tôle.

   b) On a besoin de 17,445 m² de tôle.

6. a) Ara aura besoin de 1 571 L de terreau.

   b) Les sacs de terreau coûteraient 364,50 $ et le terreau en vrac coûterait 85,49 $. Ara devrait donc acheter du terreau en vrac.

7. L'aire totale du tissu dont Seth a besoin est de 105 pi².

8. L'aire totale est d'environ 77,0 pi².

9. a) Le volume de béton dont on a besoin est de 1,94 verge cube.

   b) L'aire totale qu'il faut recouvrir est de 62,25 pi².

10. a) Le volume de pierre qui a servi à édifier la pyramide est de 2 458 554 m³.

    b) La pyramide a une masse d'environ 6 293 896 tonnes ou 6,3 millions de tonnes métriques.

CHAPITRE 4

TRIGONOMÉTRIE DANS LES TRIANGLES RECTANGLES

4.1 CALCUL DES ANGLES, DES LONGUEURS ET DES DISTANCES

CONSTRUIS TES HABILETÉS, P. 177

1.

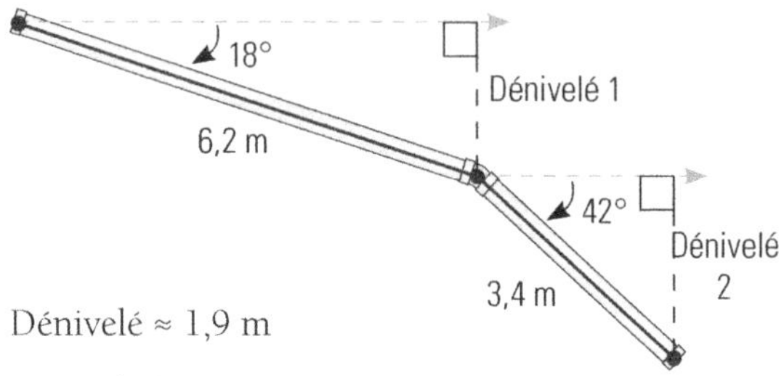

Dénivelé ≈ 1,9 m

Dénivelé 2 ≈ 2,3 m

La hauteur totale est de 4,2 m. L'extrémité du tuyau se trouve donc à 4,2 m sous l'horizontale.

2. $a \approx 31{,}3°$

   $b \approx 32{,}3°$

   Ces angles ne sont pas les mêmes; la réflexion n'est donc pas parfaite.

3. $a \approx 9{,}4$ m

   $b \approx 6{,}4$ m

   $c \approx 4{,}5$ m

4. Hauteur de la section de 300 m : 172 m

   Hauteur de la section de 440 m : 405 m

   300 + 440 + 1 400 = 1 977

   L'altitude au sommet de la montagne est de 1 977 m au-dessus du niveau de la mer.

5.

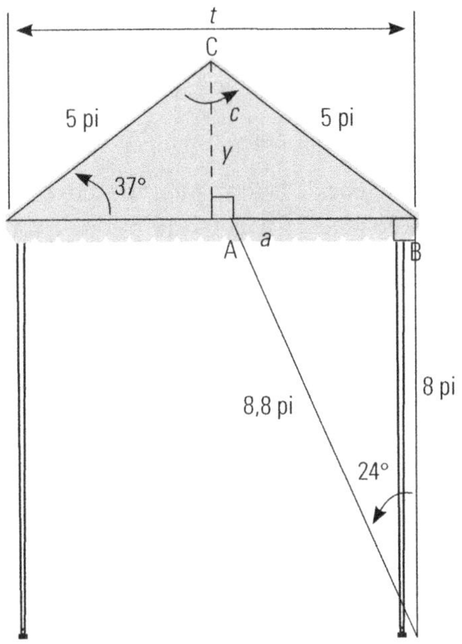

∠ A = 66°

∠ C = 106°

t = 8 pi

s ≈ 8,8 pi

y ≈ 3 pi

6. L'angle de la pente descendante est d'environ 47°.

7. a) L'aire est de 3 473 604 mm² ou environ 3,5 m².

b) L'aire de la face inclinée est de 2 242 356 mm² ou environ 2,2 m².

8. a)

DIMENSIONS DES FERMES

Segment	*Longueur horizontale (pi)*	*Segment*	*Longueur verticale (pi)*
$\overline{FK}$	4	$\overline{KE}$	2,31
$\overline{FJ}$	8	$\overline{JD}$	4,62
$\overline{FI}$	12	$\overline{IC}$	6,93
$\overline{FH}$	16	$\overline{HB}$	9,24
$\overline{FG}$	20	$\overline{GA}$	11,55

b) $\overline{AF}$ doit mesurer environ 23,09 pi de long.

9. a) David se déplace selon un relèvement de 41°.

b) Le point B2 se trouve à environ 59,59 m à l'ouest du point B1.

10. Le point B se trouve à environ 91,93 m à l'est et à 42,87 m au sud du point A.

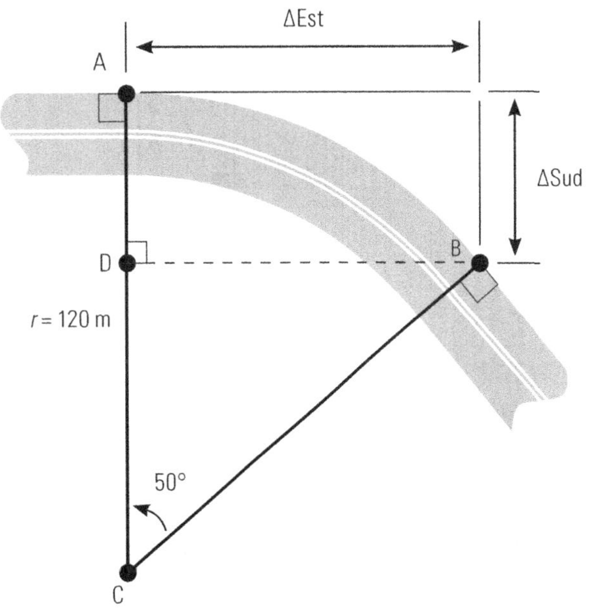

Approfondis ta réflexion

11.

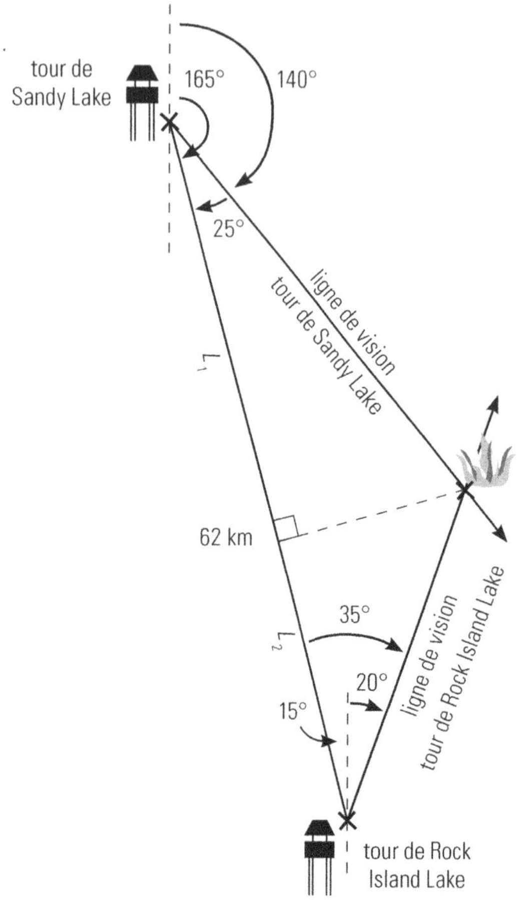

La tour de Sandy Lake se trouve à 41,063 km de la fumée.

La tour de Rock Island Lake se trouve à 30,256 km de la fumée.

4.2 RÉSOLUTION DE PROBLÈMES COMPLEXES ET CONCRETS

CONSTRUIS TES HABILETÉS, P. 195

1. Perte d'élévation pour la section de 2 210 pi : 572 pi

   Perte d'élévation pour la section de 2 460 pi : 961 pi

   Perte d'élévation pour la section de 890 pi : 498 pi

   8 060 – 572 – 961 – 498 = 6 029

   L'élévation au point final d'Anna est de 6 029 pi.

2. La hauteur de la formation rocheuse est de 298 pieds. S'il ajoute 10 pieds de corde, l'alpiniste aura besoin de 308 pi de corde.

3.

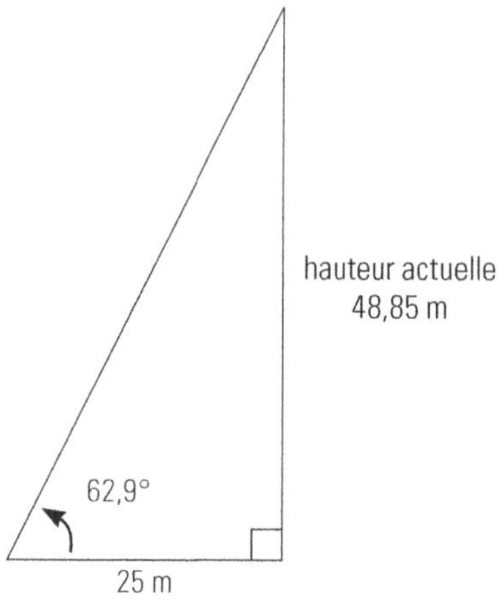

La falaise a actuellement 48,85 m de haut.

La falaise s'est abaissée de 0,22 m ou 22 cm en raison de l'érosion.

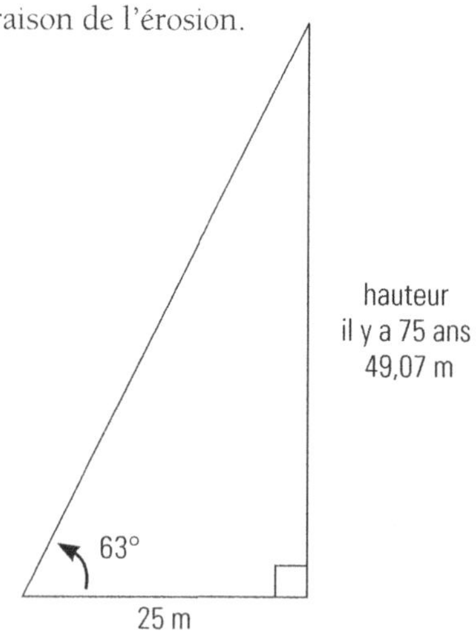

Il y a 75 ans, l'angle d'élévation était de 63°.

4. Pour percer un trou allant du point A au point B, Alan doit suivre un angle horizontal de 26,6° et un angle vertical de 24,1°.

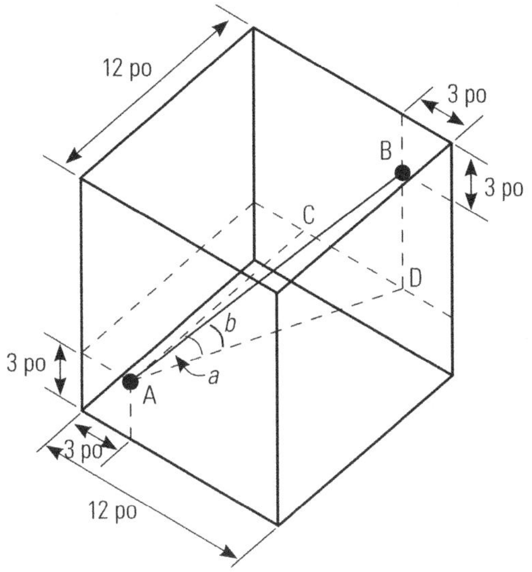

5. L'avion se trouve à 27 m à l'ouest de la tour.

6. a) La distance entre le point B et le point C est de 136 m.

b)

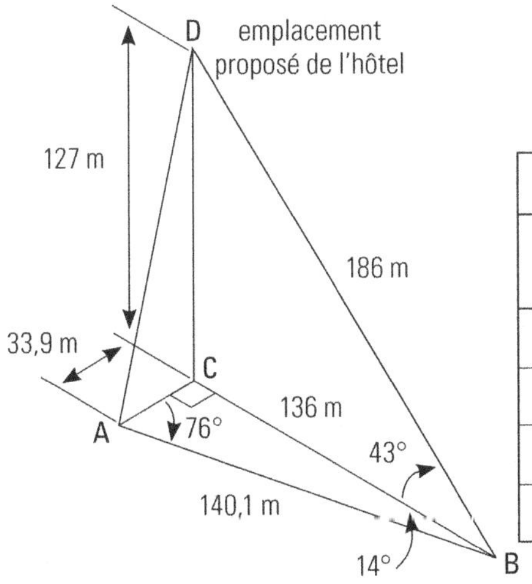

La hauteur de la falaise est de 127 m.

7. a)

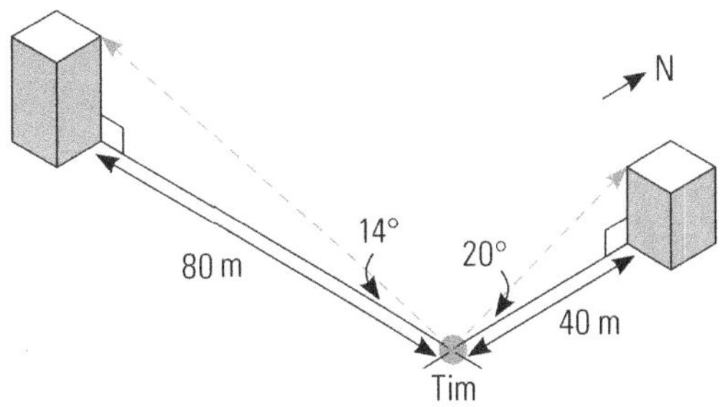

b) L'immeuble 2 mesure 19,9 m, soit 5,3 m de plus que l'immeuble 1.

c) La distance en ligne droite est de 89 m.

d) L'angle d'élévation entre le plus petit immeuble et le plus grand immeuble est de 3,4°.

Approfondis ta réflexion

8. a) La patte arrière forme un angle de 65° avec le sol.

b) Pour conserver une inclinaison de 20° sur le chevalet, les ficelles reliant la patte arrière aux pattes avant doivent avoir 1 593 mm de long.

9.

EFFICACITÉ DU HAUBAN

Angle du hauban	*Pourcentage d'efficacité*	*Sinus de l'angle*	*Cosinus de l'angle*	*Tangente de l'angle*
60	50	0,866	0,500	1,732
45	71	0,707	0,707	1,00
30	87	0,500	0,866	0,577
0	100	0,000	1,00	0,00

Le rapport du cosinus exprimé en pourcentage est égal au pourcentage d'efficacité du hauban.

MISE EN PRATIQUE DES NOUVELLES HABILETÉS, P. 202

1. a) Anne-Christine : 25° Nord Ouest

   Anna-Mieke : 23° Nord Est

   b) Une distance de 351 m sépare les deux filles.

2.

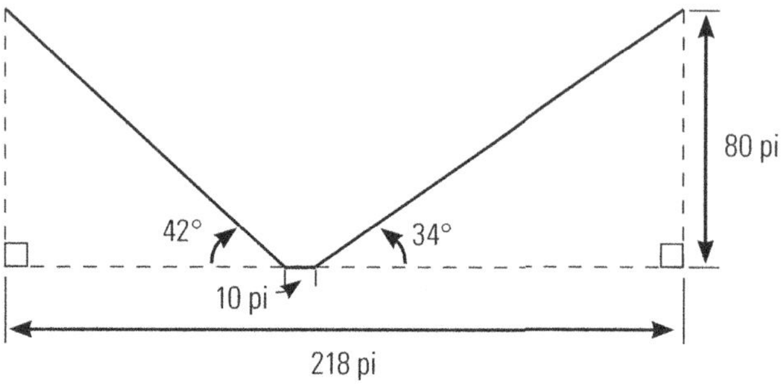

La largeur totale du manège est de 218 pi.

3. L'angle d'incidence (38°) n'est pas égal à l'angle de réflexion (32°); le miroir est donc déformé.

4. La hauteur de la montagne est de 3 123 m.

5. a)

Longueur (m)	*Angle*	*a = longueur × cos (angle)*	*b = longueur × sin (angle)*
6,40	38,7	4,99	4,00
4,47	26,6	4,00	2,00
6,26	28,6	5,50	3,00

   b) L'aire totale de la terrasse est de 45,2 mètres carrés.

   c) Aire d'une dalle : 0,06 mètre carré

   Nombre de dalles : 754

   10 % pour les pertes : 75,4

   754 + 75,4 = 829,4

   Leslie devrait commander 830 dalles.

6.

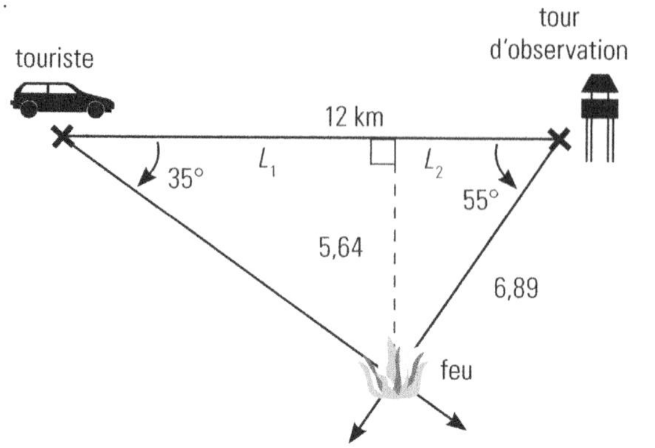

La fumée se trouve à 6,89 km de la tour d'observation.

7. a) L'angle d'inclinaison est de 3,7°.

   b) La distance en ligne droite est de 30 688 pieds.

8. L'élévation de Claire est de 8,04 m.

9. Dessiner le développement du garage.

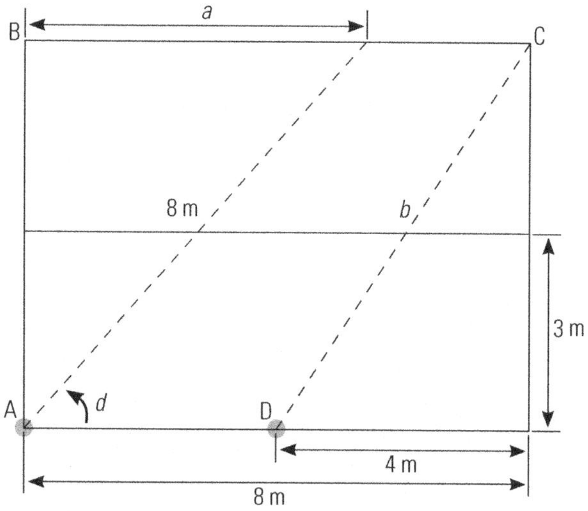

   a) Elle a cloué 5,4 mètres de la rangée supérieure de bardeaux.

   b) Le tuyau forme un angle de 47,38° avec le sol.

   c) Elle aura besoin de 7,117 m de tuyau pour ne pas avoir à déplacer le compresseur.

10.

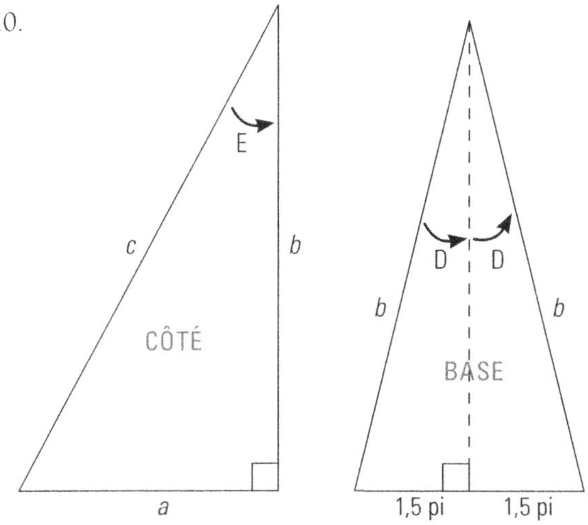

$a \approx 3{,}35$ pi

$b \approx 6{,}18$ pi

$c \approx 6{,}71$ pi

$\angle$ D ≈ 14,0 pi

$\angle$ E ≈ 28,5°

11. a) L'attache doit mesurer au moins 4 pieds 9 pouces.

b) Dénivelé total : 6 pi 4 po

c) La distance diagonale qui sépare le haut et le bas du tuyau est de 11,8 pi.

12. a) Déviation horizontale : 2,487 mm

b) Déviation verticale : 1,659 mm

CHAPITRE 5
REPRÉSENTATIONS À L'ÉCHELLE
5.1 PLANS À L'ÉCHELLE ET MAQUETTES

CONSTRUIS TES HABILETÉS, P. 215

1. a) Architectes, vendeurs dans les salons professionnels, enseignants en biologie et constructeurs de maisons.

b) Arpenteurs, couturières, paysagistes, designers d'intérieur, ingénieurs et architectes.

2. a) On doit réduire un diagramme pour qu'il tienne sur la page sur laquelle on l'imprime ou pour qu'il soit proportionnel à d'autres diagrammes. On doit réduire la taille d'une maquette si l'on en réduit l'échelle ou si l'on réduit la taille du modèle original.

b) On doit agrandir un diagramme s'il doit présenter plus de détails ou si l'on change l'échelle, par exemple de 1 : 5 à 1 : 2. On doit agrandir une maquette si celle-ci doit présenter plus de détails ou si on la présente dans un étalage publicitaire.

3. Alli aura besoin d'une pièce de tissu qui mesure 176 po de long, soit environ 14 pi 8 po.

4. a) 1:30

b) Largeur du toit : $26\frac{1}{4}$ po

Longueur du toit : $67\frac{1}{2}$ po

Profondeur du toit : $1\frac{7}{8}$ po

Longueur de la paroi latérale : 60 po

Hauteur de la paroi latérale : $28\frac{1}{8}$ po

Hauteur de la paroi avant (au faîte) : $41\frac{1}{2}$ po

Largeur de la paroi avant : $37\frac{1}{2}$ po

Hauteur de la porte : $22\frac{1}{2}$ po

Largeur de la porte : 15 po

c) La porte n'est probablement pas assez large. Elle devrait mesurer plus de 2 pieds de largeur. La porte n'est pas assez haute; elle devrait mesurer au moins $2\frac{1}{2}$ pieds de hauteur.

5. a) L'annonce mesure maintenant 3,6 cm de large.

   b) L'annonce mesure maintenant 3,3 cm de haut.

6. La statue mesure 353,5 cm, soit environ 3,5 m.

7. a) La longueur réelle du moustique du point A au point B est d'environ 7,3 mm.

   b) L'agrandissement de l'illustration est d'environ 8,9.

Approfondis ta réflexion

8. a) La deuxième poutre à l'échelle mesurerait 150 cm de longueur, 25 cm de largeur et 6,25 cm de hauteur.

   b) L'échelle utilisée était de 40 : 1.

5.2 REPRÉSENTATIONS À DEUX DIMENSIONS

CONSTRUIS TES HABILETÉS, P. 226

1. Johan ne dispose pas d'assez d'information pour concevoir la boîte, parce que le diagramme ne montre pas la profondeur de la cafetière. Il ne saurait donc pas quelle profondeur donner à sa boîte.

2. a) Les diagrammes sont une représentation fidèle du chaudron. En effet, on peut voir les dimensions et la forme de ses composantes.

   b) Le banc n'est pas illustré fidèlement, puisque l'on ne peut pas en voir le dessous.

3. ÉCHELLE 1 : 6

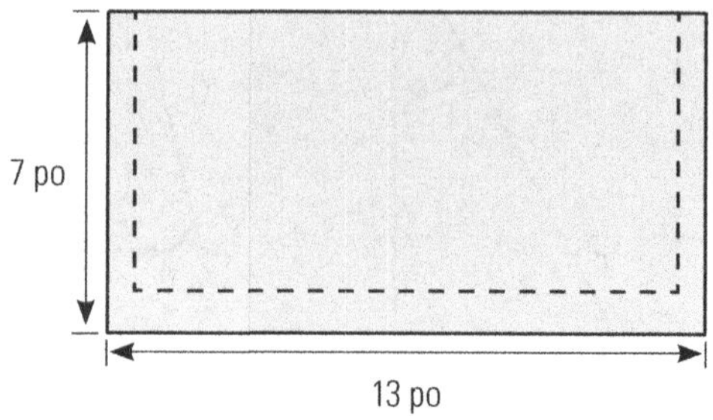

VUE DE HAUT

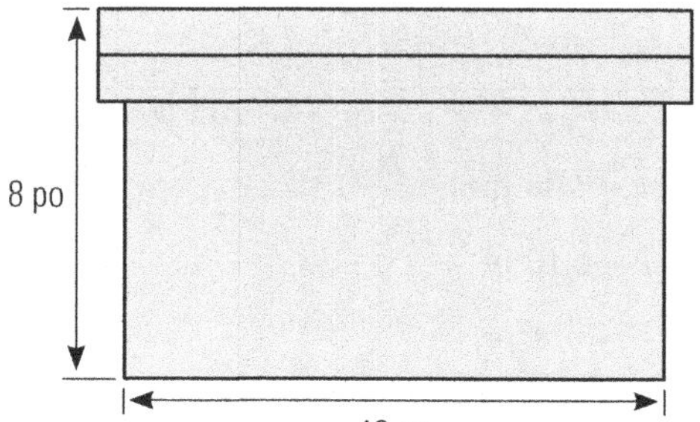

VUE AVANT

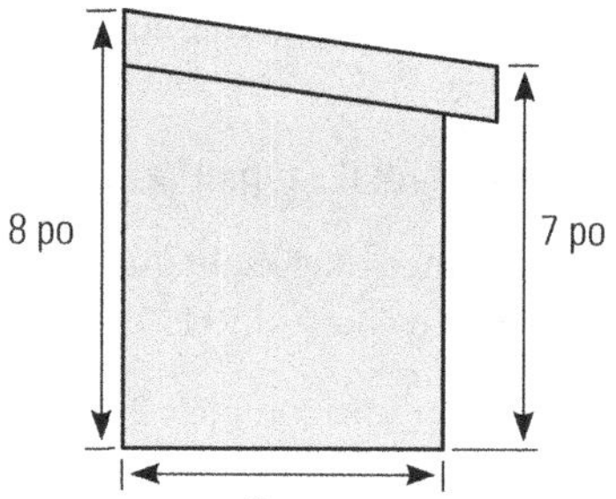

VUE LATÉRALE

4. Longueur du sac : 10,75 cm; largeur du sac : 4,25 cm; hauteur du sac : 10,75 cm; longueur de la poignée : 18,25 cm; largeur de la poignée : 1,75 cm (voir le diagramme à la page suivante).

Construis tes habiletés, question 4

ÉCHELLE 1 : 4

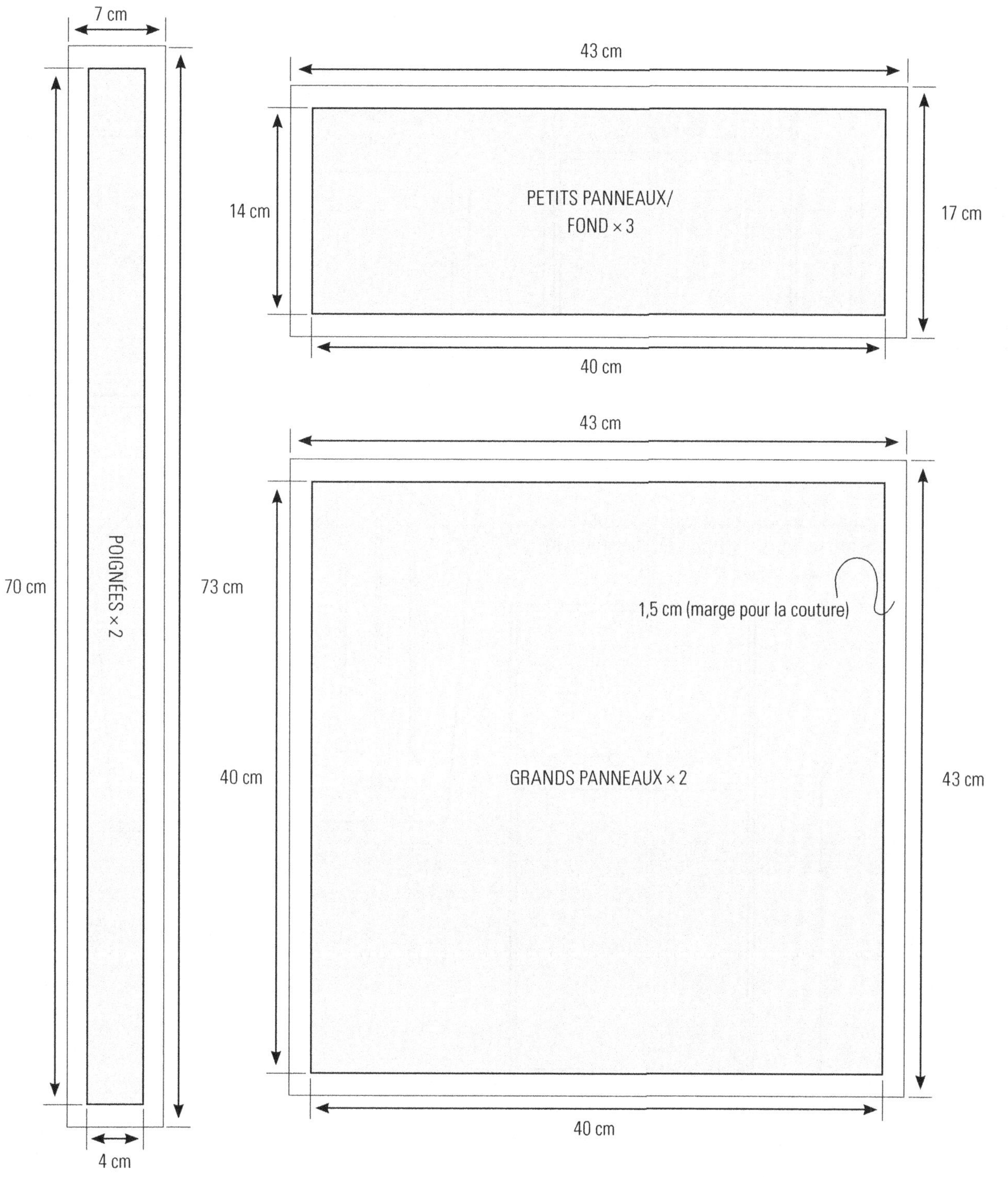

5. a) ÉCHELLE 1 : 15

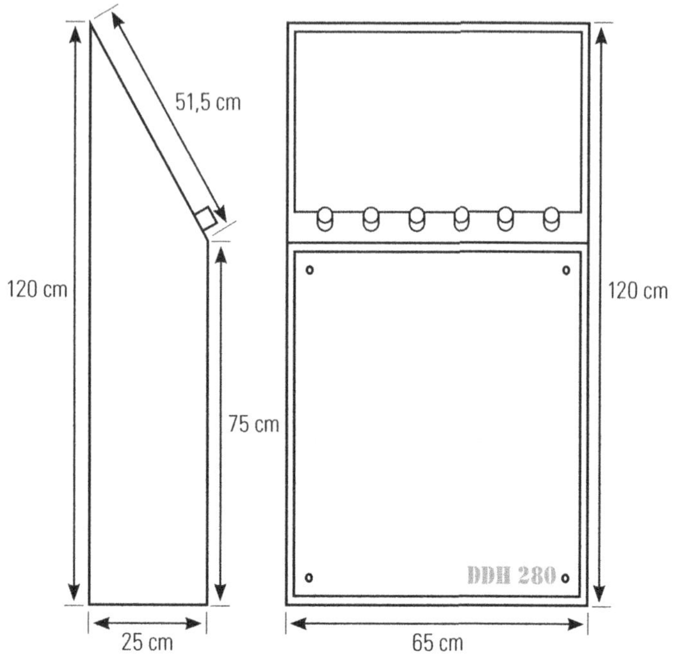

b) Il faut deux vues, comme celles-ci. Toutes les dimensions requises y figurent. Les vues du dessus peuvent varier.

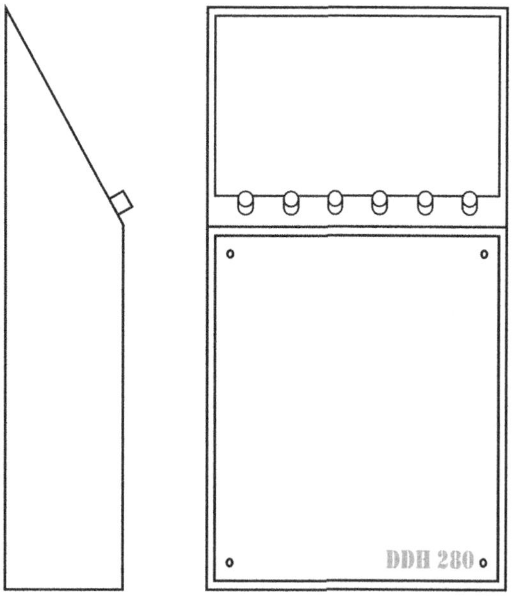

6. ÉCHELLE 1 : 5

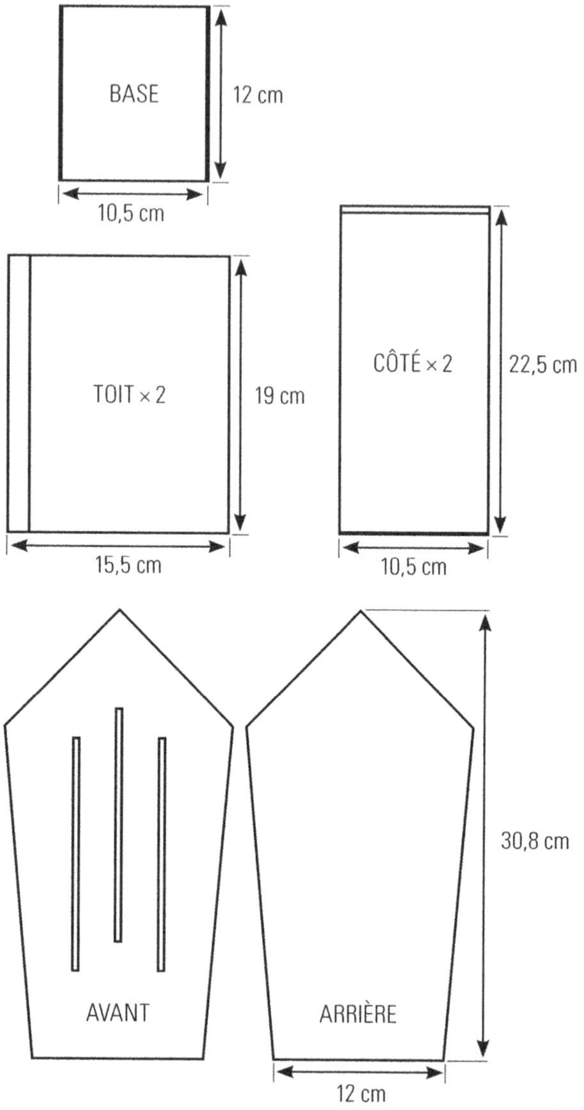

7. a) ÉCHELLE 1 : 25

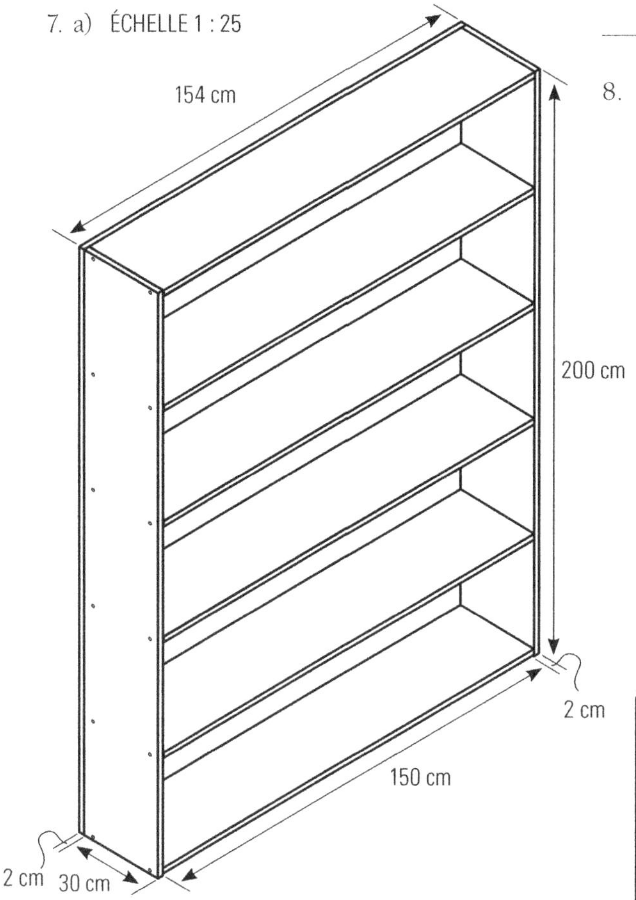

b) Les réponses varieront. Voici un exemple de réponse.

Tu ajouterais la pièce servant à diviser le rayon. Tu supprimerais les pièces originales du milieu, de dessus et du dessous et ajouterais une pièce qui correspondrait à la moitié de la longueur. (Tu aurais besoin de 8 de ces pièces, mais d'une seule dans le diagramme.) Tu aurais besoin de 48 vis, mais d'une seule dans le diagramme.

Approfondis ta réflexion

8. a) 1 : 10

b) La largeur réelle sera de 44 cm. Elle sera également de 44 cm dans le dessin.

c) Gwen devra dessiner une seule poche, car les deux poches ont les mêmes mesures. La poche mesure 2,3 cm de haut, compte tenu de la marge pour la couture.

d) Gwen devra dessiner deux attaches pour la taille, une attache pour le cou, une poche et le corps principal du tablier.

e) Voir le diagramme ci-dessous.

f) L'attache pour le cou mesure 6,3 cm de long et 0,3 cm de large.

ÉCHELLE 1 : 10

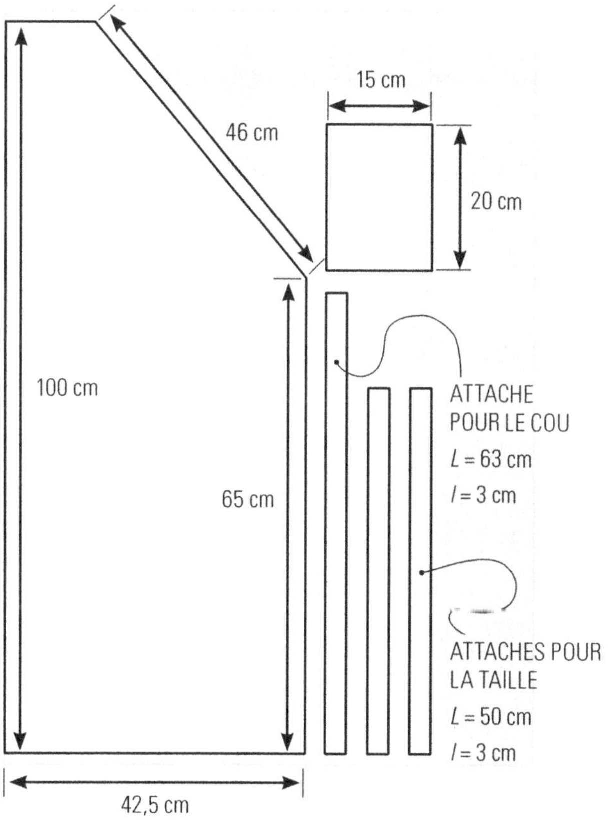

g) Le tissu devrait mesurer au moins 103 cm de long.

5.3 REPRÉSENTATIONS À TROIS DIMENSIONS

CONSTRUIS TES HABILETÉS, P. 244

1. Le point de fuite se trouve au bout de la ruelle et entre les deux immeubles, le long de la ligne d'horizon.
2. Les réponses varieront. Voici un exemple de réponse.

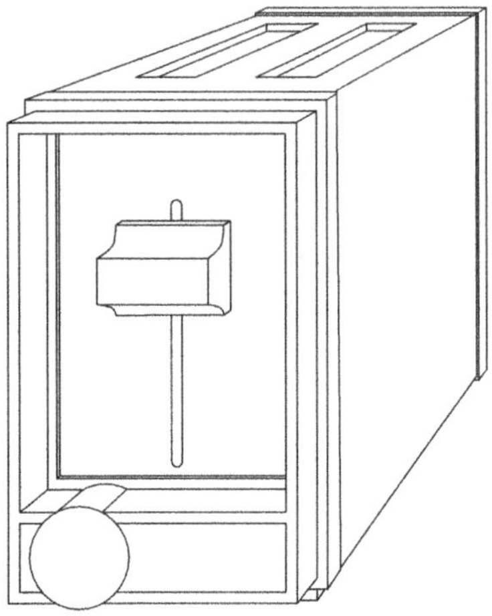

3. ÉCHELLE 1 : 24

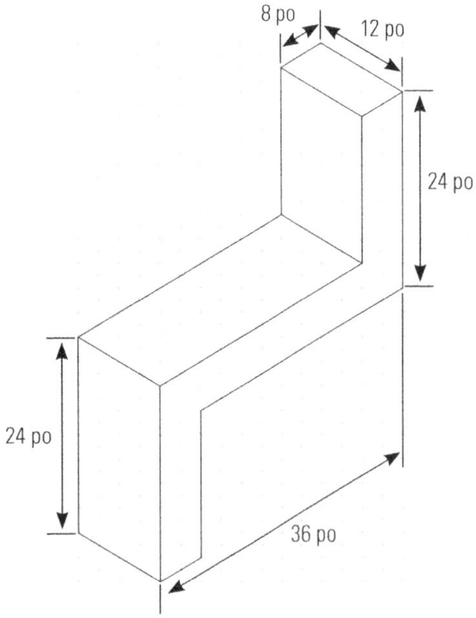

4.

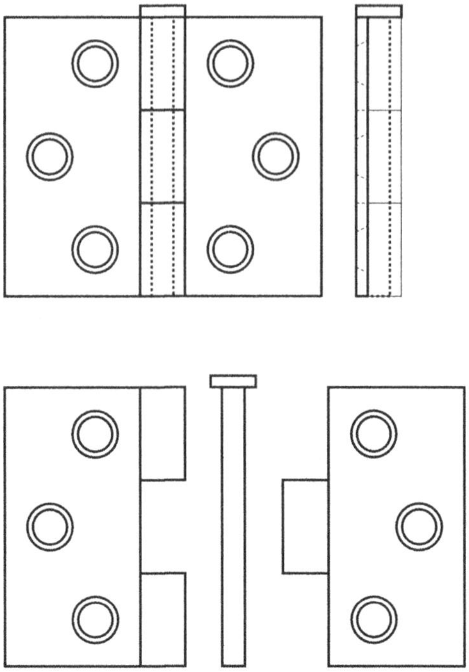

5.

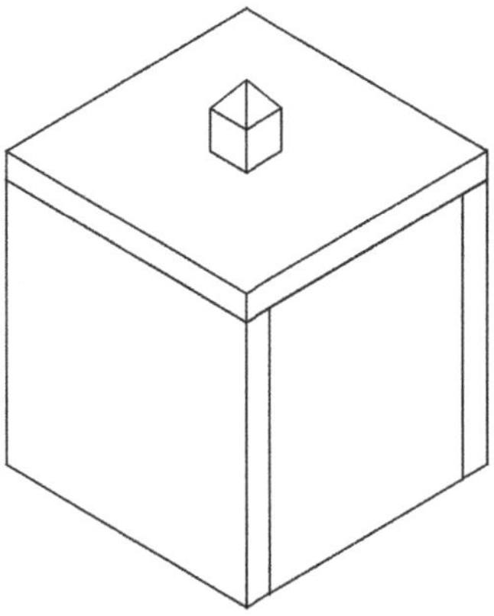

Approfondis ta réflexion

6. a) ÉCHELLE 1 : 1

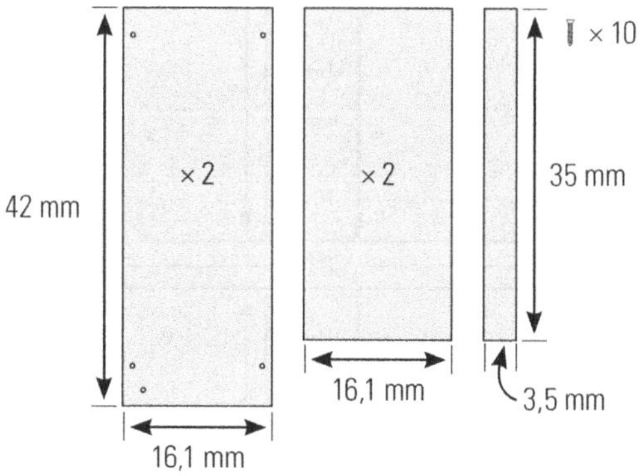

b) Les réponses varieront. Exemple de réponse : Visser la tablette du bas sur les panneaux latéraux de gauche et de droite. Visser la tablette du haut sur les panneaux latéraux de droite et de gauche. Visser le coup-de-pied sur les panneaux latéraux de gauche et de droite.

c)

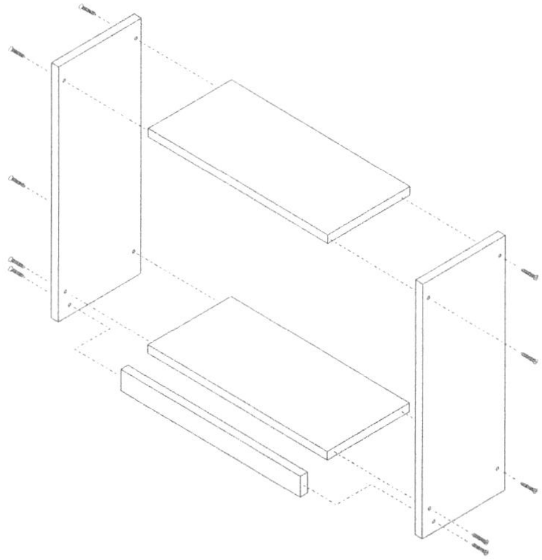

MISE EN PRATIQUE DES NOUVELLES HABILETÉS, P. 248

1. Le point de fuite se trouve au bout du chemin de fer. L'horizon est délimité par la mer.

2. ÉCHELLE 1 : 1

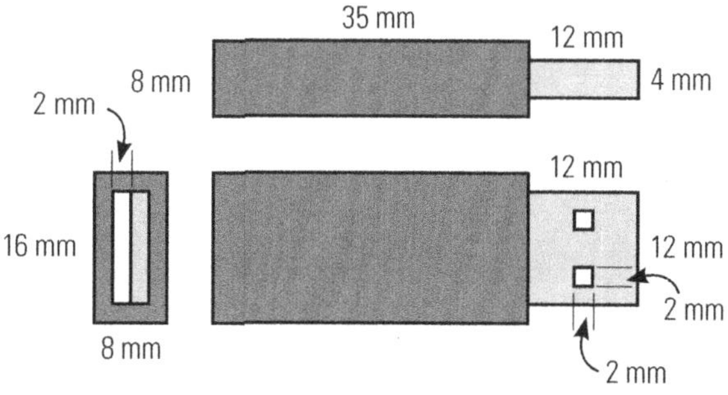

3. a)

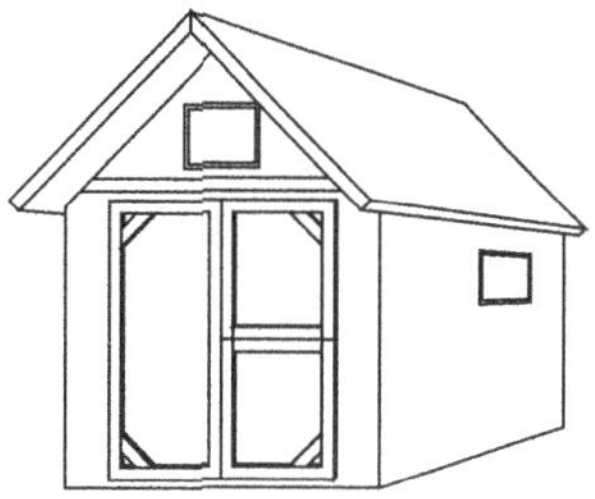

b) ÉCHELLE 1 po : 8 pi

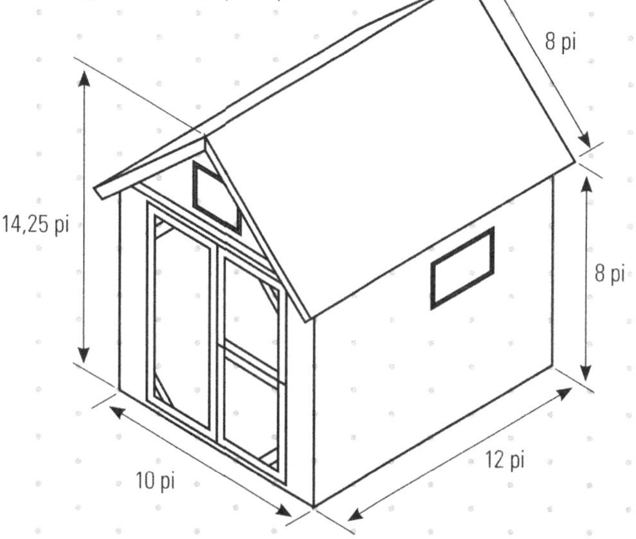

c) Le dessin isométrique serait plus pratique, puisqu'il permettrait de voir toutes les dimensions à l'échelle de la remise, de même que son allure une fois terminée.

4. a) Les réponses varieront. La partie la plus longue du support central est vissée sur le dessus de la base et sous la plateforme du milieu. Un deuxième support central est vissé sur le dessus de la plateforme du milieu et sous la plateforme du dessus.

ÉCHELLE 1 : 10

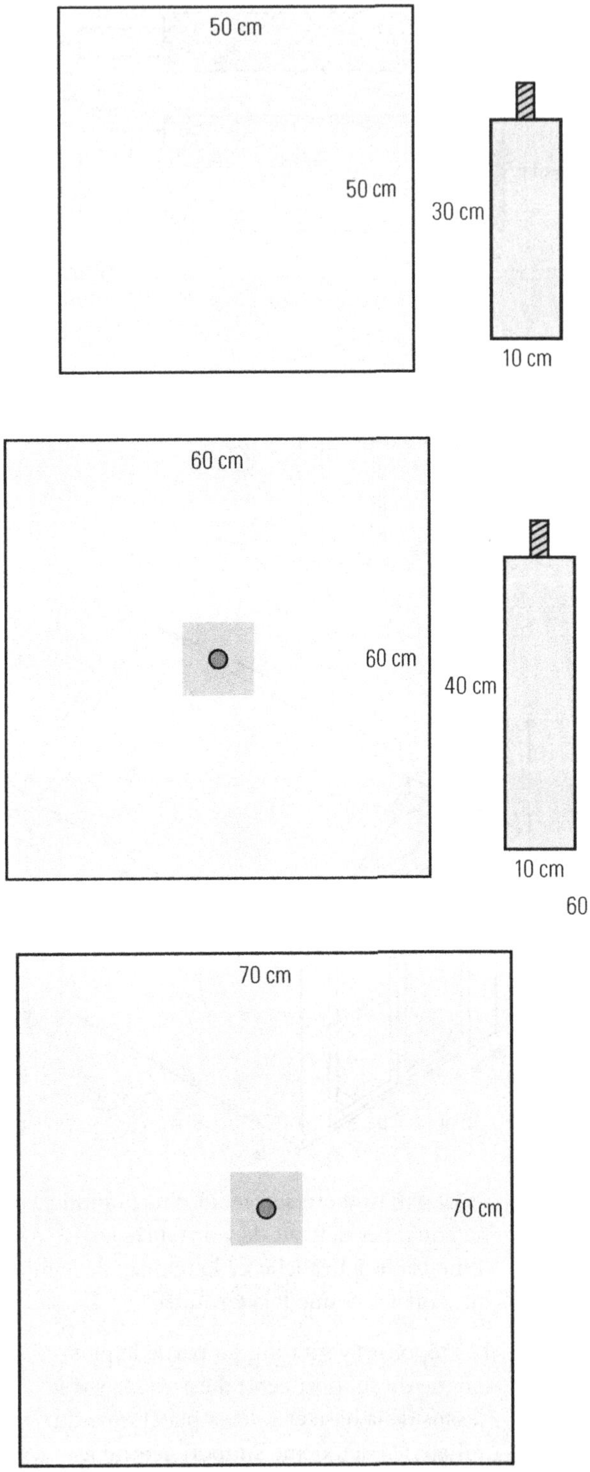

b) ÉCHELLE 1 : 10

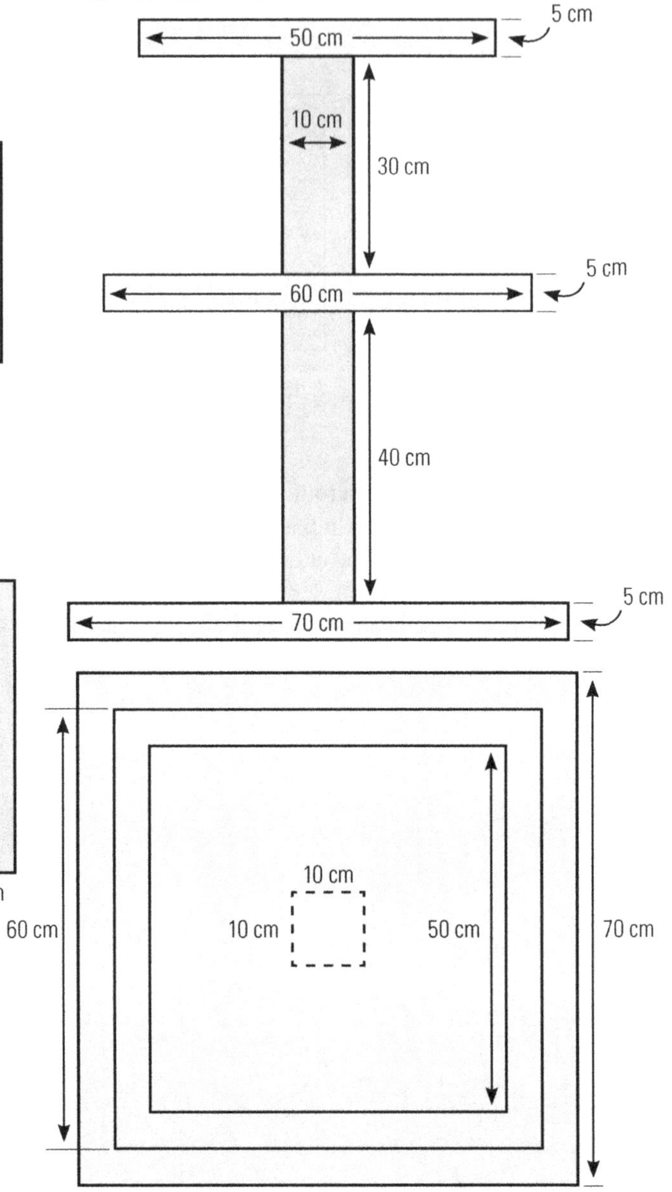

5. a) ÉCHELLE 1 : 5

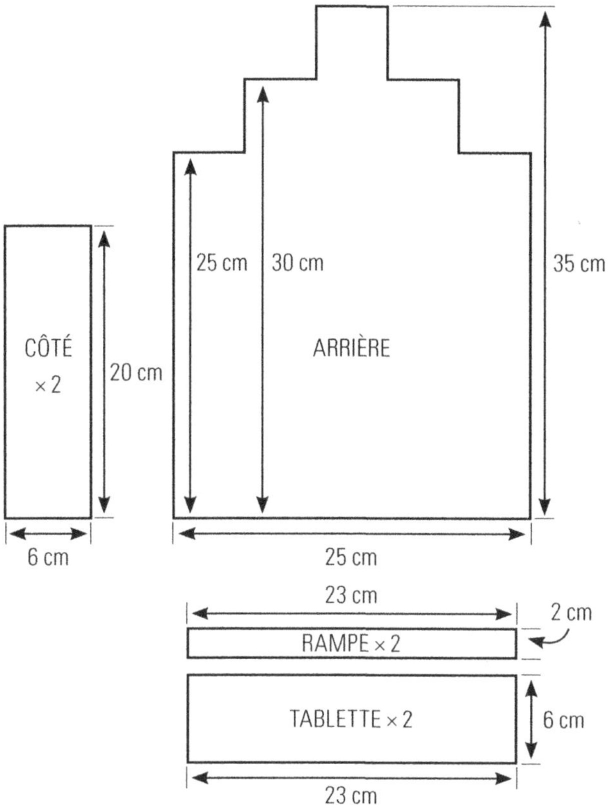

b)

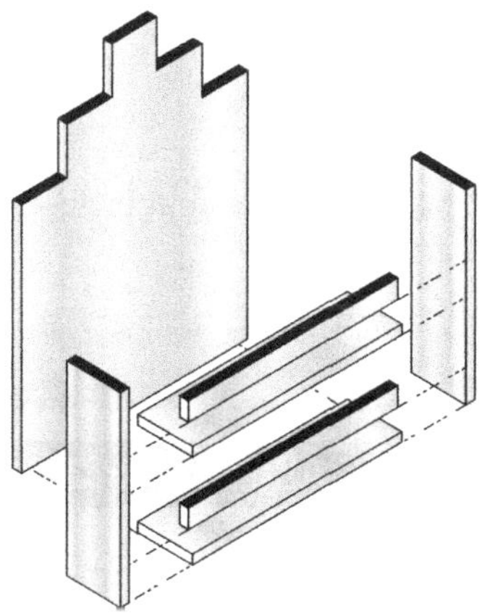

6. a)

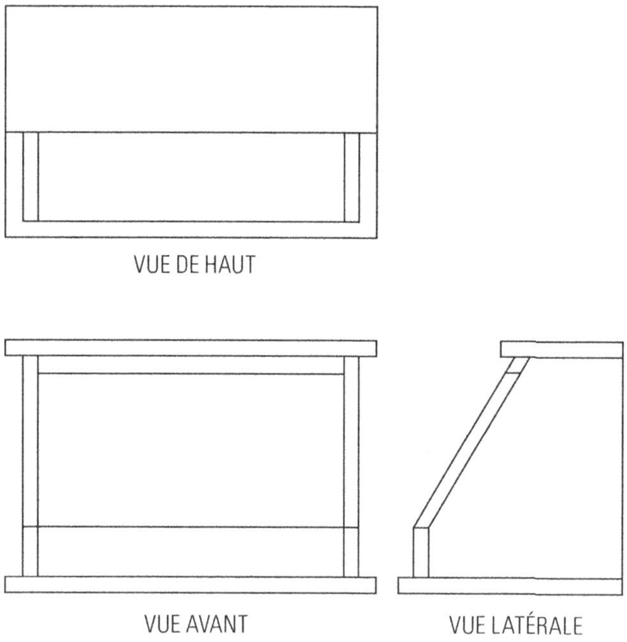

b) Les réponses varieront. Exemple de réponse : Il serait possible de commencer par la base et d'y fixer le dos et les deux parties latérales. Ensuite, on pourrait fixer la petite pièce rectangulaire à la base, puis, par-dessus, la partie avant inclinée. La petite pièce rectangulaire supérieure est fixée à l'intérieur de la boîte à pain. L'une des extrémités de cette pièce se fixe à la pièce de gauche, et l'autre, à la pièce de droite. Finalement, il faudrait fixer la pièce du dessus aux côtés, à l'arrière et à l'avant.

CHAPITRE 6
LES SERVICES FINANCIERS.
6.1 CHOIX D'UN COMPTE

CONSTRUIS TES HABILETÉS, P. 262

1. Marc devrait opter pour un compte d'épargne à taux bonifié. Ses économies lui rapporteront ainsi des intérêts et ses transactions quotidiennes seront effectuées à part.
2. Jannik devrait opter pour un compte valeur. Il épargnera ainsi les frais mensuels et ne devra payer que les 5 transactions mensuelles excédentaires qu'il effectue chaque mois, ce qui représente seulement 2,50 $ par mois. Comme Jannik ne maintient pas un solde suffisant pour s'éviter les frais applicables au compte libre-service, il lui en coûterait 10,90 $ pour effectuer ses transactions dans ce type de compte, soit 2,50 $ de plus que dans le compte valeur.
3. a) Deux transactions au comptoir : 2,00 $

   Transaction au GAB, Banque Nord-Ouest du Canada : 1,50 $

   Transaction au GAB, autre banque : 1,50 $

   Total des frais de service : 5,00 $

   b) Solde à la fin du mois : 625,72 $

   c) Le nouveau solde de Kyra est de 1 425,72 $. Elle devra donc payer les frais mensuels.
4. a) Il est important de protéger votre NIP, car une personne qui le connaît pourrait plus facilement voler de l'argent dans votre compte.

   b) Parmi les façons de protéger vos données bancaires, il peut s'agir de cacher le clavier quand vous composez votre NIP, de ne pas divulguer votre NIP à quiconque, de ne pas utiliser une date de fête, une adresse ou un numéro de téléphone comme NIP, ou encore de ne jamais écrire votre NIP.
5. Les réponses varieront. Voici des exemples de situations :

   Carte bancaire – achats en magasin, retraits et dépôts au GAB

   Transactions bancaires en ligne – dépôt automatique des chèques, paiement de factures, consultation de relevés, virements

   Transactions bancaires par téléphone – dépôt automatique des chèques, paiement de factures, consultation de relevés, virements

   Transactions au comptoir – dépôts, retraits, chèques de voyage, devises, paiement de factures

   GAB – dépôts, retraits, vérification du solde

   Chèque – paiement de factures, d'articles en magasin et de personnes
6. a) Il dépenserait 156,00 $ en une année.

   b) Les réponses varieront. Exemples de réponses : retirer plus d'argent d'un seul coup, n'utiliser que les GAB de son institution, utiliser sa carte bancaire pour faire des achats (selon le type de compte qu'il possède).

Approfondis ta réflexion

7. Au total, 65,55 $ CAN seront prélevés dans le compte de Timothy.

6.2 INTÉRÊTS SIMPLE ET COMPOSÉ

CONSTRUIS TES HABILETÉS, P. 272

1. a) $I = 120{,}00$ $

   b) $A = 2\ 120{,}00$ $
2. a) $C = 833{,}33$ $

   b) $d = 21{,}6$ mois

   c) $t = 1$ %

3. a) I = 48,75 $

   b) A = 1 548,75 $

   c) Elle devra verser 258,13 $ par mois.

4. Pour doubler la valeur du placement en 18 ans, il faudrait le placer à un taux d'intérêt annuel de 4 %.

5. a) Il y a quatre périodes d'intérêt parce que le prêt est semestriel, ou l'intérêt est calculé deux fois par année pendant deux ans.

   b)

Période d'intérêt	*Valeur du placement au début de la période* *($)*	*Gain en intérêt* *($)* *(I = Ctd)*	*Valeur du placement à la fin de la période* *($)*
1	1 200,00 $	1 200,00 $ × 0,026 × 0,5 = 15,60 $	1 200,00 $ + 15,60 $ = 1 215,60 $
2	1 215,60 $	1 215,60 $ × 0,026 × 0,5 = 15,80 $	1 215,60 $ + 15,80 $ = 1 231,40 $
3	1 231,40 $	1 231,40 $ × 0,026 × 0,5 = 16,01 $	1 231,40 $ + 16,01 $ = 1 247,41 $
4	1 247,41 $	1 247,41 $ × 0,026 × 0,5 = 16,22 $	1 247,41 $ + 16,22 $ = 1 263,63 $

   c) À la fin de la période de 2 ans, le placement vaudra 1 263,63 $.

   d) Le gain en intérêt est de 63,63 $.

6. a) I = 325,00 $

   b) I = 121,27 $

   c) I = 269,64 $

   d) I = 10,69 $

7. Option 1 : $A \approx$ 2 601,00 $

   Option 2 : $A \approx$ 2 601,51 $

   La deuxième option est un meilleur placement de l'ordre de 0,51 $.

Approfondis ta réflexion

8. a) Les réponses varieront. Les solutions données en exemples s'appliquent à un capital de 4 000 000,00 $ placé à un taux d'intérêt annuel de 3,00 % et dont les intérêts sont composés au semestre.

   i) I = 120 900,00 $

   ii) I = 9 938,07 $

   iii) I = 326,34 $

   b) i) 40 700,00 $

   ii) 3 285,49 $

   iii) 107,71 $

   c) I = 121 663,83 $

   Plus les intérêts sont composés souvent, plus le gain d'intérêts augmente.

   d) En un an, le gain d'intérêts passe de 120 900,00 $ à 161 600,00 $ si le taux est augmenté de 1,00 %, ce qui représente un écart de 40 700,00 $.

   En un an, le gain d'intérêts passe de 120 900,00 $ à 121 663,88 $ si les intérêts sont composés mensuellement, ce qui représente un écart de 763,88 $.

   C'est l'augmentation du taux d'intérêt qui a alors le plus d'effet sur le gain d'intérêts.

6.3 CARTES DE CRÉDIT ET PROMOTIONS EN MAGASIN

CONSTRUIS TES HABILETÉS, P. 284

1. a) L'intérêt est de 5,68 $.

   b) L'intérêt est de 0,85 $.

2. Le taux d'intérêt est de 18,50 % par année.

3. Le solde impayé de la carte de crédit de Sanaa était de 692,58 $.

4. a) Phil paiera 4,41 $ en intérêts sur son solde impayé.

   b) Au 21 août, Phil devra 410,41 $.

5. a) Nombre total de jours : 49

   b) $I = 10,27$ $

   c) $A = 310,27$ $

6. Brian paiera 430,00 $ en frais d'intérêts s'il opte pour le plan de paiement différé.

7. Option 1 : 1 003,51 $

   Option 2 : 1 140,00 $

   Option 3 : 1 011,55 $

   L'option 1 est la moins coûteuse. Si Arlene peut se le permettre, elle devrait donc payer en argent. Si toutefois elle n'a pas l'argent, elle devrait payer par carte de crédit et rembourser la somme dès que possible.

8. a) 15 mois

   b) Guy paiera 181,81 $ en intérêts.

9. a) Achats de Pasha : 648,00 $

   b) Les intérêts sont calculés sur 31 jours.

   c) Solde impayé de Pasha : 145,86 $

   d) $I = 2,42$ $

   e) Nouveau solde : 796,28 $

   f) 5 % du nouveau solde : 39,81 $

   Comme le résultat est supérieur à 10,00 $, le versement minimum de Pasha est de 39,81 $.

   g) Crédit disponible : 2 703,72 $

Approfondis ta réflexion

10. a) Montant total payé en 5 mois : 760,00 $

    b) i) Total payé : 888,25 $

    ii) Total payé : 900,03 $

6.4 PRÊTS PERSONNELS, MARGES DE CRÉDIT ET DÉCOUVERTS

CONSTRUIS TES HABILETÉS, P. 295

1. a) Versement mensuel : 31,11 $

   Montant total versé : 1 119,96 $

   Frais de crédit : 119,96 $

   b) Versement mensuel : 60,45 $

   Montant total versé : 2091,60 $

   Frais de crédit : 401,60 $

   c) Versement mensuel : 62,28 $

   Montant total versé : 3 736,80 $

   Frais de crédit : 736,80 $

2. a) Amy devra emprunter 1 065,45 $.

   b) Le versement mensuel d'Amy sera de 92,80 $.

   c) Le prêt d'Amy lui coûtera 1 113,60 $.

   d) Amy paiera son ordinateur 1 613,60 $.

3. Option 1 : Coût = 8 949,60 $

   Versement mensuel = 372,90 $

   Avantage : Cindy a les moyens de payer les versements mensuels.

   Inconvénient : La motoneige lui coûtera 449,60 $ de plus au total que si Cindy l'avait payée en argent.

Option 2 : Coût = 10 412,50 $

Versement minimum du premier mois = 425,00 $

Avantage : Il s'agit d'une bonne option si Cindy peut rembourser rapidement le solde de sa carte de crédit, surtout si elle obtient des aéropoints. Il semble toutefois que Cindy n'a pas les moyens de le faire.

Inconvénients : Cindy ne peut pas payer en argent pour ainsi éviter les frais d'intérêts. Le premier versement qu'elle doit effectuer est de 425,00 $, mais elle n'en a pas les moyens. Le coût total de la motoneige est nettement plus élevé si le paiement est effectué par carte de crédit par rapport aux options 1 et 3. Elle devrait donc éviter cette option.

Option 3 : Coût = 8 904,72 $

Versement mensuel = 371,37 $

Avantage : La marge de crédit est un produit souple et Cindy n'aura pas à contracter un nouveau prêt si elle en a besoin ultérieurement. Il s'agit donc de la solution de crédit la moins coûteuse.

Inconvénient : La motoneige lui coûtera 404,72 $ de plus au total que si Cindy l'avait payée en argent.

4. Toby paiera 50,00 $ en frais de chèque sans provision.

5. a) S'il opte pour un prêt sur salaire, Ramon paiera 60,00 $ en intérêts.

   b) Taux d'intérêt quotidien : 1,2 %

   Taux d'intérêt annuel : 438 %

6. Un compte est à découvert quand un retrait est effectué sans que les fonds nécessaires soient disponibles. Dans ce contexte, l'institution bancaire appliquera des frais de découvert et n'assumera pas les paiements pour vous. Il est cependant possible d'obtenir une autorisation de découvert, de sorte que la banque paiera pour les sommes qu'il vous manque moyennant des frais.

Une marge de crédit est un prêt négocié avec une banque permettant de retirer des fonds selon une limite fixée dans l'entente de prêt. Il faut payer les intérêts applicables à la marge de crédit jusqu'à ce qu'elle soit remboursée. Contrairement à un découvert, il n'y a aucuns frais de retrait dans une marge de crédit.

Le découvert bancaire et la marge de crédit ont chacun leurs avantages et inconvénients à considérer s'il faut choisir entre les deux. Le découvert bancaire est une solution peu coûteuse, voire gratuite, et rapide. Le taux d'intérêt applicable au découvert pourrait cependant être plus élevé que dans le cas d'une marge de crédit. Une marge de crédit garantie offre souvent un bon taux d'intérêt, toutefois son détenteur aura l'occasion de dépenser plus d'argent qu'il n'en a en réalité. Comme le taux d'intérêt d'une marge de crédit est plus avantageux, elle reste probablement la meilleure option.

Approfondis ta réflexion

7. a) Option 1 : 300,00 $ par mois

   Option 2 : 335,10 $ par mois

   Option 3 : 300,00 $ par mois

   b) Option 1 : Coût = 4 125,00 $

   Option 2 : Coût = 4 021,20 $

   Option 3 : Coût = 3 842,00 $

   c) Option 1 : Il peut acheter immédiatement sans devoir contracter un prêt, mais c'est l'option la plus chère.

   Option 2 : Cette option est moins coûteuse que l'option 1 et il aura son kayak tout de suite, mais il devra contracter un prêt.

   Option 3 : C'est l'option la moins dispendieuse, mais Josh devra reporter son achat du kayak.

MISE EN PRATIQUE DES NOUVELLES HABILETÉS, P. 298

1.

	Valeur	*Libre-service*	*Multi-services*	*Épargne à taux bonifié*
Mois 1				
Solde mensuel minimum approximatif : 900,00 $ (solde d'ouverture)				
Frais mensuels	3,90 $	10,90 $	24,50 $	0,00 $
Frais de transaction	8 × 0,50 $ = 4,00 $	0,00 $	0,00 $	16 × 1,25 $ = 20,00 $
Mois 2				
Solde mensuel minimum approximatif : 900,00 $ plus les dépôts, moins les retraits et frais de services du mois 1 (solde d'ouverture)				
Frais mensuels	0,00 $	10,90 $	24,50 $	0,00 $
Frais de transaction	8 × 0,50 $ = 4,00 $	0,00 $	0,00 $	16 × 1,25 $ = 20,00 $
TOTAL	11,90 $	21,80 $	49,00 $	40,00 $

3. Il faudra les deux tiers d'une année ou 8 mois pour accumuler 60,00 $ d'intérêts.

4. a) L'intérêt à payer après un an s'élève à 80,00 $.

   b) La somme à rembourser est de 880,00 $.

   c) Le versement mensuel sera de 73,33 $.

5. a)

Période	*Valeur au début de la période*	*Intérêts (I = Ctd)*	*Valeur au début de la période*
1	1 000,00 $	1 000,00 $ × 0,042 5 = 42,50 $	1 000,00 $ + 42,50 $ = 1 042,50 $
2	1 030,00 $	1 042,50 × 0,042 5 = 44,31 $	1 042,50 $ + 44,31 $ = 1 086,81 $
3	1 060,90 $	1 086,81 $ × 0,042 5 = 46,19 $	1 086,81 $ + 46,19 $ = 1 133,00 $

   b) Après 3 ans, le gain d'intérêts réalisé est de 133,00 $.

2.

Carte bancaire	*Services bancaires en ligne*	*Services au comptoir*	*GAB*	*Chèque*
• Retrait d'argent • Dépôt d'argent ou de chèques • Vérification du solde d'un compte • Achat d'articles en magasin • Paiement de factures • Virement de fonds entre des comptes	• Dépôt de chèques de paie • Paiement de factures • Vérification du solde d'un compte • Virement de fonds entre des comptes	• Paiement de factures • Achat de chèques de voyage • Retrait d'argent • Dépôt d'argent ou de chèques • Virement de fonds entre des comptes • Dépôt de chèques de paie • Achat de devises • Vérification du solde d'un compte	• Paiement de factures • Retrait d'argent • Dépôt d'argent ou de chèques • Virement de fonds entre des comptes • Dépôt de chèques de paie • Vérification du solde d'un compte	• Paiement de factures • Achat d'articles en magasin

6. Il faudra environ 36 ans pour que le placement double de valeur.
7. Le placement vaudra 8 523,40 $ après 17 ans.
8. a) Total des achats d'Henry : 546,04 $
   b) Solde impayé : 327,55 $
   c) Les intérêts sur le solde impayé s'élèvent à 5,42 $.
   d) Le nouveau solde est de 879,01 $.
   e) Le paiement minimum inscrit sur ce relevé est de 43,95 $.
   f) Henry dispose d'un crédit de 3 620,99 $.
9. a) Le versement mensuel pour le prêt de 2 ans est plus élevé de l'ordre de 218,82 $.
   b) Le prêt sur 4 ans coûte 552,00 $ de plus que le prêt sur 2 ans.
   c) Nadine devra peut-être opter pour le prêt sur 4 ans, car il se pourrait qu'elle ne puisse assumer les versements mensuels dans le cadre du prêt sur 2 ans.
10. Option 1 : 600,00 $

    Option 2 : 577,36 $

    Option 3 : 822,40 $

    Comme l'option 2 est la moins coûteuse, Joseph devrait payer à l'aide de sa marge de crédit personnelle.

CHAPITRE 7
BUDGETS PERSONNELS
7.1 PRÉPARATION EN VUE DE L'ÉTABLISSEMENT D'UN BUDGET

CONSTRUIS TES HABILETÉS, P. 309

1. Les réponses peuvent varier en ce qui concerne le classement des dépenses par ordre de priorité.

DÉPENSES MENSUELLES					
Ordinaires		*Variables*		*Imprévues*	
Priorité	Dépense	Priorité	Dépense	Priorité	Dépense
1	Loyer : 760,00 $	5	Cadeau d'anniversaire : 42,00 $	4	Silencieux : 135,00 $
8	Économies : 50,00 $	7	Nouveau téléviseur 799,00 $		
2	Assurances : 71,00 $	6	Essence : 68,00 $		
3	Facture de téléphone : 55,00 $				

2. Doug doit épargner pendant environ 8 mois.

3. a)

REVENU ET DÉPENSES MENSUELS DE KIM			
Revenu			*Régulier ou variable*
	Contrat 1	700,00 $	Variable
	Contrat 2	350,00 $	Variable
	Contrat 3	855,00 $	Variable
	Contrat 4	820,00 $	Variable
	Contrat 5	1 063,00 $	Variable
	Total	3 788,00 $	
Dépenses			
			Ordinaires ou variables
5	Transport	600,00 $	Variables
6	Loisirs	450,00 $	Variables
2	Nourriture	500,00 $	Variables
1	Loyer	1 500,00 $	Ordinaires
3	Garderie	600,00 $	Ordinaires
4	Assurances	200,00 $	Ordinaires
7	Diverses	300,00 $	Variables
	Total	4 150,00 $	

b) Voir le tableau ci-dessus.

c) Le revenu de Kim est inférieur (362,00 $) à ses dépenses.

d) Les réponses varieront. Voir le tableau pour obtenir des exemples de réponses.

Kim pourrait réduire ses dépenses liées aux loisirs en faisant moins d'activités, et elle pourrait probablement réduire ses dépenses diverses. Elle pourrait également réduire les dépenses liées au transport en utilisant le transport en commun. Ces trois réductions aideraient à réduire ses dépenses.

4. a) André gagne environ 2 015,00 $ par mois.

b) André devrait chercher un appartement dont le loyer se situe entre 503,75 $ et 705,25 $ par mois.

c) André pourrait louer une chambre dans une maison, partager un appartement avec un ami ou vivre dans un quartier moins luxueux de la ville ou du village. Il pourrait aussi essayer d'augmenter son revenu.

d) André pourrait faire un don supplémentaire dont le montant se situerait entre 171,50 $ et 272,25 $, et il respecterait les limites fixées.

5. a) Vanessa devra économiser environ 20,8 % de son revenu chaque mois.

b) Il restera 950,00 $ à Vanessa pour couvrir ses dépenses mensuelles. Ce montant sera raisonnable ou non selon le style de vie de Vanessa. Si elle doit payer des dépenses comme le loyer, les services publics, la nourriture et le transport, ce montant ne sera pas suffisant. Cependant, si elle vit chez ses parents ou que ses autres dépenses sont modestes, 950,00 $ peut être un montant raisonnable pour couvrir ses dépenses mensuelles.

6. a) Sandra doit gagner 1 200,00 $ par mois pour économiser 4 200,00 $ en 10 mois.

b) Sandra doit travailler environ 26 heures par semaine.

c) Les réponses varieront. Sandra pourrait réduire ses dépenses mensuelles. Elle pourrait effectuer plus d'heures ou chercher un emploi mieux rémunéré. Elle pourrait également suivre ses cours plus tard, ce qui lui donnerait plus de temps pour économiser.

7. a) Le revenu régulier mensuel de Marie-Hélène est de 3 666,66 $, et son revenu variable mensuel de 916,67 $.

b) Son revenu annuel est d'environ 44 000,00 $.

c) Les réponses varieront. Marie-Hélène consacre 30 % de son temps de travail à la réalisation de contrats, mais ceux-ci représentent seulement 20 % de son revenu. Ainsi, il semblerait avantageux d'augmenter ses heures salariées si cela est possible.

8. a) Brad doit économiser environ 583,33 $ par mois, soit environ 37 % de son revenu mensuel.

   b) Brad économiserait approximativement 640,34 $ par mois au cours des mois de juin, de juillet et d'août.

   c) Brad doit économiser pendant 6 mois supplémentaires, pour un total de 12 mois. Ainsi, le montant de ses économies sera un peu plus élevé que les 7 000,00 $ dont il a besoin.

Approfondis ta réflexion

9. a) Leanne devra 16 409,85 $.

   b) Versement mensuel ≈ 488,19 $

   Cela représente environ 11 % du revenu mensuel de Leanne.

   c) Versement mensuel ≈ 279,60 $

   Cela représente environ 6 % du revenu mensuel de Leanne.

   c) Option 1 :
   Total des intérêts payés = 2 574,84 $

   Il est avantageux d'attendre deux ans avant de faire le premier versement, parce que cela permettrait à Leanne de rembourser d'autres dettes avant d'aller vivre en appartement. Cependant, elle accumule des intérêts au cours de la période de deux ans; elle paiera donc plus d'intérêts dans l'ensemble.

   Option 2 :
   Total des intérêts payés = 1 776,00 $

   Il est avantageux de rembourser le prêt en 60 mois parce que les versements mensuels de Leanne seront moins élevés et elle paiera moins dans l'ensemble. Cependant, elle doit commencer à effectuer des versements mensuels immédiatement, ce qui peut être difficile étant donné qu'elle commence un nouvel emploi.

7.2 PROCESSUS D'ÉTABLISSEMENT D'UN BUDGET

CONSTRUIS TES HABILETÉS, P. 321

1. a) Les réponses varieront.

   Stuart pourrait conserver les factures de tous les achats qu'il effectue. Il pourrait diviser ces factures par catégories, comme la nourriture, les loisirs et les paiements d'une carte de crédit. Il pourrait également classer ses dépenses par catégories, comme les dépenses ordinaires, les dépenses variables, les dépenses imprévues, les dépenses nécessaires et les dépenses inutiles.

   b) Les réponses varieront. Afin de mieux contrôler ses finances, Stuart pourrait calculer le montant qu'il doit consacrer chaque mois aux choses essentielles (comme la nourriture et le loyer) et établir un budget pour couvrir ces dépenses. Il pourrait consacrer un certain pourcentage de son revenu à ces dépenses. Il pourrait également réduire ses dépenses et utiliser l'argent ainsi économisé pour rembourser ses dettes. Il pourrait également décider de consacrer un certain pourcentage de son chèque de paie au remboursement de sa dette.

2. a) Les réponses varieront. Voici un exemple de réponse. Sous-estimer le revenu mensuel et surestimer les dépenses.

BUDGET MENSUEL DE FRANCEY	
Revenu	*Dépenses*
1 800,00 $	Loyer : 650,00 $
	Transport : 250,00 $
	Nourriture : 350,00 $
	Autres : 400,00 $
	Économies : 150,00 $
Total : 1 800,00 $	*Total :* 1 800,00 $

   Francey peut épargner 150,00 $ par mois.

   b) Francey aura suffisamment d'argent pour acheter de l'équipement de planche à neige si elle économise pendant 7 mois.

3. a) Voir le tableau.

1er sept.	–650,00 $	Chèque nº 102 : Loyer • Dépense • Fixe
1er sept.	1 400,00 $	Chèque de paie • Revenu • Fixe
3 sept.	–212,40 $	SuperGroceries • Dépense • Variable
5 sept.	–45,00 $	Essence • Dépense • Variable
5 sept.	–40,00 $	Argent • Dépense • Variable
5 sept.	–1,50 $	Frais de transaction • Dépense • Fixe
10 sept.	–54,25 $	SuperGroceries • Dépense • Variable
11 sept.	–60,00 $	Argent • Dépense • Variable
11 sept.	–1,50 $	Frais de transaction • Dépense • Fixe
15 sept.	1 400,00 $	Chèque de paie • Revenu • Fixe
17 sept.	–48,00 $	Essence • Dépense • Variable

17 sept.	–55,00 $	Pizza Palace • Dépense • Variable
21 sept.	–120,00 $	Chèque nº 022 : Assurance automobile • Dépense • Fixe
22 sept.	–42,00 $	Bigger Burgers • Dépense • Variable
22 sept.	–15,00 $	Cinema Magic • Dépense • Variable
24 sept.	–47,45 $	Wow Clothing Co. • Dépense • Variable
24 sept.	–35,00 $	Chèque nº 023 : Organisation caritative ABC • Dépense • Variable
28 sept.	–3,50 $	Wake-up Coffee • Dépense • Variable
30 sept.	–60,00 $	Argent • Dépense • Variable
30 sept.	–1,50 $	Frais de transaction • Dépense • Fixe

b) Voir le tableau.

BUDGET MENSUEL DE JANINE		
Revenu	*Dépenses*	
2 800,00 $	Loyer	650,00 $
	Nourriture	300,00 $
	Loisirs et repas au restaurant	130,00 $
	Voiture	250,00 $
	Vêtements	75,00 $
	Dons	35,00 $
	Autres	200,00 $
	Économies	1 160,00 $
Total : 2 800,00 $	*Total*	2 800,00 $

c) Après 10 ans, Janine aura économisé 9 353,69 $.

4. a) Le salaire hebdomadaire net d'Alana est de 448,00 $.

b) Voir le tableau.

BUDGET HEBDOMADAIRE D'ALANA		
Revenu	*Dépenses*	
448,00 $	Nourriture	90,00 $
	Transport	25,00 $
	Loyer	150,00 $
	Vêtements et articles personnels	40,00 $
	Loisirs	80,00 $
	Autres	25,00 $
	Économies	38,00 $
Total : 448,00 $	*Total*	448,00 $

c) Il faudra environ 53 semaines pour qu'Alana économise 2 000,00 $.

d) Les réponses varieront. Alana pourrait réduire ses dépenses relatives aux loisirs, effectuer plus d'heures au travail, contracter un prêt ou faire des recherches pour obtenir des renseignements sur la façon de s'inscrire aux programmes de santé gouvernementaux.

5. a) Les dépenses imprévues de Marc représentent environ 7 % de son revenu.

b) Les dépenses imprévues peuvent comprendre l'entretien du véhicule, la réparation d'un toit qui coule, les factures de vétérinaire ou un achat imprévu.

6. a)

BUDGET ANNUEL DE DEVIN			
Revenu net		*Dépenses*	
Revenu annuel net	6 056,96 $	Téléphone cellulaire	480,00 $
		Transport	1 300,00 $
		Loisirs	2 080,00 $
		Vêtements et articles personnels	600,00 $
		Économies	1 596,96 $
Total	6 056,96 $	*Total*	6 056,96 $

b) Devin économise environ 30,71 $ par semaine, 133,08 $ par mois et 1 596,96 $ par année.

c) Les économies annuelles de Devin diminueront de 15 % si les frais de son forfait de téléphone cellulaire augmentent et passent à 20,00 $.

7. a) Si elle travaillait 20 heures, elle gagnerait 300,00 $; si elle travaillait 30 heures, elle gagnerait 450,00 $. Ce salaire ne serait pas suffisant pour couvrir ses dépenses. Compte tenu de ce fait, Elaine ferait peut-être mieux de ne pas accepter l'emploi.

b) Le revenu hebdomadaire net d'Elaine est de 262,50 $.

c) Elaine devrait travailler environ 53 heures par semaine pour couvrir ses dépenses. Compte tenu de ce renseignement, il ne serait pas conseillé qu'Elaine accepte l'emploi puisqu'elle peut travailler tout au plus 30 heures par semaine.

Approfondis ta réflexion

8. a)

ÉBAUCHE DU BUDGET MENSUEL DE JOSIF			
Revenu		*Dépenses*	
Revenu régulier mensuel net	2 123,33 $	Logement	1 200,00 $
Revenu net pour les heures supplémentaires	0,00 $	Nourriture	650,00 $
		Essence	200,00 $
		Épargne-études	300,00 $
		Diverses	200,00 $
Total	2 123,33 $	*Total*	2 550,00 $
Déficit	−426,67 $		

L'ébauche du budget de Josif indique un déficit de 426,67 $. Cela signifie que ses dépenses surpassent son revenu de 426,67 $.

b)

BUDGET MENSUEL DE JOSIF			
Revenu		*Dépenses*	
Revenu régulier mensuel net	2 123,33 $	Logement	1 200,00 $
Revenu net pour les heures supplémentaires	426,67 $	Nourriture	650,00 $
		Essence	200,00 $
		Épargne-études	300,00 $
		Diverses	200,00 $
Total	2 550,00 $	*Total*	2 550,00 $

Josif doit effectuer environ six heures supplémentaires par semaine pour équilibrer son budget. Ainsi, son revenu sera un peu plus élevé que ses dépenses et il pourra attribuer la différence à ses dépenses diverses.

c) Les réponses varieront. Josif pourrait réduire le montant qu'il a alloué à ses dépenses diverses et essayer de réduire ses dépenses relatives à la nourriture.

7.3 ANALYSE D'UN BUDGET

CONSTRUIS TES HABILETÉS, P. 334

1. a) Lucas réduit ses frais de transport à 385,71 $ par mois.
   b) Il pourrait faire du covoiturage avec un collègue et partager les frais de transport avec ce dernier ou conduire une voiture plus économique.
   c) Le revenu mensuel total de Lucas est de 1 928,57 $.
2. a) Gurjinder épargne 34,21 $ par mois.
   b) Les frais de logement mensuels de Gurjinder s'élèvent à 775,44 $.
   c) Les frais de logement de Gurjinder dépassent les limites de 376,32 $, ou 33 % de son revenu.
3. a) Les réponses varieront. Déposer de l'argent dans un compte d'épargne dont le taux d'intérêt est faible tout en payant un taux d'intérêt élevé sur une dette ne constitue pas une bonne stratégie financière. Il est conseillé de rembourser des dettes à taux d'intérêt élevé le plus rapidement possible, et ce, même si cela signifie réduire le montant que l'on épargne.
   b) Les réponses varieront. Yun pourrait utiliser le montant qu'il a épargné pour rembourser sa dette. Il pourrait réduire certaines de ses dépenses variables jusqu'à ce que sa dette soit totalement remboursée.
4. a) Après quatre ans, Gérard aura épargné 2 528,97 $.
   b) Si Gérard augmente de 5 % le montant qu'il épargne, il aura épargné 2 655,41 $ après quatre ans.
5. a) En dépensant 200,00 $ par mois pour acheter de la nourriture, cela signifie que Marlene dépense seulement 6,45 $ ou 6,67 $ par jour si le mois compte 30 ou 31 jours. Il s'agit d'un très petit montant dans la plupart des cas. Comme le revenu mensuel net de Marlene est de 1 500,00 $, 200,00 $ correspond à 13 % de son revenu, ce qui se situe en deçà des limites recommandées. Cependant, étant donné que son revenu est peu élevé, elle devrait consacrer un

plus grand pourcentage de son revenu à la nourriture.

b) Afin de réduire ses dépenses, Marlene pourrait réduire ses dépenses relativement à la photographie pendant qu'elle met de l'argent de côté pour acheter un nouvel appareil photo. Elle pourrait également réduire ses dépenses relatives aux vêtements ou ses « autres » dépenses.

c) Lorsqu'elle prépare son budget, Marlene devrait modifier ses dépenses en fonction du fait qu'elles sont plus élevées que celles qu'elle avait budgétées. Elle devrait surestimer ses dépenses dans son nouveau budget. Marlene doit également intégrer le remboursement de sa dette de carte de crédit dans son budget. De plus, elle pourrait devoir envisager d'augmenter son revenu, à moins qu'elle trouve d'autres catégories de dépenses qu'elle pourrait réduire.

Approfondis ta réflexion

6. a) Vern devrait économiser 9,6 % de son revenu mensuel. Il pourrait probablement réduire ses dépenses variables de 9,6 %, ce qui lui permettrait donc de rembourser sa dette et d'épargner afin d'accumuler suffisamment d'argent pour le versement initial sur une maison.

b) Vern aurait remboursé un montant de 3 504,60 $ après 1 an.

c) Il serait plus facile pour Vern de réduire ses dépenses variables, soit les dépenses relatives au téléphone cellulaire, à Internet et au câble, à la nourriture et peut-être au transport.

d) Vern devrait mettre de l'argent de côté chaque mois parce qu'il peut avoir des dépenses imprévues et qu'il ne semble pas avoir de fonds d'urgence ni aucunes économies.

MISE EN PRATIQUE DES NOUVELLES HABILETÉS, P. 340

1. Johan devra épargner pendant 8 mois.
2. a) Shaira épargne 163,08 $ en une année.
   b) Elle devrait mettre de l'argent de côté pendant 18 mois ou un an et demi.
3. a) Certaines réponses peuvent varier. Les coûts associés au téléphone cellulaire et à Internet peuvent constituer une dépense ordinaire si Roberto possède un forfait à prix fixe. La façon de classer par ordre de priorité les dépenses relatives aux loisirs et au divertissement ainsi que les autres dépenses peut également varier.

   b) Voir le tableau ci-dessous.

BUDGET MENSUEL						
Revenu net		*Régulier ou variable*	*Dépenses*		*Ordinaires ou variables*	*Priorité*
Salaire	2 550,00 $	Régulier	Nourriture	425,00 $	Variables	2
Travail à commission	825,00 $	Variable	Logement	850,00 $	Ordinaires	1
Travail à contrat	350,00 $	Variable	Transport	500,00 $	Variables	4
			Loisirs	500,00 $	Variables	9
			Assurance-vie	75,00 $	Ordinaires	3
			Téléphone cellulaire et Internet	175,00 $	Ordinaires	5
			Loisirs	300,00 $	Variables	7
			Économies	500,00 $	Ordinaires	8
			Autres	400,00 $	Variables	6
Total	3 725,00 $		*Total*	3 725,00 $		

c) Si le revenu de Roberto diminue, ce dernier doit réduire ses dépenses afin d'équilibrer son budget. Il pourrait réduire ses dépenses relatives au divertissement et aux loisirs ou les coûts associés au téléphone cellulaire et à Internet, ou encore ses « autres » dépenses. Au besoin, il pourrait également diminuer le montant qu'il épargne

4. a) Si le revenu net de Martina représente 65 % de son revenu brut, alors les retenues représentent 35 % de son revenu brut.

b) Martina doit épargner 12,4 % de son revenu mensuel net.

c) Martina aura épargné 1 868,64 $ après 6 mois.

5. a)

BUDGET MENSUEL MODESTE DE ZABO			
Revenu	2 400,00 $	*Dépenses*	
		Loyer	650,00 $
		Nourriture	350,00 $
		Transport	320,00 $
		Sports	200,00 $
		Loisirs	150,00 $
		Économies	130,00 $
		Vêtements	200,00 $
		Dons de bienfaisance	150,00 $
		Autres	250,00 $
Total	2 400,00 $	*Total*	2 400,00 $

b) Zabo doit attendre 10 mois avant d'acheter le vélo.

6. a) Zabo économise 1 560,00 $ par année.

b) Le solde du certificat de placement garanti après 10 ans sera de 1 991,41.

7. a)

BUDGET HEBDOMADAIRE DE TREVOR				
Revenu			*Dépenses*	
Salaire horaire	15,85 $		Nourriture	100,00 $
Heures travaillées	40		Transport	30,00 $
Heures supplémentaires	0		Loyer	200,00 $
			Téléphone cellulaire	50,00 $
Revenu brut total	634,00 $		Divers	50,00 $
			Parrainage d'un enfant	10,00 $
Revenu net	440,00 $		*Total*	440,00 $

b) Le budget de Trevor sera équilibré s'il travaille 40 heures par semaine.

c) Trevor doit effectuer 4,5 heures supplémentaires. Ce nombre serait généralement arrondi à 5 heures. Il doit donc effectuer 45 heures par semaine pour épargner 75,00 $ de plus chaque semaine.

8. a) Calculer le pourcentage du revenu mensuel de Trevor que représente chaque catégorie et déterminer combien de degrés représente chaque pourcentage.

Nourriture : 100,00 $ ÷ 440,00 $ ≈ 0,23
0,23 × 100 = 23 %
0,23 × 360° ≈ 83°

Transport : 30,00 $ ÷ 440,00 $ ≈ 0,07
0,07 × 100 = 7 %
0,07 × 360° ≈ 25°

Loyer : 200,00 $ ÷ 440,00 $ ≈ 0,45
0,45 × 100 = 45 %
0,45 × 360° = 162°

Téléphone cellulaire :
50,00 $ ÷ 440,00 $ ≈ 0,11
0,11 × 100 = 11 %
0,11 × 360° ≈ 40°

Parrainage d'un enfant :

$10,00\ \$ \div 440,00\ \$ \approx 0,02$
$0,02 \times 100 = 2\ \%$
$0,02 \times 360° \approx 7°$

Divers : $50,00\ \$ \div 440,00\ \$ \approx 0,11$
$0,11 \times 100 = 11\ \%$
$0,11 \times 360° \approx 40°$

Dépenses mensuelles de Trevor

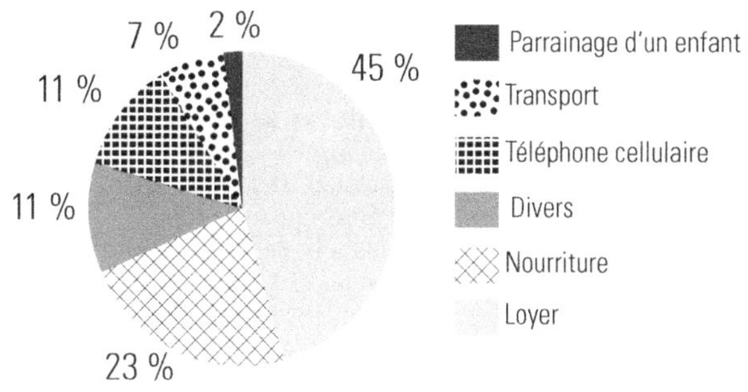

b) Trevor pourrait réduire de 25,00 $ par semaine ses dépenses diverses ou ses dépenses relatives à la nourriture afin d'avoir suffisamment d'argent pour payer son nouveau loyer.

c) Si les frais de transport de Trevor s'élèvent à 60,00 $ par semaine, il devrait inscrire ce montant ou un montant un peu plus élevé dans son prochain budget. Il n'est pas utile de budgéter un montant moins élevé que le montant que l'on dépense réellement.

9. a) Après 3 ans, Megan aura épargné 3 727,47 $.

b) Comme les intérêts seront composés annuellement, Megan devra épargner un montant inférieur à 152,00 $ chaque mois.

Index

C

U

V

Z

Table des photographies

Les images contenues dans le texte qui ne sont pas accompagnées d'un numéro de page sont la propriété de la Pacific Educational Press et sont protégées par le droit d'auteur.

Page couverture

Mason Morfix/Getty Images

Table des matières

Mason Morfix/Getty Images

Chapitre 1

p. v © Treephoto | Dreamstime.com; p. vi Debera Doody; p. vii Alan Bruce; p. 10 Vera Bernard; p. 11 Cristiano Esclapon; p. 12 Paul Salvatore; p. 13 PEP; p. 14 iStockphoto.com RF/© Dreef; p. 15 stockxpert; p. 16 Martin Pettitt; p. 18 PEP; p. 19 Bugaboo Spire, avec la permission de Mike Warren; Coquihalla Highway, avec la permission de Lauri Sandquist; p. 21, escaliers, avec la permission de stockxpert; p. 24 Paul Salvatore; p. 25 Richard Hall; p. 27 stockxpert; p. 28 Jessica Merz; p. 29 © Vladimir Danilov | Dreamstime.com; p. 32 John Loo; p. 33 Mike Cohn; p. 34 Stock.XCHNG | © gozdeo; p. 36 Craig Morrison et Oasis Skateboard Factory; p. 37 Brian Yamamura; p. 39 orphanjones | www.flickr.com; p. 40 Honza Soukup; p. 45 fotolia | © Juriah Mosin; p. 47 Bigstock | © Pavel Losevsky; p. 49 PEP; p. 51 Stock. XCHNG | © lusi; p. 53 © Parcs Canada

Chapitre 2

p. 54 Chris Phan; p. 55 Kurt Forstner, Wikimedia Commons, domaine public; p. 56 © Monkey Business Images | Dreamstime. com; p. 57, avec la permission de Lifacolor/Thomas Camp; p. 59 Robin Pollock; p. 60 Felipe Daniel Ramos Reis; p. 62 Hannah Pearce; p. 63, Graphique : « Taux de participation au marché du travail par sexe, de 1976 à 2005 » adapté du module Tableaux Sommaires de Stastistique Canada http://www.40. statcan.gc.ca/102/est01/labor05-fra.htm (avril 2010) et de la base de données CANSIM, http://cansim2.statcan.ca, Tableau CANSIM 282-0002 (avril 2010); p. 64 Luca Cinacchio | http:// www.sxc.hu/photo/25458; p. 66 PEP; l'homme et la pelle, iStockPhoto.com LP | © Sveta Kashkina; p. 69 avec la permission du gouvernement de l'Alberta; p. 70 avec la permission de scazon de Flickr/www.flickr.com; p. 71 Jeff Swick; p. 73 Tammy Wotherspoon, NAV Canada; p. 74 Jon Rowley; p. 75 bolas ME969.80.10 ©McCord Museum; lunettes, avec la permission d'Alan Sim, CambridgeBayWeather, Wikimedia Commons; hameçons ME982X.388 ©McCord Museum; Tête de harpon ME928.43.2 ©McCord Museum; p. 76 Bev Lloyd-Roberts/ www.sxc.hu; p. 77 © Phil Date | Dreamstime.com; p. 79 Ken Hurtak; p. 80 Tulane Public Relations; p. 83, avec la permission du gouvernement de l'Alberta; p. 84 © Zulu | Dreamstime. com; p. 85 Elaine Lichtenwald; p. 86, avec la permission du Collège universitaire de Saint-Boniface; p. 88 stockxpert; p. 89 Leonardo Tote/www.sxc.hu; p. 90 waferboard/www.flickr.com; p. 91 Ansgar Walk, image disponible conformément à la license Share-Alike de Creative Commons; p. 93 avec la permission de la U.S. Army et de Lorie Jewell; p. 94 Elvis Santana; p. 96 Drew et Merissa/www.flickr.com; p. 97 Chris Barber; p. 98, avec la permission de Trina Monias, Russ Rothney, et Neechi Foods Co-op Ltd.; p. 99, avec la permission du gouvernement de l'Alberta; p. 101, Puzzle idea, avec la permission d'Alfred S. Posamentier, Ph.D.; photo présentée avec la permission de Leah Giesbrecht; p. 103 Eric Steiner, Wikimedia Commons; p. 104 marmotte de l'île de Vancouver, avec la permission de Matt Dil; la Havane, avec la permission de Neil Spicer; p. 105, avec la permission de la Société canadienne du sang; p. 107 ©Bowie15 | Dreamstime.com; p. 109, graphique présenté avec la permission de Indeed.com/www.indeed.com;p. 110 scazon de Flickr/www. flickr.com p. 112 Leonidas Tsementzis/www.sxc.hu

Chapitre 3

p. 114 Mike Fitzpatrick; p. 115 Infrogmation de New Orleans, photo disponible conformément à la licence Attibution-Share Alike de Creative Commons; p. 116 Debra Ward; p. 117 Wikimedia Commons, domaine public; p. 119 Penny Blankenship; p. 122 Rikva, Wikimedia Commons, http:// nl.wikipedia.org; p. 124 © Michelle Marsan | Dreamstime. com; p. 125 Marcin Chady; p. 126 Alan Bruce; p. 127, avec la permission du gouvernement de l'Alberta; p. 128 Kenneth Kully; p. 129 Lesley O'Neil; p. 130 Guy-Claude Portmann/www.sxc.hu; p. 133 David Shankbone /http://blog. shankbone.org; p. 134, assemblage à tenon et mortaise, avec la permission de Steve Wilson; assemblage à goujons, avec la permission de Ryan Anderson; Tunnel, avec la permission de Bob Hare; p. 135 M'Girl, avec la permission de M'Girl and Keesic Photographer/www.keesic.com; Pyramide, avec la permission de Frank Kovalchek/www.flickr.com; p.136 U.S. Navy ID 090722-N-6185C-047, photographe : Carolyn Cerminara, Wikimedia Commons, domaine public; p. 137 Wikimedia Commons, domaine public; p. 138 Tamye Dunbar; p. 139 PEP; p. 140 Amy et Rob Clevlen; p. 141 US Navy ID 071012-N-8327R-048, photographe : Seaman Rhonehouse, Wikimedia Commons; p. 142 Mackay Precast; p. 143 © Martin Maun | Dreamstime.com; p. 144, nageur, avec la permission de Reg Mckenna/www.flickr.com; Rebar, avec la permission de Dave Dyet; p. 145 Boulanger-pâtissier, avec la permission de Christian Guthier/www.flickr.com; chauffe-eau, avec la permission de Jack Hebert; p. 147 © Chestra | Dreamstime.com; p. 148 Kristi Hansen et M. Johnston, Fusion TV; p. 149 Helen Pinkham/ Stock.XCHNG; p. 150 Michal Osmenda; p. 151 iStockPhoto. com | © jbayliss/iStockPhoto.com; p. 154 Wikimedia Commons; p. 155 Per Ola Wiberg/www.flickr.com; p. 156 StromBer/www.

flickr.com; p. 159 © Photowitch | Dreamstime.com; p. 160 Pipeline, avec la permission de Frank Kovalchek; grains de café, avec la permission de Thomas et Dianne Jones/www.flickr.com; p. 161 Chris Breeze; p. 163 Daniel Mayer, photo disponible conformément à la licence Attribution et Share-Alike de Creative Commons

Chapitre 4

p. 164 US Navy ID 031017-N-9712C-004, John P. Curtis, Wikimedia Commons; p. 165 Jason Bryant; p. 166 George Hill; p. 167 Irwin Maltais, Maltais Geometrics; p. 168 stockxpert; p. 169 CDE Global; p. 170 Wikimedia Commons, domaine public; p. 171 edgygrrl/www.flickr.com; p. 172 Brian Burger; p. 173 Andrew Kelsall; p. 175 Ingorrr/www.flickr.com; p. 176 Piquet, avec la permission de Duncan Rawlinson/www.thelastminuteblog.com; p. 177 David Hunter; gardien de sécurité, stockxpert | © izzy30; p. 178 Stephan Mosel; p. 179 Christian Haugen; p. 181 fleuve Mackenzie, avec la permission d'Isaac Hilman; Virage routier, avec la permission de Monochrome/www.flickr.com; p. 182 James Johansson; p. 183 Mike Beauregard; p. 184 avec la permission de Patrick Burns et de l'Institute for Stained Glass in Canada; p. 185 Judith Dupuis; avion, avec la permission de Clare Wilkinson; p. 186, avec la permission du gouvernement de l'Alberta; p. 189 US Navy ID 040112-N-4388F-001, Philip Forest, Wikimedia Commons; p. 190 Chris Robertson; p. 191 Michael Scheltgen; p. 192 Wikimedia Commons, domaine public; p. 193 one more dreamer, Alexis R./www.flickr.com; p. 194 rory.ramsden@btopenworld.com/www.flickr.com; p. 195 US Navy ID 031017-N-9712C-004, John P. Curtis, Wikimedia Commons; p. 196, alpiniste, avec la permission de Maria Ly/ www.skimble.com; Dry Island Buffalo Jump, avec la permission d'Alethea Adair; p. 197 drouu/www.sxc.hu; p. 200, randonneur pédestre, avec la permission de Kevin Teague; chronomètre de marine, avec la permission de cliff1066TM; p. 201, avec la permission de Dauphin's Countryfest, Dauphin, Manitoba; p. 202 stockxpert | © nopo; p. 203 © Treephoto | Dreamstime.com; p. 204 Pedro Ribeiro Simoes; p. 205 Mr. ATM/www.flickr.com; p. 206 stockxpert |© stockbroke

Chapitre 5

p. 208 Draco2008/www.flickr.com; p. 209 © Isabel Poulin | Dreamstime.com; p. 210 Jack McKinnon, Prairie Agri Photo; p. 212 Michael Jacobsen; p. 213 Alex Skelly; p. 214 Maquette de maison et dessins, avec la permission de © Frank Boston | Dreamstime.com; Maquette de maison iStockphoto.com | © Vladimir Igonin; p. 215 iStockphoto.com | © CJMGrafx; p. 216 Jean Gagnon, photo disponible conformément à la licence Share-Alike de Creative Commons, Wikimedia Commons; p. 217 iStockphoto.com | © temmuz can arsiray; p. 218, avec la permission d'Ian Hylands; p. 219 Leah Giesbrecht; p. 220 Smallworks Studios/Laneway Housing Inc.; p. 223 Dontpanic, Wikimedia Commons; p. 229 Liz West; p. 231 © Noam Armonn | Dreamstime.com; p. 232 Steven Watkins; p. 233 Paul Jerry /www.flickr.com; p. 234 Nadine Pedersen; p. 238 Richard Taylor; p. 240 Tim Matheson; p. 242 Andrew Dialla; p. 243, photo du dessus et du dessous, Wikimedia Commons, domaine public; p. 244, murale, avec la permission de Murray Lundberg; grille-pain © Xebeche | Dreamstime.com; p. 246 Judson Beaumont, Straight Line Designs; p. 247 © Carabiner | Dreamstime.com; p. 248 Chemainus Festival of Murals Society; p. 249 © Adam Edwards| Dreamstime.com; p. 250 Mika/Corbis

Chapitre 6

p. 252, domaine public, Hawyih, Wikimedia Commons; p. 253 © evirgen | iStockphoto.com; p. 254 Cassi Suru; p. 257 Kwantlen Polytechnic University; p. 258 Richard Wood; p. 259 Lisa F. Young | Dreamstime.com; p. 260 © Monkey Business Images | Dreamstime.com; p. 261 PEP; p. 263, femme au GAB, avec la permission de Javierme Javier Mediavilla Ezquibela, Wikimedia Commons; poste frontalier, © Atlee Mercer | istockphoto.com; p. 264 Courtesy Nik West; p. 266 QFamily; p. 267 Artaxerxes, Wikimedia Commons; p. 269 © Lisa F. Young | Dreamstime.com; p. 270 © Juan Carlos Tinjaca | Dreamstime.com; p. 272 © Halina Yakushevich | Dreamstime.com; p. 273 © Simone Van Den Berg | Dreamstime.com; p. 275 Gavin Murphy; p. 276 Doug Swallow; p. 283 K. Steudel / www.flickr.com; p. 285 Danie Ware; p. 288 Irene Schurek; p. 290 © Fever | Dreamstime.com; p. 291 iStockphoto.com | © Joselito Briones; p. 294 © Goce Risteki | Dreamstime.com; l'homme et l'ordinateur © Yuri Arcurs | Dreamstime.com; p. 295 Travaux du gouvernement fédéral des États-Unis, NPS photo, Wikimedia Commons, domaine public; p. 296 Kevin Morris/Lone Pine Photo; p. 297 © Dean Mitchell | Dreamstime.com; p. 298 David Spigolon; p. 299 © Willie B. Thomas | iStockphoto.com

Chapitre 7

p. 300 PEP; p. 301 David Masters; p. 302 Katie Benjamin; p. 303 waferboard | www.flickr.com; p. 304 Jo-Anne Douglas; p. 305 © Sebastian Czapnik | Dreamstime.com; p. 307 Leah Giesbrecht; p. 309 Andrew Lee, Wikimedia Commons; p. 310 © Mangostock | Dreamstime.com; p. 311 Abdulkader Mahairi; p. 312 Clyde Flynn; p. 313 Carrie Hamilton; p. 314 © Sebastian Czapnik | Dreamstime.com; p. 316 © Pavel Losevsky | Dreamstime.com; p. 318 © Barnabychambers | Dreamstime.com; p. 321, danseurs, avec la permission de Sharlene Eugenio; planchiste, avec la permission de Jakub Pavlinec | Dreamstime.com; p. 322 Josh Blackman/ http://www.flickr.com/photos/352/; p. 324 © Goldenkb | Dreamstime.com; p. 325 © Andres Rodriguez | Dreamstime.com; p. 326 Photo et dessin avec la permission de Byron Leboe; p. 327 Hana Oberpfalzerova; p. 328 © Robert Kneschke | Dreamstime.com; p. 330 © Halina Yakushevich | Dreamstime.com; p. 334 Village de St. Paul, en Alberta; p. 336, appareil-photo, avec la permission de © Raja Rc | Dreamstime.com; maison, avec la permission de Dean Beeler; p. 338, avec la permission de Rene Pardo; p. 339 © Srdjan Srdjanov | Dreamstime.com; p. 340 Sam Sullivan Disability Foundation; p. 342 Tim Lovelady; p. 343 Laura Colpitts

Made in United States
North Haven, CT
10 November 2026

22084527R00226